"十三五"国家重点出版物出版规划项目
现代机械工程系列精品教材

制造技术工程训练

第 2 版

主　编　朱华炳　田　杰
副主编　李小蕴　胡友树　曹　斌
参　编　王连超　席　赟　张文祥　周建峰
　　　　陶泽柳　阚绪平　蒋全胜　左延红
　　　　吴　炜　贾明浩　彭　婧　张　晔
　　　　郑红梅
主　审　傅水根

机械工业出版社

本书共分为 18 章，分别介绍了材料成形、切削加工及机械装配和拆卸的基本方法和基本原理，重点突出实践性和创新性。

本书旨在帮助学生正确掌握材料的加工方法，了解机械制造的工艺过程和新工艺、新技术的应用；指导学生实际操作，获得初步操作技能，进而树立大工程意识，学习科学研究的基本方法；培养学生分析和解决实际问题的能力，养成团结协作的工作作风和严谨的科学态度，使学生在知识、能力和素质等方面都得到全面的训练和提高。

本书为工程训练机械类及近机械类的实习教材，也可供工程技术人员参考使用。

图书在版编目（CIP）数据

制造技术工程训练/朱华炳，田杰主编 . —2 版 . —北京 ：机械工业出版社，2019. 10（2024. 8 重印）

"十三五"国家重点出版物出版规划项目　现代机械工程系列精品教材

ISBN 978-7-111-65076-8

Ⅰ . ①制… Ⅱ . ①朱… ②田… Ⅲ . ①机械制造工艺—高等学校—教材 Ⅳ . ①TH16

中国版本图书馆 CIP 数据核字（2020）第 042762 号

机械工业出版社（北京市百万庄大街 22 号　邮政编码 100037）
策划编辑：丁昕祯　责任编辑：丁昕祯　段晓雅　任正一
责任校对：樊钟英　封面设计：张　静
责任印制：郜　敏
北京富资园科技发展有限公司印刷
2024 年 8 月第 2 版第 8 次印刷
184mm×260mm · 20. 25 印张 · 499 千字
标准书号：ISBN 978-7-111-65076-8
定价：49. 80 元

电话服务　　　　　　　　　网络服务
客服电话：010-88361066　　机 工 官 网：www. cmpbook. com
　　　　　010-88379833　　机 工 官 博：weibo. com/cmp1952
　　　　　010-68326294　　金 书 网：www. golden-book. com
封底无防伪标均为盗版　机工教育服务网：www. cmpedu. com

前　言

近年来，我国的工程实践教学取得了可喜的进步，合肥工业大学的工程训练课程在长期实践的基础上建立了四大教学模块，即机械制造基础模块、现代制造技术模块、电工电子模块及综合创新教学模块。针对不同专业特点，课程进行分类教学，按单元设课，每单元4学时，共开设工程训练A（面向机械类专业学生，240学时）、工程训练B（面向近机械类专业学生，160学时）、工程训练C（面向其他工科类学生，80学时）和工程训练D（面向人文艺术类学生，10单元）四大类必修课，将全校学生都纳入到工程训练教学体系中。本课程于2010年被评为国家级精品课程，2012年入选国家级精品资源共享课。为进一步适应课程改革的新形势和国家级精品课程的教学要求，深化工程实践教学的内涵建设，特编写了本书。

本书为工程训练机械类及近机械类的实习教材，是根据《普通高等学校工程材料及机械制造基础系列课程教学基本要求》，并结合培养应用型高级工程技术人才的需要，结合实践教学的特点编写而成的。在编写过程中，保留了传统的车、铣、刨、磨、钳、铸造、锻压和焊接等基本实习科目，添加了快速成形、数控技术、特种加工和综合创新等内容，力求使教材内容具有综合性、实践性、科学性和先进性等特点。

本书旨在帮助学生正确掌握材料的加工方法，了解机械制造的工艺过程以及新工艺和新技术的应用，指导学生实际操作，获得初步操作技能，进而树立大工程意识，学习科学研究的基本方法，培养分析和解决实际问题的能力，养成团结协作的工作作风和严谨的科学态度，使学生在知识、能力和素质等方面得到较全面的训练和提高。

本书由合肥工业大学朱华炳、田杰担任主编，参加编写的有王连超、席赟（第1章），席赟（第2章），吴炜（第3章），李小蕴（第4章及第5章），张晔、郑红梅（第6章），胡友树（第7章），周建峰（第8章），阚绪平（第9章及第10章），巢湖学院蒋全胜（第11章），张文祥（第12章），安徽建筑工业学院左延红（第13章），彭婧、贾明浩（第14章），曹斌（第15章），陶泽柳（第16章及第17章），朱华炳、田杰（第18章）。在成书过程中，从策划、组织到统稿，桂贵生教授都全程参与，并做了大量的工作，全书由清华大学傅水根教授主审。他们为本书的编写和修改提出了许多宝贵的意见，他们认真细致的态度和严谨的科学作风给全体编写人员留下了深刻的印象，在此向他们表示衷心的感谢。

由于编者水平有限，书中难免有不妥或错误之处，敬请各高校师生在使用本书时以及读者阅读本书时能及时批评指正，以便再版时修改。

编　者

目　录

第 2 篇　切削加工篇

第 3 篇　机械拆装与综合训练篇

第 1 章　工程材料及金属热处理

【实训目的与要求】

1）熟悉常用金属材料的种类、牌号、性能及应用。

2）了解常用非金属材料的种类、性能及应用。

3）了解金属材料热处理的主要方法和热处理设备。

4）掌握金属材料热处理的主要工艺过程和应用。

5）掌握本工种安全要领。

1.1　概述

工程材料是指制造工程构件和机器零件用的材料。现代工程材料种类繁多，据粗略统计，目前世界上的材料已有 40 余万种，并且每年以约 5% 的速度在增加。按照材料的组成、结合键的特点，可将工程材料分为金属材料、高分子材料、无机非金属材料（陶瓷）和复合材料四类，如图 1-1 所示。

按零件在机械或机器中实现的功能，又可将制造零件的材料分为结构材料和功能材料。结构材料主要是利用其力学性能，用以制造实现运动和传递动力的零件，或以受力为主的构件。例如，齿轮、轴、自行车链条、飞机起落架和建筑物承载梁等。功能材料主要是利用物质独特的物理性质（如热学、光学、电学、声学、磁学等性质）和化学性质（如溶蚀性、耐蚀性、抗渗入性、抗氧化性、催化性能、离子交换性能以及吸收、吸附等性能），以及生物功能等而制成的一类材料。功能材料主要有弹塑性材料、膨胀材料、形状记忆合金、光电和磁性材料、生物材料等。机械工程中大量使用各类结构材料。

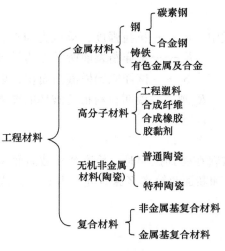

图 1-1　工程材料的分类

金属材料、高分子材料和无机非金属材料在性能上各有其特点，集各类材料的优异性能于一体，充分发挥各类材料的潜力，则制成了各种复合材料。

1.2 金属材料

1.2.1 金属材料的力学性能

金属材料在外力作用下所表现出的各项性能指标，统称为金属材料的力学性能。其主要指标有：强度、硬度、塑性、冲击韧度和疲劳强度等。力学性能是零件设计计算、选择材料、工艺评定以及材料检验的主要依据。

1. 强度

评价材料强度和塑性最简单有效的方法是测定材料的拉伸曲线，一般通过拉伸试验测得。拉伸试验是用静拉伸力对标准拉伸试样进行缓慢地轴向拉伸，直至试样被拉断的一种试验方法。采用国家标准（GT/T 228.1—2010）规定的标准试样在试验机上进行，试样的形状和尺寸取决于被试验的金属产品的现状与尺寸，试样的横截面可以是圆形、矩形、环形、多边形等。其中，圆形横截面机械加工试样如图 1-2 所示。

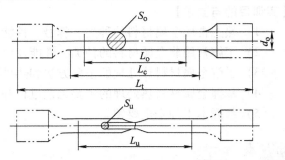

图 1-2　圆形横截面机械加工试样

在拉伸试验中和拉伸试验后可测量力的变化与相应的伸长，从而测出材料的强度与塑性。测定试样对外加试验力的抗力，可求出材料的强度值；测定试样在拉断后塑性变形的大小，可求出材料的塑性值。

材料在拉断前所承受的最大力为 F_m，材料在拉断前所承受的最大拉应力称为抗拉强度，用 R_m 表示。其计算公式为

$$R_m = \frac{F_m}{S_o}$$

式中　R_m——抗拉强度，单位为 MPa；

　　　F_m——试样断裂前所承受的最大力，单位为 N；

　　　S_o——试样原始横截面面积，单位为 mm^2。

R_m 越大，说明材料抵抗破坏的能力越强，所以说 R_m 是一个重要的强度指标。

2. 塑性

金属材料在外力的作用下产生永久变形（塑性变形）而不断裂的能力称为塑性。金属材料在受到拉伸时，长度和横截面面积都会发生变化，因此，金属的塑性可以用断后伸长率 A 和断面收缩率 Z 来评定。其计算公式为

$$A = \frac{L_u - L_o}{L_o} \times 100$$

$$Z = \frac{S_o - S_u}{S_o} \times 100$$

式中 L_o——试样原始标距，单位为 mm；

  L_u——试样断后标距，单位为 mm；

  S_o——试样平行长度的原始横截面面积，单位为 mm²；

  S_u——试样断后最小横截面面积，单位为 mm²。

断后伸长率和断面收缩率越大，表示材料的塑性越好，即材料承受较大的塑性变形而不被破坏。一般把断后伸长率大于 5%的金属称为塑性材料（如低碳钢等），而把断后伸长率小于 5%的金属称为脆性材料（如灰铸铁等）。塑性好的材料可以顺利进行某些成形工艺加工，如冲压、冷拔、校直等。因此，选择金属材料作为机械零件时，必须满足一定的塑性指标。一般 A 达到 5%，Z 达到 10%能满足大多数零件的要求。

3. 硬度

金属材料抵抗其他更硬的物体压入其表面的能力称为硬度。硬度反映金属材料表面抵抗局部塑性变形、压痕或划痕的能力。由于大多数常用钢材的强度和硬度之间有一个近似比例关系，根据硬度可以近似估计材料的抗拉强度。另外，材料抗磨性能与硬度有密切的关系，所以硬度是衡量金属材料的一个重要指标。目前，用于测量材料硬度的方法有三种，布氏硬度法、洛氏硬度法和维氏硬度法。

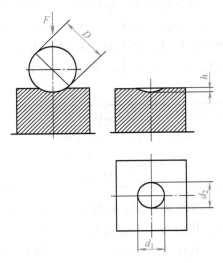

（1）布氏硬度 测量布氏硬度用的硬质合金球的直径有 1mm、2.5mm、5mm 和 10mm 四种。根据被测材料的种类、硬度范围和试样厚度的不同，选择不同直径的硬质合金球、试验力、保持时间等参数。

布氏硬度试验原理如图 1-3 所示，对一定直径的硬质合金球施加试验力压入试样表面，经规定保持时间后，卸除试验力，测量试样表面压痕的直径，计算得出布氏硬度值。试验所测得的硬度值按下式计算

图 1-3 布氏硬度试验原理示意图

$$布氏硬度 = 常数 \times \frac{试验力}{压痕表面积} = 0.102 \times \frac{2F}{\pi D(D - \sqrt{D^2 - d^2})}$$

式中 F——试验力，单位为 N；

  D——球直径，单位为 mm；

  d——压痕平均直径，$d = \dfrac{d_1 + d_2}{2}$，单位为 mm。

布氏硬度用 HBW 表示，符号前面为硬度值，后面是按照如下顺序表示试验条件的指标：球直径（mm）、试验力值、与规定时间不同的试验力保持时间。

例如 350HBW5/750，表示直径为 5mm 的硬质合金球在 7.355kN 试验力下保持 10~15s 测定的布氏硬度值为 350；600HBW1/30/20，表示直径为 1mm 的硬质合金球在 294.2N 试验力下保持 20s 测定的布氏硬度值为 600。

布氏硬度的特点是测量误差小，数据稳定；缺点是压痕直径大，太薄或成品零件不宜采用布氏硬度。金属表面的损伤较大，不宜测定太小或太薄的试样，所以，布氏硬度试验主要

用来测定原材料，如铸铁、非铁金属、经退火或正火处理的钢材及其半成品的硬度。布氏硬度试验范围上限为 650HBW。

（2）洛氏硬度　洛氏硬度试验原理如图 1-4 所示。将压头（金刚石圆锥、硬质合金球）按图 1-4 分两个步骤压入试样表面，经规定保持时间后，卸除主试验力，测量在初试验力下的残余压痕深度 h。

根据 h 值及常数 N 和 S（有表可查），用公式计算洛氏硬度。计算公式如下

$$洛氏硬度 = N - \frac{h}{S}$$

实际操作中，洛氏硬度值可以直接在硬度试验机的表盘上读出。由于压头和施加的试验力不同，洛氏硬度有多种标尺，常用的有 HRA、HRC、HRB。各种洛氏硬度标尺的试验条件和应用范围见表 1-1。

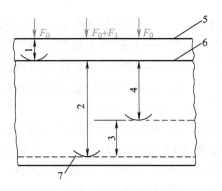

图 1-4　洛氏硬度试验原理示意图
1—在初试验力 F_0 下压入的深度
2—由主试验力 F_1 引起的压入深度
3—卸除主试验力 F_1 后的弹性恢复深度
4—残余压入深度 h　5—试样表面
6—测量基准面　7—压头位置

表 1-1　各种洛氏硬度标尺的试验条件和应用范围

洛氏硬度	压头类型	总试验力/N	测量范围	应用举例
HRA	120°金刚石	588.4	20~88HRA	高硬度表面
HRB	直径 1.588mm 球	980.7	20~100HRB	软钢、灰铸铁、有色金属
HRC	120°金刚石圆锥	1471	20~70HRC	淬火回火钢

实际测量时，硬度值可以从洛氏硬度计的表盘上直接读出。洛氏硬度的优点是操作简单、压痕很小、适用范围广，缺点是测量结果分散大。

在中等硬度情况下，洛氏硬度 HRC 与布氏硬度 HBW 之比约为 1:10，例如，40HRC 相当于 400HBW 左右。

（3）维氏硬度（HV）　维氏硬度试验原理与布氏硬度试验相似，也是以压痕单位表面积所承受的试验力大小来计算硬度值。它是用一个相对面夹角为 136°的金刚石正四棱锥体压头，在规定载荷 F 的作用下压入被测金属表面，保持一定时间后卸除载荷，然后再测压痕的两对角线长度的平均值 d 来计算硬度，其试验原理如图 1-5 所示。

维氏硬度用符号 HV 表示，计算公式如下

$$HV = 0.1891 \frac{F}{d^2}$$

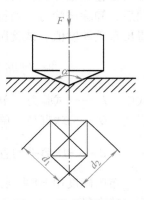

图 1-5　维氏硬度试验
原理示意图

式中　HV——维氏硬度；

　　　F——试验力，单位为 N；

　　　d——压痕对角线长度算术平均值，单位为 mm。

符号前面的数字为硬度值，后面的数字按顺序分别表示试验力及试验力保持时间。一般用于测量渗氮层等硬度。

维氏硬度试验所用载荷小，压痕深度浅，适用于零件薄的表面硬化层、金属镀层及薄片金属硬度的测量。因压头为金刚石四棱锥，载荷可调范围大，故对软、硬材料均适用，测定范围为0~1000HV。

4. 冲击韧度

许多机械零件、构件或工具在服役时，会受到冲击载荷的作用，如冲模、锻模等。材料抵抗冲击载荷作用的能力称为冲击韧度。一般用材料单位横截面面积的冲击消耗能量 a_K 作为冲击韧度指标。测定冲击韧度常用的方法为夏比摆锤冲击试验，夏比摆锤冲击试验机如图1-6所示。

试样冲击韧度的计算公式为

$$a_K = \frac{A_K}{S_o}$$

式中　a_K——冲击韧度，单位为 J/cm^2；

　　　A_K——冲击吸收能量，单位为 J；

　　　S_o——试样缺口处最小横截面面积，单位为 cm^2。

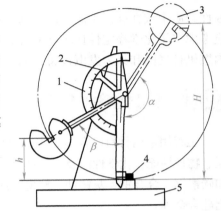

图1-6　夏比摆锤冲击试验机
1—刻度盘　2—指针　3—摆锤
4—试验机　5—底座

材料的冲击韧度除了取决于材料本身之外，还与环境温度及缺口的状况密切相关。所以，冲击韧度试验除了用来测量材料的韧度大小外，还用来测量金属材料随环境温度下降由塑性状态转变为脆性状态的韧脆转变温度，也用来考查材料对于缺口的敏感性。

1.2.2　金属材料的工艺性能

金属材料通过各种加工方法被制造成零件或产品，材料对各种加工方法的适应性称为材料的工艺性能。按工艺方法不同有：

（1）**铸造性能**　铸造性能指金属材料通过铸造方法制成优质铸件的难易程度。其影响因素主要包括材料的流动性和收缩性，材料的流动性越高，收缩性越小，则铸造性能越好。

（2）**锻压性能**　锻压性能指金属材料在锻压加工过程中获得优良锻压件的难易程度。它与金属材料的塑性及变形抗力有关。材料的塑性越高，变形抗力越小，则锻压性能越好。

（3）**焊接性能**　焊接性能指金属材料在一定焊接工艺条件下，获得优质焊接接头的难易程度，其影响因素包括材料的成分、焊接方法、工艺条件等。

（4）**热处理性能**　热处理性能是指金属材料在改变温度和冷却时获得所需要的结构和性能的能力。对钢而言常指淬透性、淬硬性、回火脆性及产生裂纹的倾向性等。

（5）**切削加工性能**　切削加工性能指用刀具切削加工金属材料的难易程度。材料切削加工性能的好坏主要体现在切削速度、已加工表面质量、切屑的控制、断屑的难易程度以及切削力等。影响材料切削加工性的主要因素是材料的物理性能、化学成分和金相组织等。

1.2.3　金属材料的物理和化学性能

1. 物理性能

金属材料的物理性能是金属材料对自然界的各种物理现象，如温度变化、地球引力等所引起的反应，主要包括密度、熔点、导热性、导电性、磁性、热膨胀性等。

2. 化学性能

金属材料的化学性能主要是指在常温或高温时，金属抵抗各种活泼介质化学侵蚀的能力，即金属材料的化学稳定性，包含抗氧化性和耐蚀性。耐蚀性包含耐酸性和耐碱性。在腐蚀性介质中或在高温下服役的零部件比在正常室温条件下腐蚀要强烈。在设计这类零部件时应考虑选用化学稳定性比较好的合金钢。如化工设备、医疗用具等常采用不锈钢来制造，而内燃机排气阀和火力发电设备常采用耐热钢制造。

1.3 常用金属材料

工程用金属材料以合金为主，很少使用纯金属。原因是合金比纯金属具有更好的力学性能、物理性能、化学性能及工艺性能，且价格低廉。最常用的合金是以铁为基体的铁碳合金，如碳素钢、合金钢、灰铸铁、球墨铸铁等，还有以铜为基体的黄铜、青铜，以及以铝为基体的铝硅合金等。

金属材料一般分为四大类：

1）工业纯铁（$w_C \leqslant 0.0218\%$），一般不用纯铁来制造机械零件。

2）钢（$0.0218\% < w_C \leqslant 2.11\%$）。

3）铸铁（$2.11\% < w_C \leqslant 6.69\%$）。

4）有色金属，一般包括铝、铜及其合金等。

1.3.1 钢

1. 钢的分类

钢的分类方法有很多，分类依据有钢的化学成分、主要质量等级、主要性能及用途。常用的是以钢中碳的质量分数、冶金质量、炼钢时的脱氧方法、钢的热处理特点等作为分类依据。

（1）按化学成分分类　钢可分为非合金钢（碳素钢）、低合金钢、合金钢三大类。

按碳的质量分数不同，碳素钢又可分为低碳钢（$w_C \leqslant 0.25\%$）、中碳钢（$0.25\% < w_C \leqslant 0.6\%$）、高碳钢（$w_C > 0.6\%$）。

按合金元素的含量不同，合金钢又可分为低合金钢（合金元素质量分数小于5%）、中合金钢（合金元素质量分数为5%~10%）、高合金钢（合金元素质量分数大于10%）。

（2）按使用特性分类　钢可分为结构钢、工具钢和特殊性能钢。

1）结构钢。结构钢主要用来制造各种工程构件（如桥梁、船舶、建筑等的构件）和机器零件，一般属于低碳钢和中碳钢。

2）工具钢。工具钢主要用来制造各种刃具、量具、模具，这类钢中碳的质量分数较高，一般属于高碳钢。

3）特殊性能钢。特殊性能钢指具有特殊物理、化学性能的钢，这类钢主要有不锈钢、耐热钢、耐磨钢，一般属于高合金钢。

2. 非合金钢（碳素钢）的牌号、主要性能及用途

常用非合金钢（碳素钢）的牌号、主要性能及用途见表1-2。

表 1-2 常用非合金钢（碳素钢）的牌号、主要性能及用途

分 类	牌号及含义		性能与应用范围	应 用 举 例
	牌 号 举 例	含 义		
碳素结构钢	Q235AF	Q 是"屈"的汉语拼音字首，235 表示屈服强度值，A 表示质量等级，F 表示沸腾钢	普通碳素结构钢由于焊接性能好而强度不高，一般用于制造受力不大的机械零件	钢筋、套环、桥梁、高压线塔、建筑构件
优质碳素结构钢	08~25	优质碳素结构钢的牌号是用两位数，表示平均碳的质量分数的万分比。45 钢表示碳的质量分数为 0.45%	塑性、韧性较好，主要用于制作较重要的机械零件。该类钢一般都要经过热处理，以提高其力学性能	壳体、容器
	30~50			轴、齿轮、连杆
	60 以上			轧辊、弹簧、钢丝绳、偏心轮
碳素工具钢	T7、T7A、T8、T8A	常用的碳素工具钢牌号中"T"是"碳"的汉语拼音字首，数字表示平均含碳量的千分之几。若为高级优质碳素工具钢，则在其牌号后加字母"A"	经淬火、低温回火后具有高的硬度、耐磨性；但塑性较低，淬透性低，易变形。碳素工具钢主要用于制造截面较小、形状简单的各种低速切削刀具、量具和模具	冲头、錾子、手钳、锤子
	T9、T9A、T10、T10A			板牙、丝锥、钻头、车刀
	T12、T12A、T13、T13A			刮刀、锉刀、量具

3. 低合金高强度结构钢的牌号、主要性能及用途

低合金高强度结构钢是一种合金元素含量较少、强度较高的工程用钢，价格与普通碳素结构钢相近，但强度比一般低碳结构钢高 10%~30%，且具有良好的塑性（断面收缩率大于 20%）和焊接性能，便于冲压或焊接成形。低合金高强度结构钢主要用于各种受力的工程结构，大多为普通质量钢，冶炼简便，成本低。

低合金高强度结构钢的牌号表示方法与碳素结构钢相同，即以字母"Q"开始，后面以 3 位数字表示最低屈服强度，最后以符号表示其质量等级。如 Q345A 表示屈服强度不低于 345MPa 的 A 级低合金高强度结构钢。表 1-3 列出了常用低合金高强度结构钢的牌号、化学成分、力学性能及应用举例。

表 1-3 常用低合金高强度结构钢的牌号、化学成分、力学性能及应用举例

牌 号	相应旧牌号举例	化学成分（质量分数）（%）						力学性能		应 用 举 例
		C	Mn	V	Nb	Ti	Ni	R_{eL}/MPa	A（%）	
Q345（A，B）	16Mn、12MnV	≤0.20	≤1.70	0.15	0.07	0.2	0.5	345	20	桥梁、船舶、压力容器、车辆等
Q390（A~E）	15MnV、15Mn Ti	≤0.20	≤1.70	0.2	0.07	0.2	0.5	390	20	桥梁、船舶、压力容器、起重机等
Q420（A~E）	15MnVN、15MnVTiRe	≤0.20	≤1.70	0.2	0.07	0.2	0.8	420	19	桥梁、船舶、高压容器等
Q460（C~B）		≤0.20	≤1.80	0.2	0.11	0.2	0.8	460	17	大型桥梁、大型船舶、高压容器等

4. 合金钢的分类及牌号

合金钢是指在碳钢的基础上加入某些合金元素，以便提高钢的某些性能。按合金钢的用途可分为合金结构钢、合金工具钢和特殊性能钢。

合金结构钢包括合金渗碳钢、合金调质钢、合金弹簧钢和滚动轴承钢等。合金结构钢不仅具有较高的强度和韧度，而且具有较好的淬透性，主要用来制造工程构件和机械零件，属于优质钢或高级优质钢，一般都经过热处理后使用。

合金工具钢按用途分为刃具钢、模具钢和量具钢，其中合金刃具钢包括低合金刃具钢和高速钢，合金模具钢包括热作模具钢和冷作模具钢。对具体的钢种而言，实际应用界限并非是绝对的，而是以其性能特点作为首要的选材依据，如某些刃具钢也可制造冷模具或量具等。

特殊性能钢是指具有特殊物理、化学性能的钢。该类型的合金钢主要有不锈钢、耐热钢和耐磨钢。

合金钢的牌号表示方法见表 1-4。

表 1-4　合金钢的牌号表示方法

分类	牌号表示方法	举 例
合金结构钢	"数字" + "合金元素符号" + "数字"三部分组成。前两位数字表示钢中平均含碳量的万分之几，合金元素后的数字表示该元素平均含量的百分之几，当其平均含量小于 1.5%时，只需写出元素符号；高级优质钢在钢号后加 "A"。易切削钢前面加 "Y"，滚动轴承钢在钢号前面加 "G"，铬的质量分数用千分数表示。其中低合金高强度钢牌号的新标准表示方法与普通碳素结构钢相同	合金渗碳钢：20Cr、20Mn2、20CrMnTi、20Cr2Ni4、18Cr2Ni4WA 合金调质钢：40CrMn、38CrMoAl、40CrNiMoA、25Cr2Ni4WA 合金弹簧钢：65Mn、60Si2Mn、55SiMnVB 滚动轴承钢：GCr15、GCr15SiMn
合金工具钢	碳的平均质量分数小于 1%时，用一位数字表示平均质量分数的千分数；如平均碳质量分数不小于 1%时，则不标出其质量分数。合金元素含量的表示方法与合金结构钢相同	低合金刃具钢：9SiCr、CrWMn、9Mn2V 高速钢：W18Cr4V、W6Mo5Cr4V2 冷作模具钢：Cr12MoV、Cr4W2MoV 热作模具钢：5CrNiMo、3Cr2W8V 合金量具钢：CrWMn、GCr15、9Cr18
特殊性能钢	牌号前面的两位数字表示平均碳含量的质量分数。但当其值不大于 0.003%时，用三位数表示（十万分之几表示）合金元素含量的表示方法与合金结构钢相同	不锈钢：20Cr13、40Cr13、12Cr13、10Cr17Ni 耐热钢：06Cr18Ni11Ti、14Cr11MoV 耐磨钢：ZGMn13

1.3.2　铸铁

铸铁是碳的质量分数大于 2.11%的铁碳合金，一般含有硅、锰元素及磷、硫等杂质。铸铁在工业生产上的应用比较广泛，与碳素钢相比，其力学性能相对较差，但具有优良的减振性、耐磨性、切削加工性和铸造性能，生产成本也比较低。

1. 铸铁的分类

（1）根据碳在铸铁中存在的形式分类　可分为白口铸铁、灰铸铁和麻口铸铁。

1）白口铸铁中的碳完全以渗碳体的形式存在，断口呈银白色，硬而脆，难以进行切削加工。一般用于无需加工但需耐磨且有较高硬度的零件，如铧犁、球磨机的磨球、轧辊等。

2）灰铸铁中的碳大部分以片状石墨形式存在，断口呈暗灰色，工业应用比较广泛。

3）麻口铸铁中的碳以石墨和渗碳体的混合形式存在，断口呈灰白相间的麻点状，脆性较大。

（2）根据石墨在铸铁中的形状分类　可分为普通灰铸铁、球墨铸铁和可锻铸铁。

1）普通灰铸铁中的石墨呈片状，抗压强度明显大于抗拉强度，同时还具有良好的切削加工性、减振性、吸振性等特点。它还具有熔点低、流动性好、收缩量小等优点，因此铸造性能良好。

2）球墨铸铁中的碳主要以球状石墨的形式存在，通过在铸铁液中加入球化剂进行球化处理获得。球墨铸铁既有灰铸铁的优点，又具有较高的强度和一定的塑性和韧性，因此，综合力学性能优越。

3）可锻铸铁是由白口铸铁经过长时间石墨化退火而获得的，具有团絮状石墨的铸铁。它具有较好的强度、塑性和韧性。

2. 铸铁的牌号、性能及应用

常用铸铁的牌号、性能及应用见表1-5。

表 1-5　常用铸铁的牌号、性能及应用

分　　类	牌　　号		性　　能	应用举例
	牌号举例	说　明		
灰铸铁	HT100 HT200 HT300 HT350	HT+数字。"HT"表示灰铸铁代号，数字表示最低抗拉强度	铸造性、减振性、耐磨性、切削加工性优异	机床床身、各种箱体、壳体、泵体、缸体等
球墨铸铁	QT400-15 QT600-3	QT+两组数字。"QT"表示球墨铸铁代号；第一组数字表示最低抗拉强度值；第二组数字表示最低伸长率值	比灰铸铁的力学性能优良；可进行各种热处理；可制造承受振动、载荷大的零件	汽车、拖拉机的曲轴、连杆、传动齿轮等
可锻铸铁	KTH300-06	KTH、KTB、KTZ分别为黑心、白心、珠光体可锻铸铁代号；第一组数字表示最低抗拉强度值；第二组数字表示最低伸长率值	塑性好、韧性好、耐蚀性较强	汽车、拖拉机的前后轮壳、管接头、低压阀门等
蠕墨铸铁	RuT260	RuT＋一组数字；"RuT"表示蠕墨铸铁，代号数字表示最低抗拉强度值	强度、塑性和抗疲劳性能优于灰铸铁	钢锭模、玻璃模具、柴油机气缸、气缸盖、排气阀、耐压泵的泵体

1.3.3　铜及其合金

1. 纯铜

铜是人类最早发现和使用的金属之一。纯铜是玫瑰红色的金属，表面形成的氧化亚铜呈紫色，故又称为紫铜。纯铜的密度为$8.93g/cm^3$，熔点$1083℃$。退火状态下的力学性能为：

$R_m = 240\text{MPa}$，$HBW = 35$，$A = 45\%$。纯铜的导电性、导热性优良，仅次于银而居第二位，在电气工业及动力机械工业中获得广泛应用。铜具有抗磁性，广泛用于制造抗磁性干扰的仪器、仪表零件。纯铜的塑性极好，易于冷、热加工，广泛应用于电气工业的电缆、电线、线圈、触头等，还可用于冷却器、热交换器、容器等，可以制备成管、棒、带、板、箔等各种铜材。

工业纯铜的牌号使用"铜"的汉语拼音字首"T"和随后的一位数字表示。工业纯铜有T1、T2、T3，数字越大表示铜的纯度越低。

2. 黄铜

黄铜是以锌为主加元素构成的铜基合金，用"H"表示，如H68表示铜的质量分数为68%，锌的质量分数为32%的黄铜。HPb59-1表示铜的质量分数为59%，铅的质量分数为1%，其余为锌的黄铜。

3. 青铜

青铜是以锡、铝、硅、铍等为主加元素构成的铜基合金。青铜的牌号采用"Q+主加元素符号+主加元素的质量分数"的形式表示。如QSn10-1表示锌的质量分数为10%，附加元素的质量分数为1%，铜的质量分数为89%的青铜。锡青铜的力学性能随含锡量的变化而变化，锡的质量分数小于8%时，具有较好的塑性，适用于压力加工；锡的质量分数大于10%时，塑性低，只适合铸造。锡青铜主要用于制造轴承、衬套、涡轮、螺母等耐磨件。

4. 白铜

白铜是以镍为主加元素构成的铜合金。其牌号采用"B+后面的数字"的形式表示，数字表示镍的平均质量分数。如添加第三种元素，则在B字后面增加该元素的化学符号和平均质量分数。如B19表示镍的质量分数为19%的普通白铜；BMn3-12表示镍的质量分数为3%和锰的质量分数为12%的锰白铜。

1.3.4 铝及其合金

1. 纯铝

纯铝为银白色，密度为2.72g/cm^3，熔点660℃；力学性能：$R_m = 90\text{MPa}$，HBW：28，$A = 38\%$，面心立方结构，无同素异构转变；导电性好、导热性好、耐蚀性能好、塑性好、强度低；可制造板材、箔材、线材、带材及型材，是配制铝合金的主要材料。工业纯铝主要含有的杂质是铁和硅，杂质的含量越高，纯铝的强度越高，而塑性、导热性、导电性和耐蚀性越差。工业纯铝牌号有L1、L2、L3、L4、L5、L6六种，其中"L"是"铝"的汉语拼音首字母，其后的顺序号数字越大，表示杂质含量越高。

2. 铝合金

通过在纯铝中添加一定量的合金元素制成铝合金，铝合金的强度比纯铝高。根据铝合金的成分和生产加工方法，铝合金分为变形铝合金和铸造铝合金两类。

（1）变形铝合金 变形铝合金分为防锈铝合金、硬铝合金、超硬铝合金和锻铝合金，其牌号用四位字符体系表示。牌号的第一、第三、第四位为数字，第二位A为字母。第一位数字是依主要合金元素Cu、Mn、Mg、Zn等的顺序来表示变形铝合金的组别，最后两位数字用以标识统一组别中的不同铝合金。

防锈铝合金强度比纯铝高，具有良好的耐蚀性、塑性和焊接性，但切削性能较差，主要有 5A50、3A21 等牌号。

硬铝合金主要是 Al—Cu—Mg 系合金，它由于强度和硬度高，所以称为硬铝，主要有 2A01、2A11 等牌号。

超硬铝合金是在硬铝合金的基础上添加锌元素制备而成，由于具有强烈的时效强化效果，强度超过硬铝，主要有 7A04 等牌号。

锻铝合金的合金元素含量较少，在加热状态下具有良好的塑性和耐热性，锻造性能好，所以称之为锻造铝合金，如 6A02、2A502A14 等牌号。

（2）铸造铝合金 铸造铝合金用"ZL"加三位数字表示，如 ZL107 等，分为铝硅、铝铜、铝镁及铝锌等四大系列，其铸造性能好，导热性及耐蚀性较好，又具有一定的强度，可用于制造形状较复杂、要求导热、耐蚀性较高的结构件和零件。

1.4 常用非金属材料及复合材料

非金属材料包括有机高分子材料和陶瓷材料。有机高分子材料因其原料丰富、成本低、加工方便，已得到广泛应用。陶瓷材料具有耐高温、耐腐蚀、高硬度等某些独特的优异性能，在工程应用中日益受到重视。

复合材料既保留了组成材料各自的优点，又具有单一材料所没有的特性，因此复合材料越来越引起人们的重视。

1.4.1 高分子材料

高分子材料（简称高分子、高聚物或聚合物）是指相对分子质量很大（在 1000 以上）的化合物，即高分子化合物组成的一类材料的总称。高分子材料是由大量的大分子链聚集而成的，各个大分子链的长度并不一致，是按统计规律分布的，因此通常所说的相对分子质量指的是平均相对分子质量；大分子链也可以由几种单体共同聚合而成。

高分子材料包括塑料、橡胶、合成纤维、胶黏剂、涂料等。

1. 塑料

塑料是指以有机合成树脂为主要原料，通常在加热、加压条件下塑造成一定形状产品的聚合物，故称为塑料。实际上是通过制备高分子基复合材料来改善力学性能。塑料的性能主要由树脂决定，添加剂也有一定的作用。塑料的主要成分是合成树脂，通过添加增强材料、固化剂、增塑剂、稳定剂、着色剂等改进其性能。

塑料根据树脂受热时的行为，分为热塑性塑料和热固性塑料两种；按使用范围分为普通塑料、工程塑料和特种塑料。这里主要介绍工程塑料。

工程塑料是近几十年发展起来的新型工程材料，具有质量轻、比强度高、韧性好、耐蚀、消声、隔热及良好的减摩、耐磨和电性能等特点，是一种原料易得、加工方便、价格低廉、在工农业生产、国防和日常生活的各个领域广泛应用的有机合成材料，其发展速度超过了金属材料。

工程塑料主要用于飞机、汽车、电子电气、家用电器、办公机械、医疗器械等要求轻型化的设备，可制作比强度要求高的零件，如车门拉手、保险杠、外护板、操纵杆等，也可制作耐磨性要求高的零件，如轴承、轴瓦、齿轮、凸轮、机床导轨、高压密封圈等。常用工程塑料的名称、性能、应用举例见表1-6。

表1-6 常用工程塑料的名称、性能、应用举例

名 称	性 能	应 用 举 例
聚乙烯（PE）	无毒、无味；质地较软，比较耐磨、耐腐蚀，绝缘性能较好	薄膜、软管；塑料管、板、绳等
聚丙烯（PP）	具有良好的耐蚀性、耐热性、耐曲折性、绝缘性	齿轮、壳体、包装袋等
聚苯烯（PS）	无色、透明；着色性好；耐腐蚀、耐绝缘，但易燃、易脆裂	仪表零件、设备外壳及隔声、包装、救生器材等
聚酰胺（尼龙）（PA）	强度、韧性较高；耐磨性、自润滑性、成形工艺性、耐蚀性良好；吸水性较大	仪表零件、机械零件、电缆护套，如油管、轴承、导轨、涂层等
ABS塑料	具有良好的耐蚀性、耐磨性、加工性、着色性等综合性能	轴承、齿轮、叶片、叶轮、设备外壳、管道、容器、车身、转向盘等
聚甲醛（POM）	优异的综合性能，如良好的耐磨性、自润滑性、耐疲劳性、冲击韧度及较高的强度、刚性	齿轮、轴承、凸轮、制动闸瓦、阀门、化工容器、运输带等
聚碳酸酯（PC）	透明度高；耐冲击性突出，强度较高，抗蠕变性好；自润滑性能差	齿轮、蜗轮、凸轮；防弹玻璃，安全帽、汽车风窗等
聚四氟乙烯（F-4）	耐热性、耐寒性极好；耐蚀性极高；耐磨、自润滑性优异等	化工用管道、泵、阀门；机械用密封圈、活塞环；医用人工心、肺等
有机玻璃（PMMP）	透明度、透光率很高；强度较高；耐酸、碱，不易老化；表面易擦伤	油标、窥镜、透明管道、仪器、仪表等
酚醛塑料（PE）	较高的强度、硬度；绝缘性、耐热性、耐磨性好	电器开关、插座、灯头、齿轮、轴承、汽车制动片等
环氧塑料（EP）	强度较高；韧性、化学稳定性、绝缘性、耐寒性、耐热性较好；成形工艺性好	船体、电子工业零部件等

2. 橡胶

橡胶是以高分子聚合物为基础的具有高弹性的材料。橡胶与塑料的不同之处是橡胶在很宽的温度范围（−50～150℃）内能处于高弹态，具有优良的伸缩性和积储能量的能力，成为常用的弹塑性材料、密封材料、减振材料和传动材料。经硫化处理和炭黑增强后的橡胶具有高的抗拉强度和疲劳强度，其抗拉强度达25～35MPa，并且具有不透水、不透气、耐酸碱和电绝缘性能，这些良好性能使橡胶成为重要的工业原料，应用广泛。

根据原材料的来源不同，橡胶可分为天然橡胶和合成橡胶。按应用范围又可分为通用橡胶和特种橡胶，前者主要用来制造轮胎、运输带、胶管、胶板、垫片、密封装置等，后者主要用来制造在高温、低温辐射环境下和在酸、碱、油等特殊介质下工作的制品。

常用橡胶的名称、性能、用途见表1-7。

表1-7 常用橡胶的名称、性能、用途

名 称	代 号	抗拉强度/MPa	伸长率（%）	使用温度/℃	特 性	用 途
天然橡胶	NR	25～30	650～900	−500～120	高强、绝缘、防振	通用制品、轮胎等
丁苯橡胶	SBR	15～25	500～800	−50～140	高强	通用制品、胶版、胶布轮胎等
顺丁橡胶	BR	18～25	450～800	120	耐磨、耐寒	轮胎、运输带等
氯丁橡胶	CR	25～27	800～1000	−35～130	耐酸、碱、阻燃	管道、电缆、轮胎

（续）

名　称	代　号	抗拉强度/MPa	伸长率（%）	使用温度/℃	特　性	用　途
丁腈橡胶	NBR	15～30	300～800	−35～170	耐油、水、气密	油管、耐油垫圈等
乙丙橡胶	EPDM	10～25	400～800	150	耐水、气密	汽车零件、绝缘体等
橡胶弹性体	VR	20～35	300～800	80	高强、耐磨	胶辊、耐磨件等
硅橡胶	SiR	4～10	50～500	−70～275	耐热、绝缘	耐高温零件等
氟橡胶	FPM	20～22	100～500	−50～300	耐油、碱	化工设备密封件等
聚硫橡胶	—	9～15	100～700	80～130	耐油、碱	水龙头、衬垫管子等

1.4.2　工业陶瓷

工业陶瓷按使用性能分为结构陶瓷、功能陶瓷和生物陶瓷。

（1）结构陶瓷　这类陶瓷具有较好的力学性能，如强度、硬度、耐高温、耐腐蚀及高温性能等，常用的有 Al_2O_3、Si_3N_4、ZrO_2 等，主要用于生产轴承、球阀、刀具、模具等要求耐磨性及高温性能的各种结构零件。

（2）功能陶瓷　利用其无机非金属材料的某些优异的物理和化学性能，如电磁性能、光性能等，用来制作电磁元件的铁氧体、铁电陶瓷，用于电容器的介电陶瓷，用于力学传感器的压电陶瓷，以及固体电解质陶瓷等。

（3）生物陶瓷　生物陶瓷是指能够作为医学生物材料的陶瓷。这类陶瓷主要用于人的牙齿、骨骼系统的修复和替换，如人造骨、人工关节等。

1.4.3　复合材料

复合材料是指由两种以上在物理和化学性能上不同的物质组合起来而得到的一种多相固体材料。复合材料的突出性能特点包括：比强度及模量高，疲劳强度较高，减振性能好，有较高的耐热性和断裂安全性，以及良好的自润滑性等。但是它也有一定的缺点，如断后伸长率较小，抗冲击性较差，横向强度较低，成本较高等。

复合材料的优异性能使得其得到较广泛的应用，在航空、航天、交通运输、机械工业、建筑工业、化学工业及国防工业等部门起着重要的作用。例如，喷气机的机翼、尾翼、直升机的螺旋桨、发动机的油嘴等结构零件都使用了复合材料。

（1）纤维增强复合材料　玻璃纤维增强复合材料，俗称玻璃钢，具有较高的力学、介电、耐热、抗老化性能，工艺性能优良，常用来制造轴承、齿轮、仪表盘、壳体、叶片等零件；碳纤维增强复合材料，常用来制造喷嘴、喷气发动机叶片、导弹的鼻锥体及重型机械轴瓦、齿轮、化工设备的耐蚀件等。

（2）层压复合材料　层压复合材料常用于制作无油润滑轴承，也用于制作机床导轨、衬套、垫片等；还常用于航空、船舶、化工等工业，如飞机、船舶等的隔板及冷却塔等。

（3）颗粒复合材料　颗粒复合材料是由一种或多种材料的颗粒均匀分散在基体材料内组成的材料，是一种优良的工程材料，可用来制作硬质合金刀具、拉丝模等。金属陶瓷是一种常见的颗粒复合材料，它具有高硬度、高强度、耐磨损、耐高温、耐腐蚀和膨胀系数小等优点。

复合材料的发展非常迅速，其应用范围也在不断扩大。除了聚合物基、金属基和无机非金属基复合材料等传统复合材料以外，现在又陆续出现了许多新型的复合材料，例如纳米复合新材料、仿生复合材料等，这些材料的研究是当前复合材料新的发展方向。

1.5 热处理与表面处理

机械零件在机械加工中要经过冷、热加工等多道工序，其间经常要穿插热处理工序。所谓热处理就是将固态金属材料通过加热、保温和冷却，改变其组织结构和性能的一种工艺方法。

热处理是一种重要的加工工艺，在机械制造业中得到广泛的应用。在机床、汽车、拖拉机等机器的制造中约有三分之二以上的零部件需要热处理。热处理的目的是提高零件的性能，充分发挥材料的潜力，延长零件的使用寿命。此外，热处理还可以改善工件的工艺性能，提高加工质量，减少刀具磨损。

热处理之所以能使钢的力学性能发生变化，其根本原因是铁具有同素异构转变现象，所以，钢铁在加热和冷却的过程中组织和结构发生变化，因而由材料的组织结构所决定的性能也随之发生改变。

根据加热和冷却的方法不同，将热处理分为普通热处理和表面热处理。常用的普通热处理方法有正火、退火、淬火和回火。表面热处理有表面淬火和化学热处理。

1.5.1 常用热处理方法

1. 退火和正火

退火是将工件加热到某一合适的温度，保温一定时间，然后缓慢冷却（通常是随炉冷却，也可埋入导热性较差的介质中冷却）的一种工艺方法。根据退火的工艺特点和目的不同，退火工艺可分为完全退火、等温退火、球化退火、去应力退火等。

退火的目的是降低硬度，便于切削加工；细化晶粒、改善组织，提高力学性能；消除内应力，并为后续热处理做好组织准备。退火主要适用于各类铸件、锻件、焊接件和冲压件，退火一般是机械加工及其他热处理工序之前的预备热处理工序。

正火是将工件加热到某一温度（加热温度由钢中碳的质量分数及合金元素的质量分数来决定，碳钢一般加热到 780~900℃），保温一定时间后，出炉在空气中冷却的一种工艺方法。正火的主要目的有：

1）对于低、中碳钢（碳的质量分数小于0.5%），正火能细化晶粒，使组织均匀，改善切削加工性能。与退火相比，其生产率高、成本低。

2）对于过共析钢，正火可以消除组织中的网状渗碳体，为球化退火做好组织准备，提高球化效果。

3）改善和细化铸钢件的组织。对于形状复杂、截面有急剧变化的结构件，淬火时易变形、开裂，在保证性能的前提下，可用正火代替淬火作为最终热处理。

2. 淬火与回火

淬火是将钢件加热到临界温度以上，保温后在淬火冷却介质中冷却的热处理工艺。淬火可提高钢的硬度和耐磨性，如工具、模具、滚动轴承等。最常用的淬火冷却介质有水、油、盐溶液和碱溶液及其他合成淬火冷却介质。淬火冷却的基本要求是，既要使工件淬硬，又要避免产生变形和开裂。因此，选用合适的淬火冷却介质十分重要，碳钢淬火一般用水或盐水冷却，合金钢淬火则用油冷却。

碳钢的淬火加热温度范围如图 1-7 所示，图中阴影部分为不同含碳量钢的淬火加热温度。但具体工件加热温度要考虑工件尺寸、形状、装炉量、加热炉类型、炉温和加热介质等因素的影响，可根据热处理手册中介绍的经验公式来推算，也可由试验来确定。

各种不同形状的工件在淬火时浸入的方式如图 1-8 所示。浸入淬火冷却介质的操作是否正确，对减少工件变形和避免工件开裂有着重要的影响。为保证工件淬火时得到均匀的冷却，减少工件的内应力，并且考虑到工件的重心稳定，正确的工件浸入淬火冷却介质的方法是：厚薄不均的零件，应使厚的部分先浸入淬火冷却介质；细长的零件（如钻头、轴等），应垂直浸入淬火冷却介质中；薄而平的工件（如圆盘、铣刀等），必须立着放入淬火冷却介质中；薄壁环状零件，浸入淬火冷却介质时，它的轴线必须垂直于液面等。

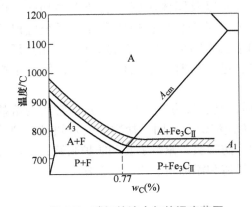

图 1-7　碳钢的淬火加热温度范围

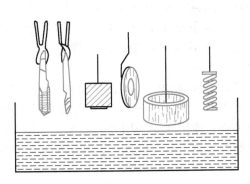

图 1-8　工件浸入淬火冷却介质的方法

工件经淬火后，硬度、强度及耐磨性都有显著提高，而脆性增加，并产生很大的内应力。为了降低脆性、消除内应力，必须进行回火。回火是将把淬过火的工件重新加热到某一温度，保温一定时间后，冷却到室温的一种工艺方法。由于回火温度决定钢的组织和性能，所以生产中一般以工件所需的硬度来决定回火温度。根据回火温度的不同，通常将回火分为低温回火、中温回火和高温回火，见表 1-8。

表 1-8　回火方式、目的以及适用范围

回火方式	回火温度 $t/℃$	回火目的	适用范围	硬度（HRC）
低温回火	150~250	降低内应力及脆性，保持高硬度及耐磨性	高碳工具钢、低合金工具钢制作的刀具、量具、冷冲模、滚动轴承及渗碳件等	58~64
中温回火	350~450	提高弹性和屈服强度，获得强度和韧性的配合	弹簧、热锻模、冲击工具、刀杆等	35~45
高温回火	500~650	获得高的强度、韧性、塑性及硬度	重要的结构件、连杆、螺栓、齿轮及轴等	20~30

另外，还有一个常用的热处理工艺称为调质，就是淬火加上高温回火。调质处理后的力学

性能与正火相比，不仅强度高，而且塑性和韧性也较好，具有良好的综合力学性能。对许多重要的机械零件，如连杆、齿轮及轴等零件需进行调质处理。中碳钢经调质处理后的硬度一般为200~300HBW。

1.5.2 常用热处理设备

热处理设备可分为主要设备和辅助设备两大类。主要设备用来完成热处理的主要操作，即加热和冷却；辅助设备用来完成各种辅助操作、动力供应及安全生产的保障等。

1. 加热炉

常用的加热炉有箱式电阻炉、井式加热炉、盐浴加热炉等。

（1）箱式电阻炉 图1-9所示为箱式电阻炉。箱式电阻炉也称空气炉，是通过电阻丝或硅碳棒加热，以空气为加热介质。其炉型号表示为RJX—30—9，其中"R"表示电阻，"J"表示加热，"X"表示箱式；"30"表示额定功率；"9"表示最高加热温度为950℃。电阻炉可用于工件的退火、正火、淬火、回火、调质以及固体渗碳等热处理的加热。电阻炉在使用前，必须检查其电源接头及电源线的绝缘是否良好；炉体及控温系统应保持清洁，控温系统要定期检查；炉内的氧化皮要定期清理干净，以防引起电热元件的短路；装炉时工件不得随意抛撒，不得撞击炉墙、炉衬；进出料时，必须切断电源，保证生产安全。

（2）盐浴加热炉 盐浴炉是以熔盐为加热介质，其主要方式是电极加热。常用的熔盐主要有NaCl、KCl、BaCl$_2$、CaCl$_2$等。图1-10所示为盐浴炉示意图。盐浴炉通常须设置炉盖和通风罩，使用时要采用强力抽风，工作人员必须穿防护服，佩戴手套和防护眼镜；工件和浴盐等必须烘干后才能入炉，并定期对盐浴脱氧、捞渣和添加新盐或更换新盐。

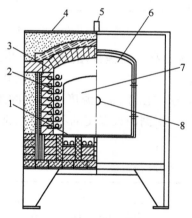

图1-9 箱式电阻炉

1—炉底板 2—电阻丝 3—耐火砖 4—炉壳
5—热电偶 6—炉门 7—炉膛 8—观察孔

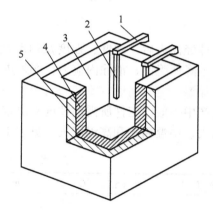

图1-10 盐浴炉示意图

1—主电极 2—插入电极 3—炉膛
4—炉衬 5—炉体

2. 冷却设备

热处理冷却设备是为了能够保证工件在冷却时具有相应的冷却速度和冷却温度。常用的冷却设备有水槽、油槽等。为了提高生产能力，常配备冷却循环系统和吊运设备。其他的还有冷热处理炉、冷却室、冷却坑等。

1.5.3　常用零件表面处理

在机械设备中有些零件需要承载扭转和弯曲等交变载荷，以及强烈的摩擦和冲击，如齿轮、凸轮、凸轮轴、主轴、活塞销等。这就要求这类零件的表面具有高的硬度和耐磨性，而心部要有较好的塑性和韧性。有的零件又要求表面具有一定的防腐性能。由于这类零件的表面和心部的性能要求不同，通过选材很难解决，一般通过表面处理来实现。

1. 零件的表面淬火

表面淬火是指将工件表层快速加热到一定温度状态，热量未传到工件心部时，立即采用某种介质冷却，使表面层组织发生改变，而心部仍然保持原来组织状态的热处理工艺。根据淬火加热方式的不同分为感应淬火、火焰淬火和激光淬火。

（1）感应淬火　将工件放在通有一定频率交流电的感应圈内，利用工件内部产生的涡流（感应电流）加热工件，然后淬火冷却的热处理工艺。感应淬火的原理如图 1-11 所示。

由于工件产生的涡流具有"趋肤效应"，即工件表面电流密度大，心部的电流密度小，可快速将工件表面层加热到淬火温度，但工件心部的温度变化不大，随后水冷（或油等其他介质），工件表面层被淬硬，而心部保持原状。交流电的频率越高，工件表面电流密度越大，加热层越薄，所需时间也越短，淬火硬化层也越薄。为了得到不同的淬硬层深度，采用不同频率的电流进行加热。一般频率与淬硬层的关系是：高频（200~300kHz）淬硬层深 0.5~2mm，适用于中小型工件，如模数较低的齿轮、中小型轴等；中频（1000~10000Hz）淬硬层深 2~10mm，适用于直径较大的轴和曲轴、中等模数的齿轮、大模数齿轮的单齿淬火等；工频（50Hz）淬硬层深 10~20mm，适用于大型工件，如冷轧辊、火车轮毂等。

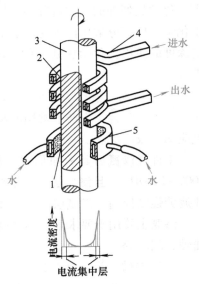

图 1-11　感应淬火的原理
1—加热淬硬层　2—间隙　3—工件
4—加热感应圈　5—淬火喷水套

感应淬火的特点是：加热速度快，淬火质量高；淬硬层厚度容易控制，易于实现自动化。

感应淬火后必须进行回火，可以低温回火（180~200℃）或采用自回火，即当淬火冷却到 200℃ 时停止喷水，利用工件的余热达到回火的目的。

（2）火焰淬火　火焰淬火是利用乙炔-氧或煤气-氧的混合气体燃烧的火焰，对零件表面上快速加热并随之快速冷却的工艺。火焰淬火的原理如图 1-12 所示。加热火焰温度高达 2000~3000℃，加热速度很快，在很短的时间内使零件表面层加热到淬火温度，迅速喷水冷却，表面层获得细小组织，而心部保持原始组织。火焰淬火的淬硬层深度为 2~6mm。这种方法的缺

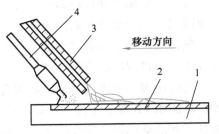

图 1-12　火焰淬火的原理示意图
1—工件　2—淬硬层
3—喷水管　4—火焰喷嘴

点是加热温度和淬硬层深度不易控制，淬火质量不稳定，常造成表面过热或熔化。但是，不需要复杂的设备，适于简单或小批量生产。

为了消除淬火后的内应力，要进行低温回火或利用工件余热自行回火。

2. 零件的化学热处理

零件的化学热处理是将零件放入某种介质的氛围中加热、保温，使一种或几种元素渗入零件的表面，以改变零件表面的化学成分与组织，达到所要求的性能的一种热处理工艺。化学热处理的作用有两个方面，即强化工件表面和保护工件表面。强化工件表面是指通过化学热处理来提高其表层的某些力学性能，如表面的硬度、耐磨性、耐热性和疲劳强度等；保护工件表面是指通过化学热处理来提高其表层的某些物理、化学性能，如耐蚀性、抗氧化性等。化学热处理的基本过程由分解、吸收和扩散三个阶段组成，即渗入介质在一定温度下发生化学反应，分解出渗入元素的活性原子，活性原子被工件表面吸附，通过原子扩散形成一定深度的渗层。化学热处理的方法有许多种，生产上常用的有渗碳、渗氮、碳氮共渗和发黑等。

（1）**渗氮**　渗氮是指在一定温度下（一般在 A_{c1} 点以下）使活性氮原子渗入工件表面的化学热处理工艺。生产上常用的渗氮方法有气体渗氮、液体渗氮和离子渗氮等，其中气体渗氮应用比较广泛。

工件经渗氮后其表面形成一层极硬的合金氮化物，如 CrN、MoN、AlN 等，硬度可达 $1000\sim1200HV$，且渗氮层具有较高的热硬性。由于渗氮层体积膨胀，造成工件表面压应力，使疲劳强度提高。渗氮层的致密性和化学稳定性很高，因此，渗氮工件具有良好的耐蚀性。

渗氮主要用于要求耐磨和精度要求较高的零件，如精密齿轮、磨床主轴、高速柴油机的曲轴、阀门等。

（2）**渗碳**　渗碳是指为了提高工件表层碳的质量分数并在其中形成一定的碳浓度梯度，将工件在渗碳介质中加热并保温，使碳原子渗入其表层的化学热处理工艺。渗碳后的工件表面是高碳组织，而心部仍然是原先的低碳组织。渗碳使用的介质通常称为渗碳剂。根据渗碳剂物理状态不同，渗碳可分为固体渗碳、液体渗碳和气体渗碳三种。

气体渗碳应用较广，固体渗碳次之。气体渗碳的工作原理是渗碳剂在 $900\sim950℃$ 的高温下发生分解，产生活性炭原子，活性炭原子渗入工件表面，经过一定时间后获得要求的表面碳浓度、渗层深度和合适的碳浓度梯度。渗碳后通常还需淬火处理，淬火可采取直接淬火，也可降温后重新加热升温淬火。

气体渗碳法的渗碳过程容易控制，渗碳质量好，生产率高，易实现机械化和自动化，所以在生产中得到广泛应用。

渗碳用钢一般为低碳钢或低碳合金钢（碳的质量分数小于等于 0.25%），如 20CrMnTi、20Cr、20MnVB 等。工件经渗碳、淬火和低温回火后，表层具有较高的硬度、耐磨性和抗疲劳性，而心部仍保持较高的塑性、韧性和一定的强度。

（3）**发黑**　发黑是将工件放入含有苛性钠和硝酸钠（亚硝酸钠）的溶液中加热处理，使其表层生成一层很薄的黑色或黑蓝色的氧化膜的过程。发黑也称发蓝或煮黑。常见的氧化膜呈黑色或深黑蓝色，个别含锰高的工件呈暗红色。发黑一般用于提高工件的耐蚀能力，并能得到悦目的外观，在精密仪器、光学仪器和机械制造上得到广泛的应用。

发黑的机理是钢在溶液中加热，表面开始受到微腐蚀作用，然后析出铁离子，铁离子与碱和氧化剂发生作用生成亚铁酸钠（Na_2FeO_3）和铁酸钠（$Na_2Fe_2O_4$）；铁酸钠和亚铁酸钠继续作用生成了四氧化三铁（Fe_3O_4）氧化膜。发黑过程的颜色变化如下：黄色、橙色、红色、紫红色、紫色、蓝色，最后变成黑色。

发黑工艺流程：发黑前检验→去油（苛性钠+碳酸钠）→水洗→烘干→去锈（盐酸溶液）→水洗→热水洗（60～80℃）→皂化（肥皂液）→干燥→浸油（机油或防锈油）→检验→入库。

发黑处理溶液配方及工艺条件，见表 1-9。

表 1-9　发黑处理溶液配方及工艺条件

溶 液 配 方	工 艺 条 件		
	工件含碳质量分数	温度/℃	时间/min
$NaNO_3$：200g NaOH：1400g H_2O：600kg	含量 0.7%以上及生铁	135～138	10～20
	0.4%～0.7%	138～142	25～40
	0.1%～0.4%	140～145	40～60
	合金钢	140～145	60～120

1.5.4　热处理新技术、新工艺简介

1. 可控气氛热处理

在炉气成分可控制在预定范围内的热处理炉中进行的热处理称为可控气氛热处理。其目的是有效地控制渗碳、碳氮共渗等化学热处理时表面碳的浓度，或防止工件在加热时氧化和脱碳，还可用于实现低碳钢的光亮退火及中、高碳钢的光亮淬火。可控气氛按炉气可分为渗碳性、还原性和中性气氛等。可控气氛按吸、放热方式分为吸热式气氛、放热式气氛、放热-吸热式气氛，其中以放热式气氛的制备最便宜。

2. 形变热处理

形变热处理是指将塑性变形同热处理有机结合在一起，获得形变强化和相变强化综合效果的工艺方法。这种工艺方法不仅可提高钢的强韧性，还可以大大简化金属材料或工件的生产流程。形变热处理的方法很多，有低温形变热处理、高温形变热处理、等温形变淬火、形变时效和形变化学热处理等。

形变热处理主要受设备和工艺条件限制，应用还不普遍，对形状比较复杂的工件进行形变热处理尚有困难，形变热处理对工件的切削加工和焊接也有一定影响。这些问题有待进一步研究解决。

3. 真空热处理

在真空中进行的热处理称为真空热处理，包括真空淬火、真空退火、真空回火和真空化学热处理（如真空渗碳、渗铬等）。真空热处理是在真空度为 0.0133～1.033Pa 的真空介质中加热工件。

真空热处理可以减小工件变形，使钢脱氧、脱氢和净化工件表面，使工件表面无氧化、

不脱碳、表面光洁，可显著提高其耐磨性和疲劳强度。真空热处理的工艺操作条件好，有利于实现机械化和自动化，而且节约能源，减少污染，因而真空热处理目前发展较快。

4. 化学热处理新技术

（1）电解热处理　电解热处理是将工件和加热容器分别接在电源的负极和正极上，容器中装有渗剂，利用电化学反应使欲渗元素的原子渗入工件表层的工艺。电解热处理可以用于电解渗碳、电解渗硼和电解渗氮等。

（2）离子化学热处理　离子化学热处理是在真空炉中通入少量与热处理目的相适应的气体，在高压直流电场作用下，稀薄的气体放电、启辉加热工件，与此同时，欲渗元素从通入的气体中离解出来，渗入工件表层。离子化学热处理比一般化学热处理速度快，在渗层较薄的情况下尤为显著。离子化学热处理可进行离子渗氮、离子渗碳、离子碳氮共渗、离子渗硫和渗金属等。

5. 电子束淬火

电子束淬火是利用电子枪发射成束电子，轰击工件表面，使之急速加热，而后自冷淬火。其能量利用率大大高于激光热处理，可达80%。这种表面热处理工艺不受钢材种类限制，淬火质量高，基体性能不变，是很有发展前途的新工艺。

延 伸 阅 读

新能源材料及应用

在材料学科中，一般可以根据材料的化学属性（或化学组成）将其分为金属材料、无机非金属材料和有机高分子材料三大类别；也可以根据材料的使用特性或功能将其分为结构材料和功能材料。结构材料主要是利用材料的机械力学性能（强度、刚度、韧性、硬度、疲劳强度等），功能材料则主要利用材料的物理与化学性质（如储氢、超导、分离、形态记忆等）及材料的物理与化学效应（如热电、压电、光电、磁光、电光、声光等）。

新型功能材料种类繁多，并且仍在不断地发展。其中，新型能源材料是现代功能材料的一个重要研究分支。新型能源材料是指实现新能源的转化和利用以及发展新能源技术中所要用到的关键材料，它是发展新能源技术的核心和新能源应用的基础。新能源材料覆盖了镍氢电池材料、锂离子电池材料、燃料电池材料、太阳电池材料、反应堆核能材料、新型相变储能等。其中，具有重大意义且发展前景较好的有新型二次电池材料、燃料电池材料、太阳能电池材料及核能材料等。

1. 锂离子二次电池材料

锂离子二次电池具有工作电压高、比容量大、循环寿命长、对环境无污染、无记忆效应及使用安全等优点，广泛应用于计算机、数码照相机、移动电话等便携式电器，并逐步进入电动汽车、航天和储能领域。

锂离子电池由正极、负极、隔膜、电解液组成，锂离子以电解液为介质在正负极之间运动，实现电池的充放电，如图1-13所示。为避免正负极通过电解液发生电池内部短路，需要用隔膜将正负极分隔，隔膜一般具有优异的离子导电能力和良好的电子绝缘性能。在以碳素材料为负极的锂离子电池中，当对电池进行充电时，电池的正极上有锂离子生成，生成的

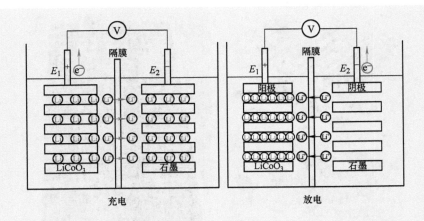

图 1-13　锂离子电池充放电示意图

锂离子经过电解液运动到负极。而作为负极的碳呈层状结构，它有很多微孔，到达负极的锂离子就嵌入到碳层的微孔中，嵌入的锂离子越多，充电容量越高。同样，当对电池进行放电时，嵌在负极碳层中的锂离子脱出，又运动回正极。

2. 太阳电池材料

太阳电池是利用太阳光与材料的相互作用直接产生电能的，是对环境无污染的可再生能源。其发电的原理是基于光伏效应，由太阳光的光量子与材料相互作用而产生电动势。太阳电池材料主要包括产生光伏效应的半导体材料、薄膜用衬底材料、减反射膜材料、电极与导线材料、组件封装材料等。

太阳电池所用的材料决定着光电转换效率，其按基体材料不同的分类如图 1-14 所示。

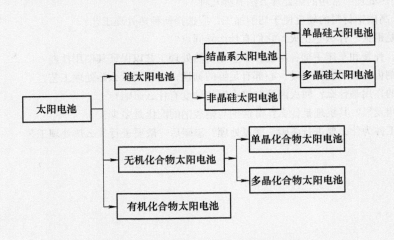

图 1-14　太阳电池按基体材料的分类

以单晶硅太阳电池为例，先从原材料制成单晶硅棒，从硅棒上进行切片形成膜片，清洗后沉积 PN 结，镀电极，检测封装后制成单晶硅太阳电池板，如图 1-15 所示。

图 1-15 单晶硅太阳电池

复习思考题

1-1 什么是金属材料的力学性能？力学性能指标分别是什么？

1-2 钢中碳的质量分数范围是多少？

1-3 普通碳素结构钢 Q235AF 中字母及数字各代表什么含义？

1-4 根据石墨在铸铁中的形状，铸铁可分为几类？试说出其性能。

1-5 简述铝合金的性能特点及种类。

1-6 说明黄铜与青铜的主要应用。

1-7 什么叫复合材料？与传统材料相比有什么特点？

1-8 什么是热处理？常用的热处理方法有哪几种？

1-9 为降低高碳钢材料的硬度便于切削加工，应选择何种热处理工艺？

1-10 什么是退火？什么是正火？它们有什么异同点？

1-11 锉刀、弹簧和车床主轴各应选择哪些主要热处理工艺以保证其使用性能？

1-12 中碳钢齿轮要求表面很硬、心部有足够的韧性，应采用什么热处理工艺？

1-13 回火的作用是什么？回火温度对淬火钢的硬度有什么影响？

1-14 什么叫发黑？其机理是什么？苛性钠与硝酸钠的配比是多少？

1-15 有的工件为什么要进行渗碳、渗氮处理？渗碳后一般要进行什么热处理工艺？

第2章 铸造成形

【实训目的与要求】

1）熟悉砂型铸造的工艺过程、特点及应用。
2）了解型砂、芯砂等造型材料的成分、性能及制备过程。
3）掌握砂型铸造中铸型的组成及主要造型、制芯方法。
4）了解分型面和浇注系统的设置方法。
5）了解合金的铸造性能及熔炼方法。
6）能独立完成简单零件砂型铸造的造型、制芯操作，并在教师指导下完成合金熔炼与浇注。

铸造概述

2.1 概述

铸造是将熔融金属注入铸型，凝固后获得一定形状、尺寸和性能的金属毛坯或零件的成形方法。用铸造方法获得的金属毛坯或零件称为铸件。**铸造方法至今仍是机械制造中生产毛坯或零件的主要方法之一**。用于铸造生产的金属主要有铸铁、铸钢以及有色金属，其中铸铁毛坯或零件应用最广。铸件在机械产品中占有很大的比例，如在机床、内燃机、重型机器中，铸件占70%~90%，在国民经济中占有极其重要的地位。

1. 铸造的特点

铸造生产有如下特点：

1）铸造成形方法的适应性强，几乎不受工件、尺寸、重量等因素的限制，铸件大到十几米、数百吨，小到几毫米、几克。铸造方法可以生产铸钢件、铸铁件、铝合金、铜合金、镁合金等各种金属材料。

2）铸造成形可以获得复杂的外形以及常规机械加工方法难以加工的复杂内腔，例如发动机缸体、缸盖多采用铸造成形的方法生产。

3）铸件的生产批量不受限制，可单件小批生产，也可大批量生产。

4）铸造用原材料来源广泛，材料的回收利用率高，尤其是精密铸造，可以直接铸出零件，是少切削加工、无屑加工的范例，节约了资源和能源。

2. 铸造的分类

铸造生产方法很多，通常可以按照铸造工艺方法、铸造合金以及铸造质量进行分类：

（1）按照铸造工艺方法分类 可分为砂型铸造和特种铸造，其中砂型铸造是最常用的铸造方法，约占铸件总重的90%以上。

（2）按照铸造合金分类 可分为黑色金属铸造和有色金属铸造，黑色金属铸造又包括铸铁件和铸钢件的生产。

（3）按照铸造质量分类 可分为普通铸造和精密铸造。

本章将按铸造工艺方法，详细介绍砂型铸造，并简单介绍几种特种铸造工艺。

2.2 砂型铸造

　　铸型是指用金属或其他耐火材料制成的组合整体，金属液在其空腔内充填、凝固后形成铸件。将型砂紧实制成铸型，再将熔炼好的金属液注入砂型中得到铸件的方法称为砂型铸造。砂型铸造的造型材料广泛，价格低廉，成本较低。因此，砂型铸造是目前生产小型铸件最常用的方法。

　　采用砂型铸造生产套筒铸件的主要工艺过程如图 2-1 所示，包括准备铸造模样和芯盒、制备型砂及芯砂、造型、制芯、合型、熔化金属及浇注、铸件凝固后开型落砂、表面清理和质量检验等。模样用来形成铸型型腔，型腔形状与铸件外形相似；将型芯置于型腔中以获得铸件内腔；将金属液浇入型腔中冷却凝固后即可获得铸件；铸件经切削加工最后成为零件。

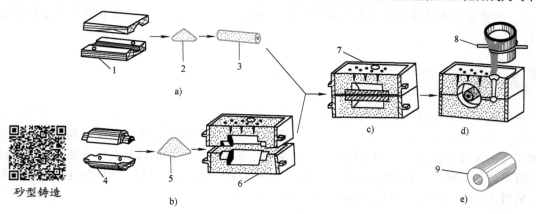

图 2-1　采用砂型铸造生产套筒铸件的主要工艺过程
a）制芯　b）造型　c）合型　d）浇注　e）落砂清理
1—芯盒　2—芯砂　3—砂芯　4—模样　5—型砂　6—砂型　7—铸型　8—浇包　9—铸件

　　造型和制芯是铸造生产过程中的两个重要环节，对铸件的质量和生产率有很大影响。造型方法可分为手工造型和机器造型。手工造型是指用手工或手动工具完成的造型工序，主要用于单件小批量生产；机器造型是用机器完成全部或至少完成紧砂操作的造型工序，是现代化砂型铸造生产的基本方式，主要适用于大批量生产。

2.2.1　砂型、砂芯的材料

　　砂型和砂芯是用型砂和芯砂制造的。用来造型和制芯的各种原砂、黏结剂和附加物等原材料，以及用各种原材料配制的型砂、芯砂、涂料等统称为造型材料。铸件的砂眼、夹砂、气孔、裂纹等缺陷与型（芯）砂等造型材料的种类及质量有密切的关系。型砂的结构如图 2-2 所示。

　　型砂一般由原砂、黏结剂、水及附加物等原材料配制而成，各组成物的作用及成分如下：

　　（1）原砂　原砂是型砂的主体（应用最广泛的是石英砂），

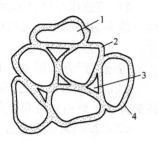

图 2-2　型砂的结构
1—砂粒　2—煤粉
3—空隙　4—黏土膜

铸造用砂要求原砂中二氧化硅的质量分数为 85%~97%。原砂的颗粒形状、大小、均匀程度和 SiO_2 含量的多少，对型砂的性能影响很大。砂的颗粒以圆形、大小均匀为佳。

（2）黏结剂　黏结剂主要起黏结作用，将砂粒等黏结在一起，使型砂或芯砂具有一定强度和塑性。常用的黏结剂有黏土、膨润土和树脂等。由于黏土、膨润土价格低廉，所以应用范围最广。

（3）水　水可与黏土形成黏土膜，从而增加砂粒的黏结作用，并使其具有一定的强度和透气性。水分的多少对砂型的性能及铸件的质量有很大的影响：水分过多，易使型砂湿度过大，强度低；水分过少，型砂与芯砂干而脆，强度、可塑性降低，造型、起模困难。

（4）附加物　附加物是为使型砂具有某种特殊性能而加入的少量其他物质，其作用是改善型砂与芯砂的性能。常用的附加物有煤粉、木屑、草木灰等。煤粉可隔离熔融金属与铸型型腔，防止其直接作用，防止铸件粘砂，使铸件表面光滑，并且提高砂的透气性和退让性；在型砂中加锯末、木屑能改善砂型和砂芯的透气性。

为了满足铸造工艺的要求，型砂与芯砂应具备以下主要性能：

（1）强度　强度是指型（芯）砂抵抗外力破坏的能力，包括湿强度和干强度。型砂强度过低则易发生塌箱、掉砂、砂眼、夹砂和型腔扩大等缺陷；强度过高则使型砂透气性、退让性变差，易产生气孔及铸造应力倾向增大。

（2）透气性　透气性是型砂紧实后的孔隙度，即砂型所具有的让气体通过的能力。透气性好，浇注时铸型内气体容易排出；透气性差，气体不容易排出，铸件内部容易产生气孔等缺陷。

（3）耐火性　耐火性是指型（芯）砂抵抗高温的能力。耐火性差，铸件易产生粘砂现象，铸件难于清理和切削加工。一般耐火性与砂中的二氧化硅含量有关，二氧化硅含量越高，耐火性越好。

（4）流动性　流动性是指型砂与芯砂在外力及本身重力的作用下，沿模样表面和砂粒间相对流动的能力。流动性不好的型砂与芯砂不能铸造出表面轮廓清晰的铸件。

（5）可塑性　可塑性是指型砂在外力作用下，能形成一定的形状，当外力去掉后，仍保持此形状的能力。可塑性好，造型操作方便，砂型能清楚地保持模样的轮廓。

（6）退让性　退让性是指铸件在冷却、凝固收缩时，型（芯）砂可被压缩的能力。退让性差的型砂（尤其是芯砂）会使铸件产生大的应力，导致铸件变形甚至开裂。型砂中加入锯末、焦炭粒等附加物可改善其退让性；砂型紧实度越高，退让性越差。

此外，型砂还要求溃散性（浇注后易于溃散清砂）好、吸湿性（芯砂吸收水分的能力）低、发气性（芯砂受高温作用放出气体的性能）小。

2.2.2 型砂与芯砂的制备和检测

型砂与芯砂质量的好坏，与原材料的性质及其配比和配制方法有关。

1. 型砂与芯砂的配比

型砂与芯砂中，符合质量要求的各组成物应根据所需的性能要求，按一定的比例配制。例如小型铸铁件湿型砂的配比为：新砂 10%~20%，旧砂 80%~90%，膨润土 2%~3%，煤粉 2%~3%，水 4%~5%；铸铁中小芯砂的配比为：新砂 40%，旧砂 60%，黏土 5%~7%，纸浆 2%~3%，水 7.5%~8.5%。

2. 型砂与芯砂的制备

型砂与芯砂的性能还与配砂的操作工艺有关，通常通过混砂将原砂、黏结剂、附加物和水混制成型（芯）砂。混砂的目的是将各组成成分混合均匀，使黏结剂均匀分布在砂粒表面。混制越均匀，型砂与芯砂的性能越好。实际生产中，型（芯）砂的混制是在混砂机中进行的。常用的碾轮式混砂机如图2-3所示。

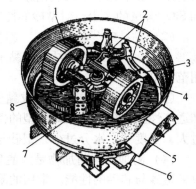

混砂的过程是：按配方加入新砂、旧砂、黏结剂和附加物，先干混2~3min，混制均匀后再加入适量的水或液体黏结剂湿混5~12min，性能符合要求后出砂。混制好的型砂或芯砂应堆放4~5h，使水分分布更均匀。使用前还需对型砂进行过筛和松散处理，增加砂粒间的空隙。

图 2-3　碾轮式混砂机

1、4—碾轮　2、7—刮板　3—卸料口
5—防护罩　6—气动拉杆　8—主轴

3. 型（芯）砂性能的检测

混制好的型砂与芯砂经性能检测合格后才能使用。批量生产时可用型砂性能试验仪检测；单件小批量生产时，可用手捏法检验型砂性能，即用手把型砂捏成砂团，手放开后砂团不松散，可看出清晰的轮廓，折断时断面无碎裂状，表明型砂具有足够的强度，如图2-4所示。

2.2.3　砂型结构及浇冒口

以两箱分模造型为例，取出模样、完成合型等待浇注前的砂型结构如图2-5所示，通常可以分为以下几个组成部分：上下砂箱、分型面、上下砂型、砂芯、型腔、浇注系统、通气孔、冒口等。

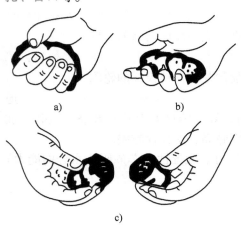

图 2-4　手捏法检测型砂

a）型砂湿度适当时可用手捏成砂团
b）手放开后可看出清晰的手纹
c）折断时断面没有碎裂块，表明有足够的强度

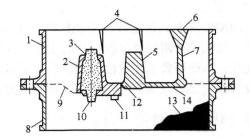

图 2-5　砂型结构

1—上砂箱　2—型腔（铸件）　3—上型芯头　4—通气孔
5—冒口　6—外浇口　7—直浇道　8—下砂箱　9—分型面
10—下型芯头　11—冷铁　12—内浇道　13—型砂　14—横浇道

型腔是指从砂型中取出模样后留下的空腔；上下砂型间的结合面称为分型面，一般位于模样的最大截面；砂芯的作用是获得铸件的内孔、局部外形或异形腔，砂芯的外伸部分称为

芯头，用来固定砂芯；砂型中用以固定砂芯芯头的空腔称为芯座；通气孔是用来排出型腔中的气体、浇注时产生的气体以及金属液析出的气体等而设置的沟槽或孔道；浇注系统是在铸型中用来引导金属液流入型腔的通道；冒口一般设置在铸件厚壁处、最高处或最后凝固的部位，其作用是补充铸件凝固时所需要的金属液，使缩孔进入冒口，此外还起到排气和集渣的作用。

　　浇注系统一般由外浇口、直浇道、横浇道和内浇道组成，如图 2-6 及图 2-7 所示。

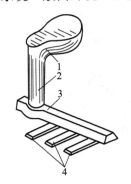

图 2-6　浇注系统的构造
1—外浇口　2—直浇道
3—横浇道　4—内浇道

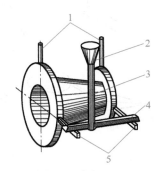

图 2-7　带浇注系统的铸件
1—出气口　2—外浇口　3—直浇道
4—横浇道　5—内浇道

　　（1）外浇口　外浇口可单独制作或直接在铸型上形成，成为直浇道顶部的扩大部分。它的作用是承接从浇包倒出来的熔融金属，减轻浇注时液体金属对砂型的冲击，并使熔融金属平稳地流入直浇道中，其结构便于熔渣浮于金属液表面。

　　（2）直浇道　直浇道是连接外浇口和横浇道的垂直通道，通常带有一定的斜度，防止气体吸入并便于起模。利用直浇道的高度产生一定的静压力，使金属液充满型腔的各个部分。直浇道高度越高，产生的充型压力越大，熔融金属流入型腔的速度越快，就越容易充满型腔的薄壁部分。

　　（3）横浇道　横浇道是将直浇道的金属液引入内浇道的水平通道，其目的是使液流平稳流入内浇道并起挡渣作用。横浇道一般位于内浇道上部，断面多为梯形。

　　（4）内浇道　内浇道是浇注系统中引导熔融金属流入型腔的部分，一般开设在下型分型面上，其断面多为扁梯形或三角形。它的作用是控制熔融金属流入型腔的方向和速度，调整铸件各部分的温度分布和冷却速度。内浇道的形状、位置和数量以及导入液流的方向，是决定铸件质量的关键之一。

　　合理的浇注系统可以保证液态金属平稳地流入型腔，以免冲坏铸型，防止熔渣、砂粒等杂物进入型腔，并补充铸件在冷凝收缩时所需的金属液体。

2.2.4　手工造型方法

　　手工造型的特点是操作灵活，适应性强，但劳动强度大，生产效率低，对操作人员的技能要求高。手工造型常用的造型工具与修型工具如图 2-8 所示。

　　手工造型的方法很多，根据铸件的结构特点、生产批量及生产条件分类，常用的造型方法有两箱整模造型、两箱分模造型、活块造型、挖砂造型、假箱造型、刮板造型、三箱造型、地坑造型等。

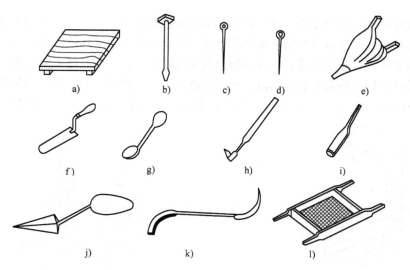

图 2-8 手工造型常用的造型工具与修型工具

a）底板　b）舂砂锤　c）通气针　d）起模针　e）皮老虎　f）镘刀
g）秋叶　h）提勾　i）半圆　j）铲勺　k）法兰勺　l）筛子

1. 整模造型

整模造型的特点是模样为整体结构，模样的最大截面处于一端且为平面，使该端面位于分型面处。造型时模样轮廓全部放在一个砂箱内（一般为下砂箱），整个模样能从分型面方便地取出。整模造型操作简单，不受上下箱错位影响而导致错型，所得铸型型腔的形状和尺寸精度好，适用于形状简单的铸件，如盘类、齿轮、轴承座等。整模造型操作步骤如图 2-9 所示。

（1）安放模样　将模样放在底板上，放好下砂箱，并使模样位于砂箱的合适位置，使模样周围能留有足够的砂层厚度（称为吃砂量）。

（2）舂砂　在模样的表面撒上一层厚度约 2mm 的面砂，将模样盖住，再往下砂箱填砂。逐层加砂，用捣砂锤的圆头舂砂，从砂箱的四周朝中间移动，再用平的一头舂平，除去多余型砂。

（3）撒分型砂　翻转下型砂箱，在下型分型面上撒分型砂，放上上砂箱，放浇口棒。在浇口棒周围填砂，用手压紧。再填放型砂，用捣砂锤圆头舂紧，用平头刮平。

（4）开外浇口　取出浇口棒，开设外浇口。

（5）扎通气孔、做合型线　用通气针在模样上方扎通气孔，在上、下砂箱侧面划定位线。

（6）开内浇口　打开上砂箱，将模样及浇口四周的砂面修平整后开设内浇口。

（7）起模　把模样四周轻轻敲松动后，用起模针进行起模，并修正型腔。

（8）合型　对准合型线，防止错型。

2. 两箱分模造型

分模造型的特点是模样的最大截面处于中间位置，可将模样沿外形的最大截面分成两半，在上下砂箱中分别造出上半型和下半型，利用这样的模样造型称为分模造型。有时对于结构复杂、尺寸较大、具有几个较大截面又互相影响起模的模样，可以将其分成几个部分。模样的分模面常作为砂型的分型面。分模造型的方法简便易行，适用于形状复杂的铸件，特

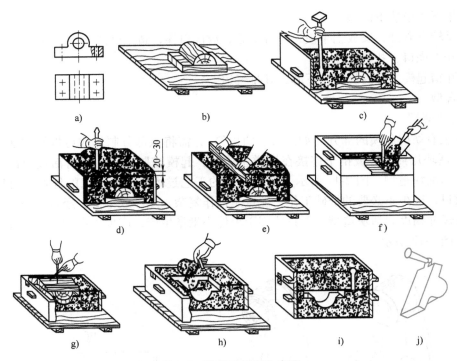

图 2-9　整模造型操作步骤

a）轴承零件图　b）将模样放在底板上　c）舂砂　d）舂砂锤平头打紧　e）用刮砂板刮平砂箱
f）造上砂型　g）起模　h）修型、开内浇道　i）合型　j）铸件

别是用于有孔、有内腔需下芯的铸件，如套筒、管子和阀体等。分模造型时上、下砂型定位不准将产生错型，分模造型的工艺过程如图 2-10 所示。

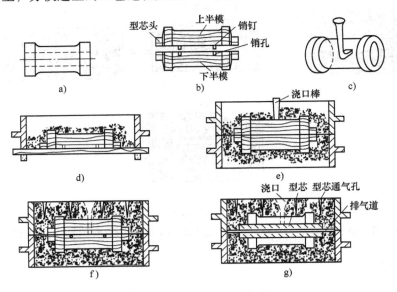

图 2-10　分模造型的工艺过程

a）零件　b）模样　c）落砂后的铸件　d）造下砂型
e）造上砂型　f）开外浇口，扎通气孔　g）最终砂型

1) 用下半模造下砂型。

2) 反转下砂型，安放上半模，撒分型砂，放浇口棒，造上砂型。

3) 开外浇口，扎通气孔。

4) 开箱起模，开内浇道，下芯，开排气道。

5) 合型。

3. 活块造型

模样上有妨碍起模的部分（如凸台、肋板等），需将该部分制作成可拆卸或活动的部分（活块）。活块用燕尾榫或销子连接在模样主体上，起模或脱芯后，再将活块取出，这种造型方法称为活块造型。图 2-11 所示为活块造型的工艺过程。活块造型的优点是可以减少分型面的数目，减少不必要的挖砂工作；缺点是操作复杂，生产效率低，经常会因活块错位影响铸件的尺寸精度。活块造型一般只适用于单件小批量生产，成批生产时，可用外砂芯取代活块，如图 2-12 所示。

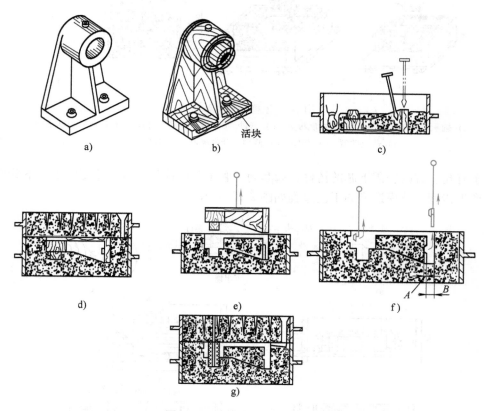

图 2-11　活块造型的工艺过程

a) 支架零件　b) 支架模样　c) 造下型　d) 造上型　e) 开型　f) 取出活块　g) 开浇口、合型

4. 挖砂造型

当铸件的最大截面不在其顶端，铸件的外形轮廓为曲面或阶梯面，而又不便分模时（如分模后的模样太薄、制模困难等），只能将模样做成整模，并在造型时挖掉妨碍起模的型砂，形成曲面的分型面称为挖砂造型。图 2-13 所示为手轮的挖砂造型过程。在挖砂造型

时，挖砂的深度应处于模样的最大截面处，挖制的分型面应光滑平整、坡度合适，以便开型和合型操作。挖砂造型的缺点是生产率低、劳动强度大，铸件精度受操作人员的技术水平影响大，因此只适用于单件或小批量生产。

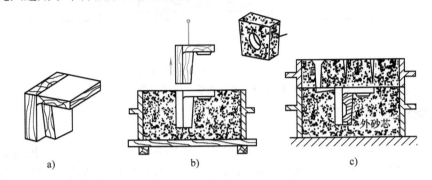

图 2-12　用砂芯代替活块形成凸台

a）模样　b）取模、下芯　c）合型

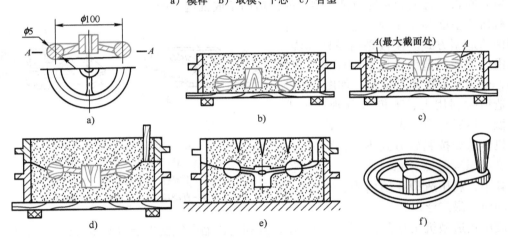

图 2-13　手轮的挖砂造型过程

a）零件图　b）造下型　c）挖修分型面　d）造上型、敞箱、起模　e）合型　f）带浇注系统的铸件

成批生产时，可采用假箱造型代替挖砂造型。假箱造型是用预先制备好的半个铸型（假箱）或成形底板来代替平面底板，将模样放置在假箱或成形底板上作为"假箱上型"批量制造下型，然后在下型上造出上型，其工艺过程如图 2-14 与图 2-15 所示。

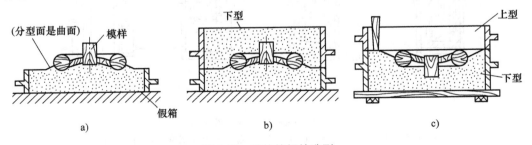

图 2-14　手轮的假箱造型

a）模样放在假箱上　b）造下型　c）翻转下型待造上型

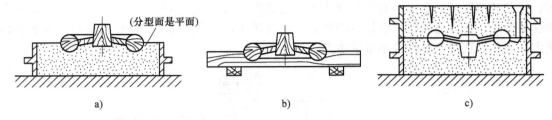

图 2-15 假箱与成形底板的比较
a）假箱 b）成形底板 c）合型图

2.2.5 机器造型

机器造型是以机器全部或部分代替手工填砂、紧砂和起模等造型工序。机器造型与机械化砂处理、浇注和落砂等工序共同组成流水线生产，是现代化砂型铸造生产的基本方式。机器造型可以大大提高铸件的质量和生产率，改善劳动条件，但是设备和工装模具投入大，生产准备时间长，且只能实现两箱造型，故仅适用于成批量生产。

机器造型必须使用模板造型，且只能使用两箱造型方式。模板是指模样和浇注系统沿分型面与造型底板紧固连接而成的整体，分为上模板和下模板，如图 2-16 所示。造型时利用上、下模板分别造成上、下铸型，然后合型组成完整的铸型。

机器造型按紧砂方式不同，可分为震压造型、压实造型、抛砂造型、射砂造型等。其中，震压造型在国内中、小型铸造工厂的应用最广泛。

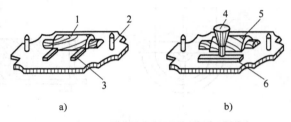

图 2-16 机器造型用模板
a）下模板 b）上模板
1—下模样 2—定位销 3—内浇道
4—直浇道 5—上模样 6—横浇道

震压式造型机兼有震实和压紧的作用，其利用压缩空气使震击活塞多次震击，将砂箱下部的砂型紧实，再用压缩气体将上部的砂型紧实，如图 2-17 所示。

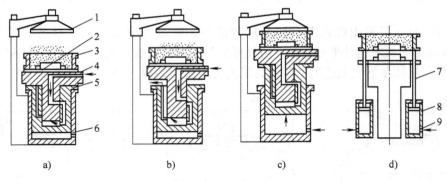

图 2-17 震压造型方法
a）填砂 b）震动紧砂 c）压实紧砂 d）起模
1—压头 2—模板 3—砂箱 4—震击活塞 5—压实活塞 6—压实气缸
7—顶杆 8—气缸 9—进气孔

（1）填砂　将砂箱放在模板上，打开定量砂斗门，型砂从上方填入砂箱内。

（2）震实　先使压缩空气进入震击活塞底部，顶起震击活塞、模板和砂箱。活塞上升至出气孔位置时，压缩空气排出，震击活塞、模板和砂箱下落并与压实活塞顶部撞击。如此多次循环，使砂箱下部型砂震实。

（3）压实　用压缩空气顶起压实活塞、震击活塞、模板、砂型等，在压头压板的压力作用下，将砂箱上部型砂压实。

（4）起模　在压缩空气及液压油的作用下，推动起模顶杆平稳顶起砂型脱离模板。

机器造型通常与铸造过程中使用的各种辅助设备连接起来，组成机械化或自动化的铸造生产线。造型机分别造好上、下型后，由输送线送至下芯平台，由手工或机器下芯，由合型机将上型翻转并合型。将合型后的砂箱送至浇注平台进行自动或人工浇注。由输送线将砂箱通过冷却段后送至落砂机落砂，铸件与型砂分别运送到清理工位和砂处理工位，空砂箱送回至造型机等待下次造型。

2.2.6　制芯

为获得铸件的内腔或局部外形，用芯砂等材料制成的安放在型腔内部的铸型组件称为砂芯，制造砂芯的过程称为制芯或造芯。多数情况下用型芯盒制芯，芯盒的内腔形状与铸件的内腔对应。

浇注时型芯被金属液流冲刷和包围，因此要求型芯有更好的强度、透气性、耐火性和退让性，并易于从铸件内清除。为满足性能要求，需使用性能好的芯砂，同时还需采取以下措施：

1）在型芯里放入芯骨以加强型芯的强度。

2）在型芯内部开通气孔，并使之与砂型上的通气孔贯通，以提高型芯的排气能力。

3）在型芯与金属液接触的部位应涂上涂料，以提高铸件内腔表面质量。型芯一般需要烘干，增强透气性和强度。

根据生产批的不同，制芯可分为机器制芯和手工制芯，其中手工制芯方法有整体式芯盒制芯、对开式芯盒制芯及可拆式芯盒制芯。对开式芯盒制芯适用于形状对称、结构较复杂的砂芯，制作过程如图 2-18 所示。

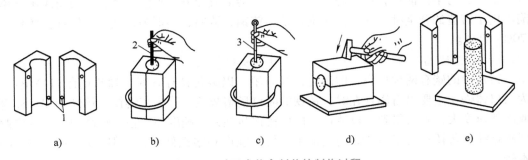

图 2-18　对开式芯盒制芯的制作过程

a）准备芯盒　b）舂砂、放芯骨　c）刮平、扎气孔　d）敲打芯盒　e）打开芯盒、取芯

1—定位销和定位孔　2—芯骨　3—通气针

2.2.7 合型

将上型、下型、砂芯、浇注系统等组合成一个完整铸型的操作过程称为合型，又称合箱。合型是制造铸型的最后一道工序，直接关系到铸件的质量。合型应保证型腔的几何形状、尺寸准确，砂芯安放牢固等。即使铸型和砂芯的质量很好，若合型操作不当，铸件的形状、尺寸和表面质量得不到保证，还是会引起气孔、砂眼、错箱、偏芯、飞边和跑火等缺陷。合型工序包括：

（1）铸型的检验和装配　下芯前，先清除型腔、浇注系统和砂型表面的浮砂，检查其形状、尺寸及排气通道是否合格，然后固定好型芯，并确保浇注时金属液不会钻入芯头而堵塞排气道，最后再准确平稳地合上上型。

（2）铸型的紧固　金属液充满型腔后，上型及砂芯将受到金属液向上的浮力。当上型重力小于金属液的浮力时，则上型被抬起，金属液从分型面的缝隙流出，产生"跑火"。因此，装配好的铸型必须进行紧固，单件小批量生产时，多使用压铁压住上型；大批量生产时，可采用卡子或螺栓紧固铸型，如图2-19所示。

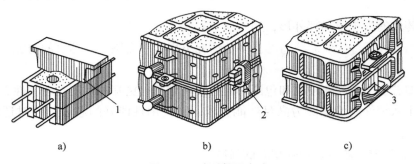

图 2-19　砂型紧固方法
a）压铁紧固　b）卡子紧固　c）螺栓紧固
1—压铁　2—卡子　3—螺栓

2.2.8 铸铁的熔炼与浇注

铸造合金的熔炼与浇注是获得优质铸件的关键环节，合金熔炼过程控制不当会导致铸件成分、组织、力学性能不合格，浇注工艺不当也会造成冷隔、夹渣、缩孔以及组织不合格等缺陷。用于铸造的合金种类很多，包括铸铁、铸钢、铸铝、铸铜等，其中铸铁件占铸件总量的 70%~75%。

铸铁是碳的质量分数为 2.7%~3.6%、硅的质量分数为 1.1%~2.5%，以铁为主的铁碳合金。铸铁中的碳有两种形态，即碳化铁和石墨。以碳化铁存在时，铸铁的断口呈银白色，称为白口铸铁；主要以石墨存在时，铸铁的断口呈暗灰色，称为灰铸铁。铸铁中 C、Si 含量少或冷却速度大，则易得到白口铸铁。白口铸铁脆性大、硬度高，很难切削加工，故应避免出现碳化铁。灰铸铁易于铸造和切削加工，抗拉强度和塑性低于钢，但耐磨性、减振性好，成本较低。

熔炼铸铁的设备主要有冲天炉、感应电炉、反射炉、电弧炉等。

冲天炉使用的炉料一般由金属炉料、燃料和熔剂三部分组成。金属炉料是由高炉生铁、回炉铁（冒口、废铸件等）、废钢及铁合金（硅铁、锰铁等）按比例配制而成的；主要的燃料是焦炭；熔剂多使用石灰石（$CaCO_3$）或萤石（CaF_2），其作用是造渣，其在熔化过程中与有害物质形成熔点低、密度小、易于流动的熔渣，以便排除。

中频感应电炉熔炼速度快、合金元素烧损小、能源消耗少且钢液杂质含量少、夹杂少，但相同熔炼效率下投资较大。图 2-20 所示为中频感应电炉结构示意图。

小规模生产中常使用感应电炉熔炼，大规模生产中常用的是冲天炉熔炼或冲天炉与感应电炉双联熔炼。由于冲天炉可连续熔炼，投资少、生产率高，但铁液温度不易控制，铁液质量不如电炉，因此在双联熔炼中用冲天炉初步熔炼，再送至电炉中保温及调整成分。目前，使用工频（或中频）感应电炉熔炼铁得到越来越多的应用。

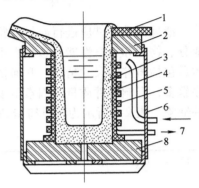

图 2-20　中频感应电炉结构示意图
1—盖板　2—耐火砖框　3—坩埚
4—绝缘布　5—感应线圈　6—防护板
7—冷却水　8—底座

合金熔炼后，将熔融金属从浇包浇入铸型的过程称为浇注。为了获得合格的铸件，除正确的造型及熔炼合格的合金熔液外，还需控制浇注温度、浇注速度以及浇注操作技术。

1）合金熔液浇入铸型时的温度称为浇注温度。较高的浇注温度能保证合金熔液的流动性能，有利于夹杂物的积聚和上浮，减少气孔和夹渣等缺陷。但过高的浇注温度会使铸型表面烧结，铸件表面容易粘砂，合金熔液氧化严重，熔液中含气量增加，冷凝时收缩量增大，铸件易产生气孔、缩孔、热应力大、裂纹等缺陷；浇注温度过低，合金熔液的流动性变差，又容易产生浇不到、冷隔等缺陷。所以，应在保证获得铸件轮廓清晰的前提下，采用较低的浇注温度。铸铁的浇注温度一般为 1250~1360℃。

2）单位时间内注入铸型中的合金熔液的质量称为浇注速度。较快的浇注速度，可使合金熔液很快地充满型腔，减少氧化程度，但过快的浇注速度容易冲坏砂型、产生气孔或产生抬箱、跑火等缺陷；较慢的浇注速度易于补缩，获得组织细密的铸件，但过慢的浇注速度使金属液降温过多，易产生夹渣、冷隔、浇不到等缺陷。所以，应根据合金的种类、铸件的结构、大小等因素合理地选择浇注速度。

3）浇注操作技术是保证铸件质量和人员安全的重要因素。工作前要将浇包修整并烘干，清除场地积水。浇注前应进行扒渣操作，浇注时应在砂型出气口等处引燃逸出的气体，浇注过程中不能断流，保持外浇口处于充满状态。

2.2.9　铸件的落砂与清理

1. 铸件的落砂

落砂是待铸件在砂型中冷却到一定温度，打开砂箱，取出铸件的过程。落砂应注意铸件温度和凝固时间。落砂过早，高温铸件在空气中急冷，易产生变形和开裂，表面也易形成白口组织导致难以切削加工；落砂过晚，铸件的冷却收缩会受到铸型或型芯的阻碍而引起铸件变形和开裂，铸件组织粗大，同时还影响生产率及砂箱的周转。铸件在砂箱中停留的时间，与铸件的形状、大小及壁厚有关。一般情况下，应在保证铸件质量的前提下尽早落砂。小型铸件用手工就地落砂，批量生产时，可采用振动落砂机等机器落砂。

2. 铸件的清理

落砂后的铸件清理包括切除浇冒口、清除芯砂、清除粘砂及铸件修整等。清砂多采用滚筒或抛丸的方法，抛丸法清除粘砂的同时还能形成表面残余压应力，提高疲劳强度。

2.2.10 常见铸造缺陷

清理完的铸件应进行质量检验。铸件质量包括内在质量和外观质量。内在质量包括化学成分、物理和力学性能、金相组织以及存在于铸件内部的孔洞、裂纹、夹杂物等缺陷；外观质量包括铸件的尺寸精度、几何精度、表面粗糙度、质量偏差及表面缺陷等。铸造生产中工序繁多，影响铸件质量的因素很多，某一缺陷可能由多种因素造成，或一种因素可能引起多种缺陷。表 2-1 所示为常见铸造缺陷的名称、特征及产生的主要原因。

表 2-1 常见铸造缺陷的名称、特征及产生的主要原因

类　别	名　称	图例及特征	主要原因
铸造缺陷	错型	铸件在分型面处有错移	合型时上、下砂箱未对准； 造型时上下箱有错动，或定位不准； 模样上、下半模有错移； 合型后上、下砂箱未夹紧
形状类缺陷	偏芯	铸件上孔偏斜或轴心线偏移	型芯放置偏斜或变形； 浇口位置不对，液态金属冲偏型芯； 合型时碰歪了型芯； 制模样时，型芯头偏芯
	变形	铸件向上、向下或向其他方向弯曲或扭曲	铸件结构设计不合理，壁厚不均匀； 浇冒口设计不合理； 型砂性能不适合，或铸型过于紧实
	浇不足	铸件残缺，但其边角圆滑光亮，浇注系统充满	铸件壁太薄，铸型散热太快； 合金流动性不好或浇注温度太低； 浇注速度太慢或断流； 浇口太小，排气不畅； 内浇道截面尺寸太小，位置不当
	冷隔	铸件表面似乎熔合，实际未熔透，有浇坑或接缝	铸件设计不合理，铸壁较薄； 合金流动性差；浇注温度太低，浇注速度太慢； 浇口大小或布置不当，浇注曾有断流

（续）

类　别	名　称	图例及特征	主要原因
孔洞类缺陷	气孔	气泡 气孔 铸件内部析出气孔多而分散，尺寸较小，位于铸件各断面上，常为梨形、圆形，孔内壁光滑	砂被春得太紧或铸型透气性差； 型砂太湿，或起模、修模时刷水过多； 型芯未烘干或排气孔堵塞； 浇注系统不正确，气体无法排出； 熔炼工艺不合理，金属液吸收了较多的气体，或浇包未烘干
	缩松与缩孔	缩孔 铸件的厚大部分有形状不规则的孔洞，孔内壁粗糙；或铸件截面上出现细小而分散的缩孔	铸件结构设计不合理，壁厚不均匀，局部过厚； 浇注系统或冒口设置不正确，无法补缩或补缩不足； 浇注温度太高，金属液收缩过大； 金属液成分不合格，收缩过大
表面缺陷	砂眼	砂眼 铸件表面或内部有型砂充填的小凹坑	型砂强度不够，或局部未春紧，掉砂； 合型时松落或被金属液冲垮； 型腔或浇口内散砂未吹净； 铸件结构不合理，无圆角或圆角太小
	夹渣	渣眼 铸件浇注上表面上有不规则且有熔渣的孔眼，常与气孔并存，大小不一	浇注时未挡渣或挡渣效果不好； 浇注温度太低，熔渣不易上浮； 浇注时断流或未充满浇口，熔渣和液态金属一起流入型腔
	粘砂	粘砂 铸件表面黏附着一层砂粒和金属的机械混合物	浇注温度太高，金属液渗透力大； 型砂选用不当，耐火度差； 砂粒过粗，砂粒间隙过大； 型腔或型芯上未刷涂料或涂料太薄； 型砂春得太松，型腔表面不致密
	夹砂	金属片状物 铸件表面产生的疤片状金属凸起物，表面粗糙、边缘锋利，在金属片和铸件之间夹有一层型砂	型腔受热膨胀，表面鼓起或开裂； 型砂热湿强度过低； 型砂局部紧实度过大，水分过多； 内浇道过于集中，使局部砂型烘烤厉害； 浇注温度过高，浇注速度过慢

（续）

类 别	名 称	图例及特征	主要原因
裂纹缺陷	裂纹	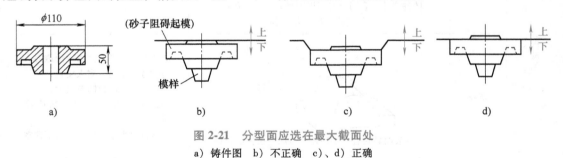 在夹角处或厚壁交接处的表面或内层产生裂纹	铸件设计不合理，厚薄差别过大； 型砂、芯砂退让性差，阻碍铸件收缩 合金化学成分不当，收缩大； 浇注系统设计不合理，使铸件各部分冷却及收缩不均匀，造成了过大内应力； 合金含磷、硫较高
其他		铸件的化学成分、组织和性能不合格	炉料成分、质量不符合要求； 熔化时配料不准； 热处理未按规范要求进行

2.3 铸造工艺设计及实例

工艺设计

铸造生产前，需根据零件结构特点、技术要求、生产批量等要求设计合理的铸造工艺，并依据铸造工艺绘制铸造工艺图、铸件图等。铸造工艺设计主要有造型、熔炼及清理工艺等内容，这里重点介绍造型工艺设计，包括选择铸型分型面、确定浇注位置、工艺参数、型芯结构等。

2.3.1 分型面的选择

造型时首先要考虑的问题是如何把模样从砂型中取出来，形成铸件的型腔。为了取出模样，铸型必须设置分型面。分型面指上、下砂型之间的结合面，其表示方法如图2-21所示。短线表示分型面的位置，箭头及"上""下"标示上型和下型的位置。

图 2-21 分型面应选在最大截面处

a）铸件图　b）不正确　c）、d）正确

选择分型面的出发点是简化铸造工艺，一般按以下原则选择：

1）为便于起模，分型面应选择在模样的最大截面处，如图2-21所示。

2）尽量减少分型面的数目，且分型面为平直面。特别在机器造型时，因只能实现两箱造型，故应选择只有一个分型面的造型工艺。图2-22所示的带轮采用三箱造型（两个分型面），通过增加外砂芯，改为两箱造型，如图2-23所示。

3）对于质量要求高或重要的加工面，应使其朝下或处于垂直的侧面。这是因为浇注

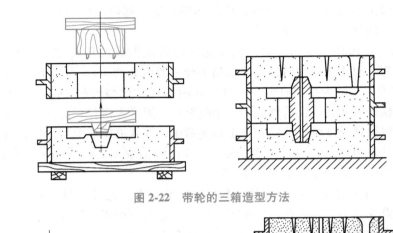

图 2-22 带轮的三箱造型方法

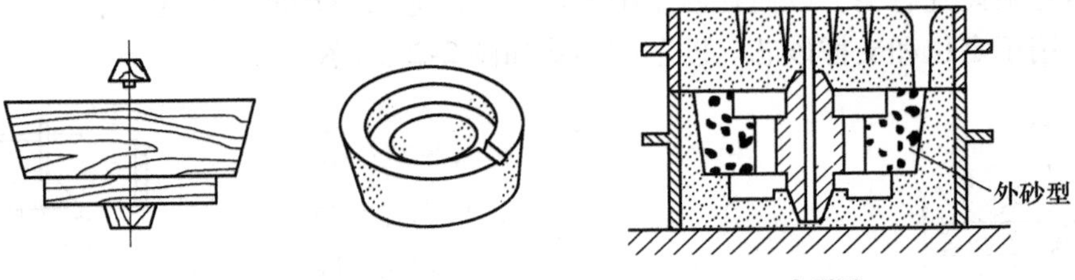

模样　　　　　　　外砂芯　　　　　　　合型图

图 2-23 采用外砂芯将三箱造型改为两箱造型

时，金属熔体中的渣子、气泡易上浮，造成铸件上表面的缺陷较多，如图 2-24 所示。

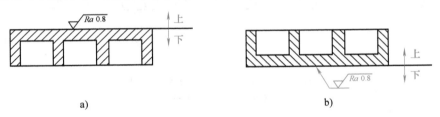

a)　　　　　　　　　　　　　　　　b)

图 2-24 重要加工面的位置及分型面布置
a) 重要加工面朝上，不合理　b) 重要加工面朝下，合理

4）尽可能使铸件整体或大部分置于同一砂箱内，尽量减少型芯、活块的数量，避免吊芯，以降低成本、提高铸件质量。

2.3.2 铸造工艺参数

影响铸件、模样的形状与尺寸的工艺参数称为铸造工艺参数，其与铸件大小、合金种类及生产条件有关。主要的铸造工艺参数有：

（1）切削加工余量　工艺设计时，为后续进行机械切削而预先增大尺寸，铸件上凡需加工的表面都需留有适当的切削加工余量。加工余量过大，会浪费材料及加工工时；余量过小，可能会因尺寸误差导致加工黑皮出现而使工件报废。加工余量的选择与造型方法、铸件材料及批量等因素有关。

（2）起模斜度　为便于将模样、砂芯从砂型或芯盒中取出，在平行于起模的方向上，模样侧壁或芯盒壁上均留有一定的斜度，称为起模斜度。起模斜度通常为15′~3°。垂直壁越高，斜度越小；内壁的斜度应比外壁大。

（3）铸造圆角 模样上壁与壁之间的交角应尽可能做成圆角过渡，便于造型、浇注，且可防止裂纹产生。对于中小型铸件，外圆角半径一般取2~8mm，内圆角半径取4~16mm。

（4）铸造收缩率 因为凝固收缩，铸件冷却后的尺寸比型腔尺寸略微缩小，为保证铸件的应有尺寸，模样尺寸必须比铸件放大一个收缩量。通常考虑材料的线收缩率，即模样与铸件的长度差除以模样长度的百分比。在工程实践中，线收缩率取值根据铸造材料的不同而不同，普通灰铸铁取0.5%~1%；球墨铸铁取1%；铸钢取1.6%~2.0%；黄铜取1.8%~2.0%；青铜取1.4%；铝合金取1.0%~1.2%。

（5）型芯头 铸件的部分外形或内腔不便用砂型形成，此时需制作砂芯来形成此部分结构。砂芯必须设置芯头，以便在砂型中固定砂芯。芯头不形成铸件的轮廓，只是落入砂型内的芯座上用于定位和支撑砂芯。砂芯的形式如图2-25所示。

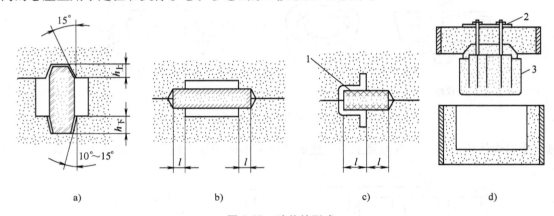

图2-25 砂芯的形式
a）垂直砂芯 b）水平砂芯 c）悬臂砂芯 d）吊芯
1—芯撑 2—吊具 3—砂芯

2.3.3 铸造工艺图

制造模样前，必须先根据零件图考虑铸造工艺，并在零件图的基础上用不同颜色符号标注分型面、加工余量、起模斜度、铸造圆角、铸件收缩率、砂芯及芯头结构、浇冒口系统等工艺内容，称为铸造工艺图。铸造工艺图是铸造过程中最基本和最重要的工艺文件之一，它是制造模样、工艺装备准备、造型造芯、合型浇注、落砂清理及技术检验等的工艺指导文件。同时，它也是绘制铸件图和铸型装配图、编制铸造工艺卡的依据。

2.3.4 实例：支承台零件铸造工艺制定

图2-26a所示零件为支承台，承受中等静载，生产40件。试选材并绘制铸造工艺图。

（1）选材 支承台承受中等载荷，起支承作用，处于压应力状态，选用HT150灰铸铁材料。

（2）造型方法 支承台零件为回转体结构，宜采用分模两箱造型。生产批量小，采用

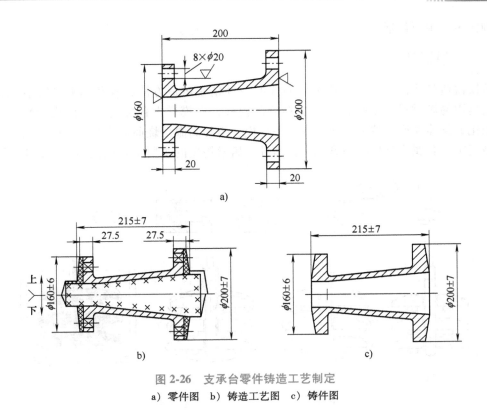

图 2-26　支承台零件铸造工艺制定

a) 零件图　b) 铸造工艺图　c) 铸件图

手工砂型造型方法。

（3）分型面　根据结构特点，选择通过轴线的纵向剖面为分型面，工艺简便。

（4）确定浇注位置　水平浇注使两端加工表面侧立，有利于保证铸件质量。

（5）确定工艺参数　根据造型方法、零件尺寸，按 GB/T 6414—2017 可查出铸件尺寸公差数值为 14mm，支承台两侧面的加工余量为 7.5mm；灰铸铁线收缩率通常取 1%；中小型铸件起模斜度取 3°，铸造圆角半径取 5mm；支承台内部锥形孔设计整体砂芯，其芯头、芯座尺寸与装配间隙根据技术规定确定。

（6）浇注系统　将内浇道开设在下型的分型面上，并分两道将熔融金属分配到两端法兰处，有利于法兰在冷却过程中补缩。将横浇道开设在上型分型面上，起集渣排气作用。在上型开设直浇道，形成必要的静压力。在上型顶面开设浇口杯。

（7）绘制铸造工艺图　完成以上工艺设计后，可以绘出如图 2-26b 所示的铸造工艺图。

（8）绘制铸件图　铸件图是反映铸件实际形状、尺寸和技术要求的图样，是铸造生产的最终产品图。根据铸件毛坯图和零件图安排后续切削加工工艺，如图 2-26c 所示。

2.4　特种铸造

砂型铸造的适应性强、成本低廉，但其生产的铸件精度与表面质量较低，加工余量大，很难满足各种类型生产的需求。为了克服砂型铸造在一定工艺条件下的不足，提高铸件的尺寸精度，改善表面粗糙度及性能，在砂型铸造技术的基础上发展了一些新的造型方法，统称为特种铸造，主要包括熔模铸造、压力铸造、消失模铸造、离心铸造等。

2.4.1 熔模铸造

熔模铸造是从古代失蜡铸造发展而成的一种精密铸造方法，故又称失蜡铸造或精密铸造。它是用易熔材料（如蜡料）制成精确的模样，在模样上包覆若干层耐火涂料，经过干燥、硬化成整体壳型，然后加热型壳熔去蜡模，再经高温焙烧而成为耐火型壳。将液体金属浇入型壳中，金属冷凝后敲掉型壳获得铸件。熔模铸造的主要工艺过程如图 2-27 所示。

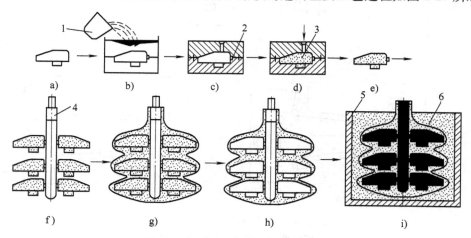

图 2-27　熔模铸造的主要工艺过程

a）母模　b）浇注易熔合金　c）压型　d）压蜡　e）单个蜡模成形
f）蜡模组合　g）结壳　h）脱蜡并焙烧　i）造型浇注
1—浇包　2—内浇道　3—蜡料　4—浇道棒　5—砂箱　6—填砂

熔模铸造是实现少切削或无切削的重要制造方法。它具有以下特点：

1）铸件尺寸精度高，表面质量好。熔模铸造没有分型面，不必考虑起模，型壳内表面光洁，铸件表面粗糙度值低。

2）可铸出形状复杂、不能分型的铸件。其最小壁厚可至 0.3mm，可铸出的最小孔径为 0.5mm。

3）适于各类铸造合金的生产，尤其适用于高熔点合金和难切削加工合金的复杂铸件的生产。对于耐热合金的复杂铸件，熔模铸造几乎是唯一的生产方法。

4）熔模铸造工序繁杂，生产周期较长，且铸件不能太大（一般不大于 25kg），生产成本较高。

目前，熔模铸造已广泛应用于航空、汽车、电器、仪器及刀具等制造部门。

2.4.2 压力铸造

压力铸造是在高压作用下，将金属液以较高的速度充入高精度型腔内，并在压力下快速凝固，以获得优质铸件的高效铸造方法，简称压铸。高压（5～150MPa）和高速（5～100m/s）是压铸区别于一般金属型铸造的重要特征。

压铸件是在高压高速下成形，故可铸出形状复杂的薄壁铸件，也能直接铸出各种小孔、螺纹和齿轮。压铸件的精度和表面质量比普通金属型铸造更高，铸件结晶组织更为细密，强度一般比砂型铸造高 25% ~ 30%。压铸件通常不需进行切削加工，便可直接装配使用。压力铸造易于实现自动化与机械化，生产率很高。

但是，压铸机设备投资大，压铸模制造费用高、周期长，只适用于形状复杂的薄壁有色合金铸件的批量生产。目前，压力铸造广泛用于汽车、仪表、航空、电器及日用品铸件，以铝、锌合金材料为主。

压铸机是压铸生产中的主体设备，分热压室式、立式和卧式等类型，它们的工作原理基本相似。卧式压铸机用高压油驱动，合型力大，充型速度快，生产率高，应用较广泛。图 2-28 所示为卧式冷压室压铸机工作示意图。

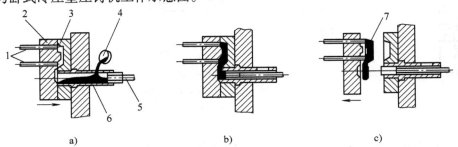

图 2-28 卧式冷压室压铸机工作示意图
a) 合型，浇入金属液 b) 高压射入，凝固 c) 开型，顶出铸件
1—顶杆 2—动型 3—静型 4—金属液 5—活塞 6—压缩室 7—铸件

2.4.3 消失模铸造

消失模铸造又称实型铸造，即整体模样和浇注系统采用聚苯乙烯泡沫制造并留在铸型内，浇注时模样燃烧、汽化而消失，其空腔被金属液填充并凝固后获得铸件的铸造方法。

消失模铸造工艺过程如图 2-29 所示。

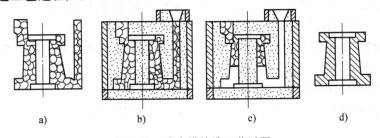

图 2-29 消失模铸造工艺过程
a) 泡沫塑料模样及浇注系统 b) 造好的铸型 c) 浇注过程 d) 铸件

消失模铸造不用起模、分型，无起模斜度，减少或取消了型芯，避免了合型、组芯等工序造成的尺寸误差和缺陷，增大了零件设计的自由度，提高了铸件的尺寸精度。同时，消失模铸造还简化了生产过程，缩短了生产周期，并减少了材料消耗，降低了生产成本。

2.4.4 离心铸造

离心铸造是将液态金属浇入高速旋转的铸型内，在离心力作用下充型，凝固后获得铸件的方法。根据离心铸造机的结构形式不同，有垂直旋转的立式离心铸造和水平旋转的卧式离心铸造两种，如图2-30所示。离心铸造主要用于生产空心回转体的铸件，立式离心铸造适用于铸造气缸套、齿轮一类短的铸件；卧式离心铸造适用于铸造管状空心铸件。离心铸造的铸型可以是金属型，也可以是砂型。

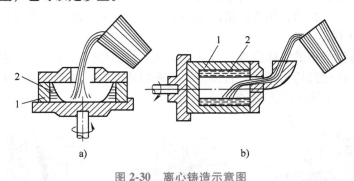

离心铸造

图 2-30　离心铸造示意图
a）绕垂直轴旋转　b）绕水平轴旋转
1—铸型　2—铸件

离心铸造不用型芯即可铸出中空铸件，并且铸件上不带浇注系统，因此，离心铸造工艺提高了材料的利用率，简化了管类、套类铸件的生产过程。而且，金属液是在离心力的作用下冷却凝固的，故铸件组织致密，力学性能较好。但离心铸造铸件的内表面质量较差，因此需要放大加工余量。

2.5　铸造安全操作规程

铸造生产工序繁多，要与高温熔融金属接触，车间环境一般较差（高温、高粉尘、噪声大、劳动强度大），安全隐患较多，铸造的安全生产问题尤为突出。因此，在铸造生产过程中，需遵守以下安全操作规程：

1）进入车间后，操作者应按规定穿戴好劳动防护用品，并应时刻注意头上起重机、脚下工件与铸型，防止碰伤、撞伤及烧伤等事故。

2）浇注通道必须保证畅通。

3）注意保管和摆放好自己的工具，防止被埋入砂中踩坏，或被起模针和通气针扎伤手脚。

4）工作结束后，要认真清理工具和场地，砂箱要安放稳固，防止倒塌伤人毁物。

5）铸造熔炼与浇注现场不得有积水。

6）浇包各部分要完好可靠，浇包及所有与金属液接触的物体都必须烘干、烘热后使用，否则会引起爆炸。

7）浇包中的金属液不能盛得太满，抬包时二人动作要协调，一旦金属液溅出烫伤手脚，应招呼同伴同时放包，切不可单独丢下抬杆，以免翻包，酿成大祸。

8）浇注时，人不可站在浇包正面，否则易造成意外的烧伤事故。

9）所有破碎、筛分、落砂、混碾和清理设备，应尽量密闭，以减少车间的粉尘。同时应规范车间通风、除尘及个人劳动保护等防护措施。

10）铸造合金熔炼时产生的有害气体，应有相应的技术处理措施。

延伸阅读

艺术铸造

艺术铸造是一门既古老又年轻的学科，它是艺术思想和科学技术相结合的艺术工程产物，综合了雕塑、材料、金属、机械、力学、铸造等学科的知识。

艺术铸造是中华民族文明史的重要组成部分。从商周到春秋，中国古代先民们相继发明冶铜、冶铁和独特的铸造技术，除了铸就大批礼器、农具、兵器外，还创造出许多精美绝伦的艺术铸件。

中国的青铜铸造始于夏朝，目前发现最早的青铜器是公元前 4700 年左右。商、周、春秋时期是青铜器的鼎盛时期。随着冶炼及铸造技艺的提高，人们可以按照铸件的要求，将不同比例的铜、锡、铅等熔炼成合金，从而得到物理性能各异、满足各种用途的青铜合金，越王勾践剑就是当时的代表作之一，如图 2-31 所示。

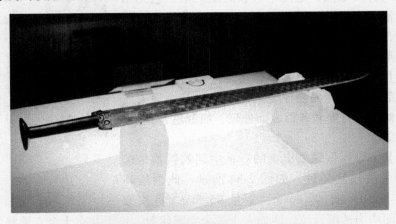

图 2-31 春秋晚期越国青铜器——越王勾践剑

在长期的生活和生产实践中，中国古代劳动人民创造了许多令人叹为观止的铸造工艺方法，最常见的有泥型铸造及熔模铸造。

1. 泥型铸造

泥型铸造古代称为"泥范"，是用泥砂为主要原料制作的铸型。商早期泥范多为就地取材，将天然泥砂料用水调合制作铸型后经自然干燥或低温堆烧，铸范硬化后即可浇注，铸型冷却后将泥范打碎取出铸件，属一次性铸范。

泥型铸造历史悠久，并且在其发展过程中，多种铸造技巧得以应用。其中，分铸工艺的发明和推广，使得人们成功地铸造了许多造型优美、纹饰绚丽的铸件，如战国早期的曾侯乙编钟，如图 2-32 所示，它器形端庄、浑厚，音律准确，音色优美，为世界上罕见的青铜重器。此外，还铸造了重达 832.84kg 的后母戊鼎（原称司母戊鼎），鼎呈长方形，口长 112cm，口宽 79.2cm，壁厚 6cm，连耳高 133cm。鼎身雷纹为地，四周浮雕刻出盘龙及饕餮纹样，反映了中国青铜铸造的超高工艺和艺术水平，如图 2-33 所示。

图 2-32 曾侯乙编钟

2. 熔模铸造

熔模铸造又称失蜡法，起源于春秋时期。该工艺先用黄蜡、松香、油脂等按一定配比混合，制成欲铸器物的蜡模；蜡模成型后，在蜡模表面用细泥浆多次浇淋或涂刷，使之紧贴蜡模形成一泥壳，再涂上耐火材料，使之硬化成外范；内外范自然干燥后，用火烘烤铸型，使蜡油熔化流出；形成型腔后再往型腔内浇注金属熔液并冷却，除去内外范后再进行修整、打磨和各种表面处理，如着色、鎏金、鎏银、错金银等。

图 2-33 商后母戊鼎

河南淅川县下寺春秋楚墓出土的春秋中期的铜禁是迄今所知的最早的失蜡法铸件，如图 2-34 所示。此铜禁高 28.8cm，器身长 103cm，宽 46cm，重量 95.5kg，呈长方形，四边及侧面均饰透雕云纹，四周有十二个立雕伏兽，体下共有十个立雕状的兽足。透雕纹饰繁复多变，外形华丽庄重，整体用失蜡法铸就，工艺精湛复杂。战国、秦汉以后，失蜡法更为流行，尤其是隋唐至明、清期间，铸造青铜器采用的多是失腊法。

图 2-34 春秋云纹铜禁

此外，近代以来也发展了一些新型的精密铸造工艺方法，如石膏型铸造、陶瓷型铸造及消失模铸造等。石膏型精密铸造是一种以石膏为胶凝材料的实体熔模铸造法。陶瓷型铸造是在传统砂型或熔模铸造的基础上发展起来的，利用质地较纯、热稳定性较高的耐火材料做造型材料，经灌浆、结胶、脱模、焙烧等工序而制成的。消失模铸造以发泡聚苯乙烯做模样，用砂埋住模样，振动紧实后浇注。

"永远盛开的紫荆花"是一件现代艺术铸造精品，它以青铜铸造，重 70t，长、宽、高均为 6m，如图 2-35 所示。它根据含苞待放的紫荆花的形状雕刻而成，并用红花岗岩基座承托。基座圆柱方底，寓意九州方圆，环衬的长城图案象征祖国永远拥抱着香港。

图 2-35　永远盛开的紫荆花

复习思考题

2-1　铸造生产有哪些优缺点？试述砂型铸造的工艺过程。

2-2　什么叫作分型面？选择分型面时必须注意什么问题？

2-3　型砂主要由哪些材料组成？它应具备哪些性能？

2-4　手工造型的基本方法有哪几种？简述各种造型方法的特点及其应用范围。

2-5　浇注系统由哪些部分组成？设置浇注系统有哪些基本要求？开设内浇道时要注意些什么问题？

2-6　为保证型芯的性能要求，制芯工艺应采用哪些措施？

2-7　中频感应电炉有什么特点？

2-8　铸件中的气孔产生的原因有哪些？应采取哪些措施防止铸件产生气孔？

2-9　何谓特种铸造？常用的特种铸造方法有哪些？

2-10　常见铸造缺陷有哪些？

第3章 锻压成形

【实训目的与要求】
1）了解锻压工艺的特点及应用。
2）了解坯料常用加热方法和锻件的常用冷却方法。
3）了解常用锻压设备的结构、工作原理和使用方法。
4）掌握自由锻基本工序的特点和简单自由锻件的操作技能。
5）了解模锻和胎模锻的工艺特点及应用。
6）了解冲压基本工序和冲模的结构。
7）了解数控压力机的组成和工作原理。
8）掌握安全操作要领。

概述

3.1 概述

金属锻压成形是指金属材料在外力作用下产生塑性变形，从而获得产品的加工方法。大多数金属材料在冷态和热态下都具有一定的塑性，因此它们可以在室温或高温下进行各种锻压加工。常见的锻压方法有自由锻造、模锻、板料冲压等。

金属锻压加工在机械制造、汽车、拖拉机、仪表、造船、冶金工程及国防等工业中有着广泛的应用。以汽车为例，按重量计算，汽车上70%的零件均是由锻压加工方法制造的。

金属锻压加工主要有以下特点：

1）使金属获得较细密的晶粒，能压合铸造组织内部的气孔等缺陷，并能合理控制金属纤维方向，以使纤维方向与应力方向一致，提高零件的性能。

2）锻压加工后，坯料的形状和尺寸发生改变而其体积基本不变，与切削加工相比可节约金属材料和加工成本。

3）除自由锻造外，其他锻压方法如模锻、冲压等都具有较高的劳动生产率。

4）能加工各种形状、重量的零件，使用范围广。

3.2 坯料的加热和锻件的冷却

3.2.1 加热目的和锻造温度范围

锻造生产中，加热的目的是提高坯料的塑性并降低变形抗力，以改善其锻造性能。一般来说，随着温度的升高，金属的强度降低而塑性提高。所以，加热后锻造可以用较小的锻打力，使坯料获得较大的变形量。但是，加热温度过高又容易产生一些缺陷，因此，锻坯的加热温度应控制在一定的温度范围之内。金属材料在锻造时允许的最高加热温度，称为该材料的始锻温度。金属材料终止锻造的温度，称为该材料的终锻温度。坯料在锻造过程中，随着热量的散失，温度不断下降，其塑性越来越差，变形抗力越来越大。温度下降到一定程度后难以继续变形，必须及时停止锻造重新加热。

从始锻温度到终锻温度之间的温差，称为锻造温度范围。确定锻造温度范围的原则是：在保证金属坯料具有良好锻造性能的前提下，尽量放宽锻造温度范围，以降低消耗，提高生产率。常用金属材料的锻造温度范围见表 3-1。

表 3-1　常用金属材料的锻造温度范围

金属种类	始锻温度/℃	终锻温度/℃	锻造温度范围/℃
普通碳素钢	1250~1280	700	580
优质碳素钢	1150~1200	800	400
合金结构钢	1100~1200	800~850	350
碳素工具钢	1100	770~800	330
合金工具钢	1050~1150	800~850	250~300
耐热钢	1100~1150	850	250~300
铜合金	800~900	650~700	150~200
铝合金	450~500	350~380	100~150

3.2.2　加热缺陷及其预防措施

加热过程中，若控制不当，会产生一些加热缺陷，常见的有：氧化、脱碳、过热、过烧或心部裂纹等。

（1）氧化与脱碳　加热时，表层的铁与炉气中的氧、二氧化碳、水蒸气等发生反应生成氧化皮的现象称为氧化。氧化皮在后续的锻压生产中从坯料上脱落下来，造成坯料体积损失，并使得表面质量下降，一旦脱落的氧化皮压入锻件，还会造成锻件裂纹。

在加热时，表层的碳与炉气中的氧、氢、二氧化碳及水蒸气等发生反应，降低了表层碳浓度称为脱碳。脱碳钢淬火后表面硬度、疲劳强度及耐磨性降低，而且表面的残余拉应力易形成表面网状裂纹。

防止氧化和减少脱碳的措施有：

1）控制炉内的加热气氛，如采用保护气氛加热（如净化后的惰性气体）或使炉气成还原性。

2）快速加热，减少坯料在高温炉中的停留时间，对重要件采用少、无氧加热等。

由于一般加热都是有氧加热，故氧化和脱碳通常是必然出现的，所以，应尽量减小氧化和脱碳层的厚度，以减小不良影响。

（2）过热和过烧　金属加热时，由于加热温度过高或高温下保持时间过长引起晶粒粗大的现象称为过热。过热材料的强度和塑性都会下降，而冲击韧性下降得更为明显。过热的坯料可通过锻造过程或锻后热处理，将晶粒细化。

如果加热温度远远高于始锻温度，使晶粒边界出现氧化及熔化的现象称为过烧。过烧破坏了晶粒间的结合力，一经锻打就会破碎。过烧是无法挽回的缺陷。

在加热过程中，只要严格控制加热温度，特别是严格控制坯料在高温下的停留时间，过热和过烧都是可以避免的。

（3）心部裂纹 大型锻件和导热性较差的高合金钢坯料加热时，如果装炉温度过高或加热速度过快，则可能由于加热过程中，坯料内外层之间的温差较大而产生较大的温度应力，从而导致裂纹的产生。这类坯料加热时，要严格遵守有关的加热规范，如低温装炉，分段加热。装炉温度控制在600℃以下，以较慢的速度加热到600℃左右，经一段时间保温，使内外温度均匀后再加速加热到始锻温度。

3.2.3 加热方法与加热设备

锻件加热可采用一般燃料如焦炭、重油等进行燃烧，也可利用火焰加热或电能加热。典型的电能加热设备为电阻炉。电阻炉利用电阻加热器通电时所产生的热量作为热源，以辐射方式加热坯料。电阻炉分为中温炉（加热器为电阻丝，最高使用温度约为1100℃）和高温炉（加热器为硅碳棒，最高使用温度可达1600℃）。图3-1所示为箱式电阻加热炉示意图。电阻炉操作简单，可通过仪表准确控制炉温，且可通入保护性气体控制炉内气氛，以减少或防止坯料加热时的氧化。

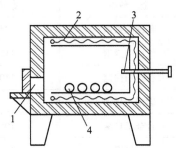

图3-1 箱式电阻加热炉示意图
1—炉门 2—电阻丝
3—热电偶 4—工件

3.2.4 锻件的冷却

锻件的冷却是保证锻件质量的重要环节。锻件的冷却方式有三种：
（1）空冷 空冷是在无风的空气中，锻件放置于干燥的地面冷却。
（2）坑冷 在填充有沙子、炉灰或石棉灰等绝热材料的坑中以较慢的速度冷却。
（3）炉冷 在500~600℃的加热炉中，随炉缓慢冷却。

碳素结构钢和低合金钢的中小型锻件，一般锻后均采用冷却速度较快的空冷方式冷却，成分复杂的合金钢锻件大都采用冷却速度较慢的坑冷或炉冷，厚截面的大型锻件采用炉冷。冷却速度过快会造成表面硬化，对后续切削加工产生不利影响。所以，坯料锻后要采用合适的冷却方式以保证锻件质量。

3.3 自由锻

自由锻是将坯料直接放在自由锻设备的上下砧铁之间施加外力，或借助简单的通用工具，使之产生塑性变形的锻造方法。自由锻分为手工自由锻和机器自由锻，手工自由锻是最原始的锻造生产方法，靠人力利用大锤及其他辅助工具使坯料成形，其劳动强度大，生产率低，目前已极少采用。机器自由锻是利用机器产生的冲击力或压力使坯料变形，是自由锻生产的主要方法。

自由锻使用的工具简单、操作灵活，但锻件的精度低、生产率低、工人劳动强度大，对工人的操作技艺要求高，适用于单件、小批量生产和大型及特大型锻件的锻造生产。

3.3.1 自由锻工具与设备

1. 自由锻工具

自由锻常用的工具如图 3-2 所示，其中砧铁和锤子属于手工自由锻的工具，也可作为机器的辅助工具使用。

2. 自由锻设备

常用的自由锻设备有空气锤、蒸汽-空气锤等。

（1）空气锤 空气锤的吨位较小，常用的空气锤吨位为 50～750kg，只可用来锻造小型锻件，其外形及工作原理如图 3-3 所示。

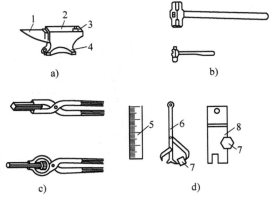

图 3-2 自由锻常用工具

a）砧铁　b）锤子　c）钳子　d）测量工具
1—砧角　2—砧面　3—砧尾　4—砧脚
5—钢直尺　6—卡钳　7—工件　8—样板

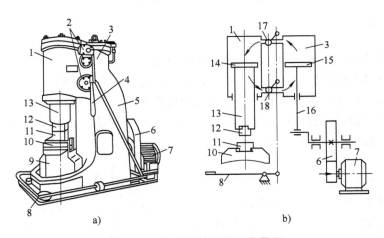

图 3-3 空气锤的外形及工作原理

a）外形图　b）工作原理图
1—工作缸　2—旋阀　3—压缩缸　4—手柄　5—锤身　6—减速机构　7—电动机
8—脚踏杆　9—砧座　10—砧垫　11—下砧块　12—上砧块　13—锤杆　14—工作活塞
15—压缩活塞　16—连杆　17—上旋阀　18—下旋阀

空气锤的规格是以其落下部分的质量来表示的，但空气锤所能产生的打击力约是落下部分质量的 1000 倍，若锤本身的质量为 150kg，则产生的打击力为 150000kgf（1kgf=9.8N）。空气锤的工作原理是：由压缩缸内的压缩活塞把空气压入工作缸的上部，使工作活塞带动锤头和上砧铁下击，迫使坯料变形；压缩活塞下降时，把空气压入工作缸的下部，使工作活塞连同锤头上升。通过手柄或踏杆的控制，能实现锤头的上悬、连续打击、单次打击或压紧等动作。

（2）蒸汽-空气锤 以蒸汽或压缩空气（0.6～0.9MPa）为动力，驱动锤头上下运动进行打击而完成自由锻工艺需要的锻锤。其吨位以落下部分的质量表示，常用的有 1000～5000kg，可锻造 70～700kg 的中小型锻件。图 3-4 所示为双柱拱式蒸汽-空气锤的外形及工作原理。

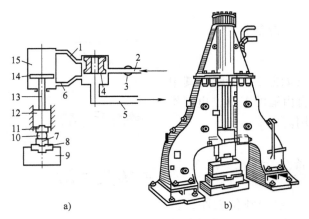

图 3-4 双柱拱式蒸汽-空气锤的外形及工作原理

a) 工作原理图 b) 外形图

1—上气道 2—进气道 3—节气阀 4—滑阀 5—排气管 6—下气道 7—下砧 8—砧垫 9—砧座

10—坯料 11—上砧 12—锤头 13—锤杆 14—活塞 15—工作缸

3.3.2 自由锻工序

根据变形性质和程度的不同，自由锻工序可分为基本工序、辅助工序和精整工序。基本工序是实现锻件基本成形的工序，有镦粗、拔长、冲孔、弯曲、扭转、切割等。为便于实施基本工序而使坯料预先产生少量变形的工序称为辅助工序，如压肩、压痕、倒棱等。在基本工序之后，为修整锻件形状和尺寸，消除表面不平，校正弯曲和歪扭等目的而施加的工序，称为精整工序，如滚圆、平整、校直等。

1. 镦粗

镦粗是使坯料横截面面积增大而高度减小的锻造工序。镦粗分为完全镦粗和局部镦粗，如图 3-5所示，其中一端镦粗和中间镦粗都属于局部镦粗。镦粗主要用于饼、块状锻件（如齿轮坯、法兰）等，也可作为空心锻件冲孔前的准备工序，拔长时为提高锻造比也可先镦粗。为使镦粗顺利进行，坯料的高度 H_0 与直径 D_0 之比应小于 2.5~3.0。如果高径比过大，则易将锻坯镦弯。高径比过大或镦击力量不足时，还可能将坯料镦成双鼓形或在锻件中部形成夹层。

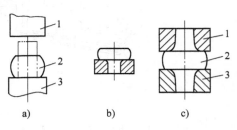

图 3-5 镦粗

a) 整体镦粗 b) 一端镦粗 c) 中间镦粗

1—上砧 2—锻件 3—下砧

2. 拔长

拔长是使坯料长度增加、横截面面积减小的锻造工序，主要用于曲轴、连杆等长轴类锻件。拔长的方法主要有两种，一种在平砧上拔长，一种在芯轴上拔长。图 3-6a 所示是在平面上拔长。高度为 H（或直径为 D）的坯料由右向左送进，每次送进量为 L。为了使锻件表面平整，L 应小于砧宽 B，一般 $L \leqslant 0.75B$。对于重要锻件，为了使整个坯料产生均匀的

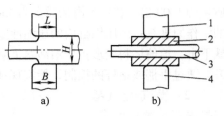

图 3-6 拔长

a) 在平面上拔长 b) 在芯轴上拔长

1—上砧 2—坯料 3—芯轴 4—下砧

塑性变形，*L/H*（或 *L/D*）应在 0.4～0.8 范围内。图 3-6b 所示是在芯轴上拔长空心坯料。锻造时，先把芯轴插入冲好孔的坯料中，然后当作实心坯料进行拔长。拔长时，一般不是一次拔成，先将坯料拔成六角形，锻到所需长度后，再倒角滚圆，取出芯轴。为便于取出芯轴，芯轴的工作部分应有 1∶100 左右的斜度。这种拔长方法可使空心坯料的长度增加，壁厚减小，而内径不变，常用于锻造套筒类长空心锻件。

3. 冲孔

在坯料上锻出通孔或不通孔的锻造工序，称为冲孔。直径小于 25mm 的孔一般不冲，由后续的切削加工钻出。冲通孔时，直径小于 450mm 的孔用实心冲头进行冲孔，直径大于 450mm 的孔用空心冲头冲孔。冲孔常用于齿轮、套筒和圆环等锻件的加工。

冲孔时坯料的局部变形量很大，坯料应加热到允许的最高温度，而且要均匀热透，以便在冲子冲入后坯料仍保持足够的温度和良好的塑性，防止坯料冲裂和损伤冲子，且冲子冲完后易于拔出。

冲孔前坯料预先镦粗，尽量减少冲孔深度并使端面平整。为了保证孔位正确，应先进行试冲，即先用冲子轻轻冲出孔位的凹痕，检查孔位准确后方可冲孔。为便于取出冲头，冲前可向凹痕内撒些煤粉。

一般锻件采用双面冲孔法，如图 3-7 所示，即将孔冲到坯料厚度的 2/3～3/4 深度时，取出冲子，翻转坯料，然后从反面将孔冲透。较薄的坯料可采用单面冲孔，单面冲孔时应将冲子大头朝下，漏盘孔径不宜过大，且必须仔细对正。冲孔过程中冲子要经常蘸水冷却，防止其受热后硬度降低。

4. 弯曲

弯曲是采用一定的工模具将坯料弯成所需角度或形状的工序，常用的弯曲方法有以下两种：

（1）锻锤压紧弯曲法　坯料的一端被上、下砧压紧，用大锤打击或用起重设备拉另一端，使其弯曲成形，如图 3-8 所示。

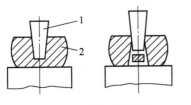

图 3-7　双面冲孔示意图
1—冲子　2—工件

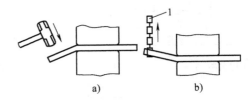

图 3-8　锻锤压紧弯曲法
a）用大锤打弯　b）用吊车拉弯
1—链条

（2）模弯曲法　在垫模中弯曲能得到形状和尺寸较准确的小型锻件，如图 3-9 所示。

5. 扭转

扭转是在保持坯料轴线方向不变的情况下，将坯料的一部分相对于另一部分扳转一定角度的工序，如图 3-10 所示。扭转时，必须将坯料加热至始锻温度，受扭曲变形的部分必须表面光滑，面与面的相交处要有圆角过渡，以防扭裂。

6. 切割

切割是分割坯料或切除锻件余料的工序。切割的基本方法有单面切割和双面切割，如图

3-11 所示。单面切割可用于小尺寸截面的坯料切割，切割后截面较平整、无飞边。双面切割用于切割截面尺寸较大的坯料。

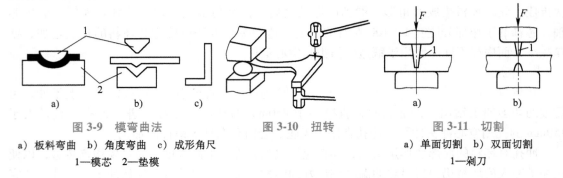

图 3-9　模弯曲法　　　　　　图 3-10　扭转　　　　　图 3-11　切割
a) 板料弯曲　b) 角度弯曲　c) 成形角尺　　　　　　　　　　　a) 单面切割　b) 双面切割
1—模芯　2—垫模　　　　　　　　　　　　　　　　　　　　　1—剁刀

3.3.3　自由锻工艺过程示例

锻造时的基本工序选择及顺序安排，对锻件质量、生产效率等有直接的影响，现以表 3-2 所示的齿轮自由锻工艺过程为例，说明各工序的应用。

表 3-2　齿轮自由锻工艺卡

锻件名称	齿轮毛坯	工艺类型	自由锻
材料	45 钢	设备	65kg 空气锤
加热次数	1 次	锻造温度范围	850~1200℃

锻件图	坯料图
$\phi28\pm1.5$　29 ± 1　44 ± 1　$\phi58\pm1$　$\phi92\pm1$	$\phi50$　125

序号	工序名称	工序简图	使用工具	操作工艺
1	镦粗	45	火钳 镦粗漏盘	控制镦粗后的高度为 45mm
2	冲孔		火钳 镦粗漏盘 冲子 冲子漏盘	1. 注意冲子对中 2. 采用双面冲孔，左图为工件翻转后将孔冲透的情况

（续）

序号	工序名称	工序简图	使用工具	操作工艺
3	修整外圆	$\phi 92\pm1$	火钳 冲子	边轻打边旋转锻件，使外圆清除鼓形，并达到 $\phi92\pm1$mm
4	修整平面	44 ± 1	火钳	轻打（如端面不平还要边打边转动锻件），使锻件厚度达到 44 ± 1mm

3.3.4 自由锻锻件常见缺陷

（1）裂纹 裂纹通常是由锻造时存在较大的拉应力、剪应力或附加拉应力引起的。裂纹通常发生在坯料应力最大、厚度最小的部位。如果坯料表面和内部有微裂纹、坯料内存在组织缺陷、热加工温度不当使材料塑性降低，或变形速度过快、变形程度过大，超过材料允许的塑性指标时，则在镦粗、拔长、冲孔、扩孔、弯曲和挤压等工序中都可能产生裂纹。

（2）端部歪斜和中心线偏移 锻造工艺不合理，操作方法不当，坯料加热不均匀（阴阳面）容易造成的端部歪斜和中心线偏移。

（3）弯曲和变形 弯曲和变形是指与锻件尺寸或形状不符合，有明显的形状变化。这种缺陷的出现可能是由于没有按要求进行修正，锻后冷却及热处理工序操作不当造成的。

（4）过烧 加热时温度过高，加热时间过长，在该条件下，易于使晶界氧化和熔融，形成过烧。

（5）局部晶粒粗大 在锻件表面或内部易出现局部晶粒粗大的现象。坯料加热温度过高，锻造比小，也可能出现这种现象。对于奥氏体高合金钢来说，由于锻造不均匀和工具预热温度不够及坯料与工具间摩擦较大等原因，便会产生锻件局部晶粒度过大的现象。

（6）非金属夹杂物 非金属夹杂的含量、分布与钢的冶炼和铸锭有关，而锻造时变形量不够和锻造工序不当，未能达到夹杂物的分散和破碎作用，因此锻件内部存在非金属夹杂集中现象。

3.4 模锻

模型锻造是在外力作用下利用模具的模膛使坯料变形而获得锻件的锻造方法，简称模锻。与自由锻相比，模锻具有以下特点：

1）锻件的形状和尺寸比较准确，机械加工余量较小，可节省加工工时，材料利用率高。

2）可以锻制形状较为复杂的锻件。

3）生产率较高。

4）操作简单，劳动强度低，对工人技术水平要求不高，易于实现机械化。

5）模锻是整体变形，变形抗力较大，受模锻吨位的限制，模锻件的质量一般不大于 50kg。

6）锻模制造成本较高，所以模锻不适合单件小批生产，而适合于中小型锻件的大批量生产。

根据设备不同，模锻分为锤上模锻，胎模锻，曲柄压力机模锻，平锻机模锻，摩擦压力机模锻等。精密模锻是在模锻的基础上发展而来的，能锻造一些复杂形状、尺寸精度高的零件，如锥齿轮、叶片、航空零件等。

3.4.1 锤上模锻

锤上模锻使用的设备有蒸汽-空气模锻锤、无砧底锤、高速锤等。蒸汽-空气模锻锤工作原理与蒸汽-空气自由锻锤基本相同，但由于模锻时受力大，要求设备的刚性好，导向精度高，以保证上下模对准。锻模由上锻模和下锻模两部分组成，分别安装在锤头和模垫上，工作时上锻模随锤头一起上下运动。上模向下扣合时，对模膛中的坯料进行冲击，使之充满整个模膛，从而得到所需锻件，如图 3-12 所示。

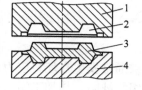

按锻模中模膛的个数分为单膛锻模和多膛锻模。

1. 单膛锻模

单膛锻模的结构如图 3-13 所示。这种锻模一般只有一个终锻模膛，锻模设计简单，模块尺寸小，制造周期短，成本低，操作简单。

图 3-12 锤上模锻
1—上锻模 2—模锻模膛
3—模锻件 4—下锻模

缺点是在大批量生产中受原材料利用率、生产效率低等综合因素的限制，适应性较差。单膛锻模一般多用原始棒料，在终锻模膛内锻造圆形件或各处断面变化不大的杆件等简单形状的锻件。

2. 多膛锻模

有些锻件形状复杂，不能一步模锻成形，需分工步模锻，将多工步模膛安排在一个锻模内，便成为多膛锻模，如图 3-14 所示。

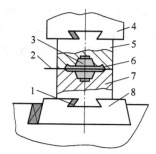

图 3-13 单膛锻模
1—紧固楔铁 2—分型面 3—模膛 4—锤头
5—上模 6—飞边槽 7—下模 8—模垫

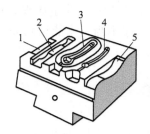

图 3-14 多膛锻模
1—拔长模膛 2—滚压模膛 3—终锻模膛
4—预锻模膛 5—弯曲模膛

一般的多膛锻模含有的模膛及其作用如下：

（1）拔长模膛 用来减小坯料某部分的横截面面积，以增加该部分的长度。

（2）滚压模膛　用来减小坯料某部分的横截面面积，以增大另一部分的横截面面积，使其按模锻件的形状来分布。

（3）弯曲模膛　使坯料弯曲。

（4）预锻模膛　使坯料变形到接近于锻件的形状和尺寸，为终锻做准备。

（5）终锻模膛　使坯料最后变形到锻件所要求的形状和尺寸，它的结构要求与单膛锻模相同。

多膛锻模具有生产效率高、锻件质量好等优点，适用于形状复杂、生产批量大的锻件生产。锤上模锻的主要缺点是模锻件的质量受到一般模锻设备能力的限制，大多在 70kg 以下；锻模的制造周期长、成本高；模锻设备的投资费用比自由锻大，模锻用于生产大批量锻件。

3.4.2　胎模锻

胎模锻是在自由锻设备上使用可移动模具生产模锻件的一种锻造方法。所用模具称为胎膜，它结构简单，形式多样，但不固定在上下砧块上。一般应先采用自由锻方法制坯，然后在胎模中终锻成形。

1. 胎模的种类

根据胎模的结构特点，胎模可分为摔子、扣模、套模和合模四种。

（1）摔子　摔子是用于锻造回转体或对称锻件的一种简单胎模，它有整形和制坯之分。图 3-15a 所示是锻造圆形断面时用的光摔和锻造台阶轴时用的型摔结构简图。

（2）扣模　扣模是相当于锤锻模成形模膛作用的胎模，多用于简单非回转体轴类锻件局部或整体的成形。扣模一般由上下扣组成，或者只有下扣而上扣由上砧代替，如图 3-15b 所示。

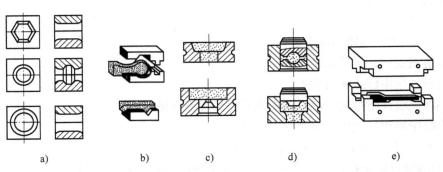

a)　　　　　b)　　　　　c)　　　　　d)　　　　　e)

图 3-15　胎模的种类

a）摔子　b）扣模　c）开式套模　d）闭式套模　e）合模

在扣模中锻造时，坯料不翻转。扣形后将坯料翻转 90°，再用上下砧平整锻件的侧面。

（3）套模　套模一般由套筒及上下模垫组成，它有开式套模和闭式套模两种。最简单的开式套模只有下模（套模），上模由上砧代替。图 3-15c 所示是有模垫的开式套模，其模垫的作用是使坯料的下端面成形。闭式套模是由模套和上下模垫组成的，也可只有上模垫，如图 3-15d 所示。它与开式套模的不同之处在于上砧的打击力是通过上模垫作用于坯料上的，坯料在模膛内成形，一般不产生飞边。闭式套模主要用于有凸台和凹坑的回转体锻件，也可用于非回转体锻件。

（4）合模 合模由上模、下模和导向装置组成，如图3-15e所示。在上、下模的分型面上，环绕模膛开有飞边槽，锻造时多余的金属被挤入飞边槽中。锻件成形后必须将飞边切除。合模锻多用于非回转体类且形状比较复杂的锻件，如连杆、叉形锻件。

与前述几种胎模锻相比，合模锻生产的锻件的精度和生产率都比较高，但是模具制造比较复杂，所需锻锤的吨位也比较大。

2. 胎模锻的特点

胎模锻是介于自由锻和模锻之间的一种工艺，与自由锻和模锻相比有如下特点：

1）胎模锻时，金属在胎模内成形，操作简单，生产率高。

2）锻件表面质量、形状与尺寸精度较自由锻有较大改善。

3）胎膜锻不需要采用昂贵设备，并扩大了自由锻设备的应用范围。

4）胎膜锻工艺灵活，可以局部成形。

5）胎膜结构简单，制造容易而经济，易于推广和普及。

6）工人劳动强度大。

7）胎模容易损坏，生产率与模锻相比还不够高。

8）胎膜锻适合于中小批量的锻件生产。

3.4.3 模锻件常见缺陷

（1）错移 错移是锻件沿分型面的上半部相对于下半部产生位移。产生的原因可能是：

1）滑块（锤头）与导轨之间的间隙过大。

2）锻模设计不合理，缺少消除错移力的锁口或导柱。

3）模具安装不良。

（2）局部充填不足 局部充填不足主要发生在筋肋、凸角、转角、圆角部位，尺寸不符合图样要求。产生的原因可能是：

1）锻造温度低，金属流动性差。

2）设备吨位不够或锤击力不足。

3）制坯模设计不合理，坯料体积或截面尺寸不合格。

4）模膛中堆积氧化皮或焊合变形金属。

（3）裂纹 裂纹通常是由于锻造时存在较大的拉应力、剪应力或附加拉应力引起的。裂纹发生的部位通常是在坯料应力最大、厚度最薄的部位。如果坯料表面和内部有微裂纹，或坯料内存在组织缺陷，或热加工温度不当使材料塑性降低，或变形速度过快、变形程度过大，超过材料允许的塑性指标等，则在模锻的过程中可能产生裂纹。

（4）冷硬现象 变形时，由于温度偏低或变形速度太快，以及锻后冷却过快，均可能使再结晶引起的软化跟不上变形引起的硬化，从而使热锻后锻件内部仍部分保留冷变形组织。这种组织的存在提高了锻件的强度和硬度，但降低了塑性和韧性。严重的冷硬现象可能引起锻裂。

（5）晶粒不均匀 晶粒不均匀是指锻件某些部位的晶粒特别粗大，某些部位却较小。晶粒不均匀主要由于坯料各处的变形不均匀使晶粒破碎程度不一样引起的。耐热钢及高温合金对晶粒不均匀特别敏感。晶粒不均匀将使锻件的持久性能、疲劳性能明显下降。

3.5 板料冲压

板料冲压是使板料经分离或成形而获得毛坯或零件的加工方法。板料冲压通常在室温下进行，所以又称冷冲压。当板料厚度超过 8~10mm 时，也可采用热冲压。冲压可生产金属和非金属制品。

板料冲压具有下列特点：

1）可冲压出形状复杂的零件，废料较少，材料利用率高。

2）冲压件尺寸精度高，表面粗糙度低，互换性能好。

3）冲压可获得强度高、刚性好、质量轻的冲压件。

4）冲压操作简单，工艺过程便于实现机械化、自动化，生产率高。

5）冲模制造复杂，冲压工艺适用于大批量生产。

冲压成形

3.5.1 冲压设备

1. 普通冲压设备

普通冲压设备主要有剪板机、机械压力机和油压机。剪板机是常用的下料设备，其作用是将板料裁剪成条形或块状坯料；机械压力机和油压机则用来完成冲压工作。机械压力机，俗称冲床。常用小型压力机的结构如图 3-16 所示。压力机的工作原理是利用曲柄（或偏心）连杆机构将回转运动转换为滑块的往复直线运动，带动安装在滑块上的冲模完成冲压工作。工作时电动机不停地转动，操作者操纵踏板，通过离合器控制滑块的运动。当离合器接合时，滑块连同冲模下行，完成冲压工作；离合器脱开时，制动器使滑块停留在最高位置，以便于取料、送料并进行下次操作。

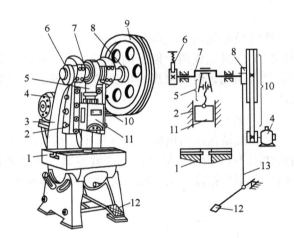

图 3-16 压力机

1—工作台 2—导轨 3—床身 4—电动机 5—连杆
6—制动器 7—曲轴 8—离合器 9—带轮 10—三角胶带
11—滑块 12—踏板 13—拉杆

2. 数控压力机

数控压力机是数字控制压力机的简称，是一种装有数字控制系统的自动化机床。数控压力机和普通压力机的主要区别是：

1）普通压力机工作台是固定不动的，数控压力机工作台可在 X、Y 方向移动，工作台由数控装置控制伺服电动机驱动，实现工件的精确定位。

2）加工过程中可自动更换冲模。

数控压力机可在同一块薄板上冲压不同孔距、不同尺寸和不同形状的孔，也可以步冲方式冲大的圆孔、方形孔、腰形孔及各种形状的曲线轮廓。

数控压力机按照零件冲压程序工作，零件冲压程序需按数控压力机编程说明书要求预先编制。

数控压力机适用于加工各类金属薄板零件，在工件一次装夹下，可以自动完成多种复杂孔型和浅拉伸成形加工。相对于传统冲压而言，数控压力机具有较高的加工柔性，模具费用低，加工效率高，可以低成本、短周期加工多品种、小批量产品。

3.5.2　冲模

冲模是使板料分离或变形的工具，它可分为简单模、连续模和复合模三种。

1. 简单模

简单模是在压力机的一次行程中只完成一道工序的模具，其结构如图 3-17 所示。它结构简单、制造和调整方便、造价较低、生产率和产品的精度也较低，但适用面较广。多用于形状简单、尺寸精度要求不高的小批量冲压件的生产。

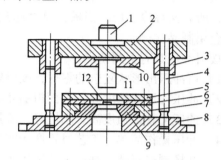

图 3-17　简单模结构

1—模柄　2—上模板　3—导套　4—导柱
5—卸料板　6—导板　7—压板　8—下模板
9—凹模　10—压板　11—凸模　12—定位销

2. 连续模

连续模是把两个或两个以上的简单模安装在一个模板上，在压力机的一次行程内模具不同部位上同时完成两个以上的冲压工序，其结构如图 3-18 所示。此种模具生产效率高，易于实现自动化，但要求坯料的定位精度高，制造麻烦、造价较高，多用于大批量冲压件的生产。

3. 复合模

复合模是在压力机的一次行程中，在模具同一部位上同时完成数道冲压工序的模具，其结构如图 3-19 所示。复合模生产效率高，产品的尺寸精度和位置精度高，但制作复杂，造价高，多用于精度要求较高的大批量冲压件的生产。

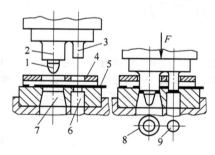

图 3-18　连续模

1—定位销　2—落料凸模　3—冲孔凸模
4—卸料板　5—坯料　6—冲孔模膛
7—落料模膛　8—成品　9—废料

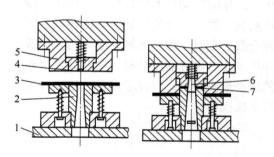

图 3-19　落料及冲孔复合模

1—模板　2—凸凹模　3—坯料　4—压板
5—落料凹模　6—冲孔凸模　7—零件

3.5.3　冲压基本工序

板料冲压的基本工序分为分离工序和变形工序两大类。分离工序是将坯料的一部分和另一部分分开的工序，如落料、冲孔、剪切等。变形工序是使坯料的一部分相对于另一部分产生塑性变形而不破裂的工序，如弯曲、拉深、翻边和成形等。

1. 落料与冲孔

落料与冲孔可合称为冲裁，它们是将板料按封闭轮廓分离的工序。这两个工序的模具结构与坯料变形过程都是一样的，只是用途不同。冲孔是在板料上冲出所需要的孔洞，冲孔后的板料本身是成品，冲下的部分是废料，如图 3-20 所示。落料时，从板料上冲下来的部分是成品，而板料本身则成为废料或冲剩的余料。

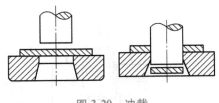

图 3-20　冲裁

排样是落料工作中的重要工艺内容。合理的排样可减少废料，节省金属材料。如图 3-21 所示，无接边的排样法可最大限度地减少金属废料，但冲裁件的质量不高，所以通常都采用有接边的排样法。

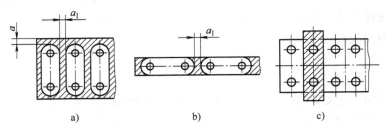

图 3-21　落料的排样工艺

a）、b）有接边排样　c）无接边排样

2. 弯曲

弯曲是使坯料的一部分相对于另一部分弯曲成一定角度或曲率的工序，如图 3-22 所示。

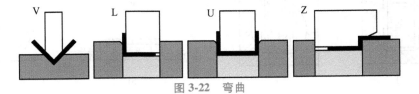

图 3-22　弯曲

弯曲时，材料的内侧受压缩，而外侧受拉伸，如图 3-23 所示。当外侧拉应力超过坯料的抗拉强度时，即会造成金属破裂。坯料越厚，弯曲半径越小，应力就越大，越易弯裂。材料的塑性越好，则弯曲半径可越小。

3. 拉深

拉深是使平板坯料变形成开口空心零件的工序，如图 3-24 所示。拉深模的冲头和凹模边缘应作出圆角以避免工件被拉裂。冲头与凹模之间要有比板料厚度稍大一点的间隙（一般为板厚的 1.1~1.2 倍），以减少摩擦力。为了防止褶皱，坯料边缘需用压边圈压紧。

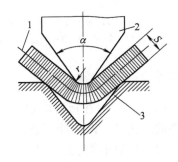

图 3-23　弯曲过程受力示意图

1—工件　2—冲头　3—凹模

4. 翻边

翻边是使带孔坯料孔口周围获得凸缘的工序，图 3-25 所示的内孔翻边为用凸凹模获得内凸缘的加工方法。

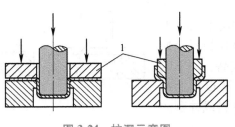

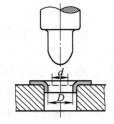

图 3-24 拉深示意图 　　　　　图 3-25 　内孔翻边示意图

1—压边圈

5. 胀形

胀形是利用局部变形使坯料或半成品改变形状的工序。图 3-26 所示为鼓肚容器成形简图，可用液体或橡皮芯子来增大半成品的中间部分，在凸模轴向压力作用下，对半成品壁产生均匀的侧压力而成形。

3.5.4　冲压工艺过程示例

在实际生产中，绝大多数冲压件要经过多道工序才能生产出来。图 3-27 所示是挡油盘的冲压生产过程。图中第一道工序是落料和拉深；第二道工序是冲出 $\phi27mm$ 的孔和三个 $\phi4mm$ 的孔；第三道工序是孔翻边；第四道工序是孔扩张胀形。

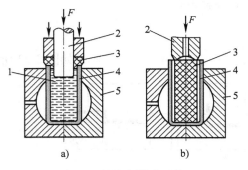

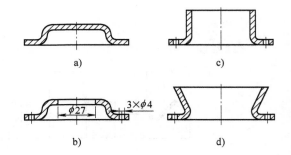

图 3-26 　鼓肚容器成形简图　　　　　　图 3-27 　挡油盘的冲压工艺过程

a）液压成形　b）橡皮成形　　　　　　a）落料和拉深　b）冲孔：冲出 $\phi27mm$ 的

1—液体　2—凸模　3—橡皮　4—制件　5—凹模　　　孔和三个 $\phi4mm$ 的孔　c）翻边　d）胀形

3.5.5　冲压件常见缺陷

（1）飞边　在板料冲裁中会产生不同程度的飞边，一般来讲是很难避免的，但是提高制件的工艺性，改善冲压条件，就能减小飞边。产生飞边的原因主要有以下几方面：

1）冲裁间隙过大、过小或不均匀。

2）刃口磨损变钝或啃伤。

3）材料厚度严重超差或用错料（如钢号不对）引起相对间隙不合理。

4）形状复杂、有凸出或凹入的尖角均易因磨损过快而产生飞边。

（2）制件翘曲不平　材料在与凸模、凹模接触的瞬间首先要拉伸弯曲，然后剪断、撕裂。由于拉伸、弯曲、横向挤压各种力的作用，使制件出现波浪形状，制件因而产生翘曲。制件翘曲产生的原因有以下几个方面：

1）间隙过大，则在冲裁过程中，制件的拉伸、弯曲力大，易产生翘曲。在冲裁时用凸模和压料板紧紧地压住，以及保持锋利的刃口，都能收到良好的效果。

2）制件形状复杂时，制件周围的剪切力就不均匀，因此产生了由周围向中心的力，使制件出现翘曲。通过增大压料力可解决。

3）材料在轧制卷绕时产生的内部应力，在冲裁后转移到表面，制件将出现翘曲。解决的方法是开卷时通过矫平机矫平。

（3）弯曲裂纹　裂纹产生的因素是多方面的，主要有以下几个方面：

1）材料塑性差。

2）弯曲线与板料轧纹方向夹角不符合规定。排样时，单向 V 形弯曲时，弯曲线应垂直于轧纹方向；双向弯曲时，弯曲线与轧纹方向最好呈 45°角。

3）弯曲半径过小。

4）凸凹模圆角半径磨损或间隙过小，导致进料阻力增大。

5）润滑不够，致使摩擦力较大。

（4）褶皱　拉深过程中，由于板料边缘受到压应力的作用，很可能产生波浪状变形褶皱。板料厚度 δ 越小，拉深深度越大，就越容易褶皱。为防止褶皱的产生，必须用压边圈将坯料压住。压力的大小以工件不起皱，不拉裂为宜。如拉应力超过拉深件底部的抗拉强度，拉深件底部就会被拉裂。

（5）拉裂　拉裂的主要原因是由于局部毛坯受到的拉应力超过了强度极限所致。具体的原因有：

1）当板料厚度超过上极限偏差时，局部间隙小的区域进料时卡死，冲压变形困难，材料不易通过该处凹模内而被拉断。当板料厚度超过下极限偏差时，材料变薄了，横剖面单位面积上的压应力增大，或者由于材料变薄，阻力减小，流入凹模内的板料过多而先形成折皱，这时，材料不易流动而被拉裂。

2）局部拉深量太大，拉深变形超过了材料变形极限。

3）冲模安装不当或压力机精度差，引起间隙偏斜，造成进料阻力不均。

4）在操作中，把毛坯放偏，造成一边压料过大，一边压料过小。过大的一边则进料困难，造成开裂；过小的一边，进料过多，易起皱，皱后进料困难，引起破裂。

3.6　钣金件制作

钣金是针对金属薄板（厚度通常在 6mm 以下）成形的一种综合冷加工工艺，一般是将一些金属薄板通过手工或模具冲压使其产生塑性变形，形成所希望的形状和尺寸，并可进一步通过焊接或少量的机械加工形成符合图样要求的零件。钣金件就是钣金工艺加工出来的产品，例如家庭中常用的烟囱、铁皮炉，还有汽车外壳都是钣金件。

3.6.1 钣金件展开图

将立体表面，按其实际形状和大小，依次摊平在一个平面上，称为立体表面展开。展开后所得的图形，称为立体的表面展开图，如图3-28所示。

将钣金表面展开有计算和几何作图两种方法。对一些简单的形体，可以通过简单计算获得其展开后的平面图形尺寸。而对一些复杂形体的展开，如上、下底面不平行的柱类形体，锥体被一截面斜截后的形体等，若用计算法则相当繁琐。在实际工作中，常用几何作图的方法，对其表面进行展开。

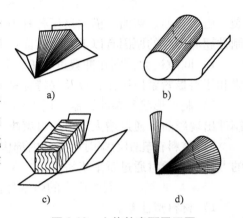

图3-28 立体的表面展开图

a) 四棱锥 b) 圆柱 c) 长方体 d) 圆锥

3.6.2 下料

钣金件下料的方法很多，如冲裁、激光切割、水射流切割等，其中冲裁即冲孔与落料，可参考本章3.5.3节的落料与冲孔，而激光切割可参考第4章中的4.5.3激光切割。

水射流切割是将水增压至100~400MPa，经节流小孔（$\phi 0.15~0.4$mm）产生约3倍声速的水射流（流速高达900m/s），在计算机的控制下可方便地切割任意图形的软材料，如纸类、海绵、纤维等。若在水中加入磨料，可使切割效能增强，则几乎可以切割任意材料。

当生产批量较小时，常用各种剪刀进行下料。硬纸板和油毡纸可以用日常生活中使用的普通剪刀来剪切，而薄钢板则要用专门剪薄钢板的铁剪刀来剪切。

3.6.3 弯曲

弯曲可参考本章3.5.3冲压基本工序中的弯曲部分。在钣金操作中，常使用手工弯曲。手工弯曲是指用手工操作将金属材料沿直线或曲线弯曲成一定角度或弧度的工艺过程。常用的工具有平台、锤子、木槌、拍板、弯边模、90°角尺和必要的工具。图3-29所示为角形件的弯曲。弯曲时，先用相应的装置夹紧，然后用锤子或木槌将板料的两端少许弯成一定的角度，以便固定住板料，再一点接一点地从一端向另一端移动，锤击时要轻、匀，零部件的弯曲角度应分多次锤击而成。

若零件尺寸不大，可以直接在台虎钳上弯曲，如图3-30所示。将零件上的弯曲线与钳

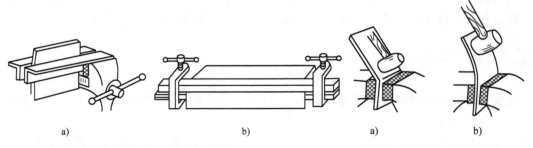

a)   b)   a)   b)

图3-29 角形件的弯曲   图3-30 弯钳口上段较长的工件

a) 用角钢夹持 b) 用弓夹与上下方钢夹持   a) 正确操作 b) 错误操作

口对齐后夹紧，左手压在零件上部，右手持木槌轻轻敲打靠近弯曲线的根部，就可以逐渐弯成很整齐的角度。

3.6.4 咬缝

将两块板料的边或一板料的两边折弯扣合，并彼此压紧的连接方式称为**咬缝**。咬缝连接比较牢固，在许多地方用来代替焊接。常用的咬缝结构、特点及应用见表 3-3。

表 3-3 咬缝的结构、特点及应用

序号	种类	结构	特点及应用
1	立式单咬缝		结合强度不高，用于房盖上铁瓦及多节弯头对接
2	立式双咬缝		用于刚度大且牢靠处，咬缝困难
3	卧式单咬缝		既有一定强度，又平滑，应用较广，如盆、桶、水壶等
4	卧式双咬缝		强度高，牢靠，如屋顶水槽
5	角式咬缝		用于角形的连接处，具有较大的连接强度，如壶、桶底部连接
6	匹斯堡咬缝		外表面平整、光滑，刚性好，适用于矩形弯管和各种罩壳结构连接

咬缝常用的工具有锤子、木槌、拍板、规铁、角铁、方钢和圆钢等。咬缝下料时，应留出咬缝余量。咬缝余量是根据咬缝宽度和扣合层数计算的。咬缝宽度与板厚有关。厚度为 0.5~1mm 的板料，咬缝宽度为 5~7mm；0.5mm 以内的板料，其咬缝宽度为 3~4mm。扣合层数取决于咬缝结构。立式单咬缝、角式咬缝的扣合层数为 3 层；卧式单咬缝的扣合层数看似 4 层，但其中一层为有效边，所以实际扣合层数为 3 层。

3.7 锻压安全操作规程与环境保护措施

3.7.1 锻压安全操作规程

1）实习时要穿好工作服、工作鞋。

2）工作前必须进行设备及工具检查，当工具开裂及铆钉松动时，禁止使用。

3）操作时要思想集中，掌钳者必须夹牢和放稳工件，打锤者应按掌钳者的指挥要求操锤，注意控制锤击方向。

4）握钳时将钳把置于体侧，不要正对腹部，也不要将手放入钳股之间。

5）锻打时，锻件应放在下砧铁的中央，锻件及垫铁等工具必须放正、放平，以防飞出伤人。

6）踩踏杆时，脚跟不许悬空，以保证操作的稳定和准确。不锤击时，应随即将脚离开踏杆，以防误踏发生事故。

7）不要用手摸或脚踏未冷却透的锻件。若需要拿模锻件，则必须以水检验温度后，方可拿取。

8）不得随意拨动锻压设备的开关和操纵手柄等。严禁用锤头空击下砧铁，也不许锻打过烧或已冷的锻件。

9）不要站立在容易飞出火星和锻件飞边的地方。

3.7.2 锻压生产环境保护措施

（1）人身防振　手持振动性工具的操作人员应佩戴防振手套，减轻工具反冲力及高频振动对人体的影响。

（2）防噪声　当车间噪声大于90dB时，在噪声区作业的人员应佩戴防声耳罩或防声耳塞。

（3）废液处理　锻件清理尽可能不用酸洗工艺以降低能耗减少污染。一旦采用酸洗工艺，必须配备完善的通风、酸液回收、残液处理设施，排放废液必须达到国家或当地排放标准。

（4）废渣处理　生产中所产生的各种废渣，如炉渣、废弃耐火材料、氧化皮等均应视情况妥善处理或予以回收，不允许随意弃置。

延伸阅读 ----------▶

"大国重器"——8万吨级模锻压机

2017年5月5日，中国国产C919大型客机在浦东国际机场正式首飞成功。C919在历经10年后终于破茧化蝶，实现了国产客机领域的突破。有很多幕后团队一直在为C919默默无闻地奉献着，位于四川德阳的中国二重万航模锻有限责任公司（简称二重万航）就是其中之一。包括C919大飞机的起落架、上下缘条、发动机吊挂、垂尾等130余项锻造件，都来自二重万航，这些功绩离不开服务大飞机生产、有"大国重器"之称的8万吨级模锻压机，如图3-31所示。

这台8万吨级大型模锻压机，相当于13层楼高。该模锻压机地上高27m，地下还有15m，总高42m，重约2.2万t，单件重量在75t以上的零件68件。迄今为止，国外仅有美国、俄罗斯、法国3个国家有类似设备，这些国家的最大锻造等级为俄罗斯的7.5万t，而我国的达8万t。压机尺寸、整体质量和最大单件重量，均为世界之首。

图3-31　8万吨级模锻压机

　　这台大型模锻压机是航空、航天、石油、化工、船舶等领域所需模锻件产品的关键设备。8 万吨级大型模锻压机作为"国之重器"，2003 年申请立项后，中国二重开始了 10 年的追梦历程，在吸收、消化、再创新的基础上，研制出 8 万吨级大型模锻压机，使中国成为拥有全球最高等级模锻装备的国家。

　　如果说以前生产锻件需要千锤百炼，那么有了 8 万吨级大型模锻压机，则可以一锤定型。该锻压机通过强大的压力作用，使性能普通的金属材料在模具内流动，细化内部晶粒，实现大型模锻件的整体精密成形，这些金属材料可以成为飞机的"骨骼"——框梁，也可以成为发动机的"脊柱"——涡轮盘，也可以成为油田的"血管"——输油管三通等。

复习思考题

3-1　锻压成形的基本原理是什么？

3-2　锻造前加热的目的是什么？加热时可能会出现哪些缺陷？应怎样避免？

3-3　什么叫作锻造温度范围、始锻温度和终锻温度？

3-4　锻件的冷却方法有几种？如何选择？

3-5　什么是自由锻？有哪几种基本工序？

3-6　自由锻的常见缺陷有哪些？

3-7　一般多膛锻模都有哪些模膛？

3-8　胎模锻的种类有哪些？

3-9　模锻件常见的缺陷有哪些？

3-10　冲压的基本工序有哪些？

3-11　数控压力机与普通压力机的主要区别是什么？

3-12　冲模分为几类？各自的特点和应用如何？

第4章 焊接成形

【实训目的与要求】

1）了解焊接的工艺特点与应用。

2）了解焊条电弧焊和气焊工作原理、所用设备及工具的结构与使用。

3）了解焊条的组成、作用及使用规范。

4）了解焊条电弧焊焊接参数及其对焊接质量的影响。

5）了解常见的焊接接头形式、坡口、焊接空间位置等。

6）能独立操作焊条电弧焊（引弧、运条、收尾）。

7）了解气焊焊接工艺过程、气焊火焰种类和调节方法。

8）了解气割、等离子弧切割、激光切割及水射流切割的特点及应用。

9）掌握焊接的安全操作要领。

概述

4.1 概述

4.1.1 焊接的定义及分类

焊接是应用外加能量（加热或加压，或两者并用），使分离的材料通过原子间的结合和扩散连接在一起的工艺方法。焊接的种类很多，按焊接过程的工艺特点，通常分为熔焊、压焊和钎焊。

1. 熔焊

将待焊处的母材金属熔化以形成焊缝的焊接方法称为熔焊。熔焊的焊接接头如图 4-1 所示，被焊接的材料称为母材，焊接过程中局部受热熔化的金属形成熔池，熔池金属冷却凝固后形成焊缝。靠近焊缝区的母材受焊接加热影响而引起金属内部组织和力学性能发生变化的区域，称为焊接热影响区。在焊接接头的截面上，焊缝

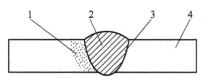

图 4-1 熔焊的焊接接头
1—热影响区 2—焊缝金属
3—熔合线 4—母材

和焊接热影响区的分界面称为熔合线。焊缝、熔合线和焊接热影响区构成焊接接头。常用的熔焊方法有气焊、电弧焊、电渣焊、电子束焊和激光焊等。

2. 压焊

焊接过程中对焊件施加压力完成焊接的方法称为压焊。加热的主要目的是使金属软化，靠施加压力使金属发生塑性变形，让原子接近到相互稳固吸引的距离，这一点与熔焊时加热有本质的不同。常用的压焊方法有电阻焊、摩擦焊、超声波焊、冷压焊、爆炸焊、扩散焊等。

3. 钎焊

将熔点比母材低的钎料加热至熔化，但加热温度低于母材的熔点，用熔化的钎料填充焊缝、润湿母材并与母材相互扩散形成一体的焊接方法称为钎焊。钎焊分硬钎焊和软钎焊。

4.1.2　焊接的特点

焊接作为一种重要的连接技术在现代制造技术中起着非常重要的作用，与螺钉连接、铆接、铸件及锻件相比有以下优点：

1）节省了金属材料，减轻了结构质量，且经济效益好。焊接结构比铆接结构质量可减轻 15%~20%，比铸件轻 30%~40%，比锻件轻 30%。

2）焊接加工快，工时少，生产周期短，易于实现机械化和自动化，生产率高。

3）结构强度高，接头密封性好。通过焊接技术实现的连接具有很高的性能，其接头可达到与母材等强度、等塑性、等韧性，尤其是其动载性能越好，永久连接的可靠性越高。

4）为结构设计提供较大的灵活性。可以化大为小，化繁为简，通过铸—焊或锻—焊结合，制造大型工件和形状复杂的零件。

4.1.3　焊接的应用领域

（1）钢结构　如工业建筑结构、办公建筑、烟囱类结构、桥梁等。

（2）造船　船体制造广泛使用焊接技术，根据船舶类型和大小的不同，焊接量占整个船体制造工作量的 20%~40%。

（3）管道和压力容器　输气管道、输油管道和自来水管道的连接广泛使用焊接工艺，仅以西气东输工程为例，全程 4300km 的输气管道，其焊接接头数量达 35 万个以上，整个管道上焊缝的长度至少为 15km。油气罐等压力容器的制造同样需要焊接工艺。

（4）汽车和轨道车辆　现代焊接技术在汽车和轨道车辆制造中占有相当大的比例。

（5）其他应用　机器零件或毛坯的制造、连接电气线路、焊接修复等。

4.2　焊条电弧焊

焊条电弧焊

焊条电弧焊是用手工操纵焊条进行焊接的电弧焊方法。其设备简单，维护方便，操作灵活，适应性强，应用范围广，适合于大多数工业用金属和合金的焊接及野外作业。

4.2.1　焊条电弧焊的焊接过程

焊接时，将焊条与工件接触短路后立即提起焊条，引燃电弧。电弧的高温将焊条与工件局部熔化，熔化了的焊芯以熔滴的形式过渡到局部熔化的工件表面，与之熔合到一起形成熔池。焊条药皮在熔化过程中产生一定量的气体和液态熔渣，产生的气体充满在电弧和熔池周围，起隔绝大气、保护液体金属的作用。液态熔渣密度小，在熔池中不断上浮，覆盖在液体金属表面，起保护液体金属的作用。同时，药皮熔化产生的气体、熔渣与熔化了的焊芯、工件发生一系列冶金反应，保证了所形成焊缝的性能，如图 4-2 所示。

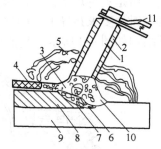

图 4-2　焊条电弧焊的焊接原理

1—焊芯　2—药皮　3—液态熔渣
4—凝固的熔渣　5—保护气体
6—熔滴　7—熔池　8—焊缝
9—工件　10—电弧　11—焊钳

4.2.2　焊条电弧焊常用的设备

焊条电弧焊的焊接设备主要有弧焊电源、焊钳和焊接电缆。此外，还有面罩、敲渣锤、钢丝刷和焊条保温桶等辅助设备或工具。

1. 焊接电源

焊条电弧焊的焊接电源有交流电源和直流电源，如交流弧焊变压器、直流弧焊整流器和直流弧焊逆变器等。

（1）弧焊变压器　弧焊变压器将电网的交流电（220V或380V）变成适宜于弧焊的交流电（空载时的60~80V，工作时20~40V），与直流电源相比，弧焊变压器具有结构简单、制造方便、使用可靠、维护容易、效率高和成本低等优点，生产中仍占很大的比例。图4-3所示为BX6-250型弧焊变压器的外形。

（2）直流弧焊发电机　它由一台原动力（交流电动机或柴油机）和特殊的直流发电机组成。直流弧焊发电机稳弧性好，经久耐用，电网电压波动的影响小，但硅钢片和铜导线的需要量大，空载损耗大，效率低，结构复杂笨重，已属于淘汰产品，但由于某些行业（如长输管道）野外作业的特殊性，施工中仍使用。

图 4-3　BX6-250 型弧焊变压器

直流弧焊电源输出端有正极、负极之分，它们与焊条、焊件有两种不同的接线方法。将焊件接直流弧焊电源的正极，焊条接负极，这种接法称为正接；反之，将焊件接负极，焊条接正极，称为反接。

（3）逆变弧焊电源　逆变弧焊电源是近年来迅速发展的新一代弧焊电源。它把电网交流电整流后，逆变成几千至几万赫兹的中频交流电，再降压输出或再降压、整流、滤波后输出。逆变弧焊电源具有体积小、质量轻、高效节能、引弧容易、性能柔和、电弧稳定、飞溅小，适用于焊条电弧焊的所有场合，已被广泛应用。

2. 电焊钳及其他辅助工具

电焊钳是夹持焊条进行焊接的工具，电焊钳的作用除夹持焊条外还起传导焊接电流的作用。对焊钳的要求是导电性能好、外壳绝缘、质量轻、装夹焊条方便、夹持牢固和安全耐用等，其结构如图4-4所示。其他辅助工具有面罩、焊条保温桶、清渣锤等，如图4-5所示。

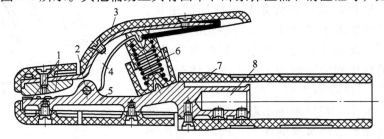

图 4-4　电焊钳的构造

1—钳口　2—固定销　3—弯臂罩壳　4—弯臂　5—直柄
6—弹簧　7—胶木手柄　8—焊接电缆固定处

4.2.3 焊条

1. 焊条的组成及作用

焊条由焊芯和药皮组成，如图4-6所示。焊条的一端为引弧端，另一端药皮被除去一部分为夹持端。焊条直径是指焊芯的直径，常用的有 $\phi1.6mm$、$\phi2.0mm$、$\phi2.5mm$、$\phi3.2mm$、$\phi4.0mm$、$\phi5.0mm$、$\phi5.8mm$ 等7种。

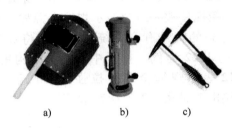

图4-5 焊接辅助工具

a) 面罩 b) 焊条保温桶 c) 清渣锤

图4-6 焊条的组成

1—焊芯 2—药皮 3—夹持端

焊芯是一根具有一定直径和长度、经过特殊冶炼的专业金属丝。其作用有二：一是作为电极传导电流，产生电弧；二是熔化后作为焊缝的填充金属，与熔化的母材一起组成焊缝。因此，焊芯的化学成分和非金属夹杂物的多少将直接影响焊缝的质量。

药皮是压涂在焊芯表面的涂料层，它是由矿石粉、有机物粉、铁合金粉和黏结剂等原料按一定比例配制而成的。**其主要作用有：**

（1）改善焊条的焊接工艺性 使电弧容易引燃并稳定燃烧，有利于焊缝成形，减少焊缝飞溅等。

（2）机械保护 在电弧的高温作用下，药皮分解产生大量的气体和熔渣，防止熔滴和熔池金属与空气接触。熔渣凝固后形成渣壳覆盖在焊缝表面，防止高温焊缝金属被氧化，同时可减缓焊缝金属的冷却速度。药皮对焊条工作情况的影响如图4-7所示。

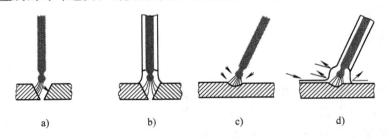

图4-7 药皮对焊条工作情况的影响

a) 无药皮，电弧不稳 b) 有药皮，电弧稳定 c) 无药皮，无保护气罩 d) 有药皮，有保护气罩

（3）冶金处理 去除熔池中的氧、氢、硫、磷等有害元素，添加有益的合金元素，改善焊缝的质量。

2. 焊条的分类

根据焊条国家标准，焊条按熔渣的酸碱性可分为酸性焊条和碱性焊条。酸性焊条的药皮焊后形成的熔渣以酸性氧化物（SiO_2，TiO_2等）为主，碱性焊条的药皮焊后形成的熔渣以碱性氧化物（CaO，MnO 等）为主。酸性焊条具有良好的焊接工艺性，可用交流或直流电源，对引起焊缝气孔的铁锈、油污和水的敏感性较低，但焊缝的塑形、韧性和抗开裂性能较差。碱性焊条又称低氢焊条，焊缝的塑形、韧性和抗开裂性能较高，但其焊接工艺性较差，大多需采用直流电源（反接），焊前均需烘干。GB/T 5117—2012 规定了碳钢焊条型号的编制方法。现以常用 E4303 为例说明。型号中的 E 表示焊条，前两位数字表示焊缝金属抗拉强度的最小值为 420MPa（43kgf/mm^2）；后两位数字表示焊条适用的焊接位置，0 和 1 均表示可全位置焊接；第三位和第四位数字组合表示焊接电源种类和药皮类型，03 为钛钙型药皮，可用交流或直流。焊条的牌号有全国统一编制，将焊条分为十大类，其中第一类为结构钢焊条。以常用的 J422 为例，排号中 J 表示结构钢焊条，"J" 是 "结" 的拼音首字母，前两位数字 42 表示焊缝金属抗拉强度不低于 420MPa（43kgf/mm^2），第三位数字表示药皮类型和焊接电源种类，2 为钛钙型药皮，可用交流和直流。

按焊条用途可分为结构钢焊条、不锈钢焊条和堆焊焊条等十大类，焊接结构生产中应用最广的是结构钢焊条。

3. 焊条的选用

焊条选用的基本原则是要求焊缝和母材具有相同水平的使用性能。结构钢焊条只需要其焊缝满足力学性能要求，可根据母材的抗拉强度，按 "等强" 原则选用。对承受冲击、动载等重要构件或母材焊接性能差、环境温度低、焊件厚度或结构刚度大等易产生焊接裂纹时，应选用碱性焊条。反之，焊一般结构时，应选用酸性焊条。

4. 焊条的烘干

焊条药皮中的成分特别容易吸潮，焊条吸潮后会增加药皮中水分的含量，在焊接过程中会增加焊缝中氢的含量，所以在焊条使用前要对焊条按照使用说明书的要求进行烘干。烘干温度要严格按照规定的工艺参数进行。烘干温度过高时，涂层中某些成分会发生分解，降低机械保护的效果；烘干温度过低或烘干时间不够时，则受潮涂层的水分去除不彻底，仍会产生气孔和延迟裂纹。

4.2.4 焊条电弧焊工艺及规范

1. 焊接位置

在实际生产中，焊缝可以在空间不同的位置施焊。焊接位置的分类和代号如图 4-8 所示。板的对接接头和角接接头的各种焊接位置如图 4-9 所示。

平焊位置操作方便、劳动条件好，焊接时熔滴受重力作用垂直下落熔池，熔融金属不易向四周散失，易于保证焊缝质量，生产率高，是最理想的操作位置。立焊和横焊因熔池金属有滴落趋势，操作难度大，焊缝成形不好。仰焊的熔滴过

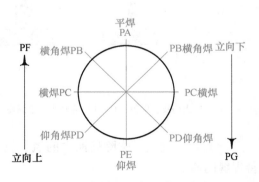

图 4-8　焊接位置的分类和代号

渡和焊缝成形都很困难、操作很不方便，是最不易掌握的焊接操作位置。

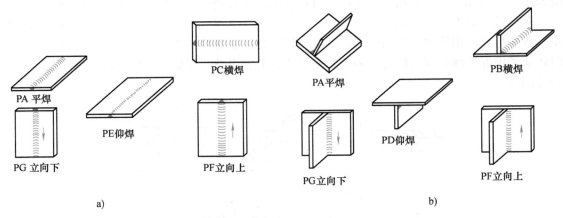

图 4-9　板的焊接位置

a）对接焊缝　b）角焊缝

2. 接头形式

在焊接前，应根据焊接部位的形状、尺寸、受力的不同，选择合适的接头类型。常见的接头形式有对接接头、角接接头、搭接接头和 T 形接头等，如图 4-10 所示。

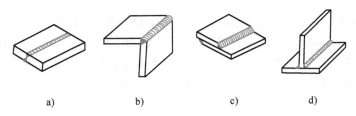

图 4-10　焊接接头的基本形式

a）对接接头　b）角接接头　c）搭接接头　d）T 形接头

（1）对接接头　两焊件端面相对平行的接头称为对接接头，如图 4-10a 所示。这种接头能承受较大的载荷，是焊接结构中最常用的接头。

（2）角接接头　两焊件端面间构成大于 30°，小于 135°夹角的接头称为角接接头，如图 4-10b 所示。角接接头多用于箱形构件，其焊缝的承载能力不高，所以一般用于不重要的焊接结构中。

（3）搭接接头　两焊件重叠放置或两焊件表面之间的夹角不大于 30°构成的端部接头称为搭接接头，如图 4-10c 所示。搭接接头的应力分布不均匀，接头的承载能力低，在结构设计中应尽量避免采用塔接接头。

（4）T 形接头　一焊件端面与另一焊件表面构成直角或近似直角的接头称为 T 形接头，如图 4-10d 所示。这种接头在焊接结构中是较常用的，整个接头承受载荷，特别是承受动载荷的能力较强。

3. 坡口形式

焊接前把两焊件间的待焊处加工成所需的几何形状的沟槽称为坡口。坡口的作用是为了保证电弧能深入焊缝根部，使根部能焊透，便于清除熔渣，以获得较好的焊缝成形和保证焊缝质量。坡口加工称为开坡口，常用的坡口加工方法有刨削、车削和乙炔火焰切割等。

对接接头的坡口形式有：I形、Y形、双Y形（X形）、U形和双U形，如图4-11所示。坡口形式应根据被焊件的结构、厚度、焊接方法、焊接位置和焊接工艺等进行选择，同时还应考虑能否保证焊缝焊透、是否容易加工、节省焊条、焊后减少变形以及提高劳动生产率等问题。

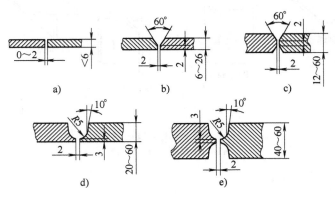

图 4-11　焊缝的坡口形式

a）I形坡口　b）Y形坡口　c）双Y形（X形）坡口　d）U形坡口　e）双U形坡口

焊件厚度小于6mm时，采用I形坡口，如图4-11a所示，在接缝处留出0~2mm的间隙即可。焊件厚度大于6mm时，则应开坡口，其形式如图4-11b~e所示，其中Y形坡口加工方便；双Y形坡口，由于焊缝对称，焊接应力与变形小；U形坡口容易焊透，焊件变形小，用于焊接锅炉、高压容器等重要厚壁件；在板厚相同的情况下，双Y形和U形坡口的加工比较费时。

对I形、Y形坡口，采取单面焊或双面焊均可焊透，如图4-12所示。当焊件一定要焊透时，在条件允许的情况下，应尽量采用双面焊，因它能保证焊透。

工件较厚时，要采用多层焊才能焊满坡口，如图4-13a所示。如果坡口较宽，同一层中还可采用多道焊，如图4-13b所示。多层焊时，要保证焊缝根部焊透，第一层焊道应采用

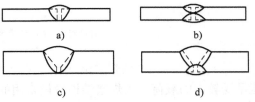

图 4-12　单面焊和双面焊

a）I形坡口单面焊　b）I形坡口双面焊
c）Y形坡口单面焊　d）Y形坡口双面焊

直径为3~4mm的焊条，以后各层可根据焊件厚度，选用直径较大的焊条。每焊完一道后，必须仔细检查、清理，才能施焊下一道，以防止产生夹渣、未焊透等缺陷。焊接层数应以每层厚度小于4~5mm的原则确定。当每层厚度为焊条直径的0.8~1.2倍时，生产率较高。

图 4-13　对接Y形坡口的多层焊

a）多层焊　b）多层多道焊

4. 焊接参数

焊接参数是为获得质量优良的焊接接头而选定的物理量的总称。焊接参数有焊接电流、焊条直径、焊接速度、焊弧长度和焊接层数等。**焊接参数选择是否合理，对焊接质量和生产率都有很大影响，其中焊接电流的选择最重要。**

（1）焊条直径与焊接电流的选择　焊条电弧焊焊接参数的选择一般是先根据工件厚度选择焊条直径，然后根据焊条直径选择焊接电流。

焊条直径应根据钢板厚度、接头形式、焊接位置等来加以选择。在立焊、横焊和仰焊时，焊条直径不得超过 4mm，以免熔池过大，使熔化金属和熔渣下流。平板对接时焊条直径的选择可参考表 4-1。各种焊条直径常用的焊接电流范围可参考表 4-2。

表 4-1　焊条直径的选择　　　　　　　　　　单位：mm

钢板厚度	≤1.5	2.0	3	4~7	8~12	≥13
焊条直径	1.6	1.6~2.0	2.5~3.2	3.2~4.0	4.0~4.5	4.0~5.8

表 4-2　焊接电流的选择

焊条直径/mm	1.6	2.0	2.5	3.2	4.0	5.0	5.8
焊接电流/A	25~40	40~70	70~90	100~130	160~200	200~270	260~300

（2）焊接速度的选择　焊接速度是指单位时间所完成的焊缝长度，它对焊缝质量的影响也很大。**焊接速度由焊工凭经验掌握，在保证焊透和焊缝质量前提下，应尽量快速施焊。工件越薄，焊速应越高。**图 4-14 所示为焊接电流、焊接速度和弧长对焊缝形状的影响。图 4-14a 所示的焊缝形状规则，焊波均匀并呈椭圆形，焊缝各部分尺寸符合要求，说明焊接电流和焊接速度选择合适。图 4-14b 所示焊缝表示焊接电流太小，电弧不易引出，燃烧不稳定，弧声变弱，焊波呈圆形，堆高增大和熔深减小。图 4-14c 所示焊缝表示焊接电流太大，焊接时弧声强，飞溅增多，焊条往往变得红热，焊波变尖，熔宽和熔深都增加。焊薄板时易烧穿。图 4-14d 所示的焊缝焊波变圆且堆高，熔宽和熔深增加，这表示焊接速度太慢，焊薄板时可能会烧穿。图 4-14e 所示焊缝形状不规则且堆高，焊波变尖，熔宽和熔深都小，说明焊接速度过快。

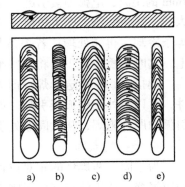

图 4-14　焊接电流、焊接速度和弧长对焊缝形状的影响

a）焊波呈椭圆形　b）焊波呈圆形
c）焊波变尖　d）焊波变圆且堆高
e）焊波变尖，熔宽和熔深都小

（3）焊接电弧长度的选择　电弧过长，燃烧不稳定，熔深减小，空气易侵入熔池产生缺陷。电弧长度超过焊条直径者为长弧，反之为短弧。操作时尽量采用短弧，即弧长 $L = (0.5~1)d$，一般多为 2~4mm。

4.2.5　焊条电弧焊实训操作

1. 焊接接头处的清理

焊接前应清除接头处的铁锈、油污，以便于引弧、稳弧和保证焊缝质量。除锈要求不高时，可用钢丝刷；要求高时，应采用砂轮打磨。

2. 操作姿势

以对接和 T 形接头的平焊从左向右进行操作为例，如图 4-15 所示。操作者应位于焊缝前进方向的右侧；左手持面罩，右手握焊钳；左肘放在左膝上，以控制身体上部不作向下跟进动作；大臂必须离开肋部，不要有依托，应伸展自由。

3. 引弧

引弧就是使焊条与焊件之间产生稳定的电弧。**常用的引弧方法有敲击法和划擦法两种**，如图 4-16 所示。

图 4-15　焊接时的操作姿势　　　　图 4-16　引弧方法
a）平焊　b）立焊　　　　　　　a）敲击法　b）划擦法

焊接时将焊条端部与焊件表面通过划擦或轻敲接触，形成短路，然后迅速将焊条提起 2~4mm 的距离，电弧即被引燃。若焊条提起距离太高，则电弧立即熄灭；若焊条与焊件接触时间太长，就会粘条，产生短路，这时可左右摆动拉开焊条重新引弧或松开焊钳，切断电源，待焊条冷却后再作处理；若焊条与焊件经接触而未起弧，往往是焊条端部有药皮等妨碍了导电，这时可重击几下，将这些绝缘物清除，直到露出焊芯金属表面。

焊接时，一般选择焊缝前端 10~20mm 处作为引弧的起点。对焊接表面要求很平整的焊件，可以另外用引弧板引弧。如果焊件厚薄不一致、高低不平、间隙不相等，则应在薄件上引弧向厚件施焊，从大间隙处引弧向小间隙处施焊，由低的焊件引弧向高的焊件处施焊。

4. 焊接的点固

为了固定两焊件的相对位置，以便施焊，在焊接装配时，每隔一定距离焊上 30~40mm 的短焊缝，使焊件相互位置固定，称为点固，或称定位焊，如图 4-17 所示。

5. 运条

焊条的操作运动简称为运条。焊条的操作运动实际上是一种合成运动，即焊条同时完成三个基本方向的运动：焊条沿焊接方向逐渐移动；焊条向熔池方向作逐渐送进运动；焊条的横向摆动，如图 4-18 所示。

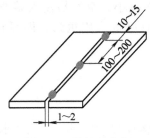

图 4-17　焊接的点固

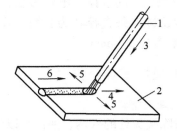

图 4-18　焊条的三个基本运动方向
1—焊条　2—工件　3—向下送进　4—沿焊接方向移动
5—横向摆动　6—焊接方向

（1）焊条沿焊接方向的前移运动 其移动的速度称为焊接速度。握持焊条前移时，首先应掌握好焊条与焊件之间的角度。各种焊接接头在空间的位置不同，其角度也有所不同。平焊时，焊条应向前倾斜 70°~80°，如图 4-19 所示，即焊条在纵向平面内，与移动方向所成的夹角。此夹角影响填充金属的熔敷状态、熔化的均匀性及焊缝外形，能避免咬边与夹渣，有利于气流把熔渣吹走后覆盖焊缝表面以及对焊件有预热和提高焊接速度等作用。

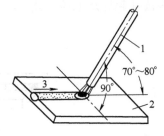

图 4-19 平焊的焊条角度
1—焊条 2—工件 3—焊接方向

（2）焊条的送进运动 即沿焊条的轴线向焊件方向的下移运动。维持电弧是靠焊条均匀的送进，以逐渐补偿焊条端部的熔化，并过渡到熔池内。进给运动应使电弧保持适当长度，以便稳定燃烧。

（3）焊条的摆动 焊条的摆动是指焊条在焊缝宽度方向上的横向运动，其目的是为了加宽焊缝，并使接头达到足够的熔深，同时可延缓熔池金属的冷却结晶时间，有利于熔渣和气体浮出。焊条摆动幅度越大，焊缝就越宽。焊接薄板时，不必过大摆动甚至直线运动即可；焊接较厚的焊件时，需摆动运条。

综上所述，当引弧后应按三个运动方向正确运条，并对应用最多的对接平焊提出其操作要领，主要掌握好"三度"：焊条角度、电弧长度和焊接速度。

（1）焊接角度 如图 4-19 所示，焊条应向前倾斜 70°~80°。

（2）电弧长度 一般合理的电弧长度约等于焊条直径。

（3）焊接速度 合适的焊接速度应使所得焊道的熔宽约等于焊条直径的两倍，其表面平整，波纹细密。焊速太高时，焊道窄而高，波纹粗糙，熔合不良；焊速太低时，熔宽过大，焊件容易被烧穿。

6. 焊缝的起头、连接和收尾

（1）焊缝的起头 焊缝的起头是指刚开始焊接的部分，如图 4-20 所示。有的是从一端开始起头，如图 4-20a 所示；有的从中间开始起头，如图 4-20b 所示；有的从两端开始起头，如图 4-20c 所示。在一般情况下，因为焊件在未焊时温度低，引弧后常不能迅速使温度升高，所以这部分熔深较浅，使焊缝强度减弱。为此，应在起弧后先将电弧稍拉长，以利于对端头进行必要的预热，然后适当缩短弧长进行正常焊接。

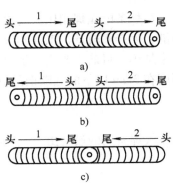

图 4-20 焊缝的起头

（2）焊缝的连接 由于受焊条长度的限制，不可能一根焊条完成一条焊缝，因而出现了两段焊缝前后之间连接的问题。应使后焊的焊缝和先焊的焊缝均匀连接，避免产生连接处过高、脱节和宽窄不一的缺陷。

（3）焊缝的收尾 焊缝的收尾是指一条焊缝焊完后，应把收尾处的弧坑填满。当一条焊缝结尾时，如果熄弧动作不当，则会形成比母材低的弧坑，从而使焊缝强度降低，并形成裂纹。碱性焊条因熄弧不当而引起的弧坑中常伴有气孔出现，所以不允许有弧坑出现。因此，必须正确掌握焊缝的收尾工作（图 4-21）。一般收尾动作有如下几种：

1）划圈收尾法。如图 4-21a 所示，电弧在焊段收尾处作圆圈运动，直到弧坑填满后再慢慢提起焊条熄弧。此方法最宜用于厚板焊接中。若用于薄板，则易烧穿。

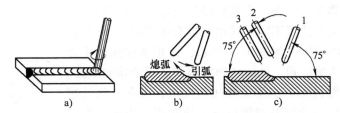

图 4-21　焊缝收尾法

a) 划圈收尾法　b) 反复断弧收尾法　c) 回焊收尾法

2) 反复断弧收尾法。在焊段收尾处，在较短时间内，电弧反复熄弧和引弧数次，直到弧坑填满，如图 4-21b 所示。此方法多用于薄板和多层焊的底层焊中。

3) 回焊收尾法。电弧在焊段收尾处停住，同时改变焊条的方向，如图 4-21c 所示。由位置 1 移至位置 2，待弧坑填满后，再稍稍后移至位置 3，然后慢慢拉断电弧。此方法对碱性焊条较为适宜。

7. 焊件清理

焊后用钢丝刷等工具将焊渣和飞溅物清理干净。

4.3 气焊

气焊是利用气体火焰作热源的焊接方法，气焊所用气体分为可燃气体和助燃气体。可燃气体有乙炔、天然气、液化石油气等，助燃气体为氧气，其中最常用的是氧乙炔焊，如图 4-22 所示。

与焊条电弧焊相比，气焊设备简单，操作灵活，不带电源，但气焊火焰温度较低，热量分散，生产率较低，工件变形较严重，焊接质量较差，焊接接头质量不高。气焊的应用范围越来越小，目前主要应用于建筑、安装、维修及野外施工等条件下的黑色金属焊接，如焊接厚度在 3mm 以下的低碳钢薄板、薄壁管以及铸铁件的焊补等。

4.3.1 气焊设备

气焊所用的设备由氧气瓶、乙炔瓶、减压器、焊炬和橡胶管等组成，如图 4-23 所示。

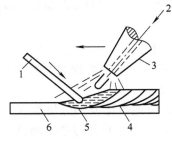

图 4-22　氧乙炔焊示意图

1—焊丝　2—乙炔+氧气　3—焊炬
4—焊缝　5—熔池　6—工件

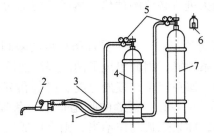

图 4-23　气焊设备及其连接

1—氧气胶管（黑色）　2—焊炬　3—乙炔胶管（红色）
4—乙炔瓶　5—减压器　6—瓶盖　7—氧气瓶

气焊时用于控制火焰进行焊接的工具称为焊炬，其作用是将乙炔和氧气按一定比例均匀混合，由焊嘴喷出后，点火燃烧，产生气体火焰。按可燃气体与氧气在焊炬中的混合方式分为吸射式和等压式两种，以吸射式焊炬应用最广，其外形如图4-24所示。

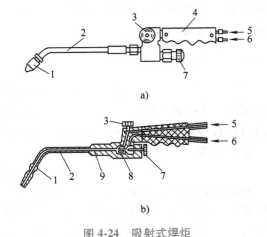

图 4-24　吸射式焊炬
a）外形图　b）内部构造
1—焊嘴　2—混合管　3—乙炔阀门　4—手把　5—乙炔
6—氧气　7—氧气阀门　8—喷嘴　9—吸射管

4.3.2　焊丝和焊剂

气焊的焊丝在焊接时作为填充金属，与熔化的母材一起形成焊缝。焊丝的化学成分应与母材相匹配。焊接低碳钢时，常用的焊丝牌号有H08和H08A。焊丝的直径应根据焊件厚度来选择，一般为2~4mm。

气焊焊剂是气焊时的助熔剂，其作用是去除焊接过程中形成的氧化物，改善母材的润湿性等。采用气焊焊接低碳钢时，一般不需要使用气焊焊剂，但采用气焊焊接铸铁、不锈钢、耐热钢和非铁金属时，必须使用气焊焊剂。

4.3.3　气焊火焰

气焊火焰是由可燃气体和助燃气体混合燃烧而形成的。生产中乙炔和氧气混合燃烧的火焰最常用，这种火焰称为氧乙炔焰。改变乙炔和氧气的混合比例，可以得到三种不同性质的火焰，如图4-25所示。

（1）中性焰　中性焰就是氧气与乙炔的比例恰好是乙炔能够充分燃烧，没有多余的氧，也没有多余的乙炔，如图4-25a所示，由焰心、内焰和外焰三部分组成。焰心成尖锥状，色白明亮，轮廓清楚；内焰颜色发暗，轮廓不清楚；外焰呈橘红色。中性焰在距离焰心前面2~4mm处温度最高，为3050~3150℃。中性焰应用最为广泛，适用于焊接低碳钢、中碳钢、低合金钢、不锈钢、纯铜和铝合金等材料。

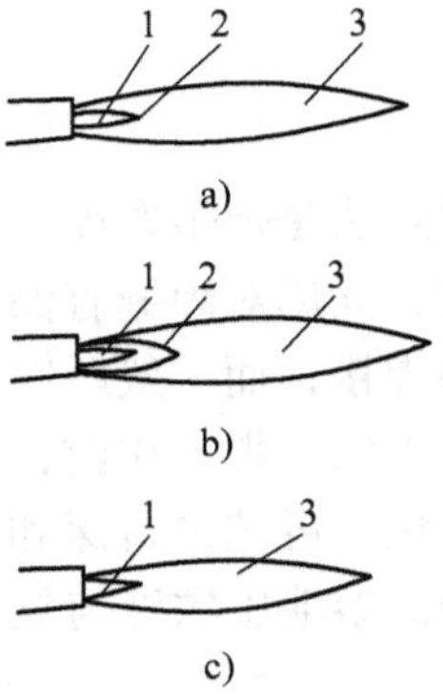

（2）碳化焰　混合气体中有过多的乙炔时形成的火焰称为碳化焰，如图4-25b所示。因为有过多的乙炔，乙炔燃烧不充分，所以火焰尤其是焰心长而绵软，乙炔量过多时火焰还会冒黑烟，碳化焰的最高温度为2700~3000℃。由于乙炔过剩，火焰中有游离碳和多余的氢，碳会渗到熔池中造成焊缝增碳现象。碳化焰适用于焊接高碳钢、铸铁和硬质合金等材料。

图 4-25　氧乙炔火焰
a）中性焰　b）碳化焰　c）氧化焰
1—焰心　2—内焰　3—外焰

（3）氧化焰　混合气体中有过多的氧时形成的火焰称为氧化焰，如图4-25c所示。由于氧气过剩，燃烧剧烈，火焰明显缩短，内焰区不可见，也没有跳动的火苗，焰心短，整个火焰挺直有力，有呼呼的响声，火焰的最高温度为3100~3300℃。过剩的氧对熔池金属有强烈的氧化作用，使熔池中的金属元素烧损，焊缝质量差，一般气焊时不宜采用。氧化焰仅用于焊接黄铜、锡青铜等。利用其氧化性，在熔池表面形成一层氧化物薄膜，覆盖在熔池上，减少锡、锌的蒸发。

4.3.4 气焊的实训操作

（1）检查吸射能力 手工气焊使用的是吸射式焊炬。在开始焊接前，首先检查焊嘴的吸射能力。连接氧气胶管，开启氧气瓶阀和减压器，打开焊炬上的氧气阀门，用拇指堵住乙炔进口，若感到手指被吸住，证明氧气吸射能力正常。若感觉不到吸力，证明焊炬存在堵塞，需要清理。

（2）点火、调节火焰与熄火 点火时，先微开氧气阀，再打开乙炔阀，用明火点燃火焰。刚点火的火焰是碳化焰，然后逐渐开大氧气阀门，改变氧气和乙炔的比例，根据被焊材料性质及厚薄要求，调到所需的中性焰、氧化焰或碳化焰。需要大火焰时，应先把乙炔调节阀开大，再调大氧气调节阀；需要小火焰时，应先把氧气关小，再调小乙炔。熄火时，先关闭乙炔阀门，后关闭氧气阀门。

（3）焊接方向 气焊操作时右手握焊炬，左手拿焊丝，可以向右焊（右焊法），也可向左焊（左焊法），如图4-26所示。

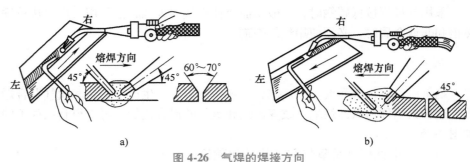

图4-26 气焊的焊接方向

a）右焊法 b）左焊法

右焊法是焊炬在前，焊丝在后。这种方法是焊接火焰指向已焊好的焊缝，加热集中，熔深较大，火焰对焊缝有保护作用，容易避免气孔和夹渣，但较难掌握。此种方法适用于较厚工件的焊接，而一般厚度较大的工件均采用电弧焊，因此右焊法很少使用。

左焊法是焊丝在前，焊炬在后。这种方法是焊接火焰指向未焊金属，有预热作用，焊接速度较快，可减少熔深和防止烧穿，操作方便，适宜焊接薄板。用左焊法，还可以看清熔池，分清熔池中铁液与氧化铁的界线，因此左焊法在气焊中被普遍采用。

（4）回火的处置 一旦发生回火，应立即将乙炔胶管折起，防止火焰回烧，然后立即松开乙炔减压器的螺钉。

4.4 其他常用焊接方法

4.4.1 CO₂气体保护焊

利用 CO_2 气体对电弧及熔池进行保护的焊接方法称为 CO_2 气体保护焊，简称 CO_2 焊。它用金属焊丝作电极，同时焊丝熔化后作为填充材料和母材熔化后共同形成焊缝。作为保护气

体的 CO_2 从焊枪喷嘴中喷出，完全覆盖电弧及熔池，起到保护作用。CO_2 焊以自动或半自动的方式进行。目前应用较多的是半自动 CO_2 气体保护焊，如图 4-27 所示。

CO_2 焊的优点是生产效率高，CO_2 气体来源广、价格便宜，焊接成本低，焊接质量好，可全位置焊接，明弧操作，焊后不需清渣，易于实现机械化和自动化。其缺点是焊缝成形差，飞溅大，焊接设备复杂，维修不便，焊接电源需采用直流反接。

CO_2 气体保护焊广泛用于汽车、机车、造船、锅炉和管道等的焊接，主要用于焊接低碳钢和低合金钢。对于较长的直线焊缝和规则的曲线焊缝，可采用自动焊，而对于不规则的或较短的焊缝，则采用半自动焊。

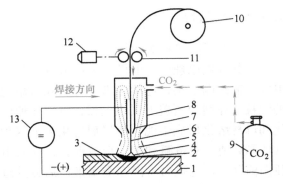

图 4-27 半自动 CO_2 气体保护焊接示意图

1—母材 2—熔池 3—焊缝 4—电弧
5—CO_2 保护区 6—焊丝 7—导电嘴 8—喷嘴
9—CO_2 气瓶 10—焊丝盘 11—送丝滚轮
12—送丝电动机 13—直流电源

4.4.2 氩弧焊

氩弧焊是使用氩气作为保护气体的一种焊接方法，由于在高温熔融焊接中不断送上氩气，使焊材不能和空气中的氧气接触，从而防止焊材的氧化。

（1）熔化极氩弧焊 熔化极氩弧焊利用焊丝作为电极并兼做填充材料，焊丝通过丝轮送进，导电嘴导电，在母材与焊丝之间产生电弧，使焊丝和母材熔化，并用惰性气体——氩气保护电弧和熔融金属来进行焊接。焊接时电源采用直流反接，可使用较大的焊接电源，适合焊接较厚的焊件。

（2）钨极氩弧焊 钨极氩弧焊是电弧在钨极（不熔化）和工件之间燃烧，利用氩气形成一个保护气罩，使钨极端头、电弧和熔池不与空气接触，从而形成致密的焊接接头，其力学性能非常好。钨极氩弧焊的电源通常采用直流正接，使钨极处于阴极，焊接时使用较小的焊接电流，以减小钨极的烧损。因此钨极氩弧焊一般只能焊接较薄的焊件。焊接铝、镁合金时，应采用交流电源，这是因为铝、镁合金在高温时易氧化，而钨极处于负半周期时，具有强烈的清除熔池表面氧化膜的能力。

氩弧焊的优点有：

1）焊接过程稳定。氩气是单原子气体，稳定性好，高温下不分解、不吸热、热导率小，电弧在氩气中燃烧稳定，且热量集中。

2）焊接质量高。氩气是一种惰性气体，它既不与熔池金属发生冶金反应，又能对电极、焊缝及周围区域提供良好的保护。

3）氩弧焊是一种明弧焊，焊后无需清渣，便于观察，易于实现自动化。

4）抗风能力差，对工件清理要求高，生产率低，设备复杂，维修不便。

氩弧焊主要适用于焊接易氧化的有色金属（铝、镁、铜、钛及其合金）和稀有金属（锆、钽、钼及其合金），以及高合金钢、不锈钢和耐热钢等。

4.4.3　埋弧焊

　　埋弧焊是电弧在焊剂层下燃烧进行焊接的方法。其焊接原理为：电极和工件分别与焊接电源的输出端连接，连续送进的焊丝在可熔化的颗粒状焊剂的覆盖下引燃电弧，电弧热使焊丝和母材熔化形成熔池，使焊剂熔化形成保护气体和熔渣，对电弧和熔池形成保护，随着电弧向前移动，电弧力将液态金属推向后方并逐渐冷却凝固成焊缝，熔渣凝固成渣壳覆盖在焊缝表面，继续保护焊缝。颗粒状的焊剂相当于焊条的药皮。图4-28所示为埋弧焊焊缝形成示意图。

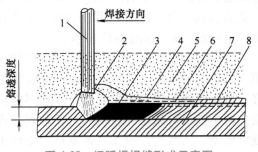

图 4-28　埋弧焊焊缝形成示意图

1—焊丝　2—电弧　3—熔池金属　4—熔渣
5—焊剂　6—焊缝　7—焊件　8—渣壳

　　埋弧焊的特点如下：

　　1）焊接质量好。埋弧焊中的焊剂对焊缝形成了有效的保护，获得了力学性能优良、致密性好的优质焊缝。

　　2）生产率高。所用电流大，熔敷速率高。

　　3）劳动条件好。焊接过程无弧光辐射，噪声小，可实现机械化和自动化。

　　4）设备复杂，适应性差，一般只能在平焊或横焊位置下进行焊接。

　　埋弧焊只适合水平位置焊接长直焊缝，或者用于具有较大直径环形焊缝的中厚焊件的批量生产。目前埋弧焊在造船、锅炉、车辆和容器制造等工业生产中得到广泛应用。

4.4.4　电阻焊

　　电阻焊是将被焊工件压紧于两电极之间，并通电流，利用电流流经接头的接触面及邻近区域产生的电阻热将其加热到熔化或塑性状态，使之形成牢固接头的一种焊接方法。

　　电阻焊的基本形式有定位焊、缝焊和对焊三种，如图4-29所示。

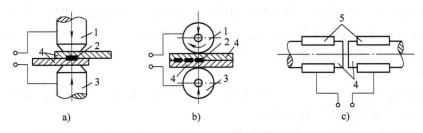

图 4-29　电阻焊的基本形式

a）定位焊　b）缝焊　c）对焊

1—上电极　2—焊点　3—下电极　4—工件　5—电极

　　电阻焊是一种焊接质量稳定，生产率高，易于实现机械化、自动化的连接方法，广泛应用于汽车、航空航天、电子、家用电器等领域。据统计，目前电阻焊方法已占整个焊接工作量的1/4，并有继续增长的趋势。

（1）点焊　点焊是将焊件搭接并压紧在两个柱状电极之间，然后接通电流，焊件间接触面的电阻热使该点熔化形成熔核，断电后，在压力下凝固结晶，形成一个组织致密的焊点的过程。由于焊接时的分流现象，两焊点之间应有一定的距离。

点焊接头采用搭接形式。主要适用于焊接厚度在 4mm 以下、无密封要求的薄板结构和钢筋构件，还可焊接不锈钢、钛合金和铝镁合金等，目前广泛应用于汽车、飞机等制造业。

（2）缝焊　缝焊过程与点焊相似，只是用盘状滚动电极代替了柱状电极。焊接时，转动的盘状电极压紧并带动焊件向前移动，配合断续通电，形成连续重叠的焊点，所以焊缝具有良好的密封性。缝焊主要适用于焊接厚度在 3mm 以下、要求密封的容器和管道等。

（3）对焊　对焊广泛用于端面形状相同或相似的杆类零件的焊接。按操作方法不同，对焊可分为电阻对焊和闪光对焊，如图 4-30 所示。电阻对焊是将焊件装配成对接接头，使其端面紧密接触，然后通电，利用电阻热加热到塑性状态，然后迅速施加顶锻力使两焊件焊合。其焊接过程是预压、通电、顶锻、断电、去压，如图 4-30a 所示。这种焊接方法操

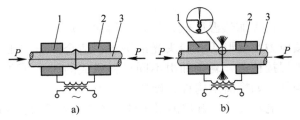

图 4-30　对焊示意图
a）电阻对焊　b）闪光对焊
1—固定电极　2—可移动电极　3—焊件

作简单，接头表面光滑，但接头内部易有残余夹杂物存在，接头强度不高。

闪光对焊也是将焊件装配成对接接头，然后接通电源，并使其端面逐渐移近达到局部接触，利用电阻热加热这些接触点。由于接触点电流密度极高，产生巨大的电阻热使接触点附近的金属迅速熔化并蒸发、爆破，以火花的形式飞出，形成"闪光"。持续的送进焊件，直到端面全面接触熔化为止，然后迅速断电，并施加顶锻力完成焊接。闪光对焊的焊接过程为通电、闪光加热、顶锻、断电、去压，如图 4-30b 所示。闪光对焊对接头端面的加工清理要求不高，由于液态金属的挤出过程使接触面的氧化物杂质得以清除，故接头质量较高，应用较广泛。

4.4.5　激光焊

激光焊是以聚焦的激光束作为能源轰击焊件所产生的热量进行焊接的方法。激光最显著的特性是单色性好，方向性好，亮度高，相干性好。

激光焊接有两种基本模式：激光热导焊和激光深熔焊。激光热导焊所用激光的功率密度较低，工件吸收激光后，仅达到表面熔化，然后依靠热传导向工件内部传递热量形成熔池。这种焊接模式熔深浅，深宽比较小，多用于小型零件的焊接。激光深熔焊的激光功率密度高，激光辐射区金属熔化速度快，在金属熔化的同时伴随着强烈的汽化，能获得熔深较大的焊缝，焊缝的深宽比较大。在机械制造领域，除了那些微薄零件之外，一般应选用深熔焊。在不同辐射功率密度下金属熔化的过程如图 4-31 所示。

由于经聚焦后的激光束光斑小（0.1~0.3mm），功率密度高，比电弧焊（$5 \times 10^2 \sim 10^4$ W/cm^2）高几个数量级，因而激光焊接具有传统焊接方法无法比拟的显著优点：加热范围小，焊缝和热影响区窄，接头性能优良；残余应力和焊接变形小，可以实现高精度焊接；可对高

熔点、高热导率的热敏感材料及非金属进行焊接；焊接速度快，生产率高；具有高度柔性，易于实现自动化。

4.4.6 钎焊

钎焊是采用比母材熔点低的金属材料作钎料，将焊件和钎料加热到高于钎料熔点，低于母材熔化温度，利用液态钎料润湿母材，填充接头间隙并与母材相互扩散实现连接的方法。

钎焊加热温度低，母材不熔化，焊接应力和变形小，接头光滑美观，适合于焊接精密、复杂和由不同材料组成的构件，如蜂窝结构板、硬质合金刀具和印制电路板等。钎焊前对工件必须进行细致加工和严格清洗，除去油污和过厚的氧化膜，保证接口装配间隙。

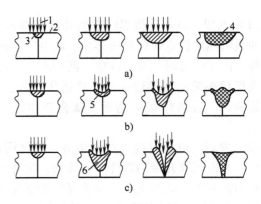

图 4-31　不同辐射功率密度下金属的熔化过程
a) 靠导热性熔化（$q = 10^5 \sim 10^6 \, W/cm^2$）
b) 熔池下陷（$q > 10^6 \, W/cm^2$）　c) 形成钥匙（$q > 10^7 \, W/cm^2$）
1—激光　2—被焊零件　3—被熔化金属　4—已冷却的熔池
5—加深的体积　6—靠蒸发暂时形成的孔

钎焊时一般都要加钎剂，其作用是清除钎料和焊件表面的氧化物，避免焊件和液态钎料在焊接过程中氧化，改善液态钎料对工件的润湿性。按钎料熔点不同，钎焊分为软钎焊和硬钎焊两种。软钎焊是使用钎料熔点低于450℃的软钎料进行的钎焊。软钎焊接头强度低，适于焊接受力小、工作温度较低的焊件，如电器或仪表线路接头的焊接。常用的钎料为锡基合金，常用的钎剂为松香、焊锡膏或氯化锌水溶液。硬钎焊是使用钎料熔点高于450℃的硬钎料进行的焊接。硬钎焊接头强度高，适于焊接受力较大、工作温度较高的焊件，如硬质合金刀头的焊接。常用的钎料为铜基、银基、镍基和铝基合金等，钎剂为硼砂、硼酸等。

4.5 切割

切割是使固体材料分离的方法，是焊接生产备料工序的重要加工方法，广泛应用于现代工业生产。常用的切割方法很多，主要有氧气切割、等离子弧切割、激光切割、水射流切割等。

4.5.1 氧气切割

氧气切割（简称气割）是利用气体火焰（如氧乙炔焰）及切割氧进行的热切割工艺。其原理是用可燃气体与氧气混合燃烧产生的热量预热金属表面，使预热处金属达到燃烧温度，然后送进高纯度、高速度的切割氧流，使金属在氧气中剧烈燃烧，生成氧化物熔渣的同时放出大量热量，借助这些燃烧热和熔渣不断加热切口处金属，并使热量迅速传递，直到工件底部。反应过程中产生的氧化物和熔融金属混合物被切割氧气流吹出并产生割口，从而达到切割金属的目的。气割示意图如图 4-32 所示。

4.5.2　等离子弧切割

等离子弧切割是利用等离子弧的热能实现金属材料熔化的切割方法，利用高速、高温和高能的等离子气流来加热和熔化被切割材料，并借助内部或外部的高速气流（或水流）将熔化材料排开，直至等离子气流束穿透工件背面形成切口。其切割原理如图 4-33 所示。

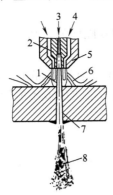

图 4-32　气割示意图
1—切割氧　2—切割嘴　3—O_2　4—$C_2H_2+O_2$
5—预热嘴　6—预热焰　7—切口　8—氧化渣

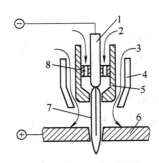

图 4-33　等离子弧切割原理示意图
1—电极　2—工作气体　3—辅助气体　4—保护罩
5—冷却型喷嘴　6—工件　7—等离子弧　8—对中环

等离子弧的热量集中、温度高（10000～30000℃），因此等离子弧切割过程不依靠氧化反应，而是靠熔化来切割材料。因而其适用范围比氧燃气切割大得多，能切割绝大多数材料，包括非金属和金属。等离子切割其切口窄，切割面的质量好，切割速度快，切割厚度可达 150～200mm。

4.5.3　激光切割

利用激光的能量对材料进行热切割的方法称为激光切割。激光是理想的光源，对于材料加工，优先采用 CO_2 激光。激光切割的原理如图 4-34 所示。

激光切割包括激光燃烧切割、激光熔化切割和激光升华切割。

（1）激光燃烧切割　激光燃烧切割是利用激光束加热工件使之达到其燃点，再用活性气体（如氧气或空气）使其燃烧，并排除燃烧物而形成切口。其原理与普通的气割类似，只是利用激光作为预热的热源，主要用于切割钢、铝、钛等金属材料。

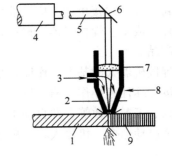

图 4-34　激光切割原理
1—被割材料　2—喷嘴　3—辅助气体
4—激光器　5—激光束　6—反射镜
7—透镜　8—喷嘴移动方向　9—切割面

（2）激光熔化切割　激光熔化切割是利用激光束加热工件使之达到熔化，借助喷射非氧化性气体，如氩气、氮气、氦气等，排除熔融物质而形成切口，大多数金属材料的切割属于这一类。

（3）激光升华切割　激光升华切割是当高能量密度的激光束照射到材料表面时，材料在极短的时间内被加热到汽化点，并以气体蒸发的形式从切割区逸散而形成切口。激光升华切割多用于极薄金属材料以及纸、布、木材、塑料等非金属材料的切割。

激光切割具有切口窄、切割变形小、切割速度快、精度高、易于实现自动化等优点。

4.5.4 水射流切割

水射流切割是将水增至超高压（100~400MPa），经节流小孔（$\phi0.15\sim\phi0.4$mm），产生约3倍声速的水射流（流速高达900m/s），在计算机的控制下可方便地切割任意图形的软材料，如纸类、海绵、纤维等。若在水中加入磨料，可使切割效能增强，则几乎可以切割任意材料。

水射流切割是冷切割的一种，最大特点是非热源的高能量射流束加工，切割中无热过程，故可切割所有的金属和非金属材料，特别是各种热切割方法难以或不能加工的材料。除此之外，还具有以下特点：

1）切割时无热变形，避免了材料的物理、化学变化。

2）广泛适用于各种材料的切割加工，有"万能切割机"之誉。

3）切口光滑平整无飞边，一般无需再加工。

4）由数控系统操纵，切割精度高。

5）切口小于1.2mm，便于套料切割，节约材料。

6）加工过程不会产生污染环境的废物。

4.6 机器人焊接

4.6.1 焊接机器人

焊接机器人技术是工业机器人技术在焊接领域的应用，代表着高度先进的焊接机械化和自动化。焊接机器人根据预设的程序同时控制焊接端的动作和焊接过程，可就不同的场合进行重新编程。焊接机器人应用的目的在于提高焊接生产率，提高生产能力，提高质量的稳定性和降低成本。焊接机器人最适合于包含数个不同方向的较短焊缝，并且被焊接的表面为曲面的产品。

焊接机器人的基本工作原理是示教再现。示教也称导引，即由操作者导引机器人，一步步地按实际任务操作一遍，机器人在导引过程中自动记忆示教的每个动作的位置、姿态、运动参数、工艺参数等，并自动生成一个连续执行全部操作的程序。完成示教后，只需给机器人一个启动命令，机器人将精确地按示教动作步骤逐步完成全部操作。

4.6.2 弧焊机器人

弧焊机器人是用于进行自动弧焊的工业机器人，如图4-35所示。一般的弧焊机器人是由示教盒、控制盘、机器人本体及自动送丝装置、焊接电源等部分组成，可以在计算机的控制下实现连续轨迹控制和点位控制，还可以利用直线插补和圆弧插补功能焊接由直线及圆弧所组成的空间焊缝。弧焊用的机器人通常有五个以上的自由度，具有六个自由度的机器人可以保证焊枪的任意空间轨迹和姿态。

弧焊机器人主要有熔化极焊接作业和非熔化极焊接作业两种类型，具有可长期进行焊接

图 4-35　弧焊机器人

作业，保证焊接作业的高生产率、高质量和高稳定性等特点。随着技术的发展，弧焊机器人正向着智能化的方向发展。

4.6.3　点焊机器人

点焊机器人是用于点焊自动作业的工业机器人。点焊机器人由机器人本体、计算机控制系统、示教盒和点焊焊接系统几部分组成。为了适应灵活动作的工作要求，通常点焊机器人选用关节式工业机器人的基本设计，一般具有六个自由度。使用点焊机器人最多的领域应当属汽车车身的自动装配车间。图 4-36 所示为点焊机器人专用的点焊钳，图 4-37 所示为点焊机器人正在焊接汽车车身外壳。

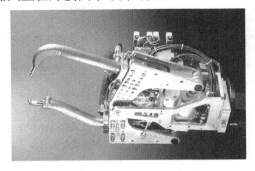

图 4-36　点焊机器人专用的点焊钳　　　　图 4-37　点焊机器人焊接汽车车身外壳

4.7　常见焊接缺陷及焊接变形

4.7.1　常见焊接缺陷

焊接接头的不完整性称为焊接缺陷，主要有焊接裂纹、未焊透、夹渣、气孔和焊缝外观缺陷等。这些缺陷使焊缝截面积减小，降低承载能力，产生应力集中，引起裂纹；同时降低疲劳强度，易引起焊件破裂而导致脆断。其中危害最大的是焊接裂纹和气孔。常见的焊接缺陷及分析见表 4-3。

表 4-3　常见的焊接缺陷及分析

缺陷名称	图　例	特　征	产生原因
焊缝外形和尺寸不合要求	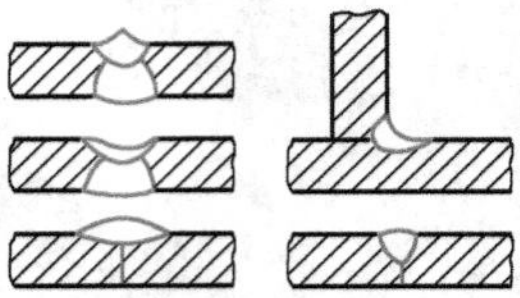	焊缝余高过高或过低、熔宽过大或过小，或宽窄不均，角焊缝单边下陷量过大	焊接电流过大或过小焊接速度不当焊件坡口不当或装配间隙不均匀
咬边	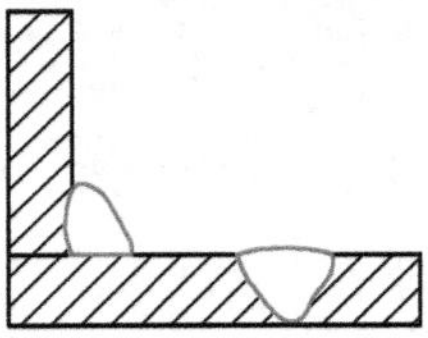	焊缝与焊件交界处凹陷	电流过大焊接速度太快焊条角度不对和电弧过长
焊瘤	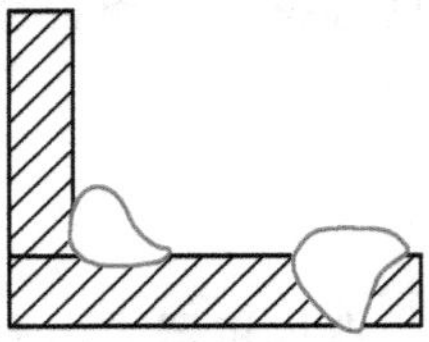	熔化金属流淌到焊缝之外未熔化的母材上所形成的金属瘤	焊接速度过小或过慢电弧过长和运条不正确
气孔	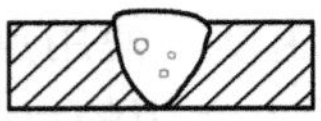	凝固时熔池内的气体未析出所形成的孔洞	接头有油、锈等焊条受潮电弧过长熔池金属冷却过快
夹渣	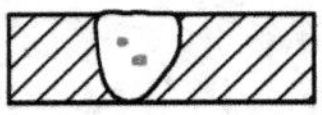	焊缝内部残留的非金属夹杂物	焊接速度太慢焊缝凝固过快焊件边缘及焊层之间清理不干净
裂纹	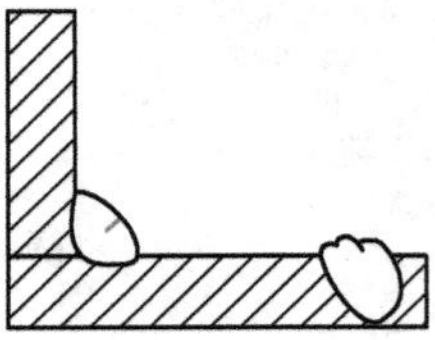	焊缝及热影响区内部或表面产生缝隙	母材含磷、硫量高焊缝冷却过快焊件结构设计不合理焊接顺序不合理
未焊透	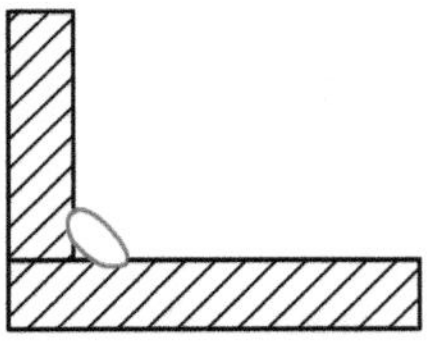	焊缝金属与焊件间（含焊缝）金属间的局部未熔合	焊接电流过小焊接速度过快焊接制备和装配不当，如坡口太小、钝边太厚等

4.7.2　焊接变形

由于焊接是局部加热，在加热和冷却过程中，焊件上各处温度分布不均匀，冷却速度不相同，热胀冷缩也不一致，互相牵制约束，致使焊件不可避免地产生焊接应力，进而导致焊接变形。焊接变形的基本形式如图 4-38 所示。

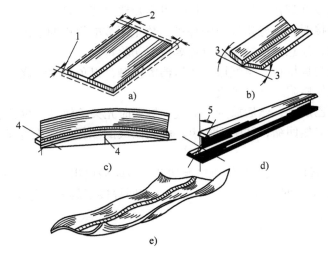

图 4-38 焊接变形的基本形式

a) 收缩变形 b) 角变形 c) 弯曲变形 d) 扭曲变形 e) 波浪变形
1—纵向收缩变形 2—横向收缩变形 3—角变形 4—弯曲变形 5—扭曲变形

　　焊接变形降低了焊件的尺寸精度，可能使焊件在承受工作载荷时产生附加应力，有的焊件甚至因变形严重、无法矫正而报废。焊后消除焊接应力或矫正焊接变形都要增加生产工时和产品成本。因此，必须在设计焊接结构和制订焊接工艺时，采取适当措施，以控制和减小焊接应力和变形。

4.8 焊接生产环境与安全操作

4.8.1 焊接环境保护

　　（1）减少光辐射　　光辐射产生于焊接热源的高温，是一切明弧焊均具有的危害因素，可造成"电光性眼炎"。为避免弧光对人体的辐射，不得在近处直接用眼睛观看弧光或避开防护面罩偷看。多台焊机作业时，应设置不可燃或阻燃的防护屏。

　　（2）减少烟尘和有害气体　　应根据不同的焊接工艺及场所选择合理的防护用品。在技术措施上选择局部和全面通风方法，在工艺上选用污染环境小或机械化、自动化程度高以及采用低尘低毒焊条等措施来降低烟尘浓度和毒性。

　　（3）防止焊接灼烫　　应穿好工作服、工作鞋，戴好工作帽，工作服应选用纯棉且质地较厚、防烫效果好的。注意脚面保护，不穿易溶的化纤袜子，焊区周围要清洁，焊条堆放要集中，冷热焊条要分别摆放。处理焊条渣时，领口要系好，戴好防护眼镜，减少灼烫伤事故。

4.8.2 焊接成形的安全操作规程

　　1）操作前要戴好面罩和电焊手套等防护用品。

2）不要直接用手拿刚焊过的钢板及焊条残头，应用专用夹钳夹取。

3）不要把焊钳放在焊接工作台上，以免发生短路烧毁工具。

4）正在进行焊接时，未经指导教师许可，禁止调节电焊机的电流，以免烧毁电焊机。

5）焊后清渣时，注意敲渣方向，以免焊渣烫伤脸目。

6）不要让油脂与焊枪口、氧气瓶、减压器等接触，以免发生燃烧。

7）乙炔瓶和氧气瓶附近严禁烟火。

8）点火时先开乙炔气，然后放少量氧气；熄灭时先关乙炔气，再关氧气。

9）如发现火焰突然回缩，并听到嘘声，就是回火的象征，应先立即关闭乙炔气阀门再关氧气阀门。

10）更换钨棒电极时，应先将焊机电源切断，以防被电击。

11）操作完毕及下班时，要检查工作场地，交回焊接工具等，并拉掉电闸。

延伸阅读

大国工匠介绍

1. 李万君（图 4-39）：高铁焊接大师，被誉为"工人院士"，中华技能大奖得主

作为一名焊接工人，李万君参与了中国轨道交通装备焊接技术从追赶者到同行者、超越者的全过程。2007 年，长客股份公司先后引进了法国时速 250km 的高速动车组等国外制造技术，但一些核心技术却长时间受制于人。其中，承载重达 50t 车体重量的接触环口焊接成形要求极高，成为制约转向架生产的瓶颈。为此，李万君在模型上反复演练、潜心研究，最终摸索出了"环口焊接七步操作法"，由于成形好、质量高，进而成功突破了批量生产的重大难题。这一令法国专家十分惊讶的"绝活"已成为公司的技术标准。

图 4-39　高铁焊接大师李万君

作为大国工匠，李万君要通过各种努力和实践，把自己的技能复制到更多的工友身上，带领出在关键制造环节能够挑大梁、担大任的工匠级操作工人群体。

2. 高凤林（图 4-40）：为火箭焊接"心脏"的人

高凤林是中国航天科技集团公司第一研究院国营二一一厂特种熔融焊接工，发动机零部件焊接车间班组长，特技技师。30 多年来，高凤林先后参加了北斗导航、嫦娥探月、载人航天等国家重点工程以及长征五号新一代运载火箭的研制工作，一次次攻克发动机喷管焊接技术世界级难关，出色完成亚洲最大的全箭振动实验塔的焊接攻关，修复苏制图 154 飞机发动机，成功解决反物质探测器项目难题。高凤林先后荣获国家科技进步二等奖、全军科技进步二等奖等 20 多个奖项。

图 4-40　特种熔融焊接工高凤林

复习思考题

4-1 请列出常用的三种焊接方法。

4-2 熔焊是怎样把两个分离的物体连接在一起的？

4-3 钎焊是不是熔焊？被焊工件熔化吗？

4-4 焊接主要应用在哪些领域？

4-5 焊接接头形式有哪几种？板厚≤3mm 时是否开坡口？为什么？

4-6 焊条由哪几部分组成？各部分的作用是什么？

4-7 请叙述焊条电弧焊的操作步骤。

4-8 气体保护焊常用哪些保护气体？它们有何作用？

4-9 什么叫气焊？氧气与乙炔混合燃烧时有几种火焰？

4-10 常用的切割方法有哪几种？现需切割一批不锈钢板，可采用何种切割方法？

4-11 焊接机器人的基本工作原理是什么？

第5章　其他材料成形

【实训目的与要求】

1）了解粉末冶金成形的工艺特点和应用。
2）了解粉末冶金成形的工艺方法。
3）了解塑料成型的工艺方法及应用。
4）了解塑料注射成型设备（注射机）的结构和工作原理。
5）了解陶瓷的成形方法。
6）了解复合材料的成形方法。
7）掌握安全操作要领。

5.1　概述

对于形状复杂的机器零部件和金属工艺品等，铸造无疑是首选的成形方法，如汽车发动机的缸体、机床的床身和变速箱等。若设计的零件要承受大的负荷或大的冲击力，需考虑采用锻压成形技术，如机器的轴和齿轮、起重机的吊钩和汽车的轮毂等。而对于大型的金属结构件，必须考虑采用焊接成形技术。

有些零件可以用金属粉末作为原料，经过成形机成形和烧结制造零件，这种材料成形方法称为粉末冶金成形技术。粉末冶金成形技术发展迅速，为新材料的应用开辟了新途径，如在切削刀具、生物医用、航空航天、微电子工程、纳米技术等领域的应用。

近年来，非金属材料成形技术发展迅速。非金属材料主要包括有机高分子材料和无机非金属材料两大类。对于要求密度小、耐腐蚀、电绝缘、减振消声和耐高温等性能的工程构件，传统的金属材料已难以胜任，而非金属材料却有着各自的优势。另外，对单一金属或非金属材料无法达到的性能，可通过复合材料得以实现。

本章主要介绍粉末冶金成形和非金属材料的成形技术。

5.2　粉末冶金材料成形

粉末冶金材料成形是制取金属粉末并通过成形和烧结等工艺将金属粉末（或非金属粉末）的混合物制成制品的加工方法。粉末冶金成形可以制造出不需切削加工的各种精密机械零件，可以制造通常熔铸工艺难以生产的高熔点金属材料；也可以生产各组元在液态时互不相溶的假合金材料；还可以生产特殊结构材料及复合材料，如含油轴承、过滤器、含有难熔化合物的金属陶瓷材料、弥散强化型材料等。

5.2.1　粉末冶金材料成形过程

粉末冶金材料成形过程包括金属粉末的制取和预处理，坯料的成形、烧结和后处理等工序。

1. 金属粉末的制取

粉末是粉末冶金成形最基本的原料，它可以是纯金属、非金属或化合物，其性能及制造过程与粉末冶金制品的性能密切相关。制取粉末的方法可以分为机械法和物理化学法两大类，最近还发展了机械合金化法。

（1）机械法 机械法是用机械力将原材料粉碎而化学成分基本不发生变化的工艺过程，包括球磨法、研磨法和雾化法等。

1）球磨法即通过滚筒的滚动或振动，使磨球对物料进行撞击制取粉末的方法。球磨法适用于脆性材料及合金，常用的设备是球磨机。

2）研磨法即通过气流或液流带动物料颗粒相互碰撞制取粉末的方法。研磨法适用于金属丝或小块边角料。

3）雾化法即通过高压气体、液体或高速旋转的叶片或电极，使熔融金属分散成雾状液滴，冷却成粉末的方法。雾化法适用于熔点较低的金属。

（2）物理化学法 即借助物理或化学作用，改变物料的化学成分或聚集状态而获取粉末的方法，包括还原法和电解法等。

1）还原法是用还原剂还原金属氧化物或盐类，使其成为金属粉末的方法。气体还原剂有氢、氨、煤气等。固体还原剂有碳和钠、钙、镁等金属。常用氢或氨还原剂来生产钨、钼、铁、铜、镍、钴等金属粉末。碳常用来还原铁的氧化物生产铁粉。用金属强还原剂钠、镁、钙等，可以生产钽、铌、钛、锆、钒、铍、钍、铀等金属粉末。还原法是最常用的制取金属粉末的方法，工艺简单、成本较低，适用于由金属氧化物或卤族化合物制粉。

2）电解法是在金属盐水溶液中通以直流电，金属离子即在阴极上放电析出，形成易于破碎成粉末的沉积层。金属离子一般来源于同种金属阳极的溶解，并在电流作用下自阳极向阴极迁移。一般电解粉末多呈树枝状，纯度较高，但此法耗电量大，成本较高，仅用于生产纯度要求高或高密度零件。

2. 粉末的性能、预处理

要使成形产品满足性能要求，粉末性能必须达到相关标准。粉末的主要性能是颗粒形状、粒度、粒度分布、松装密度、压制性、流动性、成形性及化学成分等。粉末成形先需要进行一定的预处理，包括分级、混合、制粒等。

（1）分级 分级是将粉末按粒度分成若干级的过程。分级可在配料时易于控制粉末的粒度和粒度分布，以适应成形工艺的要求，常用标准筛分筛进行分级。

（2）混合 混合是将两种或两种以上不同成分的粉末均匀掺合的过程。常用的混合设备有球磨机、V 形混合器等。混合质量对粉末冶金过程及制品的质量影响很大。

（3）制粒 制粒是为改善粉末流动性而使较细颗粒团聚成粗团粒的工艺。常用的制粒设备有振动筛、滚筒制粒机等。

3. 粉末成形

粉末成形是将松散的粉末紧实成具有所要求的性质与尺寸以及适当强度的坯体的过程。成形的方法很多，如压制成形和注射成形等。

（1）模压成形 模压成形是将松散的粉末装入模具内，在模具内受压成形。一般在普通机械压力机或液压机上进行，常用压力机吨位为 $500 \sim 5000kN$，常用的模压方法有单向压制和双向压制等，如图5-1所示。模压成形的特点是压坯密度分布不均匀。生产中可通过降低模具内壁表面粗糙度值，降低模具高径比，采用双向压制等方法改善压坯密度不均匀性。模压成形是粉末冶金生产中最基本和应用最广泛的成形方法。

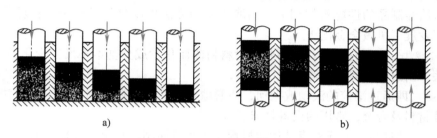

图 5-1　模压成形过程
a）单向压制　b）双向压制

（2）挤压成形　挤压成形是通过挤压机的螺旋或活塞将坯料经过机头模具挤压出来，成为要求形状的坯体。挤压成形很早就已被引入硬质合金生产中，是一种产量大、生产率与自动化程度高的成形方法。各种管状、柱或棒状等断面形状规格的产品，都可采用挤压成形，坯体的长度可根据需要进行切割。现可以生产直径大于30mm的棒材和外径为0.45mm、内径为0.2mm的管材，还可以生产深孔钻钻头、整体铣刀、麻花钻头等。粉末挤压成形过程如图5-2所示。

（3）压注成形　用压缩空气将浓粉浆压入型腔来成形的方法称为压注成形。从理论上来说，它可以使任何一个形状复杂的坯体各处的粉末的密度一样，因此可以生产各种复杂形状的制品，而且操作简便，生产率高。例如，硬质合金手表壳多半是用这种方法成形的。

（4）注射成形　金属粉末注射成形技术是一门新型近终成形技术。利用模具注射成形坯件并通过烧结快速制造高密度、高精度、高强度、三维复杂形状的结构零件，尤其是一些形状复杂利用机械加工方法难以加工的小型零件。金属粉末注射成形技术具有成本低、效率高、一致性好等优点，易形成批量生产，

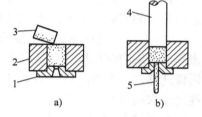

图 5-2　粉末挤压成形示意图
a）装粉　b）挤压
1—口模　2—挤压筒　3—料斗
4—凸模　5—制品

被誉为"当今最为热门的零部件成形技术"。注射成形机有两类：一类是柱塞式，一类是螺杆式，其结构如图5-3所示。以柱塞式注射工艺为例，首先，调节并封闭模具，向注射成形机内加入喂料并加热使之塑化；然后通过柱塞对塑化的喂料施加一定的压力，将其注射至型腔中成形，注射结束后柱塞退回，将模具冷却，待型腔内成形料固化后脱模取出成形件。

（5）等静压成形　利用液体介质的不可压缩性和均匀传递压力性，从各个方向均匀加压于橡皮模来成形。具体方法是将预压好的坯体包封在具有弹性的塑料或橡皮模等软模之内，然后置于高压容器内。通过进液口用高压泵将传压液体打入筒内，橡皮模内的工件将在各个方向受到同等大小的压力而致密成坯，坯体密度大而均匀。其传递压力的介质若为液体，称为湿式等静压，适用于生产形状较复杂、产量小的大型制品；若为气体或弹性体，称为干式等静压，适于生产形状较简单的长形、管状的薄壁制品。图5-4所示为湿式等静压成

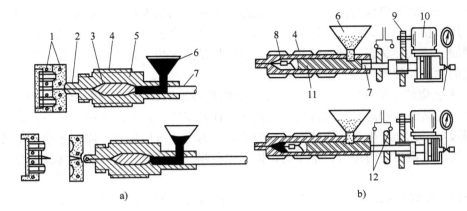

图 5-3　注射成形

a）柱塞式　b）螺杆式

1—冷却水　2—喷嘴　3—分流梭　4—加热器　5—机筒　6—料斗　7—柱塞
8—检查器　9—减速齿轮　10—驱动电动机　11—螺杆　12—限位开关

形装置示意图。

（6）轧制成形　金属粉末通过漏斗进入转动的轧辊缝中，形成具有一定厚度的连续的板带坯料的成形方法称为轧制成形。**轧制成形可生产双金属或多层金属板带材，长度不受限制，制品密度均匀，成材率高。**图 5-5 所示为双层和多层金属带的粉末轧制示意图。

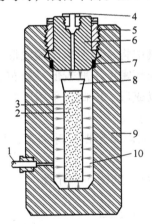

图 5-4　湿式等静压成形装置示意图

1—高压液体入口　2—粉末　3—弹性膜　4—排气塞
5—压紧螺母　6—密封塞　7—金属密封塞　8—橡皮塞
9—压力容器　10—高压液体压力方向

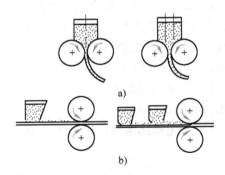

图 5-5　双层和多层金属带的粉末轧制示意图

a）垂直轧制法　b）水平轧制法

4. 烧结

将粉末成形压坯在低于基体金属熔点温度以下进行高温处理，并在某个特定温度和气氛中发生一系列复杂的物理和化学变化，粉末颗粒之间产生原子扩散、固溶、化合和熔接，致使压坯收缩并强化的过程，称为烧结。**粉末制品均需要通过烧结，才能获得所需要的物理和力学性能。**

（1）烧结方式　根据烧结机理将烧结分为两种：固相烧结和液相烧结。**粉末压坯各组**

元在高温下烧结时始终保持固态，为固相烧结。固相烧结温度较低，烧结速度较慢，制品强度较低，用于粉末冶金高速钢、铁粉制品等。当烧结温度超过了压坯某组元的熔点时，粉末压坯出现固、液共存状态，则为液相烧结。液相烧结速度快，制品强度较高，用于生产具有特殊性能的制品如硬质合金、金属陶瓷等。

（2）影响烧结质量的因素　粉末制品的烧结质量取决于烧结温度、烧结时间和烧结气氛等因素。烧结温度过高或时间过长，会使产品性能下降，甚至出现过烧缺陷；烧结温度过低或时间过短，又会产生欠烧而使产品性能下降。为防止压坯氧化，烧结通常是在保护性气氛或真空连续式烧结炉内进行，常用的保护气体有氢、分解氨、发生炉煤气及惰性气体等。

5. 后处理

金属粉末压坯烧结后的处理称为后处理，后处理方法很多，由产品性能要求决定。

（1）浸渍　利用烧结件的孔隙现象，将烧结件浸入各种液体的过程称为浸渍。例如轴套，为提高其润滑性能，可浸入润滑油和聚四氟乙烯溶液；为提高强度和防腐能力，可浸入铜溶液；为了提高它的表面保护能力，可浸入树脂或清漆等。

（2）表面冷挤压　为了提高零件的尺寸精度和表面状况，可用模具或芯棒对烧结件进行冷挤压。

（3）切削加工及热处理　对于烧结件上的横向孔、槽及尺寸精度要求较高的面，需进行切削加工等后处理。铁基制品为提高其强度和硬度，可进行热处理；为提高其气密性和防锈能力，可进行蒸汽处理。

5.2.2 粉末冶金零件的结构工艺性

粉末冶金材料最常用的成形方法是在刚性封闭模具中将金属粉末压缩成形，模具成本较高；由于粉末流动性较差，且又受到摩擦力的影响，压坯密度一般较低且分布不均匀，强度不高，薄壁、细长形和沿压制方向呈变截面的制品难以成形。因此，采用压制成形的零件结构的设计应注意以下问题：

1）尽量采用简单、对称的形状，避免截面变化过大以及窄槽、球面等，以利于制模和压实，如图5-6所示。

2）避免局部薄壁，以利于装粉压实或防止出现裂纹，如图5-7所示。

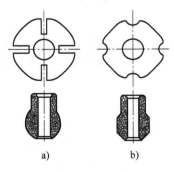

图5-6　简化外形
a）不合理结构　b）合理结构

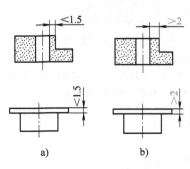

图5-7　避免局部薄壁结构
a）不合理结构　b）合理结构

3）避免侧壁上出现沟槽或凹孔，以利于压实或减少余块，如图5-8所示。

4）避免沿压制方向截面面积渐增，以利于压实。各壁的交界处应采用圆角或倒角过渡，避免出现尖角，防止模具或压坯产生应力集中，如图 5-9 所示。

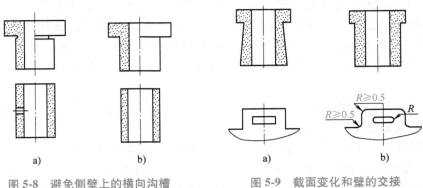

图 5-8 避免侧壁上的横向沟槽
a）不合理结构 b）合理结构

图 5-9 截面变化和壁的交接
a）不合理结构 b）合理结构

5.3 非金属材料成形

非金属材料是除金属材料之外的所有材料的总称，通常主要包括有机高分子材料、无机非金属材料和复合材料三大类。随着高新科学技术的发展，使用材料的领域越来越广，所提出的要求也越来越高。对于要求密度小、耐腐蚀、电绝缘、减振消声和耐高温等性能的工程构件，传统的金属材料已难以胜任，而非金属材料却有着各自优势。另外，单一金属或非金属材料无法实现的性能，可通过复合材料得以实现。

非金属材料的来源十分广泛，大多成形工艺简单，生产成本较低，已经广泛应用于轻工、家电、建材、机电等各行各业中。目前在工程领域应用最多的非金属材料主要是塑料、橡胶、陶瓷及各种复合材料。

5.3.1 高分子材料成形

1. 高分子材料

高分子材料又称为聚合物，常用的高分子材料有塑料、橡胶等。与金属材料和无机非金属材料相比，高分子材料成型工艺简单，材料损耗小，能耗低，生产效率高，且可方便地通过切削加工、焊接、胶结等方式进行二次加工。因此，本节主要介绍工程塑料的成形技术。

塑料是以高聚物为主并加入各种添加剂的人造材料。塑料在一定的温度和压力作用下具有可塑性，因而便于成型各种工程构件，在现代工业中得到了广泛的应用，是最主要的工程材料之一。

塑料按使用情况可分为通用塑料和工程塑料。通用塑料价格便宜、产量大、成型性好，广泛用于日用品、包装、农业等领域。工程塑料具有较高的强度和刚度并具有较好的尺寸稳定性，但价格较高，常用于制造机械零件和工程构件。

2. 塑料成形

塑料的成形即将配制好的物料制成所需形状和尺寸的制品或型材的过程。常用的塑料成形方法有注射成形、挤出成形、压塑成形和压延成形等。

（1）注射成形　注射成形又称为注塑成形，是将颗粒状或粉末状塑料放入注射机的加料斗内，使之进入机筒，经加热熔融呈黏流态，依靠柱塞（推杆）或挤压螺杆的压力，使黏流态塑料以较快的速度通过机筒端部的喷嘴注入温度较低的闭合模具内，经过一定时间的冷却即可开启模具，从中取出制品的一种成形方法。常用的螺柱式注射机结构如图 5-10 所示。注射成形适用于几乎所有品牌的热塑性塑料和流动性较大的热固性塑料，制品外形可较复杂，精度和生产效率较高。目前，注射产品占热塑性塑料制品总产量的 20% ~ 30%。

（2）挤出成形　挤出成形又称挤塑成形，在热塑性塑料的成形领域中，挤出成形是一种用途广泛的重要的成形方法之一。

挤出成形过程总体可分为两个阶段：第一阶段是使固态塑料塑化（即使塑料转变成黏流态），并在加压情况下使其通过特殊形状的口模而成为截面与口模形状相似的连续体；第二阶段是用适当的处理方法使挤出的具有黏流态的连续体转变为玻璃态的连续体，即得到所需型材或制品。挤出成型主要用于生产棒材、板材、线材、薄膜等连续的塑料型材。

（3）压制成形　压制成形通常用于热固性塑料的成形。热固性塑料压制成形是将粉状、粒状或纤维状的热固性塑料放入在成形温度下的模具型腔中，然后闭模加压。在温度和压力作用下，热固性塑料转为熔融的黏流态，并在这种状态下流满型腔而取得型腔所赋予的形状，随后发生交联反应，分子结构由原来线型分子结构转变为网状分子结构，塑料也由黏流态转化为玻璃态，即硬化定型塑料制品，最后脱模取出制品，如图 5-11 所示。压制成形工艺多为间歇成型，周期长、效率低、模具成本高。

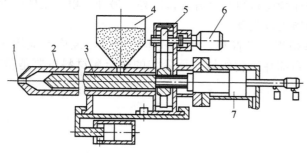

图 5-10　常用的螺柱式注射机的结构

1—喷嘴　2—机筒　3—螺杆　4—料斗
5—齿轮箱　6—电动机　7—液压缸

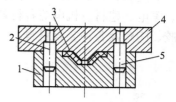

图 5-11　压制成形

1—下模　2—导柱　3—制品
4—上模　5—导柱

（4）吹塑成形　吹塑成形仅用于热塑性塑料的成形，是制作中空的瓶、罐等塑料制品的一种成形方法。它的工艺过程是用挤压或注射法，先将熔融塑料制成筒状坯料，然后放入吹塑模内，型腔的形状与制品形状相同，模具闭合后通过塞孔向内通入压缩空气，将塑料吹胀并紧贴模壁，冷却后开模即形成中空制品，如图 5-12 所示。

（5）浇注成形　塑料的浇注成形类似于金属的铸造成形。将处于流动状态的高分子材料或单体材料注入特定的模具中，在一定条件下使之反应、固化，并成型得到与模具型腔相一致的塑料制件的加工方法称为浇注成形。这种成型方法设备简单，不需或稍许加压，对模具强度要求低，生产投资少，可适用于各种尺寸的热塑性和热固性塑料制件，但塑料制件精度低，生产率低，成型周期长。

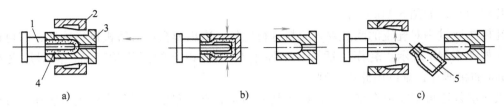

图 5-12　吹塑成形示意图

a）注射成形　b）吹塑成形　c）制品脱模

1—芯模　2、3—吹塑模　4—型坯　5—制品

5.3.2　陶瓷材料成形

1. 陶瓷

陶瓷是以黏土以及各种天然矿物经过粉碎混炼、成形和煅烧制得的各种制品。人们把一种陶土制作成的在专门的窑炉中高温烧制的物品称为陶瓷，陶瓷是陶器和瓷器的总称。陶瓷的传统概念是指所有以黏土等无机非金属矿物为原料的人工工业产品。现代工业上应用较多的陶瓷称为工业陶瓷，工业陶瓷是除日用陶瓷、艺术装饰陶瓷及建筑卫生陶瓷以外，能用于工业等部门的陶瓷材料的总称。它包括用传统工艺制成的工业用陶瓷制品和采用高科技、新工艺制成的精细陶瓷材料。

2. 陶瓷成形

陶瓷制品的成形，就是将坯料制成具有一定形状和规格的坯体。该坯体再经施釉、烧制等工序便成为陶瓷制品。**因此，陶瓷成形方法也就是坯体的成形方法。**

（1）注浆法成形　注浆法成形是指将具有流动性的液态泥浆注入多孔模样内（模样为石膏模、多孔树脂模等），借助于模样的毛细吸水能力，泥浆脱水、硬化，经脱模获得一定形状的坯体的过程。注浆法成形的适应性强，能得到各种结构、形状的坯体。图 5-13 所示为注浆浇注陶瓷制品的操作过程。

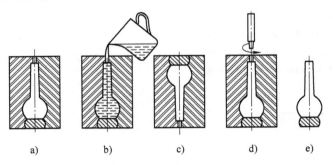

图 5-13　注浆浇注陶瓷制品的操作过程

a）石膏型　b）浇注粉浆　c）倒出多余浆料　d）修切顶部　e）陶瓷零件

（2）塑性成形　塑性成形是利用泥料的可塑性将泥料塑造成各种形状的坯体的工艺过程。常用的塑性成形方法有挤出成形、轧模成形和滚压成形等。挤出法成形主要用来制造壁厚为 0.2mm 左右的各种管状产品和截面形状规则的磁棒或轴。随着粉料质量和泥料可塑性的提高，也可用来挤制长 100~200mm、厚 0.2~0.3mm 的片状坯模，半干后再冲制成不同形

状的片状制品，如图 5-14a 所示。

轧模法通过一对轧辊的间隙卷入原料进行辊轧，取出薄板后对薄板进行冲切，即可得到坯体，如图 5-14b 所示。轧模法适合生产厚度在 1mm 以下的薄片状产品，但对厚度小于 0.08mm 的超薄片，难以用此法轧制。

滚压法是用可塑泥料在旋转的模样上制成坯体的成形方法，可分为外滚压法和内滚压法两种方法，如图 5-14c 所示。外滚压法用于浅而面积大的制品，内滚压法用于深而面积小的制品，两者均用于回转体形状的成形。

（3）压制成形 压制成形是使经过加工的陶瓷泥料或泥片，在模具中受压形成一定形状和尺寸的陶瓷生坯的成形过程，包括干压成形和等静压成形等。干压成形是将粉料装入钢模内，通过冲头对粉末施加压力，压制成具有一定形状和尺寸压坯的成形过程，如图 5-15 所示。干压成形的优点是工艺简单、操作方便、周期短、效率高、便于自动化生产。坯体密度高，强度和精度较高。但干压成形坯体密度不均匀，烧结时易产生分层开裂等现象。干压成形难以成形大型坯体和形状复杂的零件。等静压制原理同粉末冶金等静压制的原理相同。

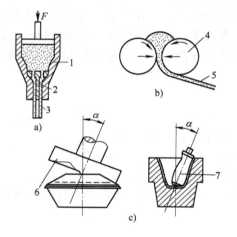

图 5-14 塑性成形
a）挤出成形 b）轧模成形 c）滚压成形
1—模具 2—型芯 3—成形坯体 4—轧辊
5—坯体 6—外滚压头 7—内滚压头

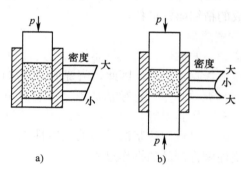

图 5-15 干压成形
a）单向压制 b）双向压制

5.4 复合材料成形

复合材料是由两种或两种以上不同性质的材料，通过物理或化学的方法，在宏观上组成具有新性能的材料。各种材料在性能上互相取长补短，产生协同效应，使复合材料的综合性能优于原组成材料而满足各种不同的要求。复合材料的基体材料分为金属和非金属两大类。金属基体常用的有铝、镁、铜、钛及其合金。非金属基体主要有合成树脂、橡胶、陶瓷、石墨、碳等。增强材料主要有纤维（玻璃纤维、碳纤维等）和颗粒等。

复合材料中以纤维增强材料应用最广、用量最大，其特点是密度小、比强度和比模量大。例如碳纤维与环氧树脂复合的材料，其比强度和比模量均比钢和铝合金大数倍，还具有优良的化学稳定性、减摩、耐磨、自润滑、耐热、耐疲劳、耐蠕变、消声、电绝缘等性能。石墨纤维与树脂复合可得到线胀系数几乎等于零的材料。纤维增强材料的另一个特点是各向异性，因此可按制件不同部位的强度要求设计纤维的排列。

5.4.1　树脂基复合材料的成形

树脂基复合材料是以树脂为基体，以纤维为增强材料复合而成的。其主要成形方法有手糊成形、袋压成形、喷射成形、缠绕成形和模压成形等。

1. 手糊成形

手糊成形即用手工糊制的成型方法，具体方法是：将模具准备好，先在模具上涂刷一层脱模剂，再将切裁好的玻璃布或毡在模具上一层一层地边铺边涂刷粘料，每铺一层，都要用刷子揿压或用辊子滚压，使粘料浸透玻璃布或毡，并挤出气泡，如此反复操作，一直到所需厚度，最后进行固化、脱模、修正和检验得到制品，如图 5-16 所示。

手糊成形适用面较广，不受制品形状和尺寸的限制，广泛应用于整体制件和大型制件的制造，如成型船体、浴盆、波纹瓦、汽车壳体等。

2. 袋压成形

袋压成形是将手糊成型的预制品或预浸料（预浸树脂的纤维或织物）放到模具内，并在制品上覆盖橡胶袋或塑料袋，将气体压力施加到尚未固化的制品表面使其成形的工艺方法，如图 5-17 所示。采用袋压成形的制品两面都比较平滑，质量好；成形周期短、适应的树脂类型广，且制品的形状可较复杂，但其成本较高，制品尺寸受到设备的限制。

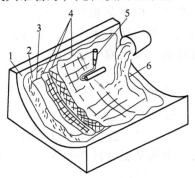

图 5-16　手糊成形
1—模具　2—脱模剂　3—胶层
4—玻璃纤维织物　5—手动压辊　6—树脂

3. 喷射成形

喷射成形是将手糊成型操作中的糊制工序改由喷枪完成，将纤维和树脂液同时喷到模具上，再经压实、固化得到制品，如图 5-18 所示。具体方法是利用压缩空气将经过特殊处理而雾化的树脂与切短的纤维同时通过喷射机喷射到模具上，经过辊压、排除气泡等步骤后，再继续喷射，直至完成坯件制件。

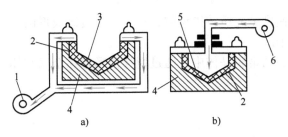

图 5-17　袋压成形
a）真空袋压法　b）压力袋压法
1—真空泵　2—压坯　3—柔性膜　4—模具
5—压力袋　6—空气压缩机

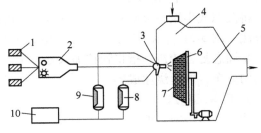

图 5-18　喷射成形
1—纤维　2—纤维切断器　3—喷枪　4—隔离室
5—压缩空气　6—旋转台　7—被喷物
8—乙组分树脂罐　9—甲组分树脂罐　10—压缩空气

喷射成形生产率高，制品无接缝，其形状和尺寸大小受限制小，适于异形制品的成形，但场地污染大，制件承载能力不高，主要适用于制造船体、汽车车身、浴盆等大型部件。

4. 缠绕成形

缠绕成形是制造具有回转体形状的复合材料制品的基本成形方法。它是将浸渍树脂的纤维，按照要求的方向有规律、均匀地布满芯模表面，经固化而制成零件的一种成形方法，如图 5-19 所示。

缠绕成形易于实现机械化，生产率较高，制品质量稳定。但制品形状局限性很大，最适合缠绕球形、圆筒形等回转壳体零件，如固态火箭发动机的玻璃钢壳体就是采用缠绕成形的。

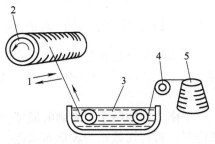

图 5-19　缠绕成形
1—梭子运动方向　2—芯模　3—树脂
4—辊轮　5—纤维

5.4.2　金属基复合材料的成形

金属基复合材料是以金属或合金为基体，与一种或几种金属或非金属增强材料结合而成的复合材料。金属基可以是铝、钛、镁、铜、钢等，增强材料有陶瓷、碳、硼、金属化合物等。金属基复合材料的成形方法主要有以下几种。

1. 固态法

固态法主要包括扩散法和粉末冶金法两种。扩散法结合工艺是在一定温度和压力下，通过互相扩散使金属基体与增强材料结合在一起。图 5-20 所示为硼纤维增强铝的扩散结合过程示意图。

粉末冶金法是将金属基制成粉末，并与增强材料混合，再经热压或冷压后烧结等工序制得复合材料的工艺。

2. 液态法

液态法包括压铸、半固态复合铸造、液态渗透等。压铸成形是指在压力作用

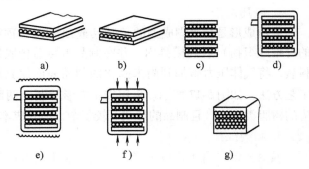

图 5-20　硼纤维增强铝的扩散结合过程示意图
a）纤维铺层　b）切成所需形状　c）层叠
d）真空封装　e）加热至制备温度　f）加压和保持一定时间
g）冷却、移出、清理

下，将液态或半液态金属基复合材料以一定的速度填充压铸模型腔，在压力下凝固成形的工艺方法。图 5-21 所示为压铸成形工艺流程示意图。

半固态复合铸造是指将颗粒加入处于半固态的金属基体中，通过搅拌使颗粒在金属基体中均匀分布，然后浇注成形。

3. 喷涂沉积法

喷涂沉积法的原理是以等离子体或电弧加热金属粉末或金属线、丝，或者增强材料，然后通过喷涂气体喷涂到沉积基板上。操作时，首先将增强的纤维缠绕在已经包覆一层基体金属并可以转动的滚筒上，基体金属粉末、线或丝通过电弧喷涂枪或等离子喷涂枪加热形成液滴，基体金属熔滴直接喷涂在沉积滚筒上与纤维相结合并快速凝固。

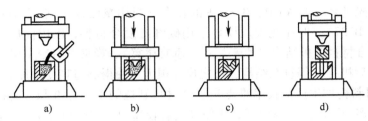

图 5-21　压铸成形工艺流程示意图

a）注入复合材料　b）加压　c）固化　d）顶出

5.4.3　陶瓷基复合材料的成形

用陶瓷作为基体，以纤维或晶须作为增强物所形成的复合材料称为陶瓷基复合材料。通常陶瓷基体有玻璃陶瓷、氧化铝、氮化硅、碳化硅等。陶瓷基复合材料制备工艺有粉末冶金法、浆体法、溶胶-凝胶法等。

陶瓷基复合材料的粉末冶金法与金属基复合材料的粉末冶金法相似。浆体法是采用浆体形式，使复合材料的各组元保持散凝状（增强物弥散分布），使增强材料与基体混合均匀，可直接浇注成形，也可通过热压或冷压后烧结成形。溶胶-凝胶法是将基体形成溶液或溶胶，然后加入增强材料组元，经搅拌使其均匀分布，当基体凝固后，这些增强材料组元则固定在基体中，经干燥或一定温度热处理，然后压制、烧结得到复合材料的工艺。

延伸阅读

C919 复合材料使用情况

国产大型喷气式客机 C919 中，碳纤维复合材料的用量约为 12%（飞机结构重量），使用复合材料的部件为水平尾翼、垂直尾翼、翼梢小翼、后机身（分为前段和后段）、雷达罩、副翼、扰流板和翼身整流罩等，如图 5-22 所示。

图 5-22　国产大型喷气式客机 C919

虽然国外的先进客机如 A350、B787 等的复合材料用量已经达到 50% 以上（C919 的竞争机型为 A320、B737），但如此大规模地采用碳纤维复合材料，国内尚属首次。上述部件中，有大尺寸复合材料壁板结构（水平尾翼、垂直尾翼）、蜂窝三明治夹层结构（活动面）、大曲率变截面（后机身）等复杂结构，加之尺寸很大，使得制造难度增加。

C919 复合材料构件生产的技术难点是复合材料制造的工艺标准和检验标准。由于复合材料零件分散在多个国内供应商生产，为使其具有较高的一致性和可靠性，必须编制一套科学的复合材料生产工艺规范。为了编制这套规范，技术团队在借鉴有限资料的基础上，针对 C919 的选材种类和工艺特点开展了系统性的工艺验证实验，分别针对复合材料板材、夹层结构、多次固化、胶接工艺等几十种工艺、辅助材料进行了验证、评估，并结合技术攻关、试生产及零件制造失败案例对工艺规范进行持续的改进和升级。可以说，工艺规范体系是 C919 复合材料制造的核心技术，也是保证复合材料零件符合适航标准的有力工具。

C919 复合材料结构件的研制积累了大量的经验和成果。在复合材料结构件的研制过程中，中国商飞还瞄准后续机型，开展了复合材料中央翼、复合材料机翼的预先研究工作，这使得国产复合材料结构件开始从目前的次承力结构件逐步转向为主承力结构件，这也是航空领域复合材料的最高水平。同时，在低成本制造领域也取得了一些成果，填补了国内空白，例如先进的整体共固化技术、液体成型技术、热塑性复合材料原位成型技术等，这些预先研究也是国内外复合材料制造的研究及应用热点。通过上述工作，我国正逐步缩小与其他国家的差距，并力争有朝一日实现在国内民用飞机制造上的应用，进一步提高飞机的竞争力，降低全寿命成本。

复习思考题

5-1 简述粉末冶金材料的成形过程。

5-2 粉末成形的方法有哪些？

5-3 粉末冶金的烧结方式有哪些？影响烧结质量的因素有哪些？

5-4 简述塑料成形的基本方法。

5-5 树脂基复合材料的成形方法有哪些？

第6章 快速成形

【实训目的与要求】

1）了解快速成形技术的基本原理和技术特点。

2）了解快速成形的工作过程。

3）掌握熔融沉积成形或激光快速成形制造简单零件的基本操作技能。

6.1 概述

快速成形技术（Rapid Prototyping，RP）又称三维打印技术、增层制造技术、增材制造技术、逐层制造技术，它是由 CAD 模型直接驱动的快速制造复杂形状的三维实体的技术总称。快速成形制造技术可以在没有任何刀具、模具及工装夹具的情况下，快速直接地实现零件的单件生产。该技术突破了制造业的传统模式，特别适合于新产品的开发、具有复杂结构的单件或小批量产品试制，以及快速模具制造等方面。它是机械工程、计算机 CAD、电子技术、数控技术、激光技术、材料科学等多学科相互渗透与交叉融合的产物，可快速、准确地将设计思想转变为具有一定功能的原型或零件，以便进行快速评估、修改及功能测试，从而大大缩短产品的研制周期，减少开发费用，加快新产品推向市场的进程。

6.1.1 快速成形加工的主要特点

快速成形技术突破了"毛坯→切削→加工品"传统的零件加工模式（去除材料），是一种利用薄层叠加的加工方法（增加材料）。与传统的切削加工方法相比，快速成形加工具有以下特点：

1）可迅速制造出具有自由曲面和更为复杂形态的零件，无需设计制造专用夹具和刀具，从而大大降低了新产品的开发成本，缩短了开发周期。

2）可实现设计制造一体化和制造过程自动化。快速成形加工设备自动化程度高，无需过多的人工干预。

3）加工效率高，能快速制作出零件产品及模具，而且精度高、产品质量好。

4）快速成形加工节约资源，绿色环保。快速成形加工是非接触加工，无振动、噪声和切削废料，不会造成资源的浪费。

6.1.2 快速成形加工的分类

自 1987 年推出世界上第一台商用快速成形制造设备以来，快速成形技术快速发展，投入的研究经费大幅增加，已形成了多种较为成熟的快速成形方式，如光固化成形 SLA、选择性激光烧结 SLS、分层实体制造 LOM、熔融沉积成形 FDM、三维打印 3DP、数字光处理 DLP、熔丝制造成形 FFF、电子束熔化成形 EBM 等。随着快速成形技术的不断发展，已有二十多种快速成形加工方式问世，而且正在从样件制造向零件制造发展。

根据成形原理和成形材料的不同，常用快速成形加工方法及特点见表6-1。

表 6-1 常用快速成形加工方法及特点

成形方法	SLA 光固化成形	LOM 分层实体制造	SLS 选择性激光烧结	FDM 熔融沉积成形
成形速度	较快	快	较快	较慢
原型精度	较高	较高	较低	较高
制件强度和表面质量	表面质量高。脆，易断裂，易吸湿膨胀，耐腐蚀能力不强	表面有明显的台阶纹，不适宜薄壁原型，强度差	强度和表面质量较差	强度和表面质量较好
制件大小	中、小件	中、大件	中、小件	中、小件
应用领域	复杂、高精度的精细件	实心体	铸造件设计	塑料件外形和机构设计
后处理	要进一步固化处理	要尽快进行表面防潮处理	工艺复杂，样件变形大	无特殊的后处理
使用材料	热固性光敏树脂	纸、金属箔带、塑料膜	石蜡、塑料、金属、陶瓷等粉末	石蜡、塑料、低熔点金属
设备购置费用	高昂	中等	高昂	低廉
维护和日常使用费用	激光器有损耗，光敏树脂价格昂贵，运行费用高	激光器有损耗，材料利用率很低，运行费用居中	激光器有损耗，材料利用率高，原材料便宜，运行费用居中	无激光器损耗，材料的利用率高，原材料便宜，运行费用低

6.1.3 快速成形技术的应用领域

快速成形技术通过这些年的发展，技术上已基本上形成一套体系，同样可应用的行业也越来越宽泛，从产品设计到模型设计与制造、材料工程、医学研究、文化艺术、建筑工程等都逐渐使用了快速成形技术，使快速成形技术前景良好。快速成形的应用主要体现在以下几个方面：

1）新产品开发过程中的设计验证与功能验证。快速成形技术可快速地将产品设计的CAD模型转换成物理实物模型，这样可以方便地验证设计人员的设计思想和产品结构的合理性、可装配性、美观性，发现设计中的问题并及时修改。

2）对于难以确定的复杂零件，其可制造性、可装配性检验用快速成形方法进行，将大大降低此类系统的设计制造难度，同时也为供货询价、市场宣传等提供了高效的途径。

3）单件、小批量和特殊复杂零件的直接生产。

4）通过各种转换技术将快速成形原型转换成各种快速模具制造。

6.1.4 快速成形技术的发展趋势

从制造技术概念来说，与传统的等材制造和减材制造等制造技术相对应，国内第一台光固化激光原型机于1997年诞生，快速成形技术展现出了前所未有的发展潜力。快速成形技术及其与传统制造工艺的融合，将推动制造业在材料、研发、产品设计、生产工艺等方面进一步创新发展。

增材制造技术，采用叠加法的原理，既可以打印个性化需求的人骨架、牙齿、医疗康复器具等，也可以打印任意复杂形状和多材料结构的零件，不仅能满足个性化小批量的生产，也能适用于大批量的定制化制造。同时可以利用网络平台，将个性化分散的众需集成，通过众创来快速提供多样化的创意设计方案供消费者选择，制造过程则可以由分散的制造资源或远程的制造中心完成，更进一步地实现生产的智能化。

增材制造技术开始关注工艺过程中的性能控制，通过控制材料组织的组成和生成路径，使控形和控性同时实现。如研究人员采用多材料 3D 打印技术实现了具有负泊松比的超材料结构的设计与制造。清华大学周敏森教授设定超快速激光扫描路径，可实现石墨烯的可控图形化，利用此方法制造出温度、振动、压力等各类性能优异的传感器。美国国家航空航天局制造了耐高温（3315℃）的火箭发动机零件。

目前，快速增材技术正在由 3D 发展到 4D。4D 打印技术指利用智能材料使打印的结构随着环境的变化而变化，以便实现现有技术难以实现的装配工艺。例如 3D 打印研究人员正在开展利用生物活性材料打印生物组织结构，利用附在其上的活性细胞的生长，使支架在生物体降解后生长出生物体自己的组织细胞。4D 打印技术比 3D 打印技术更具前瞻性和颠覆性。

6.2　快速成形的基本原理

快速成形技术是一种逐层制造技术，它采用离散、堆积成形原理。首先建立所需零件的计算机三维曲面或实体模型；然后根据工艺要求，按一定厚度将模型进行分层，原来的三维模型变成一系列有序的二维平面模型，即离散过程；再将分层后的数据进行一定的处理，加入加工参数，产生数控代码；在计算机控制下，数控系统以平面加工方式，有序地连续加工出每个薄层，并使它们自动粘接而成形，从而制造出所需产品的实物样件或成品，这就是材料的堆积过程，如图 6-1 所示。这种加工方式将一个复杂的三维加工转变成一系列二维层片的加工，因此大大降低了加工难度，也就是所谓的降维制造，简单地说，就是"分层制造，逐层叠加"。

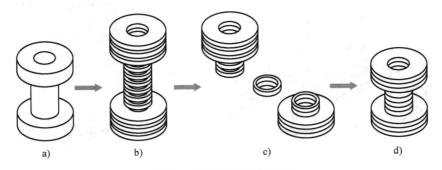

图 6-1　快速成形工作原理

a）CAD 模型　b）模型切片　c）分层堆积制造　d）成形件

各种快速成形技术的基本原理相同，成形过程都包括产品 CAD 模型建立、生成 STL 文件格式、模型分层切片、快速原型制作和产品后置处理五个步骤，其制造过程如图 6-2 所示。

图 6-2 快速成形技术过程

6.3 FDM（熔融沉积成形）工艺

6.3.1 FDM 工艺方法

熔融沉积成形加工原理如图 6-3 所示，成形材料和支承材料都是热熔性丝材（ABS、尼龙或蜡等），分别从各自的丝盘送入送丝机构，由送丝机构的一对滚轮送入送丝管，通过加热器熔化，由计算机控制喷嘴挤出熔融的丝材，并按照每一层的截面几何信息沉积成一薄层，逐层地由下而上制作出实体模型。在沉积过程中，喷嘴在水平面内移动，同时半流动的丝材被挤压出来，通过计算机精确控制从挤压头孔流出的材料数量和喷嘴的移动速度，当它和前一层相粘结时很快就会固化。整个零件是在一个升降工作台上制作的，制作完一层后工作台下降，为下一层制作留出层厚所需的空间。FDM 可以使用很多种材料，任何有热塑特性的材料均可作为其候选材料。

6.3.2 FDM 系统组成

图 6-4 所示为 Inspire D255 外形图，主要技术参数见表 6-2。FDM 成形系统分为主机、电控系统两部分。

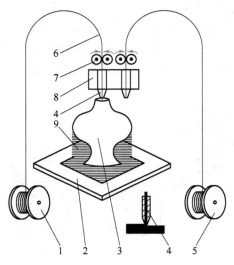

图 6-3 熔融沉积成形加工原理

1—成形材料丝盘 2—升降工作台 3—工件
4—喷嘴 5—支承材料丝盘 6—丝材
7—送丝机构 8—加热单元 9—支承材料

图 6-4 Inspire D255 外形图

表 6-2　Inspire D255 主要技术参数

1	系统运行环境	Windows7、Vista、Windows10
2	分层软件	Aurora
3	文件输入格式	STL 格式
4	成形层厚（Z 轴）/mm	单喷头：0.15
		双喷头：0.175、0.2、0.25、0.3、0.35、0.4
5	成形件精度/mm	±0.20/100
6	成形速度/（cm³/h）	5~60
7	成形空间 （L×W×H）/mm×mm×mm	双喷头：255×255×310
8	设备尺寸 （L×W×H）/mm×mm×mm	780×810×1320
9	设备质量/kg	140，毛重 180（含包装）
10	喷头系统	单/双喷头
11	成形材料	ABS B501 丝材材料
12	支承材料	ABS S301 丝材材料
13	电源要求	220~240V，标准接地，15A
14	操作环境	0~35℃，相对湿度 30%~70%
15	成形室温度/℃	55

1. 主机系统

主机系统由外壳、主框架、XY 扫描运动系统（包括丝杠、导轨、伺服电动机）、升降工作台系统（包括步进电动机、丝杠、光杠、台架）、喷头、送丝机构、成形室（包括加热元件、测温传感器）组成。

2. 电控系统

控制系统由两部分组成：运动控制系统和温度控制系统，其工作原理如图 6-5 所示。

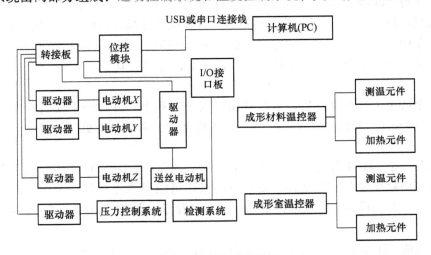

图 6-5　系统控制原理图

1）计算机（PC）通过数控卡控制 XYZ 扫描运动系统，其中 X 和 Y 向运动单元由伺服控制器、AC 伺服驱动器、AC 伺服电动机和传动导向机构四部分构成；Z 向运动单元由步进控制器、直流步进驱动器、步进电动机和传动导向机构四部分构成；喷头压力控制系统由步进电动机及传动部件构成。喷头及送丝机构也通过数控卡进行控制。

2）温度控制系统由加热器、温度传感器和智能温度控制表组成。

6.3.3　FDM 工艺过程

1. 数据准备

数据准备包括三维模型设计、STL 文件输出和选择成形方向、添加支承结构。

（1）零件三维 CAD 造型　三维建模一般使用 Pro/E、UG、CATIA、SolidWorks、MDT 等三维建模软件，这些软件可以通过"另存为"或"导出到"之类的命令将三维实体模型转换成三角形面片格式的 STL 文件。零件的三维模型如图 6-6 所示，零件的 STL 模型如图 6-7 所示。

图 6-6　零件三维模型

图 6-7　零件 STL 模型

（2）启动控制软件　启动 Aurora 软件载入需要成形的 STL 模型文件。如果模型已经处理完毕，也可直接载入 CLI 模型，进入原型制作阶段。

第一次运行 Aurora 需要从三维打印机/快速成形系统中读取一些系统设置。首先连接好三维打印机/快速成形系统和计算机，然后打开计算机和三维打印机/快速成形系统，启动软件，选择菜单中"文件"→"三维打印机"→"连接"，系统自动和快速成形系统通信，读取系统参数，并自动保存到计算机中，以后就不必每次读取了。Aurora 软件界面如图 6-8 所示。

选择一个或多个 STL 文件后，系统开始读入 STL 模型，并在最下端的状态条显示已读入的面片数（Facet）和顶点数（Vertex）。读入模型后，系统自动更新，显示 STL 模型，如图 6-9 所示。

可以将若干个 STL 文件合并为一个 STL 文件，或是将一个 STL 文件分解为多个 STL 文件。如果系统中存在多个 STL 文件，则后续的操作可能要求先选择一个模型作为当前模型才能继续进行。当前模型会以系统设定的特定颜色显示（该颜色在"查看"→"色彩"命令中设定）。

如果载入的 STL 文件有缺陷（法向错误、裂缝、空洞、悬面、重叠面和交叉面等），需要先进行修复，使用"校验并修复"命令。

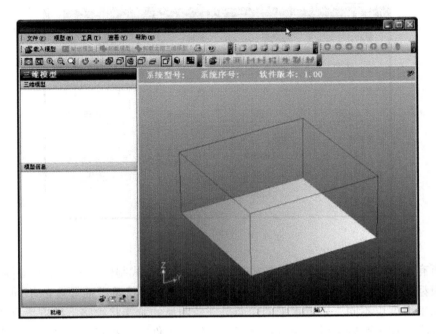

图 6-8　Aurora 软件界面

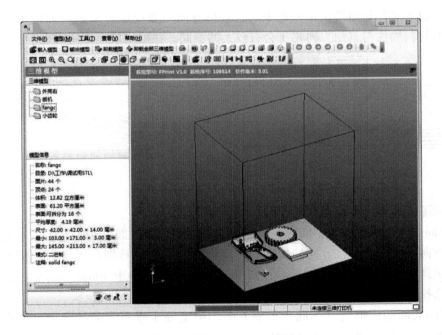

图 6-9　载入多个 STL 模型

（3）选择合适的成形方向、添加支承结构　STL 文件可以通过坐标变换改变其几何位置和尺寸。坐标变换命令集中在"模型"→"几何变换"菜单中的几何变换对话框内，分别为移动、移动至、旋转、缩放、镜像五种，其工作界面如图 6-10 所示。

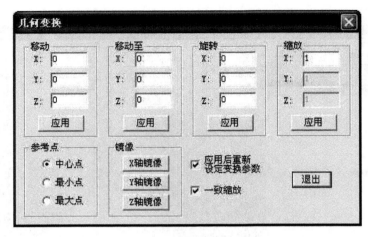

图 6-10 几何变换对话框

目前所有的 RP 系统都是沿着固定方向，以 2D 成形方式制作一定厚度的工件截面模型，每层截面模型再以不同方式结合为 3D 模型。因物体外表形状及截面厚度的不同，加工出来的模型表面平滑度也不同，接近水平的曲面呈现较明显的阶梯状纹路，接近垂直的曲面的阶梯状断差较小，加工面较平滑。所以在加工前应针对工件的形状特性，调整物体方位，以求得最佳外形。

此外，由于工件是由薄层堆积起来的，成形方向一般设定为 Z 轴，如图 6-11 所示，成形方向上的材料物性与其他方向相比会有较大的不同，在确定成形方向时也应加以考虑。

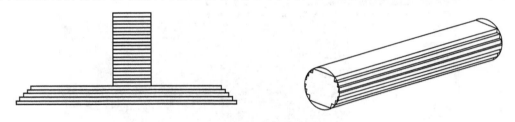

图 6-11 成形方向

选择成形方向有以下几个原则：

1）不同表面的成形质量不同，上表面好于下表面，水平面好于垂直面，垂直面好于斜面，水平方向精度好于垂直方向的精度。应使大部分平面（特别是大平面）以水平的方向摆放，应选择重要的表面作为上表面。如果有较小直径（小于 10mm）的立柱、内孔等特征，尽量选择垂直方向成形。

2）不同表面的成形质量不同，水平方向的强度高于垂直方向的强度。如果需保证强度，应选择强度要求高的方向为水平方向。

3）应减少支承面积，降低支承高度，尽量避免出现水平投影面积小、高度高的支承面，如图 6-12 所示。

以上原则需根据模型情况灵活确定。例如，如竖直的立柱精度好，但细长的立柱在成形方向上的强度较差，故应根据需要综合考虑，必要时可将零件模型分割成几块进行加工，最

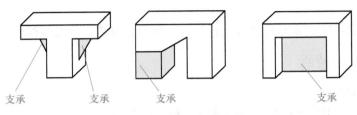

图 6-12　需要添加的支承

后再粘接成整体。

（4）分层　分层是三维打印的第一步，在分层前，首先要检查三维模型并修正其错误，确定成形方向。

分层参数包括三个部分，分别为分层、路径和支撑。路径部分为快速原型系统制造原型部分的轮廓和填充处理参数，包括轮廓线宽、扫描次数、填充线宽、填充间隔、填充角度、填充偏置、水平角度和表面层数等。分层部分有四个参数：层片厚度，起始、终止高度和参数集。参数集为三维打印机/快速成形系统预置的参数集合，包括路径和支撑部分的大部分参数设定。选择合适的参数集后，一般无需用户再修改参数值。支撑部分参数包括支撑角度、支撑线宽、支撑间隔、支撑的最小面积、支撑表面层数等。

选择菜单"模型→分层"，启动分层命令。系统会自动生成一个的 CLI 文件，并在分层处理完成后载入。

2. 原型制作

原型制作按操作程序进行，操作程序如下：

1）选择 FDM 成形材料，并装入送丝机构。

2）对材料及成形室预热，以 50℃为升温梯度，将成形材料逐步升温至 200℃以上；以 10℃为升温梯度，将成形室温度逐步升温至 55℃。

3）运行系统控制软件，读出 CLI 文件，并在台面上拖动模型到合适的位置。

4）材料温度达到材料熔点后，按下"喷丝"按钮，将喷头中老化的丝材吐完，直至 ABS 丝光滑后开始挤丝。

5）工作台水平校准，用控制面板上的按钮移动喷头至工作台的支承处，用量块通过调平螺母调节高度。

6）工作台高度校准，单击"调试"命令，启动调试对话框，移动喷头到适于观察的位置（一般在靠近系统正面的中间处），然后升高工作台，使其接近喷头，在距离 10mm 左右处低速接近喷头（1mm/s），微调工作台与喷头之间的间隙大约为 0.1mm，记录此时工作台的高度。

7）设定参数。需要设定的参数有：轮廓扫描速度、填充扫描速度、支承扫描速度、跳转速度、轮廓扫描加速度、填充扫描加速度、支承扫描加速度、跳转加速度、轮廓送丝速度、填充送丝速度、跳转送丝速度、层片厚度、开启延时、关闭延时、暂时延时、加热时间、冷却时间、总时间、送丝检测间隔、基底层数等，系统自动提供前次设定的参数。

8）输入起始层和结束层的层数。

9）单击"Start"键，系统开始自动制作原形系统，并开始统计造型时间。

3. 后处理

手工剥去支承材料，如有必要可进行打磨、涂装、电镀、抛光等操作。

6.3.4　FDM 工艺特点

FDM 工艺的特点如下：

1）FDM 工艺采用热塑性材料，如 ABS、蜡、尼龙等，一般以丝状供料。材料在喷嘴内被加热熔化后，从小孔挤出堆积成型。

2）FDM 不用激光，使用、维护简单，成本低。用蜡成型的零件原型可直接用于失蜡铸造；用 ABS 工程塑料制造的原型则具有较高强度，在产品设计、测试与评估等方面得到广泛应用。

3）FDM 工艺的加工温度根据所用丝材的不同而有所不同，一般为 80～250℃，材料的收缩率必然会引起尺寸误差，同时会产生热应力，导致制件的翘曲变形，因此需要设计支承结构。

4）FDM 工艺适合成形小塑料件，由于是填充式扫描，因此成形时间较长，为克服这一缺点，可采用多个热喷头同时进行涂覆，提高成形效率。

6.3.5　FDM 工艺应用

FDM 工艺已广泛应用于汽车、机械、航空航天、家电、医学、玩具等原型或产品的制作。采用 FDM 工艺制作的样件如图 6-13 和图 6-14 所示。

图 6-13　古建筑模型

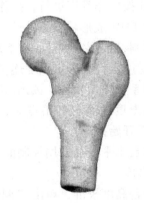

图 6-14　人体股骨头模型

6.4　SLS（选择性激光烧结）工艺

6.4.1　SLS 工艺方法

SLS 工艺方法是以 CO_2 激光熔融烧结材料粉末的方式制作样件，如图 6-15 所示。工作时，由粉末送进系统将粉末送到工作台面高度以上，由铺粉辊在工作台上铺上一层新粉末，多余的粉末由粉末回收系统回收；由 CO_2 激光器发出激光束，计算机控制扫描镜的角度，根据几何形体各层横截面的几何信息对材料粉末进行扫描，激光扫描处的粉末熔化并凝固在一起形成工件的一层。然后，工作台下降一层的高度，再铺上一层粉进行激光扫描烧结，如此反复，直至制成所需工件。

6.4.2　SLS 系统组成

HRPS-Ⅲ是一种激光粉末烧结设备，由计算机控制系统、主机、激光器冷却器三部分组成。图 6-16 所示为 HRPS-Ⅲ激光粉末烧结设备外形图，其主要技术参数见表 6-3。

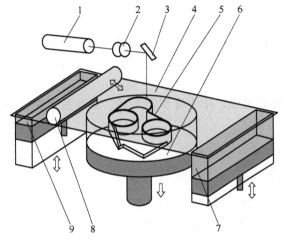

图 6-15　选择性激光烧结法原理图

1—CO_2激光器　2—光学系统　3—扫描镜
4—未烧结的粉末　5—工件　6—工作台
7—粉末回收系统　8—铺粉辊　9—粉末送进系统

图 6-16　HRPS-Ⅲ激光粉末烧结设备外形图

表 6-3　HRPS-Ⅲ激光粉末烧结系统主要技术参数

型　　号	HRPS-Ⅲ
成形空间 （$L \times W \times H$）/mm×mm×mm	400×400×500
激光器	CO_2
激光定位精度/mm	±0.04
激光最大扫描速度/（m/s）	4
系统软件	HRPS 2002
电源	220V，30A
输入文件格式	STL
成形材料	高分子粉末，陶瓷粉末，树脂砂
主机外形尺寸 （$L \times W \times H$）/mm×mm×mm	1200×1300×1850

1. 计算机控制系统

控制软件是 HRPS 2002，主要功能有：

（1）切片　具有 HRPS-STL（基于 STL 文件）和 HRPS-PDSLice（基于直接切片文件）两种模块（由用户选用）。

（2）数据处理　具有 STL 文件识别及重新编码、容错及数据过滤切片、STL 文件可视化、原型制作实时动态仿真等功能。

（3）工艺规划　具有多种材料烧结工艺模块（包括烧结参数、扫描方式和成形方向等）及模拟。

（4）安全监控　设备和烧结过程故障自诊断、故障自动停机保护等加工过程的实时控制。

2. 主机

主机由七个基本单元组成，即可升降工作缸、落粉桶、铺粉辊装置、聚焦扫描单元、加热装置、排烟除尘系统、机身与全封闭式的机壳，它主要完成系统的加工传动功能。

3. 激光器冷却器

激光器冷却器由可调恒温水冷却器及外管路组成，用于冷却激光器，提高激光能量稳定性，保护激光器。

6.4.3　SLS 工艺过程

1. 数据准备

（1）确定分层参数　包括零件的加工方向、分层厚度、扫描间距和扫描方式。

（2）启动 HRPS 2002 软件　将零件的三维 CAD 模型按确定的分层厚度进行直接切片或将 STL 格式的零件模型进行切片。

（3）确定成形烧结参数　包括扫描速度、激光功率、预热温度、铺粉参数等，并可进行加工过程模拟。

2. 原型制作

首先进行开机前的准备工作：用吸尘器清除工作台面及加热辊上的粉尘；检查保护镜，若其不干净，先用吸耳球吹保护镜，再用镊子夹带丙酮的脱脂棉轻轻擦洗镜片；检查冷却器水箱中的水是否充足，若不足则补充水。

零件原型制作的步骤如下：

1）快速成形机开机，将粉桶内的粉末装满，来回运动铺粉滚筒将粉层铺平、铺匀。

2）运行 HRPS 2002 软件，打开切片文件，依次单击按键打开激光、风扇、振镜。

3）将粉末预热，对于树脂粉末材料，中缸温度达到 95℃，左右两缸温度达到 85℃。

4）设置激光功率，对于树脂粉末材料，激光功率设为 50%，扫描速度为 2000mm/s，单层厚度为 0.15mm，扫描间距为 0.2mm。

5）预热 90min 后进行成形制造。

6）烧结完成后将激光、振镜、风扇关闭，并保持零件原形在成形舱内缓慢冷却到室温。

7）零件原形完全冷却后取出，用刷子和鼓风机将残余粉末清除干净。

3. 后处理

（1）树脂原型件　由于树脂原型件刚刚成型的密度和强度较低，需作强化处理。

1）将零件放在干燥箱内干燥 30min，干燥箱温度设为 40℃。

2）配制环氧树脂溶胶，其中 E-42 环氧树脂与二乙烯三胺的质量比为 1：（103.17/5）×0.42，稀释剂若干。

3）将混合物搅拌均匀，用小刷子蘸取溶胶均匀地涂敷在零件原型上，保证零件原型被渗透，涂敷完全。

4）将零件原型放在空气中 4h，然后再放入干燥箱内 30min，干燥箱温度设为 100℃。

5）从干燥箱内取出零件原型，在空气中缓慢冷却，制作结束。

（2）陶瓷原型件　需将其放在加热炉中烧除黏结剂，烧结陶瓷粉。

（3）原型材料为金属与黏结剂的混合粉或金属粉末　成型后需将制件置于加热炉中，烧去其中的黏结剂，烧结金属粉，然后进行渗铜处理，以得到高密度的金属件。

6.4.4　SLS 工艺特点

只要加热后能够粘接的粉末材料都可作为 SLS 工艺的原材料，包括蜡粉、聚苯乙烯（PS）、工程塑料（ABS）、聚碳酸酯（PC）、尼龙（PA）、金属粉末、覆膜砂、覆膜陶瓷粉及多种材料复合粉末，粉粒直径为 $50 \sim 125 \mu m$。由于材料适应面广，SLS 工艺不仅能制造塑料制件，还能制造蜡模、陶瓷和金属零件。

SLS 工艺的成形精度一般，制件翘曲变形相对较小，但对于容易发生变形的地方应设计支承结构。

6.4.5　SLS 工艺应用

由于成形材料种类较多，SLS 工艺可以适用于许多领域，如原型设计验证、模具、铸型壳、精铸熔模和型芯等。采用 SLS 工艺制造的功能性的塑料或金属零件或模具，所需时间只是传统加工和制模时间的很少一部分，可以在很短的时间（几天）内快速制造小批量的塑料或金属零件，或是作为模具用作大批量的零件生产，大大降低了成本，缩短了周期，具有更高的效益。

采用 SLS 工艺加工的发动机缸体和泵体如图 6-17 和图 6-18 所示。

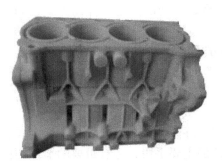

图 6-17　发动机缸体

图 6-18　泵体

复习思考题

6-1　常见的快速成形工艺方法有哪些？请阐述这些快速成形工艺各自的优缺点。

6-2　快速成形加工时，成形高度方向对快速成形原型件的尺寸精度、表面质量和强度有无影响？

6-3　快速成形加工时，设置的层厚对原型件表面质量有无影响？

第 7 章　切削加工基础知识

【实训目的与要求】

1）了解金属切削加工的一般概念。

2）了解常用刀具的种类和材料。

3）了解零件加工质量的一般概念。

4）掌握常用量具的测量方法。

7.1　概述

机械制造中，其加工方法依据加工过程中工件质量的变化可分为三类：

1）材料去除加工。毛坯上多余的材料不断被去除，工件质量随之不断减少，直至达到图样要求。材料去除加工包括切削加工（如车、铣、刨、磨、钻等）和特种加工（如电火花加工、电解加工等）。

2）材料成形加工。加工过程中零件的质量不变，改变的只是零件的形状，如铸造、锻造、挤压、粉末冶金等。

3）材料堆积。利用微体积材料逐渐叠加的方式使零件成形，如焊接、粘接、快速成形等。

7.1.1　切削加工的分类

切削加工就是用切削刀具将毛坯上多余的材料切除，以获得形状、尺寸精度和表面质量等都符合图样要求的加工过程。它是目前机械制造的主要手段，占有重要的地位，机器上有40%~60%的零件是通过切削加工的方法获得的。切削加工分为机械加工和钳工。

（1）机械加工　机械加工是通过工人操纵机床来完成对材料的切削加工。其主要方法有车削、铣削、刨削、磨削、钻削、镗削、拉削及齿轮加工等，所用的设备分别为车床、铣床、刨床、磨床、钻床、镗床、拉床、齿轮加工机床等。图 7-1 所示为几种常见的机械加工方式。

（2）钳工　钳工一般是通过工人手持工具来对工件进行切削加工。钳工常用的加工方法有划线、錾削、锯削、锉削、刮削、研磨、钻孔、扩孔、铰孔、攻螺纹和套螺纹等。钳工的加

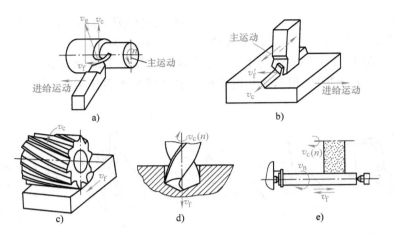

图 7-1　几种常见的机械加工方式

a）车削　b）刨削　c）铣削　d）钻削　e）磨削

工方式多种多样，使用的工具简单，方便灵活，是装配和修理工作不可缺少的加工方法。

7.1.2　零件表面的构成

机械零件的形状虽然多种多样，但都是由基本表面和成形面组成的。零件的基本表面包括外圆柱面、内圆柱面（孔）、平面；零件的成形面包括螺纹、齿轮的齿形、各种沟槽及其他一些较复杂的轮廓或型腔等。不同形状的零件表面可以采取与之相适应的加工方法来获得，如图 7-2 所示。外圆柱面一般可采用车削或磨削加工，如图 7-2a、b 所示；内圆柱面一般可以采用钻削或车削加工，如图 7-2c、d 所示；平面一般可采用刨削或者铣削加工，如图 7-2e、f 所示；成形面中的较复杂轮廓一般可采用数控车削加工，如图 7-2g 所示；齿轮的齿形面一般采用成形刀铣齿或展成法切齿加工，如图 7-2h 所示。

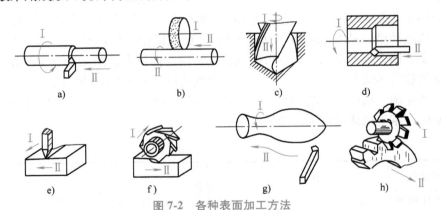

图 7-2　各种表面加工方法

a）车外圆面　b）磨外圆面　c）钻孔　d）车床镗孔　e）刨平面　f）铣平面　g）车成形面　h）铣成形面

Ⅰ—主运动　Ⅱ—进给运动

7.1.3　切削运动

切削加工必须具备两个基本条件：一是用于切除工件多余材料的刀具；二是刀具和工件

之间必须有相对运动，即所谓的切削运动。**切削运动是形成工件表面最基本的运动。**

如图 7-3 所示，切削运动的形式有旋转运动（见图 7-3a、b、c、e 所示的运动Ⅰ）、往复直线运动（见图 7-3d 所示的运动Ⅰ）、连续运动（见图 7-3a 所示的运动Ⅱ）、间歇运动（见图 7-3d 所示的运动Ⅱ）。根据这些运动在切削过程中所起作用的不同，切削运动分为主运动和进给运动。

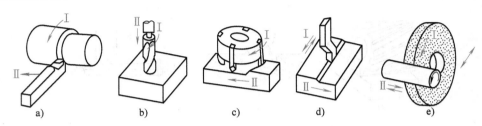

图 7-3　常见加工方式的切削运动

a）车削　b）钻削　c）铣削　d）刨削　e）外圆磨削

Ⅰ—主运动　Ⅱ—进给运动

1. 主运动

主运动用于直接去除工件上多余的材料，使切削层转变为切屑，从而形成工件上新表面的运动，如图 7-3 所示的运动Ⅰ。主运动的主要特点是：主运动速度高，消耗功率大，一般只有一个；主运动可以是刀具的运动（见图 7-3c），也可以是工件的运动（见图 7-3a）；主运动可以是旋转运动，也可以是直线运动。如图 7-3 所示，车削时工件的旋转运动、钻削时的钻头旋转运动、铣削时的铣刀旋转运动、磨削时砂轮的旋转运动、牛头刨床刨削时刨刀的往复直线运动等，都是主运动。

2. 进给运动

进给运动是使新的切削层不断投入切削的运动，配合主运动依次地或连续不断地切除多余材料，如图 7-3 所示的运动Ⅱ。进给运动的主要特点是：进给运动的速度较低，消耗的功率较小；进给运动可以是刀具运动（见图 7-3a），也可以是工件运动（见图 7-3c）；进给运动可以有一个、两个或两个以上，也可以只有主运动，而没有进给运动（如拉削）；进给运动在主运动为旋转运动时是连续的，在主运动为直线运动时为间歇的。图 7-3 所示的主运动为旋转运动的车削、钻削、铣削和磨削，进给运动为连续的，主运动为直线运动的刨削进给运动为间歇的。常见机床的切削运动见表 7-1。

表 7-1　常见机床的切削运动

机床名称	主运动	进给运动	机床名称	主运动	进给运动
卧式车床	工件旋转运动	刀具直线运动	龙门刨床	工件往复运动	刨刀横向、垂直、斜向间歇运动
钻床	钻头旋转运动	钻头轴向运动	外圆磨床	砂轮旋转运动	工件的转动及往复运动、砂轮的横向运动
铣床	铣刀旋转运动	工件直线运动	内圆磨床	砂轮旋转运动	工件的转动和横向进给运动、砂轮的纵向往复运动
牛头刨床	刨刀往复运动	工件横向间歇运动或刨刀垂直、斜向间歇运动	平面磨床	砂轮旋转运动	工件的往复运动、砂轮横向、垂直方向运动

3. 合成切削运动

切削加工时，主运动速度 v_c 与进给运动速度 v_f 同时存在，刀具切削刃上某点的合成切削运动速度 v_e，如图 7-4 所示，合成切削运动速度是主运动速度与进给运动速度的矢量和。

$$v_e = v_c + v_f$$

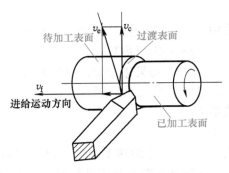

图 7-4　切削形成的工件表面

4. 切削形成的工件表面

在切削过程中，工件上的多余金属层不断地被刀具切除而转变为切屑，从而加工出所需要的工件新表面。在新表面的形成过程中，被加工工件上有三个依次变化着的表面，即待加工表面、已加工表面、过渡表面（或称加工表面），如图 7-4 所示。

待加工表面——工件上有待切除的表面。

过渡表面（或称加工表面）——切削刃正在切削的工件表面。它是待加工表面和已加工表面之间的过渡表面。

已加工表面——工件上经刀具切削后产生的新表面。

切屑——在切削刃的作用下被切下的工件材料。

7.1.4　切削用量

切削用量是切削速度、进给量和背吃刀量三者的总称，因而常被称为切削三要素。三者的大小要根据不同的工件材料、加工性质和刀具材料来选择调整。切削用量是调整机床、编制工艺路线及计算切削力、切削功率和工时定额的重要参数。

（1）切削速度　切削刃上选定点相对于工件主运动的瞬时速度。当主运动为旋转运动时，其计算公式为

$$v_c = \frac{\pi d n}{1000}$$

式中　　v_c——主运动的切削速度，单位为 m/min 或 m/s，常用 m/min；

　　　　d——切削刃上选定点所对应的工件或刀具的直径，单位为 mm，车削为工件上所对应的工件直径，铣削为铣刀上所对应的铣刀直径；

　　　　n——主运动的转速，单位为 r/min 或 r/s，常用 r/min，车削为工件的转速，铣削为铣刀的转速。

当转速 n 一定时，切削刃上选定点不同，切削速度也不同。在确定切削速度时，一律以刀具参与切削处的最大直径（车床为工件、铣床为刀具）作为计算依据。

（2）进给量　进给量 f 是指刀具在进给运动方向上相对于工件的位移量，可用刀具或工件每转或每行程的位移量来表达和测量。如主运动为旋转运动的车削，采用单位 mm/r；主运动为直线运动的刨削，采用单位 mm/行程。

用铣刀等多刃刀具进行切削时，还应规定每一个刀齿的进给量 f_z，即每齿进给量。每齿进给量是指刀具每转过一个刀齿时，工件与刀具之间的相对位移量。

进给量 f 与每齿进给量 f_z 的关系为

$$f = z f_z$$

式中　f——进给量，单位为 mm/r；

　　　z——刀具齿数；

　　　f_z——每齿进给量，单位为 mm/z。

进给速度 v_f 是指切削刃上选定点相对于工件进给运动的瞬时速度，它与进给量 f 之间的关系为

$$v_f = n f = n f_z z$$

式中　v_f——进给速度，单位为 mm/min 或 mm/s，常用 mm/min。

铣削加工时常采用进给速度来表示进给量的大小。

（3）**背吃刀量**　背吃刀量 a_p 是在与主运动方向相垂直的平面（基面）上测量的已加工表面与待加工表面之间的垂直距离，单位为 mm，如图 7-5 所示。

对于外圆车削加工　　$a_p = (d_w - d_m)/2$

对于钻削加工　　　　$a_p = d_m/2$

式中　d_w——工件待加工表面直径；

　　　d_m——工件已加工表面直径。

（4）**切削用量选择的一般原则**　在机床、工件、刀具强度和工艺系统刚度允许的条件下，首先应尽量选择较大的背吃刀量 a_p 和进给量 f，再根据刀具寿命的要求，选择合适的切削速度 v_c。

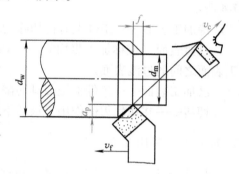

图 7-5　切削用量三要素

粗加工时为提高生产率，首先选择大的背吃刀量，尽量在一次进给过程中切去大部分金属，其次取较大的进给量，最后选取合适的切削速度。

精加工时为保证表面质量，应选择较高的切削速度，再选用较小的进给量和背吃刀量。

7.2　金属切削刀具

7.2.1　金属切削刀具的结构

金属切削刀具一般由切削部分和夹持部分组成。夹持部分是用来将刀具夹持在机床上的部分，有带孔和带柄两类。带孔的刀具依靠内孔套装在机床的主轴或心轴上，如圆柱形铣刀、锯片铣刀、齿轮滚刀等。带柄的刀具通常有矩形柄、圆柱柄和圆锥柄三种。车刀、刨刀等一般为矩形柄；圆柱柄一般适用于直径较小的麻花钻和立铣刀等刀具，如直径小于 13mm 的麻花钻和直径小于 14mm 的立铣刀多采用圆柱柄；圆锥柄适用于直径较大的麻花钻和立铣刀等刀具。

切削部分是刀具上直接参与切削工作的部分。刀具切削部分的结构主要有整体式、焊接式、机夹式和镶片式。整体式刀具是在刀体上直接做出切削刃；焊接式刀具是把刀片钎焊到钢的刀体上；机夹式刀具是把刀片夹固在刀体上；镶片式刀具是把刀片镶装在刀体上。硬质合金刀具一般制成焊接结构（如焊接式车刀等）或机夹式结构（如机夹式可转位车刀、铣

刀等）；高速钢刀具一般常采用整体式结构（如立铣刀、齿轮滚刀等）。

7.2.2　金属切削刀具的分类

1. 按工件加工表面的形式分类

（1）外表面加工刀具　包括车刀、刨刀、铣刀、锉刀等。

（2）孔加工刀具　包括钻头、镗刀、铰刀、内孔拉刀等。

（3）螺纹加工刀具　包括丝锥、板牙、螺纹车刀和螺纹铣刀等。

（4）齿轮加工刀具　包括滚刀、插齿刀、剃齿刀、锥齿轮加工刀具等。

（5）切断刀具　包括切断车刀、锯片铣刀、带锯和弓锯等。

2. 按切削运动方式和相应的切削刃形状分类

（1）通用刀具　如车刀、刨刀、铣刀、镗刀、钻头、铰刀、锯条等。

（2）成形刀具　这类刀具的切削刃形状与被加工工件截面相同或相近，如成形车刀、成形刨刀、成形铣刀、拉刀、圆锥铰刀和各种螺纹加工刀具等。

（3）展成法齿轮刀具　采用展成法加工齿轮的齿面或类似的工件，如滚刀、插齿刀、剃齿刀、锥齿轮刨刀和锥齿轮铣刀等。

7.2.3　刀具材料及应具备的性能

刀具材料是指刀具参与切削部分的材料，刀具切削性能的优劣取决于切削部分的材料、角度和结构等。

在切削加工过程中，刀具切削部分不仅要承受很大的切削力以及冲击和振动，而且还要承受切削过程中由于变形和摩擦所产生的高温、高压。要使刀具能在这样的条件下工作而不致很快地变钝或损坏，就要求刀具材料必须具备如下性能：①高的硬度和耐磨性；②足够的强度和韧性；③良好的耐热性和导热性；④良好的工艺性；⑤经济性和绿色性。

刀具材料的种类很多，目前广泛应用的刀具材料有高速钢和硬质合金，其主要分类如下。

1. 碳素工具钢

碳素工具钢是一种碳的质量分数较高的优质钢，常用牌号有 T8A、T10A、T12A 等。其淬火后硬度可达 61~65HRC，能耐 200~250℃ 的高温，允许切削速度较低，只能制作低速手用工具，如锯条、锉刀等。

2. 合金工具钢

合金工具钢是在碳素工具钢中加入一定量的 Cr(铬)、W(钨)、Mn(锰) 等合金元素形成的，主要牌号有 9SiCr、CrWMn 等。其硬度与碳素工具钢相当，允许的切削速度和耐热性稍高，适用于制作低速、形状比较复杂的刀具，如板牙、手用铰刀等。

3. 高速钢

高速钢是一种含有较高合金元素 W、Mo(钼)、Cr、V(钒) 等的高合金工具钢。它的特点是耐热性好，在切削温度达 500℃ 左右时，仍能保持较高硬度，切削速度比合金工具钢高1~3 倍。高速钢特别适用于制造结构复杂的成形刀具、孔加工刀具等，例如各类钻头、丝锥、铣刀、拉刀、齿轮刀具等，可加工铸铁、有色金属、钢材等，加工范围较广。

高速钢按用途分可分为普通高速钢和高性能高速钢。

1）普通高速钢包括钨系高速钢（代表牌号 W18Cr4V）和钨钼系高速钢（代表牌号 W6Mo5Cr4V2），这类高速钢工艺性好，可满足一般工程材料的切削加工。

2）高性能高速钢是在普通高速钢成分中再添加一些 C、V、Co、Al 等合金元素，进一步提高了钢的耐热性和耐磨性。这类高速钢刀具的寿命为普通高速钢的 1.5~3 倍。可用于加工不锈钢、耐热钢、钛合金及高强度钢等难加工的材料。

高性能高速钢的主要牌号有：95W18Cr4V（高碳高速钢）、W6Mo5Cr4V3（高钒高速钢）、W2Mo9Cr4VCo8（钴高速钢）、W6Mo5Cr4V2Al（铝高速钢）等。

4. 硬质合金

硬质合金是用高硬度、高熔点的金属碳化物（如 WC、TiC 等）粉末和金属黏结剂（Co 等），经高压成形，高温烧结而成。硬质合金的硬度、耐磨性、耐热性均超过高速钢，切削速度比高速钢高 4~10 倍，刀具寿命可提高 5~80 倍，但其强度和韧性以及工艺性均不如高速钢，因此仍不能完全取代高速钢。在 GB/T 2075—2007 中，硬质合金按被加工工件材料的不同分为六类，不同的类别用一个大写字母和一种颜色来加以区别。各类中随着字母后面数值的增大，所对应的合金材料的耐磨性下降，韧性增强。其中尤以 P 类、M 类、K 类硬质合金最为常见。

（1）P 类　识别颜色为蓝色，适于加工一般的奥氏体钢材（相当于原国标中的 YT 类），主要成分为 WC、TiC 和黏结剂 Co，常用的有 P01、P10、P30 等。数值小的 P01 适用于精加工，数值大的 P30 适用于粗加工。

（2）M 类　识别颜色为黄色，适于加工不锈钢（相当于原国标中的 YW 类），主要成分为 WC、TiC 和 TaC（碳化钽）或 NbC（碳化铌）以及黏结剂 Co，常用的有 M10、M20 等。M10 适用于精加工，M20 适用于粗加工。

（3）K 类　识别颜色为红色，适于加工铸铁类材料（相当于原国标的 YG 类），主要成分为 WC 和黏结剂 Co，常用的有 K01、K10、K20 等。K01 适用于精加工，K20 适用于粗加工。

（4）N 类　识别颜色为绿色，适于加工有色金属材料以及非金属材料等。

（5）S 类　识别颜色为褐色，适于加工耐热合金材料和钛合金等。

（6）H 类　识别颜色为灰色，适于加工淬硬材料、冷硬铸铁等硬材料。

5. 涂层刀具材料

涂层刀具材料是在韧性较好的硬质合金或高速钢刀具基体上，采用化学气相沉积（CVD）或物理气相沉积（PVD）的工艺方法，涂覆一薄层（5~12μm）高硬度、高耐磨性、难熔金属化合物而形成的。常用的刀具涂层材料有 TiC（碳化钛）、TiN（氮化钛）、Al_2O_3（氧化铝）及一些复合涂层等。随着科学技术的发展，复合、多元涂层以及新型纳米超薄膜涂层开始投入工业应用，如 TiCN、AlTiN、TiAlN 等复合、多元涂层。

涂层刀具既保持了普通硬质合金或高速钢刀具基体的强度和韧性，又使表面有更高的硬度、耐磨性和高的耐热性。实践证明，涂层刀片在高速切削钢件和铸铁时表现出优良的切削性能，比无涂层刀片的刀具寿命提高了 1~3 倍，甚至高达 5~10 倍。

6. 陶瓷材料

陶瓷材料是以氧化铝或氮化硅为主要成分，经压制成形后烧结而成的一种刀具材料。它有很高的硬度和耐磨性，硬度达 78HRC，耐热性高达 1200℃以上，化学性能稳定，故能承受较高的切削速度。但陶瓷材料的最大弱点是抗弯强度低和冲击韧性差，主要用于钢、铸铁、有色金属、高硬度材料和高精度零件的精加工。

7. 金刚石

金刚石分天然和人造两种，天然金刚石由于资源有限、价格昂贵而用得很少。金刚石是目前已知的最硬物质，其硬度接近10000HV，是硬质合金的80~120倍，但韧性差，在一定温度下与铁族元素的亲和力大，因此不宜加工黑色金属，主要用于有色金属以及非金属材料的高速精加工。

8. 立方氮化硼（CBN）

立方氮化硼是由氮化硼在高温、高压、催化剂的作用下转变而成的。它具有仅次于金刚石的硬度和耐磨性，硬度可达8000~9000HV，耐热性高达1400℃左右，化学稳定性好，与铁族元素的亲和力小，但强度低，焊接性差，主要用于淬硬钢、冷硬铸铁、高温合金和一些难加工材料的加工。

7.3 机械加工零件的技术要求

任何一台机器都是由大大小小的零部件所组成的，为了保证机器的性能和使用寿命，设计时根据零件的不同作用，对制造质量提出要求，这些要求称为零件的技术要求。零件的技术要求主要包括对零件的加工精度、表面粗糙度、材料和热处理性能的要求等，具体标注示例如图7-6所示。

7.3.1 加工精度

零件的加工精度是指零件的实际几何参数与其理想几何参数两者间相符合的程度。加工精度可分为尺寸精度、形状精度和位置精度。加工精度的高低用公差来表示，标注示例如图7-6所示。

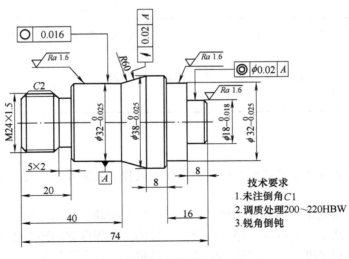

图 7-6 标注示例

1) 尺寸精度是指零件的实际尺寸和理想尺寸相符合的程度, 即尺寸准确的程度。尺寸精度是由尺寸公差控制的, 尺寸公差等于上极限尺寸与下极限尺寸之差的绝对值。同一公称尺寸的零件, 公差等级高的, 公差值小; 公差等级低的, 公差值大。国家标准对公称尺寸 ≤ 500mm 的尺寸公差等级分为 20 级, 分别用 IT01, IT0, IT1, IT2, …, IT18 表示。IT01 精度最高, 公差值最小。常用等级为 IT6~IT11。国家标准对公称尺寸 >500~3150mm 的尺寸公差等级分为 18 级, 从 IT1 到 IT18。

2) 形状精度是指同一表面的实际形状与理想形状相符合的程度。一个零件的表面形状不可能做得绝对准确, 因而为满足产品的使用要求, 对零件表面形状要加以控制。国家标准规定, 零件表面形状精度用形状公差来表示。形状公差有六项, 即直线度、平面度、圆度、圆柱度、线轮廓度和面轮廓度, 其符号见表 7-2。

表 7-2　形状公差的符号

项　目	直 线 度	平 面 度	圆　度	圆 柱 度	线轮廓度	面轮廓度
符号	—	▱	○	⌀	⌒	◠

通常形状精度与加工方法、机床精度、工件安装和工艺系统刚性等因素有关。

3) 位置精度是指零件点、线、面的实际位置与理想位置相符合的程度。位置精度包括定向 (平行度、垂直度、倾斜度)、定位 (同轴度、对称度、位置度) 以及跳动 (圆跳动、全跳动)。正如零件的表面形状不能做得绝对准确一样, 表面相互位置误差也是不可避免的。

国家标准规定, 相互位置精度用位置公差来控制。位置公差有六项, 跳动公差有两项, 其符号见表 7-3。

表 7-3　零件表面位置公差和跳动公差

项　目	平 行 度	垂 直 度	倾 斜 度	位 置 度	同 轴 度	对 称 度	圆 跳 动	全 跳 动
符号	∥	⊥	∠	⊕	◎	≡	↗	↗↗

7.3.2　表面粗糙度

表面粗糙度是表面质量的主要指标, 另外加工硬化、表面残余应力等也是表面质量的考察指标。

机械加工中, 无论采取何种方法加工, 由于刀痕及振动、摩擦等原因, 都会在工件的已加工表面上留下凹凸不平的峰谷, 用这些微小峰谷的高低程度和间距大小来描述零件表面的微观特征称为表面粗糙度。表面粗糙度的评定参数很多, 最常用的是轮廓算术平均偏差 Ra, 其单位为 μm。常用加工方法所能达到的表面粗糙度 Ra 值见表 7-4。

表 7-4　常用加工方法所能达到的表面粗糙度 *Ra* 值

加 工 方 法	表 面 特 征	*Ra*/μm
粗车、粗铣、粗刨、钻孔等	可见明显刀痕	50
	可见刀痕	25
	微见明显刀痕	12.5
半精车、精车、精铣、精刨、粗磨、铰孔等	可见加工痕迹	6.3
	微见加工痕迹	3.2
	不见加工痕迹	1.6
精铰、精磨等	可辨加工痕迹方向	0.8
	微辨加工痕迹方向	0.4
	不辨加工痕迹方向	0.2

7.4　常用量具

为控制零件的加工精度，在加工过程中要对工件进行测量，加工完成后对成品零件也要进行检验测量，把用以确定零件几何尺寸的测量器具简称为量具。在机械制造过程中所使用量具的种类很多，常用的有钢直尺、卡钳、游标卡尺、外径千分尺和内径百分表等。

7.4.1　钢直尺

钢直尺一般用于测量零件的长度尺寸，如图 7-7 所示，钢直尺的刻线间距为 1mm，其最小读数值为 1mm，因而比 1mm 小的数

图 7-7　150mm 钢直尺

值，只能估计而得。又由于钢直尺刻线本身的宽度就有 0.1～0.2mm，所以测量时读数误差比较大，一般常用于一些毛坯尺寸的测量和钳工的划线工作。常用公制钢直尺的规格有 150mm、300mm、600mm、1000mm 等规格。

7.4.2　卡钳

卡钳是一种用于间接测量的量具，它本身不能直接读出测量结果，而是把测得的尺寸，在钢直尺、游标卡尺或外径千分尺等刻线量具上进行读数，或在刻线量具上先取下所需尺寸，再去检验零件的尺寸是否符合。

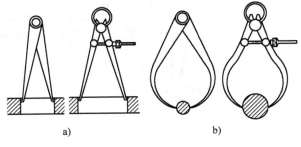

图 7-8　内外卡钳
a）内卡钳　b）外卡钳

卡钳分外卡钳和内卡钳两种，如图 7-8 所示。外卡钳用于测量圆柱体的外径或物体的长度等，内卡钳用于测量圆柱孔的内径或槽宽等。用外卡钳测量外圆面尺寸的方法如图 7-9 所示，用内卡钳测量内圆面尺寸的方法如图 7-10 所示。

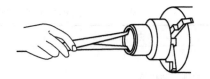

图 7-9 外卡钳测量外圆面　　　　图 7-10 内卡钳测量内圆面

　　卡钳是一种简单的量具，主要应用于尺寸精度要求不高的零件的测量和检验（如铸锻件毛坯尺寸的测量和检验）。同时卡钳也可以获得较高的测量精度，例如内卡钳与外径千分尺配合可用来测量高精度内孔尺寸，这种测量方法常用于一些不便使用内径百分表测量的场合，测量精度与测量者的技术熟练程度和经验直接相关。

7.4.3　游标卡尺

　　游标卡尺是一种常用的量具，具有结构简单、使用方便、精度中等和测量的尺寸范围大等特点，常用来测量零件的内外直径、长度、深度和孔距等，应用范围十分广泛，如图 7-11 所示。

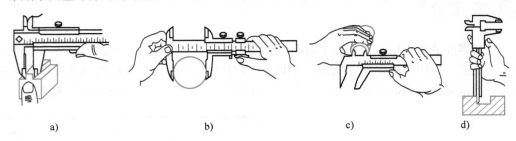

　　　　a)　　　　　　　　　　b)　　　　　　　　　　c)　　　　　　　　d)

图 7-11　游标卡尺测量

a) 测量长度　b) 测量外径　c) 测量内径　d) 测量深度

　　游标卡尺是由尺身和游标两部分构成，如图 7-12 所示。尺身与固定卡脚制成一体；游

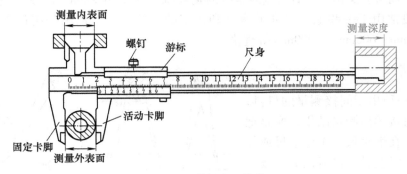

图 7-12　游标卡尺结构

标与活动卡脚制成一体，并能够在尺身上滑动。游标卡尺的测量精度一般有 0.1mm、0.05mm、0.02mm 三种，测量范围从 0～150mm 到 0～1000mm 有多种规格。下面以测量精度为 0.02mm 的游标卡尺来说明其刻线原理及读数方法。

1. 刻线原理

　　游标卡尺是利用尺身与游标上的刻度来读数的。图 7-13 所示为精度为 0.02mm 的游标卡尺示意图，其尺身的刻度每 1 小格的间距为 1mm，游标上首尾刻线之间的总长度为 49mm，并等分为 50 小格，游标上刻度每小格为 49/50mm＝0.98mm，尺身与游标的刻度间距相差 1－0.98＝0.02mm，即其分度值为 0.02mm。

2. 读数方法

游标卡尺的读数由毫米的整数部分和毫米的小数部分组成，读数分为三个步骤，如图 7-14 所示。

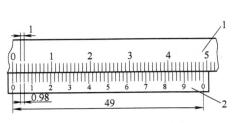

图 7-13　游标卡尺刻线原理
1—尺身　2—游标

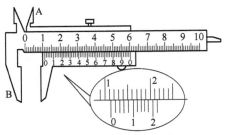

图 7-14　游标卡尺读数

1) 读出整数部分。在尺身上读出游标零刻线左边的第一条刻线，读到的是毫米的整数部分。图 7-14 所示尺身上对应的第一条刻线数值为 11mm。

2) 读出小数部分。找出游标上零刻线右边第几条刻线与尺身上某一刻线对齐，在游标上读出该刻线距游标零线的格数，将其乘以量具的分度值 0.02mm，所得积为毫米的小数部分。图 7-14 中，游标 0 刻线后的第 7 条刻线与尺身的一条刻线对齐，游标 0 刻线后的第 7 条刻线即表示 7 格，其所对应的小数部分数值为：7×0.02＝0.14mm。

为了能够直接从游标上读出尺寸的小数部分，而不需要通过上述换算，通常在游标的某一些刻线位置，直接把刻线次序数乘其分度值所得的值，标记在游标上（见图 7-14），这样就可方便地直接读出小数部分的数值了。

3) 两部分尺寸相加确定测量值。将毫米的整数部分与毫米的小数部分相加起来，就是被测工件的测量值：（11＋0.14）mm＝11.14mm。

游标卡尺的种类很多，除了上述普通游标卡尺外，还有专门用于测量深度和高度的深度游标卡尺和高度游标卡尺，如图 7-15 所示。高度游标卡尺还可用于钳工精密划线。

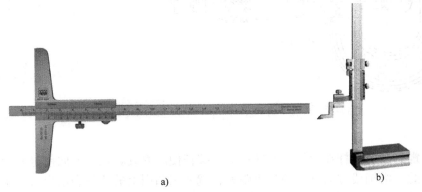

a)

b)

图 7-15　深度、高度游标卡尺
a）深度游标卡尺　b）高度游标卡尺

随着科学技术的进步，现行使用的游标卡尺有的合成有百分表头、有的带有数字显示装置，有效地克服了普通游标卡尺存在的读数不很清晰，容易读错等不足，其使用极为方便。图 7-16 所示为带有百分表头的带表游标卡尺和带有数字显示装置的数显游标卡尺。

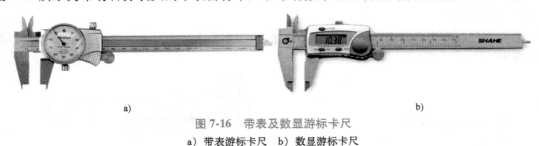

a)   b)

图 7-16　带表及数显游标卡尺

a）带表游标卡尺　b）数显游标卡尺

7.4.4　外径千分尺

千分尺又称螺旋测微器或分厘卡，是基于精密螺旋副原理的通用长度测量工具。千分尺的种类很多，有外径千分尺、内径千分尺、螺纹千分尺、齿轮公法线千分尺和深度千分尺等。通常所说的千分尺一般即指外径千分尺，主要用来测量精度较高的圆柱体外径和工件外表面长度尺寸，是一种比游标卡尺精度更高、测量更灵敏的精密量具。

为了保证千分尺的精度，千分尺的精密螺旋副的螺杆长度一般为 25mm，因而千分尺的规格按测量范围每 25mm 为一档，分为 0~25mm、25~50mm、50~75mm、75~100mm 等多种规格。

图 7-17 所示是测量范围为 0~25mm 的外径千分尺，其主要由弓架、砧座、测量螺杆、固定套筒、活动套筒（微分筒）、棘轮（测力装置）、止动器（锁紧装置）等组成。固定套管相当于游标卡尺的尺身，活动套筒相当于游标卡尺的游标。

1. 刻线原理

千分尺弓架左端有固定砧座，右端的固定套筒在轴线方向上有一条水平中线（零基准线），上、下两排刻度线的间距均为 1mm，位置相互错开 0.5mm，如图 7-18 所示。

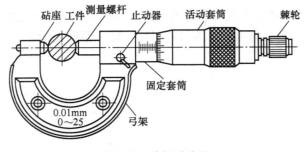

图 7-17　外径千分尺　　　　　　　　　　图 7-18　外径千分尺的刻线

千分尺螺旋副的螺杆在螺母中旋转一周，螺杆便沿着旋转轴线方向前进或后退一个螺距的距离。因此，沿轴线方向移动的微小距离，就能用圆周上的读数表示出来。千分尺的精密螺纹的螺距是 0.5mm，活动套筒左端圆周上刻有 50 等分的刻度线，活动套筒每转一周，带动螺杆一起轴向移动 0.5mm。所以，活动套筒每转一格，螺杆轴向移动 0.5/50mm =

0.01mm，即活动套筒每一小格表示 0.01mm，即分度值为 0.01mm。

2. 读数方法

在千分尺上读取尺寸可以分为三个步骤：

1）以活动套筒左端面为准线，读出固定套筒上的刻度值（单位为 mm，应为 0.5mm 的整数倍）。

2）再以固定套筒上的零基准线作为读数准线，读出活动套筒上与之对齐的小于 0.5mm 的刻度值（单位为 0.01mm）。

3）最终测量值=固定套筒上的读数值+活动套筒上的读数值×分度值（0.01）。

图 7-19a 所示的测量值 $L = 9+27×0.01mm = 9.27mm$。

图 7-19b 所示的测量值 $L = (5+0.5)+(30+0.4)×0.01mm = 5.804mm$，其中 0.4 是估计值。

图 7-19c 所示的测量值 $L = 7+0.5mm = 7.5mm$。

实际测量时，左手握住弓架，右手旋转活动套筒，当螺杆即将接触工件时，改为用手旋转棘轮，直到棘轮发出"嗒、嗒"声为止。

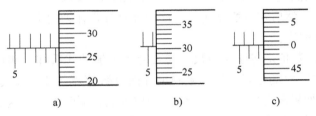

图 7-19　外径千分尺的示值
a）测量 1　b）测量 2　c）测量 3

7.4.5　内径百分表

内径百分表是将测头的直线位移变为百分表头指针角位移的计量器具，可用于孔径尺寸及其形状误差的测量。内径百分表的分度值为 0.01mm，测量范围有 6~10mm、10~18mm、18~35mm、35~50mm、50~160mm 等。在每一个测量范围内，又可通过更换不同长度的可换测头来调整测量范围。

内径百分表是由百分表头、杠杆式测量杆、可换测头、活动测头等附件组成，如图 7-20 所示，其中百分表头的结构如图 7-21 所示。

1. 内径百分表测量原理及读数方法

内径百分表测量是一种比较测量，它只能测出相对的数值，不能测出绝对的数值。测量前应根据被测孔径的大小，先在千分尺或其他量具上调整好基准尺寸。

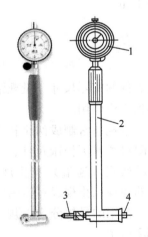

图 7-20　内径百分表的组成
1—百分表头　2—杠杆式测量杆
3—可换测头　4—活动测头

在百分表头刻度盘的圆周上有 100 等分的刻度线，当百分表测杆向上或向下移动 1mm 时，通过齿轮传动系统带动大指针转一圈，小指针转一格，因而大指针每格的读数值为

1/100mm＝0.01mm，小指针每格读数为1mm，小指针的刻度范围即为百分表的测量范围。刻度盘可以转动，以方便测量时调整大指针对零位。

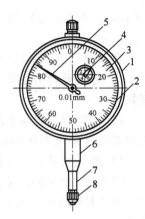

2. 内径百分表使用方法

1）选择和安装好可换测头，保证量表测量端的长度比零件的被测公称尺寸长0.5~1mm，然后将螺母锁紧使可换测头固定。

2）将百分表头插入量表测杆的直管轴孔中，装妥百分表头并使其压缩近1mm左右，并紧固好。

3）根据被测零件公称尺寸的大小，调整外径千分尺尺寸，使其与之相等，然后用外径千分尺将内径百分表"对零位"。首先手握量表测杆将其测量端放入外径千分尺两测量面间，左右摆动直至找到最小值为止，此时另一只手转动表圈使刻度盘上的零刻线与大指针重合。

4）将内径百分表测量端倾斜放入被测孔内，测量端放入孔内后将内径百分表竖直，然后左右摆动测杆，使内径百分表在轴向上找到最小值，即为孔的直径。

图 7-21　百分表头的结构

1—表体　2—表圈
3—刻度盘　4—小指针
5—大指针　6—装夹套
7—测杆　8—测头

5）被测尺寸的读数值应等于零位尺寸与百分表示值的代数和。测量时，当大指针与小指针都回到"对零位"时的位置，那么被测尺寸的读数值就等于"对零位"时千分尺上的尺寸（零位尺寸）。如果没有回到"对零位"的位置上，那就以零位这点为分界线，处在顺时针方向时为"负差"；处在逆时针方向为"正差"。

6）若测量时，小指针偏离"对零位"超过1mm，则应在实际测量值中减去或加上1mm。

7.4.6　量规

量规是一种具有固定尺寸的专用检验量具。用量规只可以检验零件是否合格，不能够测出零件的实际尺寸。量规结构简单、检验方便、效率高，在生产中尤其是在成批大量生产中得到广泛应用。

量规通常制成两个极限尺寸，即上极限尺寸和下极限尺寸，分别对应量规上的通规（通端）和止规（止端）。量规的通规和止规成对使用。

常用的量规分为卡规与塞规，如图7-22所示。

1. 卡规

卡规用来检验零件的直径和长、宽等外形尺寸，卡规的通端为上极限尺寸端，止端为下极限尺寸端。测量时，如果卡规的通端能通过工件，而止端不能

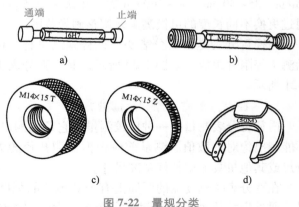

图 7-22　量规分类

a）光滑塞规　b）螺纹塞规　c）螺纹环规　d）卡规

通过工件，则表示工件合格；如果卡规的通端和止端都能够通过工件，则表示工件尺寸太小，已经成为废品；如果卡规的通端和止端都不能够通过工件，则表示工件尺寸太大，不合格，必须返工。

2. 塞规

塞规是用来检验零件孔、槽等内尺寸的量规。塞规的通端为下极限尺寸端，止端为上极限尺寸端。

塞规的两头各有一个圆柱体，长圆柱体端为通端，用于控制工件的最大实体尺寸；短圆柱体端为止端，用于控制工件的最小实体尺寸。如果通端能够通过被检工件，而止端不能通过被检工件，则认为工件是合格的。

复习思考题

7-1　机械加工、材料成形加工和材料堆积加工各有什么特点？

7-2　切削加工的常见工种有哪些？

7-3　车削、铣削、刨削、磨削和拉削加工的主运动是工件运动还是刀具运动？

7-4　切削时在工件上形成的表面有哪些？

7-5　切削用量对切削过程有何影响？粗加工时选择切削用量的一般原则是什么？

7-6　刀具材料应具备哪些基本性能？

7-7　刀具材料主要有哪些类型？你见过或者用过哪些刀具材料？

7-8　常见硬质合金分哪几类？加工铸铁应选用哪种硬质合金刀具？

7-9　零件的加工精度包括哪些内容？尺寸公差与公差等级有什么对应关系？

7-10　分度值为 0.05mm 的游标卡尺的游标应有多少条刻线？

7-11　测量仪器的分度值与测量精度有何不同？

第8章 车削加工

【实训目的与要求】

1）了解车削的基本概念和加工范围。
2）了解车床的型号、组成和主要功能部件的结构。
3）了解常用车刀的材料、结构和主要几何角度。
4）掌握车外圆、端面、台阶、圆锥、切槽和切断的操作方法。
5）掌握圆柱内孔加工操作方法。
6）掌握车削加工操作的安全要领。
7）能独立加工简单轴类、套类零件。

8.1 概述

车削加工是指在车床上利用工件的旋转运动和刀具的直线或曲线运动来改变毛坯的尺寸和形状，使之成为零件的加工过程。车削加工范围广，是最常用的一种机械加工方法。车床占机床总数的一半左右，在机械加工中具有重要的地位和作用。

车床上所使用的刀具主要有车刀、钻头、铰刀、丝锥和滚花刀等。车床主要用来加工各种回转表面（如圆柱面、圆锥面、成形表面）、车削端面、切槽和切断、车削各种螺纹、钻孔、扩孔、铰孔、镗孔、攻螺纹、套螺纹、滚花等，如图8-1所示。

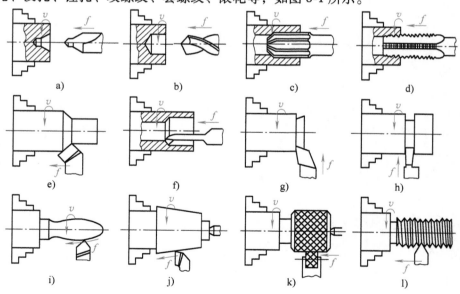

图 8-1　车床加工范围

a）钻中心孔　b）钻孔　c）铰孔　d）攻螺纹　e）车外圆　f）镗孔　g）车端面
h）切槽　i）车成形面　j）车锥面　k）滚花　l）车螺纹

8.2　车床

金属切削机床是机械制造业的主要加工设备之一，它是制造机械的机器，所以常称为工作母机，简称机床。为了便于使用、管理，需加以分类，并编制型号。机床的分类方法很多，最基本的分类方法是按机床的加工方法及用途进行分类。目前我国将机床分为 11 大类：车床、钻床、镗床、磨床、齿轮加工机床、螺纹加工机床、铣床、刨插床、拉床、锯床及其他机床。在每一类中，按工艺特点、布局形式、结构特点细分为若干组，每组细分为若干系列。

8.2.1　车床的型号

车床种类繁多，按其用途和结构的不同，主要分为卧式车床、落地车床、立式车床、转塔车床、仪表车床、单轴自动和半自动车床、多轴自动和半自动车床、仿形车床及多刀车床、专门化车床等。

车床依其类型和规格，可按类、组、型三级编成不同的型号，根据国家标准 GB/T 15375—2008 规定，车床型号由汉语拼音字母和数字组成，现以 C6132 车床为例进行说明。

"C"为"车"字的汉语拼音的第一个字母，直接读音为"车"。

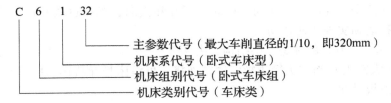

主参数代号（最大车削直径的1/10，即320mm）
机床系代号（卧式车床型）
机床组别代号（卧式车床组）
机床类别代号（车床类）

C6132 型卧式车床适用于加工各种轴类、套筒类和盘类零件上的回转表面，如内外圆柱面、圆锥面、环槽及成形回转表面、端面及各种常用螺纹，还可以进行钻孔，扩孔，铰孔和滚花等。加工的尺寸公差等级为 IT11~IT6，表面粗糙度为 $Ra12.5~0.8\mu m$。

8.2.2　车床的组成

C6132 型卧式车床的主要组成部分如图 8-2 所示。

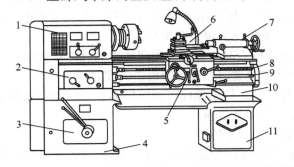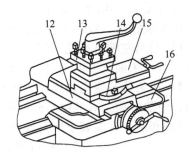

图 8-2　C6132 型卧式车床的主要组成部分

1—主轴箱　2—进给箱　3—变速箱　4—前床脚　5—溜板箱　6—刀架　7—尾架　8—丝杠　9—光杠
10—床身　11—后床脚　12—中滑板　13—方刀架　14—转盘　15—小滑板　16—床鞍（大滑板）

（1）主轴箱 主轴箱包括：箱体、主轴部件、传动机构、操纵机构、换向装置、制动装置和润滑装置等。其功能在于支撑主轴，使主轴实现旋转、起动、停止、变速和换向等。变速是通过改变变速箱操纵手柄和主轴箱变速手柄位置，可使主轴获得 12 级不同的转速（45~1980r/min）。

主轴部件是主轴箱最重要的部分，由主轴、主轴轴承和主轴上的传动件、密封件等组成。主轴前端可安装卡盘，用以夹持工件，并由其带动旋转。主轴是空心结构，能通过长棒料。主轴的右端有外螺纹，用以连接卡盘、拨盘等附件。主轴右端的内表面是莫氏 5 号的锥孔，可插入锥套和顶尖，使用主轴锥孔顶尖与尾座套筒顶尖可安装轴类工件。

（2）进给箱 进给箱用来改变刀具运动的进给量，它固定在主轴箱下部的床身左端。通过操作变速手柄来改变进给箱中滑动齿轮的啮合位置，可将主轴箱内主轴传递下来的运动转为进给箱输出的光杠或丝杠的不同转速，以改变进给量的大小或车削不同螺距的螺纹。其纵向进给量范围为 0.04~2.16mm/r；横向进给量为 0.02~1.08mm/r，可车削 30 种米制螺纹（螺距为 0.45~20mm）和 35 种寸制螺纹与管螺纹（每英寸 80~100 牙），还可加工模数或径节螺纹。

（3）溜板箱 溜板箱与床鞍用螺钉连接，是进给运动的操纵机构，将丝杠或光杠传来的旋转运动转变为直线运动并带动刀架进给。溜板箱上有三层滑板（大滑板、中滑板、小滑板），当接通光杠时，床鞍带动中滑板和刀架沿床身导轨作纵向移动或横向移动。当接通丝杠并闭合开合螺母时可车削螺纹。溜板箱内设有互锁机构，使光杠、丝杠两者不能同时接通。溜板箱的功能是：控制刀架运动的接通、断开和换向；机床过载时控制刀架停止进给；手动操纵刀架移动和实现快速移动。

（4）刀架部件 刀架部件是多层结构，由床鞍、中滑板、转盘、小滑板和方刀架组成。

1）床鞍（大滑板）与溜板箱用螺钉固定连接，可沿床身导轨作纵向移动，其上面有横向导轨，为中滑板导向。

2）中滑板安装在床鞍上，可沿床鞍上的导轨作横向移动。

3）转盘与中滑板用螺钉紧固，松开螺钉便可在水平面内扳转任意角度。

4）小滑板安装在转盘上面的燕尾槽内，可作短距离的进给移动。将转盘偏转若干角度后，可使小滑板作斜向进给车削圆锥面。

（5）方刀架 它固定在小滑板上，可同时装夹四把车刀。松开锁紧手柄，即可转动方刀架，把所需要的车刀更换到工作位置上。

（6）尾架 由套筒、尾架体、底座等几部分组成。转动手轮，可调整套筒伸缩一定距离，并且尾架还可沿床身导轨推移至所需位置。尾架用于安装后顶尖以支承轴类零件的安装，或安装钻头、铰刀等刀具进行孔加工。偏移尾架可以车出长锥体。

1）套筒左端有锥孔，用以安装顶尖或锥柄刀具。套筒在尾架体内的轴向位置可用手轮调节，并可用锁紧手柄固定。将套筒退至极右位置时，即可卸出顶尖或刀具。

2）尾架体与底座相连，当松开固定螺钉时，拧动螺杆可使尾架体在底板上作微量横向移动，使前后顶尖对准中心或偏移一定距离车削长锥体。

3）底座直接安装于床身导轨上，用以支撑尾架体。

（7）光杠与丝杠 光杠可把进给箱输出的运动传递给溜板箱，使刀架作纵向或横向进给运动。车削螺纹时，由丝杠驱动床鞍作纵向移动。

（8）床身 床身是车床的基础件，用来支承各部件，并保证各部件在运动时有正确的相对位置。床身上有床鞍和尾架移动用的导轨。床身通常为铸件。

8.2.3 车床的传动系统

车床的主运动是工件的旋转运动，简称主传动；进给运动则是刀具的直线移动。车床的传动系统包括主传动链和进给传动链。进给传动链又分为车螺纹传动链、纵向进给传动链和横向进给传动链，如图 8-3 所示。

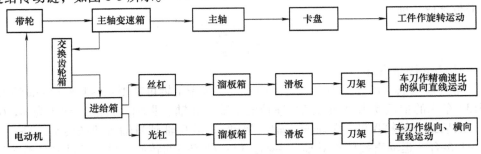

图 8-3 卧式车床传动系统框图

主运动传动链的两末端件是主电动机与主轴，它的功能是把动力源（电动机）的运动及动力传给主轴，使主轴带动工件作旋转运动，并满足车床主轴变速和换向的要求。进给运动传动链的两个末端分别是主轴和刀架，其功能是使刀架实现纵向或横向移动及变速与换向。C6132 型卧式车床传动系统如图 8-4 所示。

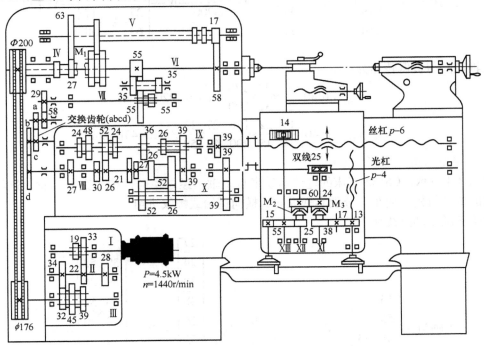

图 8-4 C6132 型卧式车床传动系统

传动轴的多种转速是通过改变传动轴间的齿轮啮合状态，即传动比来实现的。传动比 i 是传动轴之间的转速之比。若主动轴的转速为 n_1，从动轴的转速为 n_2，则机床传动比为

$$i = \frac{n_2}{n_1}$$

机床传动链的传动路线长，为方便计算传动链的总传动比，将传动比 i 定义为从动轴的转速 n_2 与主动轴的转速 n_1 之比。机床传动轴之间可以通过带轮和齿轮等来传递运动。设主动轴上的齿轮齿数为 z_1、从动轴上齿轮齿数为 z_2，则机床传动比可转换为主动齿轮齿数与从动齿轮齿数之比，即

$$i = \frac{n_2}{n_1} = \frac{z_1}{z_2}$$

1. C6132 主传动系统

主传动是指从电动机到主轴之间的传动系统。车床主轴可获得 45～1980r/min 的 12 级转速。C6132 车床的主运动由电动机经变速箱的 Ⅰ 轴、Ⅱ 轴、Ⅲ 轴，再经传动比为 $\phi176/\phi200$ 的带轮，最后经主轴箱 Ⅳ 轴、Ⅴ 轴至主轴（Ⅵ 轴）。从 Ⅳ 轴到 Ⅵ 轴有两条传动线路：一条是离合器 M1 接合，运动直接传给 Ⅵ 轴，主轴获得 6 种较高的转速；另一条是离合器 M1 断开，运动由 Ⅳ 轴传给 Ⅴ 轴，再传给 Ⅵ 轴，主轴获得 6 种较低的转速。主轴转速级数等于各传动轴间齿轮对数的乘积，即 2×3×2 = 12。

主运动传动路线为

$$\text{电动机—} \text{Ⅰ} - \begin{bmatrix} \dfrac{33}{22} \\[4pt] \dfrac{19}{34} \end{bmatrix} - \text{Ⅱ} - \begin{bmatrix} \dfrac{34}{32} \\[4pt] \dfrac{28}{39} \\[4pt] \dfrac{22}{45} \end{bmatrix} - \text{Ⅲ} - \dfrac{\phi176}{\phi200} \text{Ⅳ} - \begin{bmatrix} \dfrac{27}{27} \\[4pt] \dfrac{27}{63} - \text{Ⅴ} - \dfrac{17}{58} \end{bmatrix} - \text{Ⅵ主轴}$$

主轴最高与最低转速为

$$n_{max} = 1440 \times \frac{33}{22} \times \frac{34}{32} \times \frac{176}{200} \text{r/min} = 2020 \text{r/min}$$

$$n_{min} = 1440 \times \frac{19}{34} \times \frac{22}{45} \times \frac{176}{200} \times \frac{27}{63} \times \frac{17}{58} \text{r/min} = 43 \text{r/min}$$

2. 进给运动传动系统

如图 8-4 所示，C6132 车床的进给运动来自主轴，经过换向机构、交换齿轮、进给箱和溜板箱的传动机构，使车刀分别实现纵向、横向进给或螺纹进给。

进给运动传动路线如下

$$\text{主轴Ⅵ} - \begin{bmatrix} \dfrac{55}{55} \\[4pt] \dfrac{55}{35} \times \dfrac{35}{55} \end{bmatrix} - \text{Ⅶ} - \dfrac{29}{58} - \dfrac{a}{c} \times \dfrac{b}{d} - \text{Ⅷ} - \begin{bmatrix} \dfrac{27}{24} \\[4pt] \dfrac{30}{48} \\[4pt] \dfrac{26}{52} \\[4pt] \dfrac{21}{24} \\[4pt] \dfrac{27}{36} \end{bmatrix} - \text{Ⅸ} - \begin{bmatrix} \dfrac{39}{39} \times \dfrac{52}{26} \\[4pt] \dfrac{26}{52} \times \dfrac{52}{26} \\[4pt] \dfrac{39}{39} \times \dfrac{26}{52} \\[4pt] \dfrac{26}{52} \times \dfrac{26}{52} \end{bmatrix} - \text{Ⅹ} -$$

$$\left\{ \begin{array}{l} \dfrac{39}{39} \text{—丝杠} \\[3mm] \dfrac{39}{39} \text{—光杠—XI} \dfrac{2}{25} \left\{ \begin{array}{l} \dfrac{24}{60} \text{—M2—XII} \dfrac{25}{55} \text{ X III—齿轮齿条机构(纵向进给)} \\[3mm] \text{M3} \dfrac{38}{17} \times \dfrac{17}{13} \text{—丝杠螺母机构(横向进给)} \end{array} \right. \end{array} \right.$$

C6132 车床有 20 种进给量（4×5＝20），纵向进给量范围为 0.04～2.16mm/r，横向进给量范围 0.02～1.08mm/r。

8.3 车刀

8.3.1 车刀的种类、用途和组成

1. 车刀的种类和用途

车削加工需要根据零件的材料、形状和加工要求采用不同的车刀。车刀按结构形式分为整体车刀、焊接车刀和机夹车刀；按刀具材料分为高速钢、硬质合金、金刚石和陶瓷车刀等；按功能用途分为外圆车刀、端面车刀、内孔车刀、切断刀、切槽刀、螺纹车刀等多种形式，见表 8-1。

表 8-1 常用车刀的种类和用途

外形 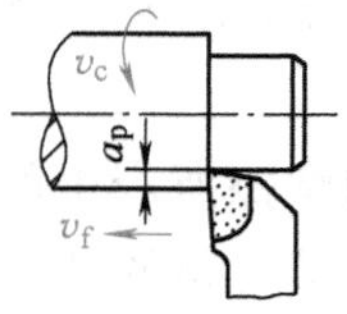 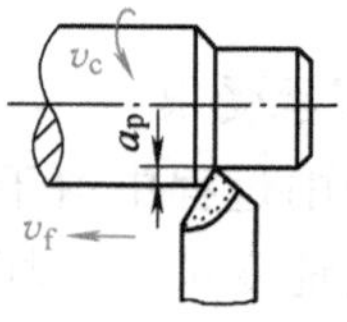 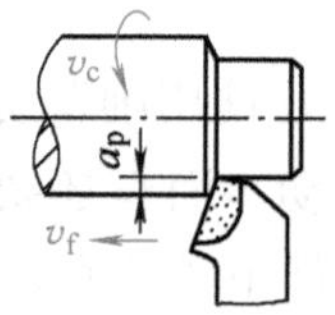 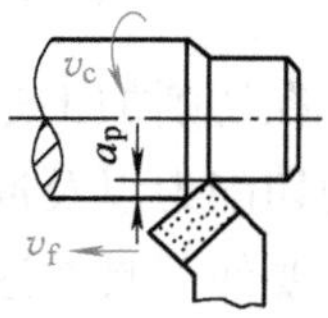			
种类	90°偏刀	直头车刀	75°强力车刀	45°弯头车刀
外形 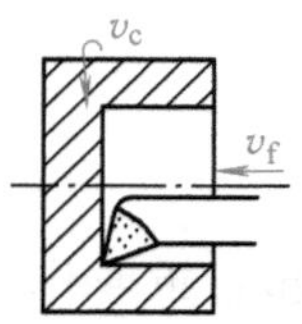 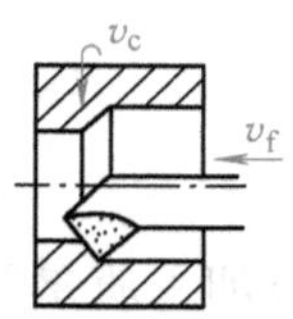 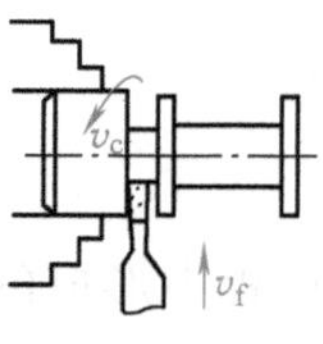 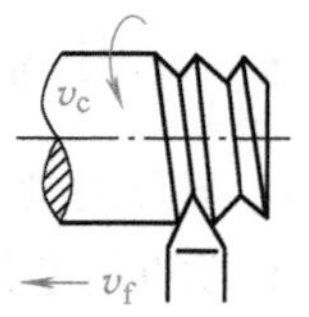			
种类	镗孔刀（不通孔）	镗孔刀（通孔）	切断刀或切槽刀	外螺纹车刀

（1）外圆车刀　主要用于车削外圆、平面和倒角。外圆车刀一般有四种形状，即 90°偏刀、直头车刀、弯头车刀和强力车刀。90°偏刀用来车削工件的端面和台阶，是应用最广泛的一类外圆车刀，特别是用来车削细长工件的外圆，可以避免把工件顶弯。偏刀分为左偏刀

和右偏刀两种，常用的是右偏刀，它的切削刃向左。

（2）切断刀和切槽刀　用来切断工件或切各种类型的槽，切断刀的刀头较长，其切削刃也狭长，可减少工件材料消耗，切断时能切到工件回转中心，切断刀的刀头长度必须大于工件的半径。切槽刀与切断刀基本相似，其刃口形状应与槽形一致，如矩形槽、圆弧槽等。

（3）扩孔刀　扩孔刀又称镗孔刀，用来车内孔，分为通孔刀和不通孔刀两种。

（4）螺纹车刀　螺纹牙型有三角形、方形和梯形等，螺纹车刀相应有管螺纹车刀、方形螺纹车刀和梯形螺纹车刀等。螺纹的种类很多，其中以管螺纹应用最广。采用管螺纹车刀车削米制螺纹时，其刀尖角必须为 60°。

2. 车刀的组成

如图 8-5 所示，车刀是由刀头和刀杆两部分所组成的。刀杆是车刀的夹持部分；刀头是切削部分，由刀面、切削刃和刀尖组成。外圆车刀有三个刀面、两条切削刃和一个刀尖。

1）刀面有前刀面、主后刀面和副后刀面。

2）切削刃有主切削刃和副切削刃。

3）刀尖是主切削刃和副切削刃的交点，实际上该点不可能磨得很尖，而是一段折线或微小圆弧。

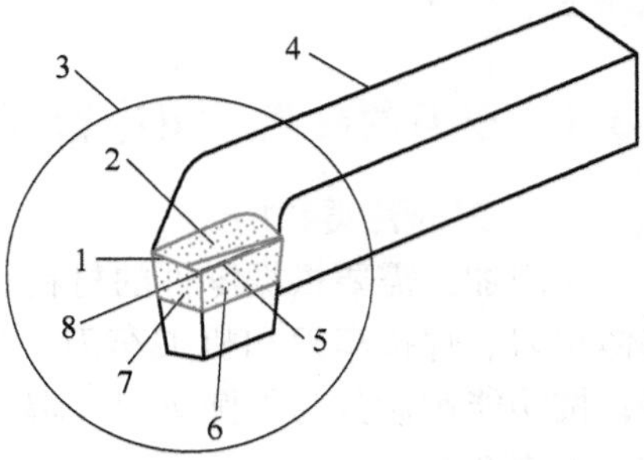

图 8-5　车刀的结构图

1—副切削刃　2—前刀面　3—刀头
4—刀杆　5—主切削刃　6—主后刀面
7—副后刀面　8—刀尖

8.3.2　车刀的材料

在切削加工过程中，刀具切削部分不仅要承受很大的切削力以及冲击和振动，而且还要承受切削过程中由于变形和摩擦所产生的高温、高压。要使刀具在这样的条件下工作而不致很快地变钝或损坏，对刀具材料的性能有很高的要求。

刀具材料种类很多，车刀材料常用的有高速钢、硬质合金、陶瓷、金刚石（天然和人造）和立方氮化硼等。陶瓷、金刚石和立方氮化硼在超精密加工和难加工材料领域的应用较多。目前用得最广泛的刀具材料为高速钢和硬质合金。

8.3.3　车刀的主要几何角度

1. 车刀的角度

车刀的角度是在切削过程中形成的，它们对加工质量和生产率起着重要作用。在切削时，与工件加工表面相切的假想平面称为切削平面，与切削平面相垂直的假想平面称为基面，另外采用机械制图的正交平面。正交平面是通过主切削刃选定点并同时垂直于基面和切削平面的平面。由这些假想的平面再与刀头上存在的三面二刃配合构成实际的刀具角度。对车刀而言，基面呈水平面，并与车刀底面平行，切削平面、正交平面与基面是相互垂直的，如图 8-6 所示。

车刀的主要角度有前角 γ_o、后角 α_o、主偏角 κ_r、副偏角 κ'_r 和刃倾角 λ_s，如图 8-7 所示。

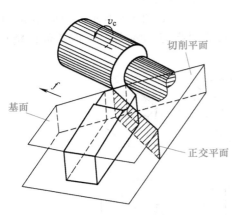

图 8-6　确定车刀角度的辅助平面

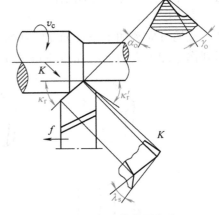

图 8-7　车刀的主要角度

（1）前角 γ_o。　前刀面与基面之间的夹角，表示前刀面的倾斜程度。

（2）后角 α_o。　后刀面与切削平面之间的夹角，表示后刀面的倾斜程度。后角可分为主后角和副后角。

（3）主偏角 κ_r。　主切削刃与进给方向在基面上投影间的夹角。

（4）副偏角 κ_r'。　副切削刃与进给方向在基面上投影间的夹角。

（5）刃倾角 λ_s。　主切削刃与基面间的夹角，刀尖为切削刃最高点时为正值，反之为负值。

2. 车刀几何角度的选择

1）前角影响切削过程中的变形和摩擦，同时又影响刀具的强度。增大前角能使切削刃变得锋利，使切削更为轻快，并减小切削力和切削热。但前角过大，切削刃和刀尖的强度下降，刀具导热体积减小，影响刀具的使用寿命。前角的大小对表面粗糙度、排屑等也有一定影响。

前角选择的原则是在刀具强度允许的情况下，尽量选取较大的前角。前角的大小与刀具材料、切削加工工作条件及被切材料有关。切削弹塑性材料时，一般取较大的前角；切削脆性材料时，一般取较小的前角。当切削有冲击时，前角应取小值，甚至取负前角。硬质合金车刀的前角一般比高速钢车刀的前角要小。对于高速钢车刀，前角可取 5°～30°，材料硬度高选小值，材料硬度低选大值；对于硬质合金车刀，前角一般取−15°～30°。

2）后角的主要功能是减小后刀面与工件间的摩擦，其大小对刀具寿命和加工表面质量都有很大影响。后角同时又影响刀具的强度。

粗车时要求车刀有足够的强度，应选择较小的后角。精车时，为减小后刀面与工件过渡表面的摩擦，保持刃口的锋利，应选较大的后角。粗车时，后角一般取 3°～6°；精车时，后角一般取 6°～12°。高速钢车刀的后角一般可取 6°～12°，硬质合金钢车刀可取 2°～12°。

3）主偏角影响切削刃的工作长度、切深抗力、刀尖强度和散热条件。主偏角越小，则切削刃工作长度越长，散热条件越好，但径向抗力越大。

当工件刚性较差时，应选择较大的主偏角。车细长轴时为减小径向力应选较大的主偏角；主偏角通常取 90°。

4）副偏角影响加工表面粗糙度和刀具强度。副偏角的大小主要根据表面粗糙度的要求选取。通常在不产生摩擦和振动条件下，应选较小的副偏角。

5）刃倾角主要影响刀头的强度和切屑流动的方向，如图 8-8 所示。刃倾角 λ_s 主要根据刀具强度、流屑方向和加工条件而定。粗加工时为提高刀具强度，λ_s 取负值；精加工时为不使切屑划伤已加工表面，λ_s 常取正值或 0°。

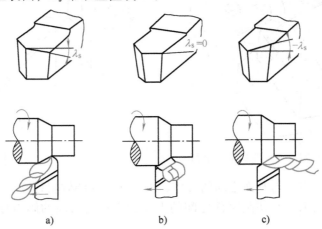

图 8-8　刃倾角对切屑流向的影响

8.3.4　车刀的安装

车刀安装得正确与否不仅影响车削工作的顺利进行，而且会影响车刀的工作角度和零件的尺寸误差。车刀必须正确安装，图 8-9 所示为错误安装。

1）车刀刀尖应与工件回转中心等高。如果车刀装得太高，则车刀的主后面会与工件产生强烈的摩擦；如果装得太低，切削就不顺利，甚至工件会被抬起，有使工件从卡盘上掉下来的危险，或把车刀折断。安装车刀时按尾架顶尖的位置调整刀尖的高度。

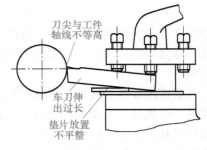

图 8-9　常见车刀的错误安装

2）车刀刀尖高于工件回转中心时，实际工作前角变大，后角变小；车刀刀尖低于工件回转中心时，实际工作前角变小，后角变大。

3）车刀不能伸出太长，否则切削时容易产生振动，影响工件加工精度和表面粗糙度。在工件、底座、刀架不发生干涉的条件下，车刀伸出越短越好。

4）车刀位置合适后，车刀底面的垫片要平整，并尽可能用厚垫片，垫片数量尽可能少。调整好刀尖高低后，至少要用两个螺钉交替将车刀拧紧。

8.4　切削液

8.4.1　切削液的功能

在金属切削加工中常使用切削液，切削液主要起冷却、润滑和清洗作用。合理选用切削液，可以减少切削过程中的摩擦，从而降低切削力和切削温度，减少工件热变形，对提高加工表面质量和加工精度，提高刀具寿命都有重要作用。

（1）冷却作用　切削液浇注到切削区域后，通过切削热的热传递和汽化，使切屑、刀具和工件上的温度降低，起到冷却作用。冷却的主要目的是使切削区切削温度降低，尤为重要的是降低刀尖和前刀面上的温度。

（2）润滑作用　在切削加工时，切削液渗透到刀具与切屑、工件的接触表面之间，形成润滑膜，从而减小金属直接接触面积，降低摩擦因数。

（3）清洗作用　浇注切削液能冲走在切削过程中产生的较细切屑或磨粒从而起到清洗、防止刮伤已加工表面和机床导轨面的作用。

8.4.2　切削液的成分

常用的切削液有水溶液、乳化液和切削油三大类。

（1）水溶液　水溶液的主要成分是水，并加入防锈添加剂的切削液，主要起冷却作用，用质量分数为 94.5% 的水、4% 的肥皂和 1.5% 的无水碳酸钠配制而成。

（2）乳化液　乳化液是将乳化油用水稀释而成。乳化液是由矿物油，乳化剂及添加剂配置而成的，如三乙醇胺油酸皂、69-1 防锈乳化油和极压乳化油等。低浓度乳化液主要起冷却作用，适用于粗加工。高浓度乳化液主要起润滑作用，适用于精加工和复杂工序加工。

（3）切削油　切削油中有机械油、轻柴油、煤油等矿物油，还有豆油、菜籽油、蓖麻油、猪油、鲸油等动植物油。纯矿物油润滑效果一般，动植物油仅适用于低速精加工。普通车削、攻螺纹可选用机油，精加工有色金属时，应选用黏度小、浸润性好的煤油与其他矿物油的混合油。

8.5　工件的安装

工件的安装要求工件定位准确、夹持牢固。车床上安装工件的夹具及工具有自定心卡盘、顶尖、花盘、弯板等，它们被称为车床附件。当被加工工件的形状不够规则，生产批量又较大时，生产中常采用专用车床夹具安装工件。

8.5.1　卡盘装夹

1. 用自定心卡盘安装工件

自定心卡盘是车床最常用的附件，如图 8-10a 所示。自定心卡盘上的三爪是同步动作的，能自动定心和夹紧，装夹工件方便，但定心精度不高。

自定心卡盘的结构如图 8-10b 所示，当用卡盘扳手转动小锥齿轮时，大锥齿轮也随之转动，在大锥齿轮背面平面螺纹的作用下，使三个爪同步向心移动或退出，以夹紧或松开工件。它的特点是对中性好，自动定心精度可达到 0.05 ~ 0.15mm。自定心卡盘适于夹持圆柱形、六角形等中小工件，当工件直径较大、用顺爪不便装夹时，可用三个反爪装夹，如图 8-10c 所示。当工件长度大于 4 倍直径时，应在工件右端用尾架顶尖配合支承，如图 8-10d 所示。自定心卡盘夹紧力不大，一般只适于装夹质量较轻的工件，当工件较重时，宜用单动

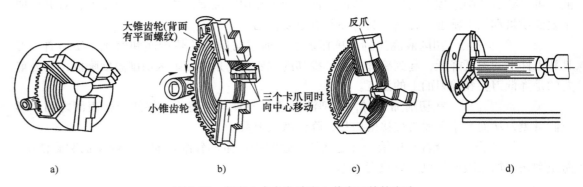

图 8-10 自定心卡盘自动定心装夹工件的方法

a）顺爪 b）三爪定心 c）反爪 d）自定心卡盘与顶尖配合使用

卡盘或其他专用夹具。

2. 用单动卡盘安装工件

单动卡盘的结构如图 8-11a 所示，它的四个爪通过 4 个螺杆独立移动。它的特点是能装夹形状比较复杂的非回转体工件，如方形、长方形等，而且夹紧力大。由于其装夹不能自动定心，所以装夹效率较低，装夹时必须用划针盘或百分表找正，使工件回转中心与车床主轴中心对齐，图 8-11b 所示为用划针盘找正外圆。

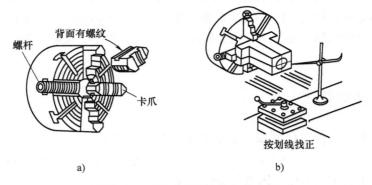

图 8-11 单动卡盘装夹工件的方法

a）单动卡盘结构 b）用划针盘找正外圆

8.5.2 顶尖装夹

对一般较长的工件，尤其是加工精度要求较高的工件，不能直接用自定心卡盘装夹，而要一端用自定心卡盘，另一端用尾架顶尖顶住的装夹方法。这种装夹方法适用于同轴度要求比较高的轴类工件。

采用两顶尖的装夹方法，如图 8-12 所示。工件支承在前后两顶尖间，由卡箍、拨盘带动旋转。其前顶尖为固定顶尖，装在主轴孔内，并随主轴一起转动，后顶尖装在尾架套筒内。常用的顶尖有固定顶尖和回转顶尖两种，如图 8-13 所示。两顶尖装夹用于长轴类工件的精加工。

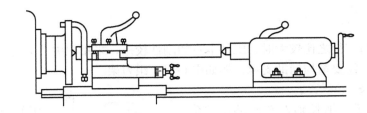

图 8-12　两顶尖安装工件

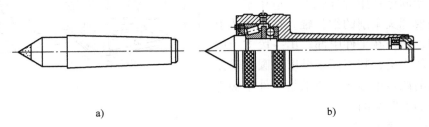

a)　　　　　　　　　　　　　　　　　　　　b)

图 8-13　顶尖

a）固定顶尖　b）回转顶尖

8.5.3　花盘、弯板及压板装夹

　　形状不规则的工件不适合使用自定心卡盘或单动卡盘装夹，可用花盘装夹，如图 8-14 所示。花盘是安装在车床主轴上的一个大圆盘，盘面上的许多 T 形槽用以穿放螺栓。工件可用螺栓直接安装在花盘上，如图 8-14a 所示。也可以把辅助支承角铁（弯板）用螺钉紧固在花盘上，工件则安装在弯板上。图 8-14b 所示为一轴承座在花盘上的装夹。为了防止转动时因重心偏向一边而产生振动，在工件的另一边要加平衡铁。工件在花盘上的位置需经仔细找正。

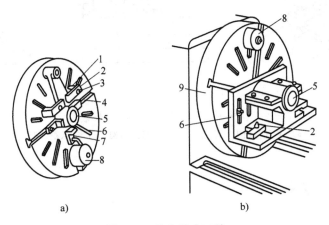

a)　　　　　　　　　　　　　　b)

图 8-14　花盘装夹工件

a）花盘上装夹工件　b）花盘与弯板配合装夹工件

1—垫铁　2—压板　3—压板螺钉　4—T 形槽　5—工件

6—弯板　7—可调螺钉　8—配重铁　9—花盘

8.5.4 中心架或跟刀架装夹

当工件长度与直径之比较大时，工件本身的刚性较差，采用顶尖装夹时，为防止车削时产生弯曲、振动，需要增加辅助支承，例如中心架、跟刀架。

1. 用中心架支承细长轴

如图 8-15 所示，细长轴左右两端用顶尖支承，中部用中心架辅助支承，以增加工件的刚性。中心架固定在床身导轨上，适用于加工有台阶或需要调头车削的细长轴。在工件装上中心架之前，必须在工件中部车出一段支承中心架支承爪的沟槽，其表面粗糙度及圆柱误差要小，车削前调整中心架三个爪与工件接触力的大小，并加上润滑油。

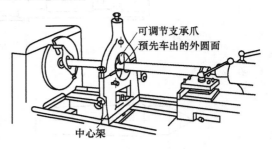

图 8-15 中心架的应用

2. 用跟刀架支承细长轴

如图 8-16a 所示，细长轴左右两端分别用卡盘和顶尖支承，中部用跟刀架辅助支承，跟刀架固定在床鞍上，跟随车刀移动。跟刀架一般有两个支承爪，防止工件弯曲变形。图 8-16b 所示为两爪跟刀架，车刀给工件的切削抗力使工件紧贴在跟刀架的两个支承爪上，但由于工件本身的重力以及偶然因素会导致工件和支承爪瞬时接触或瞬时离开，因而产生振动。三爪跟刀架支承比较稳定，不易产生振动，如图 8-16c 所示。跟刀架适用于加工不宜调头车削的细长轴。

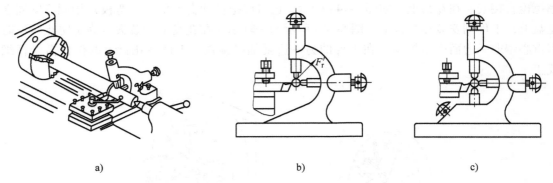

a) b) c)

图 8-16 跟刀架支承车削细长轴
a）卡盘、顶尖、跟刀架 b）两爪跟刀架 c）三爪跟刀架

8.6 基本车削工作

8.6.1 车外圆及端面

外圆、台阶、端面是回转体零件的主要几何特征，外圆、台阶、端面的加工是车工的基本工作。这些几何特征的加工通常分为粗加工和精加工。粗加工通常尽可能采用大的背吃刀量和进给量，高效切除工件上的大部分余量，切削速度则通常较低，以延长刀具寿命。粗车

所能达到的尺寸公差等级为 IT12~IT11，表面粗糙度值 $Ra50~12.5\mu m$。精加工切去余下的少量金属，一般采用较小的背吃刀量、进给量和较高的切削速度，以获得零件所要求的加工精度和表面质量。精车的尺寸公差等级可达 IT8~IT6，表面粗糙度值 $Ra1.6~0.8\mu m$。

1. 车削外圆

（1）外圆车刀　车削外圆常用主偏角为 75°的偏刀、45°弯头车刀和 90°偏刀，如图 8-17 所示。

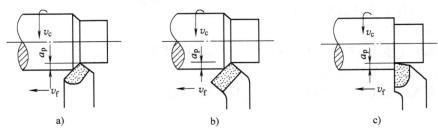

图 8-17　车削外圆

a）75°的偏刀　b）45°弯头车刀　c）90°偏刀

1）主偏角为 75°的偏刀，其车刀强度较好，常用于粗车外圆，如图 8-17a 所示。

2）45°弯头车刀车适用车削不带台阶的光滑轴，如图 8-17b 所示。

3）90°偏刀适于加工细长工件的外圆或有台阶的外圆，如图 8-17c 所示。

（2）车削外圆的具体操作

1）当工件被卡盘夹紧以后，操纵车床变速手柄选择合适的主轴转速，开动车床使主轴转动，将床鞍快速移至工件右端适当位置，使刀尖低速接近工件，转动横向手轮移动中滑板进刀，转动纵向手轮移动床鞍作纵向进给车外圆，如图 8-18 所示。一次进给车削完毕，横向退出车刀，再纵向移动床鞍至工件右端进行第二、第三次车削，最后一刀切削完毕，应纵向退刀，以免划伤已加工表面，直至符合图样要求为止。

2）试切和测量。外圆车刀试切法如图 8-19 所示。使车刀和工件外圆表面轻微接触，向右退出车刀，根据工件直径余量的 1/2 作横向进刀，当车刀在纵向外圆上车出 1~3mm 台阶时，纵向快速退出车刀（横向不动），然后停车测量，如尺寸已符合要求，自动进给车外圆；否则调整吃刀量，再进行试切和测量。

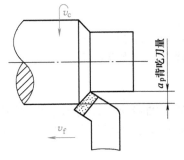

图 8-18　外圆车刀的进给

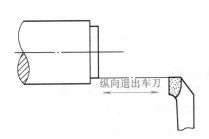

图 8-19　外圆车刀试切法

3）车削长度控制，通常采用刻线痕法。用刀尖在工件外圆表面上标记出车削长度，车出预定长度后测量，如图 8-20 所示。在车削前用钢直尺、样板、卡钳及刀尖在工件外圆表面上车出一条线痕，标记出车削长度，用线痕控制进给，当车至线痕时停止进给，再用钢直尺或其他量具复测。

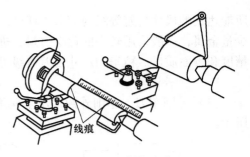

线痕

图 8-20 刻线痕法

（3）车外圆出现锥度的主要原因

1）用小滑板手动进给车外圆时，小滑板导轨与主轴中心线不平行。

2）双顶尖支承工件时，工件回转中心线与床身纵向导轨不平行。

3）切削过程中车刀磨损。

4）中滑板存在间隙，即螺杆和螺母之间存在间隙。

2. 车削端面

圆柱体两端的平面称为端面。由直径不同的两个圆柱体相连接的部分称为台阶。

车端面时刀具的主切削刃要与端面有一定的夹角。工件伸出卡盘部分应尽可能短些，车削时用中滑板横向进给，进给次数根据加工余量而定，可采用自外向中心进给，也可以采用自圆中心向外进给的方法。

（1）车刀 端面车刀常用的有偏刀和弯头车刀。图 8-21a 所示为右偏刀车端面，由外向里进给，副切削刃切削，车刀容易扎入工件而形成凹面；图 8-21b 所示为左偏刀车端面，由外向里进给，主切削刃切削，切削条件优于副切削刃切削；图 8-21c 所示为右偏刀车端面，由里向外进给，主切削刃切削，切削顺畅，也不易产生凹面；图 8-21d 所示为弯头车刀车端面，由里向外进给，主切削刃切削，切削顺畅。弯头车刀的刀尖角等于 90°，刀尖强度比偏刀大，不仅能用于车端面，还可车外圆和倒角等工作。

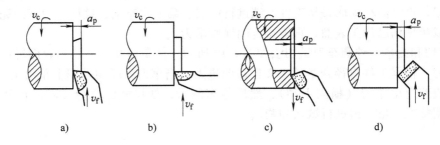

a)　　　　　b)　　　　　c)　　　　　d)

图 8-21 车削端面

a）右偏刀副切削刃车端面 b）左偏刀主切削刃车端面

c）右偏刀主切削刃车端面 d）弯头车刀主切削刃车端面

（2）车端面具体操作

1）安装好车刀，操纵车床变速手柄选择合适的主轴转速，开动车床使主轴转动。

2）根据横向背吃刀量移动小滑板或床鞍至正确位置，然后锁紧床鞍，手摇横向手轮移动中滑板径向进给，或让中滑板自动进给。

3）端面车削的切削速度是变化的，切削速度的计算应按端面的最大直径计算。

（3）车端面容易出现的问题

1）工件平面中心残留有凸头，原因可能是刀尖没有对准中心，偏高或偏低。

2）平面不平有凹凸，原因可能是车刀刃磨或安装不正确、吃刀量过大、车刀磨损、滑板移动、刀架和车刀紧固力不足。

3）表面粗糙度值高，原因可能是车刀不锋利，手动进给不均匀，自动进给量选择不当。

8.6.2　切槽与切断

车削时，经常需要把长的原材料切成多段的毛坯，然后再进行加工，或者将车好的成品从原材料上切下来，这种加工方法称为切断。

在工件表面上车出沟槽称为切槽，按加工位置分为外槽、内槽和端面槽；按形状分为矩形槽、梯形槽、圆弧槽；按功能分为退刀槽、密封槽和卡圈槽等。

1. 切断刀

（1）切断刀材料　切断刀材料常用高速钢和硬质合金。高速钢切断刀适用于切断直径较小的工件，如图 8-22 所示。切断直径较大的工件或高速切断选用硬质合金切断刀，如图 8-23 所示。

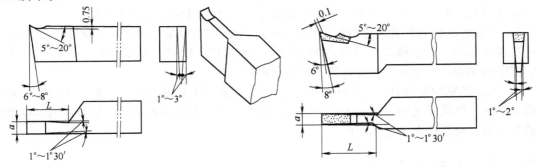

图 8-22　高速钢切断刀角度　　　　　　图 8-23　硬质合金切断刀角度

（2）切断刀的安装

1）刀尖必须与工件回转中心等高，刀尖过高不易切削，如图 8-24a 所示；刀尖过低使切断刀易折断，如图 8-24b 所示。

2）切断刀、切槽刀必须与工件轴线垂直，否则车刀的副切削刃与工件两侧面易产生摩擦，刀头易折断，如图 8-25 所示。

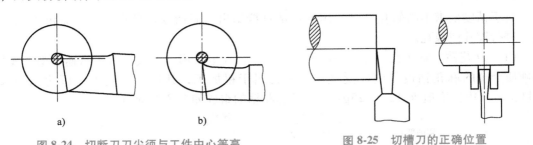

图 8-24　切断刀刀尖须与工件中心等高

a）刀尖过高不易切削　b）刀尖过低易折断

图 8-25　切槽刀的正确位置

3）切断刀的底平面必须平直，否则会引起副后角的变化，切断时切刀的某一副后刀面会与工件摩擦。

2. 切断的操作方法

切断方法有直进法、左右借刀法和反切法。直进法切断时，车刀横向连续进给将工件切下，操作十分简便，工件材料也比较节省，应用广泛，如图 8-26a 所示。左右借刀法切断时，车刀横向和纵向依次进给，比较费工费料，一般用于机床、工件刚性不足的工况，或切断刀刀头长度小于工件半径的工况，如图

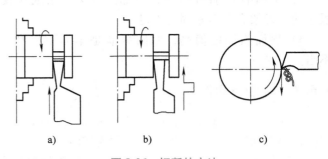

图 8-26 切断的方法

a）直进法 b）左右借刀法 c）反切法

8-26b 所示。反切法切断时，车床主轴反转，车刀反装进行切断，切削比较平稳，排屑向下较顺利，但卡盘必须有保险装置，如图 8-26c 所示。

3. 切槽的操作方法

切槽刀的几何角度与切断刀基本相同，但刀头长度和主切削刃宽度需要根据加工沟槽的尺寸要求进行刃磨。安装切槽刀时要求主切削刃与工件外圆柱素线保持平行。

1）车精度不高的和宽度较窄的矩形沟槽时，可以用刀宽等于槽宽的车槽刀，采用直进法一次进给车出。对于精度要求较高的沟槽，一般采用二次进给车成。第一次进给车沟槽时，槽壁两侧留精车余量，再进行第二次进给修整。

2）车削较宽的沟槽时，应先用外圆车刀的刀尖在工件上刻两条线，把沟槽的宽度和位置确定下来，然后用切槽刀在两条线之间进行粗车，但这时必须在槽的两侧面和槽的底部留下精车余量，最后精车槽宽和槽底。

8. 6. 3　圆柱内孔的加工

工件的内圆柱表面常称为孔，内圆柱表面是回转体零件的主要几何特征之一。在车床上加工内孔的方法主要有钻孔、车孔和铰孔。在车床上加工内孔是工件作回转运动，刀具作直线进给运动。在镗铣床上镗孔是刀具作回转运动，工件作直线进给运动。车内孔比车外圆困难，主要原因是刀杆尺寸受到孔径、孔深的限制，不能太粗、太短，刚性较差；排屑不畅、冷却困难；孔的测量比外圆测量困难；切削状况难以观察。

1. 钻孔

对于精度要求不高的孔可以选用麻花钻直接钻出，而精度要求高的孔，需留出加工余量，进行铰孔或镗孔。

（1）麻花钻　麻花钻一般用高速钢制成，是钻孔最常用的刀具。由于高速切削的发展，镶硬质合金的麻花钻也得到广泛使用。钻孔属于粗加工，其尺寸公差等级可达 IT12～IT11，表面粗糙度值 $Ra12.5～25\mu m$。锥柄麻花钻的组成如图 8-27 所示。

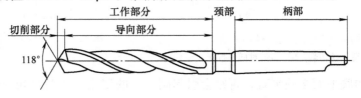

图 8-27 锥柄麻花钻的组成

1）柄部是麻花钻上的夹持部分，切削时起定心和传递扭矩作用。13mm以下的麻花钻通常为圆柱柄，直径大于13mm的为莫氏锥柄。

2）工作部分包括切削部分和导向部分。导向部分上有两条刃带和螺旋槽。刃带的作用是引导钻头，螺旋槽的作用是构成切削刃向孔外排屑及流入切削液。

3）切削部分的两个主切削刃担负着切削工作，锥顶角为118°。

4）颈部是麻花钻磨削的退刀槽，麻花钻的规格、材料及商标常打印在颈部。

（2）钻孔的操作方法 将工件装夹在卡盘上，钻头安装在尾架套筒锥孔内，钻孔前先车平端面。如果对孔的位置精度要求较高，则要用中心钻钻出定位孔；位置精度要求不高的孔，则用钻头定出一个中心凹坑，调整好尾架位置并紧固于床身上，使钻头中心对准工件旋转中心。根据钻头直径调整主轴转速，摇动尾座手轮，匀速进给钻削，注意经常退出钻头，排出切屑。钻钢料时要不断注入切削液。钻孔进给不能过猛，以免折断钻头，一般钻头直径越小，进给量也越小，但切削速度可加大。钻大孔时，进给量可大些，但切削速度应放慢。当孔将钻穿时，因横刃不参加切削，应减小进给量，否则容易损坏钻头。孔钻通后应把钻头退出后再停车。如图8-28所示。

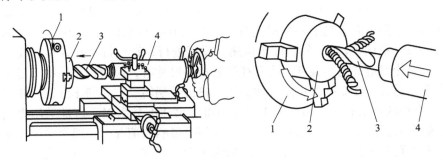

图8-28 车床上钻孔
1—卡盘 2—工件 3—钻头 4—尾座

2. 车孔

车孔，也称镗孔，一般是对工件上已有的预制孔（铸、锻、钻孔）进行继续加工。车孔分粗车和精车，精车孔尺寸公差等级可达IT8～IT7，表面粗糙度值 $Ra1.6～0.8\mu m$。车孔可车通孔、不通孔和切内槽，如图8-29所示。

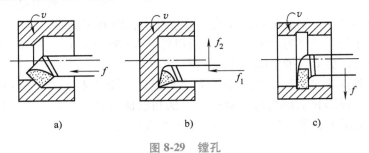

图8-29 镗孔
a）车通孔 b）车不通孔 c）切内槽

（1）车孔刀 车孔刀材料主要有高速钢和硬质合金。车孔刀的切削部分基本上与外圆车刀相似，刀头做成弯头。根据内孔的几何形状，内孔车刀分为通孔车刀和不通孔车刀。通孔车刀的主偏角为 45°~75°，如图 8-29a 所示。不通孔车刀主偏角为大于 90°，如图 8-29b 所示。图 8-29c 所示为切内槽车刀。在车床上车孔比车外圆困难，因刀杆截面尺寸比外圆车刀小，而且伸出较长，往往因刀杆刚性不足而引起振动，所以吃刀量和进给量都要比车外圆时小些，切削速度也要小 10%~20%。车不通孔时，排屑困难，进给量应更小些。

（2）车孔刀的装夹

1）内孔车刀装夹时，刀尖应对准工件中心。刀杆与轴心线基本平行，精镗时可略高一些，避免车刀受到压力下弯而产生"扎刀"现象；粗镗时刀尖可略微装低一些，以增大前角使切削顺利。根据实践经验，刀尖的高低允差应小于工件直径的 1%。

2）刀杆基面必须与主轴中心线平行，刀头部分可略向操作者偏斜一些，以免车刀进入内孔到一定深度后刀杆与内孔壁摩擦。

3）如果刀杆伸出太长，可在刀杆下面与方刀架之间垫一个垫块支承，以减少振动。

4）车孔刀尽可能选择粗的刀杆，刀杆装在刀架上伸出的长度略长于孔的深度即可。

（3）车孔操作方法

1）车直通孔与车外圆基本相同，只是进刀和退刀方向相反。粗车和精车也要进行试切和试测，试切时根据径向余量的一半横向进刀，车刀在孔口纵向车削 2mm 左右的长度，纵向快速退出车刀（横向不动），然后停车试测。反复进行，直至符合孔径尺寸要求为止。防止因刀杆细长而让刀造成内孔锥度。当孔径接近最终尺寸时，应用很小的吃刀量重复车削一次，消除锥度。另外，在车孔时一定要注意进、退刀手柄转动方向与车外圆时相反。

2）车小直径的台阶孔时，由于人工观察困难，尺寸不易掌握，通常采用先粗、精车小孔，再粗、精车大孔。车大的台阶孔时，在视线不受影响的情况下，通常采用先粗车大孔和小孔，再精车大孔和小孔。车孔径大小相差悬殊的台阶孔时，最好采用主偏角小于 90° 的车刀先进行粗车，然后用主偏角大于或等于 90° 的车刀精车至尺寸。因为直接用主偏角大于或等于 90° 的车刀车削，吃刀量不可太大，否则刀尖容易损坏。其次由于刀杆细长，在轴向抗力的作用下，吃刀量太大容易产生振动和扎刀。

3）粗车时通常采用刀杆上刻线痕或安放限位铜片，以及床鞍刻度盘的刻线来控制尺寸。精车时用钢直尺、游标深度尺等量具进行测量。

3. 铰孔

铰孔是对工件上已加工孔的精加工，适合于加工小孔和深孔。铰刀是一种尺寸精确的多刃刀具。铰刀的刚性好，制造精确，铰孔加工余量小、切削速度低，排屑、润滑条件较好，所以铰出的孔尺寸公差等级为 IT8~IT6，表面粗糙度 Ra 值为 1.6~0.4μm。铰刀的刚性比内孔车刀要好，因此，更适合加工小深孔。

（1）铰刀　如图 8-30 所示，铰刀是一种多刃刀具，铰刀材料主要有高速钢和硬质合金。铰刀由工作部分、颈部和柄部组成。柄部有直柄和锥柄两种。铰刀分为手用铰刀和机用铰刀，手用铰刀的柄部为直柄，后端有方榫，用扳手进行铰孔。机用铰刀的柄部有直柄和莫氏锥柄两种。

1）铰刀的切削部分呈锥形，担负主要的切削工作。

2）铰刀校准部分的棱边起修光、导向、增强切削刃强度的作用。棱边直径测量方便，但棱边不能太宽，否则会增加铰刀与孔壁间的摩擦。

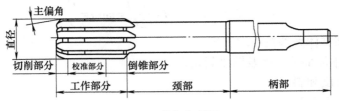

图 8-30　锥柄机用铰刀

（2）铰孔操作方法　铰孔前一般先预加工孔，留有一定的余量，余量的大小直接影响铰孔的质量。余量太小时，往往不能把前道工序的加工刀痕全部切去。一般粗铰余量为0.15~0.3mm，精铰余量为0.04~0.15mm。用高速钢铰刀时余量取小些，用硬质合金铰刀时余量取大些。

铰削速度一般小于0.1m/s，铰削钢料时进给量可选0.1~0.2mm/r，铰削铸铁时进给量可取大些。手铰比机铰质量高，其原因是切削速度低，切削温度也低，不产生积屑瘤，刀具尺寸变化小，但只适用于单件小批生产中铰通孔。机用铰刀在车床上铰削时，先把铰刀安装在尾座套筒中（或浮动套筒中），并把尾座移动到适当位置，用手均匀进给铰削。铰削钢料时应加切削液（如乳化液等），铰铸铁时可加煤油，铰铜件时可加菜籽油。

8.6.4　车锥面

1. 圆锥面的几何特征

圆锥面是回转体零件的主要几何特征之一，圆锥面有外圆锥面和内圆锥面，如图 8-31所示。工具和刀具上常有圆锥，并且都已标准化。莫氏圆锥是机械制造中应用最广泛的一种，如车床主轴锥孔、后顶尖的锥柄、钻头柄、铰刀柄等。莫氏圆锥有七个号码，即0、1、2、3、4、5、6，最小的是0号，最大的是6号。

圆锥面的几何参数主要有大小端直径、圆锥角、锥体长度等，如图 8-32 所示。

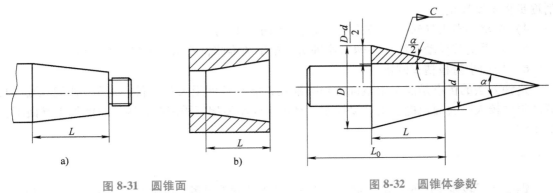

图 8-31　圆锥面
a）外圆锥　b）内圆锥

图 8-32　圆锥体参数

各几何参数的关系为

$$D = d + 2L\tan\alpha \qquad C = \frac{D-d}{L} = 2\tan\alpha$$

$$d = D - 2L\tan\alpha \qquad M = \frac{D-d}{2L} = \tan\alpha = \frac{C}{2}$$

式中 D、d ——圆锥体大端及小端直径；

         L、α —— 锥体部分长度及圆锥斜角；

         C、M ——锥度和斜度。

2. 车圆锥的操作方法

圆锥面的车削方法有多种，如转动小刀架法（见图8-33）、偏移尾架法（见图8-34）、靠模法和宽刀法等。车削短锥或锥度较大的圆锥体时常采用转动小刀架法，这种方法操作简单，能保证一定的加工精度，应用广泛。

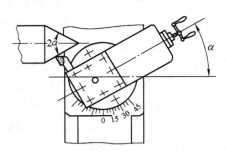

图 8-33 转动小刀架法车锥面

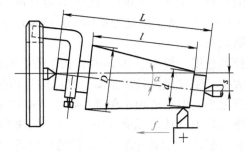

图 8-34 偏移尾架法车锥面

1）装夹工件和车刀，校正工件，车刀刀尖必须严格对准工件的旋转中心。如果刀尖在工件的轴线以下，车出来的锥体是腰形，即中间凹；如果在工件轴线以上车出来的锥体是鼓形，即中间凸。

2）按圆锥的大端直径和圆锥部分长度的尺寸要求，车出圆柱体。

3）根据工件图样的要求计算出圆锥半角 $\alpha/2$，用扳手松开固定小刀架下面转盘上的螺母，将小刀架按工件图样的圆锥方向绕转盘转动，在小滑板基准零线与转盘角度刻线对齐后锁紧转盘螺母。当圆锥半角 $\alpha/2$ 不是整数值时，其小数部分用目测的方法估计，再通过试切削逐步将角度校正。

4）调整小滑板导轨与镶条的配合间隙并确定工作行程。

5）双手交替摇动小滑扳手柄匀速进给，粗车圆锥体，留精车余量 0.5~1mm。

6）摇动小滑板精车圆锥体。

这种方法的优点是能车出整锥体和圆锥孔，能车角度很大的工件，但只能用手动进刀，劳动强度较大，表面粗糙度也难以控制，且由于受小刀架行程限制，因此只能加工锥面不长的工件。

8.6.5 车螺纹

螺纹是回转体零件的主要几何特征之一。螺纹的种类很多，按用途可分为连接螺纹和传动螺纹；按牙型可分为三角形、矩形、梯形、锯齿形、圆弧形螺纹；按螺旋线方向可分为左旋螺纹和右旋螺纹；按螺旋线的多少又可分为单线螺纹和多线螺纹；按母体形状可分为圆柱螺纹和圆锥螺纹等；按标准可分为米制螺纹和寸制螺纹。三角形米制螺纹应用广泛，又称为管螺纹。

1. 管螺纹

管螺纹的几何参数，如图8-35所示。

1）牙型角 α 是在通过螺纹轴线的牙型上，相邻两牙侧间的夹角。三角形米制螺纹牙型角为 60°。大多数螺纹的牙型角对称于轴线垂直线，即牙型半角 $\alpha/2$。

2）牙型高度 h_1 是在螺纹牙型上，牙顶到牙底之间垂直于螺纹轴线的距离，$h_1 = 0.5413P$。

3）螺距 P 是相邻两牙在中径上对应两点间的轴向距离。

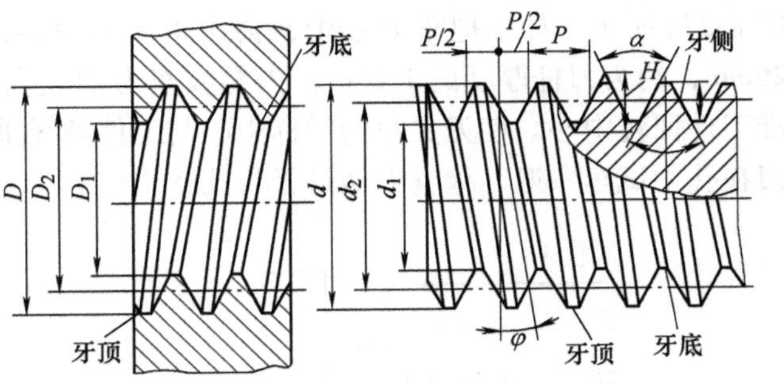

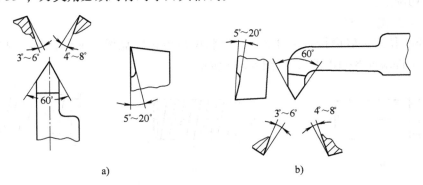

图 8-35　螺纹参数
a）内螺纹　b）外螺纹

4）螺纹大径，称外螺纹顶径 d，称内螺纹底径 D（小写字母代表外螺纹，大写字母代表内螺纹）。

5）螺纹小径，称外螺纹底径 d_1，称内螺纹孔径 D_1。计算公式：$D_1 = d_1 = d - 1.0825P$。通常车外螺纹时，底径取值按经验公式：$d_1 = d - (1.1 \sim 1.3)P$。

6）中径是一个假想圆柱的直径，该圆柱的母线通过牙型上凸起和沟槽宽度相等的地方，外螺纹中径 d_2 与内螺纹中径 D_2 相等。计算公式：$d_2 = D_2 = d - 0.6495P$。

7）螺纹升角是螺旋线的切线与垂直于螺纹轴线的平面之间的夹角。螺纹升角计算式为

$$\tan\varphi = P / \pi d_2$$

牙型角 α、螺距 P、螺纹中径 $D_2(d_2)$ 是决定螺纹的三个基本要素。

2. 管螺纹车刀的角度及安装

螺纹车刀的结构形状与其他车刀一样，螺纹车刀切削部分的形状应当与螺纹的轴向断面形状相符合。管螺纹车刀几何角度如图 8-36 所示。对米制螺纹，刀尖角为 60°；对寸制管螺纹刀尖角为 55°，刀尖角必须对称对于刀具轴线。

图 8-36　管螺纹车刀
a）外螺纹车刀　b）内螺纹车刀

螺纹车刀的常用材料有硬质合金和高速钢两种。目前，车削中等螺距的碳钢类工件的车刀为硬质合金，铝、铜类有色金属工件以及大螺距螺纹工件的精加工所用刀具为高速钢。

装夹螺纹车刀时，刀尖位置应对准工件中心，一般可根据尾架顶尖高度调整和检查。车刀刀尖角的对称中心线必须与工件轴线垂直。装刀时可用对刀样板采用透光法进行调整，如

图 8-37a 所示。如果把车刀装歪，会产生牙型歪斜，俗称倒牙。刀头伸出长度一般为 20～25mm，约为刀杆厚度的 1.5 倍。内螺纹车刀的装夹如图 8-37b 所示，同样应使车刀刀尖对准工件回转中心。使刀尖角的对称中心与工件轴线垂直，车刀安装好后，应移动床鞍，使车刀在孔中试车一遍，检查刀柄是否与孔壁干涉。

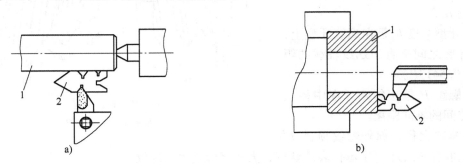

图 8-37 螺纹车刀的安装

a）外螺纹车刀装夹 b）内螺纹车刀装夹

1—工件 2—对刀样板

3. 车螺纹的准备工作

1）首先车好工件的螺纹大径（比公称直径小 0.1 倍螺距）和螺纹退刀槽、端部倒角。

2）根据工件的螺距 P，在车床螺距指示牌上，找出进给箱各操纵手柄的位置，按指示牌操纵各手柄。

3）选择主轴转速，开动车床，合上开合螺母，开正反车数次后，检查丝杠与开合螺母的工作状态是否正常。

4）高速车削 $P=1.5～3mm$，材料为中碳钢的螺纹时，只需 3～5 次进给即可完成，切削时一般不加切削液。

4. 车螺纹的操作方法

1）开车，使刀尖轻微接触工件表面，并将中滑板刻度盘调至零位，然后纵向退刀至起始位置（距工件端面 8～10 牙），如图 8-38a 所示。

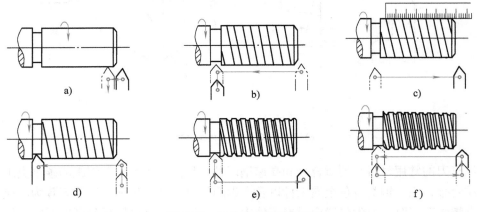

图 8-38 车外螺纹操作步骤

a）准备进刀 b）试切 c）检测螺距 d）背吃刀量为 1/3 牙型高度切削 e）多次螺纹走刀 f）车出正确牙型

2）横向进刀 0.05mm 左右，开车合上开合螺母，在工件表面车出一条螺旋线，至螺纹退刀槽处终止纵向进给，并横向退出车刀，开反车把车刀退到工件右端起始位置，停车，用钢直尺检查螺距，如图 8-38b、c 所示。

3）第二次横向进刀，背吃刀量为 1/3 牙型高度 H 左右，开车合上开合螺母，车至螺纹退刀槽处终止纵向进给，并快速横向退刀，开反车把车刀退到工件右端起始位置，停车，如图 8-38d 所示。

4）第三次横向进刀，背吃刀量为 1/4 牙型高度 H 左右，重复第二次车削，直至车出正确的牙型，如图 8-38e、f 所示。普通管螺纹进给次数一般为 3~5 次，螺纹的总背吃刀量经验计算公式 $a_p \approx 0.65P$。

5. 螺纹车削注意事项

1）注意和消除拖板的"空行程"。

2）避免"乱扣"，当第一条螺旋线车好以后，第二次进刀车削，刀尖不在原来的螺旋线上，而是偏左或偏右，甚至车在牙顶中间，这个现象就称为"乱扣"。预防乱扣的方法是采用倒顺（正反）车法车削。若车削途中刀具损坏需重新换刀或者无意提起开合螺母时，应注意及时对刀。

3）对刀前首先要安装好螺纹车刀，然后按下开合螺母，开正车（注意应该是空进给）停车，移动中、小拖板使刀尖准确落入原来的螺旋槽中，同时根据所在螺旋槽中的位置重新做中拖板进刀的记号，再将车刀退出，开倒车将车刀退至螺纹头部再进刀。

4）借刀就是螺纹车削一定深度后，将小拖板向前或向后移动微小距离再进行车削，借刀时注意小拖板移动距离不能过大，以免将牙槽车宽造成"乱扣"。

6. 螺纹的测量

1）螺纹大径的公差较大，一般可用游标卡尺或千分尺测量。

2）螺距一般可用钢直尺测量。普通螺纹的螺距较小，测量 10 个螺距的长度，如图 8-39a 所示，除以 10，就得出一个螺距的尺寸。如果螺距较大，可测量 2~4 个螺距的长度。细牙螺纹的螺距较小，用钢直尺测量比较困难，这时可用螺距规来测量，如图 8-39b 所示，测量时把螺纹规平行轴线方向嵌入牙型中，如果完全贴合，则说明被测的螺距是正确的。

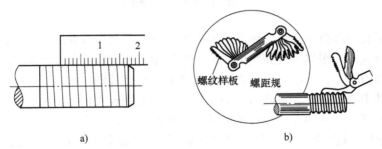

图 8-39　螺距检测
a）钢直尺测量螺距　b）螺距规测量

3）精度较高的管螺纹可用螺纹千分尺测量，所测得的千分尺读数就是该螺纹的中径实际尺寸。

4）用螺纹环规（塞规）对螺纹进行一次综合性测量。分别用通规、止规先后旋入螺纹，当通规能顺利通过，而止规旋不进时，则螺纹合格，如图 8-40 所示。

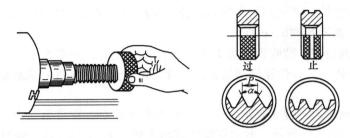

图 8-40 螺纹环规检测

8.6.6 其他车削加工

1. 滚花

有些机器零件或工具，为了增大摩擦力，便于手动握持和外形美观，往往在工件表面上滚出各种不同的花纹，这种工艺称为滚花。这些花纹一般是在车床上用滚花刀滚压而成的，如图 8-41 所示。花纹有直纹和网纹两种，滚花刀相应有直纹滚花刀和网纹滚花刀。

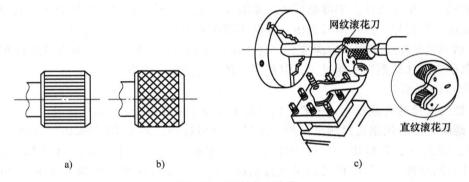

图 8-41 在车床上滚花
a）直纹 b）网纹 c）滚花刀

滚花是用滚花刀来挤压工件，使其表面产生塑性变形而形成花纹，所以滚花时产生的径向压力很大。滚花前，根据工件材料的性质，需把滚花部分的直径车小 0.25~0.5mm。然后将滚花刀紧固在刀架上，使滚花刀的表面与工件表面平行接触，滚花刀中心和工件中心等高，在滚花刀接触工件时，必须用较大的压力进刀，使工件挤出较深的花纹，否则容易产生乱纹。这样来回滚压 1~2 次，直到花纹凸出为止。为了减少开始时的径向压力，可先把滚花刀表面宽度的一半跟工件表面相接触，或把滚花刀装得略向右偏一些，使滚花刀与工件表面有一个很小的夹角，如图 8-42 所示，这样比较容易切入，不易产生乱纹。滚花时应选择较低的转速，要经常加润滑油和清除切屑，以免损坏滚花刀和防止滚花刀被切屑滞塞而影响花纹的清晰程度。

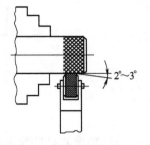

图 8-42 滚花刀的安装

2. 车削成形面

成形面是指母线不是直线而是圆弧或其他曲线的回转表面。在卧式车床上加工成形面的方法有双手控制法、成形法和仿形法。

1）双手控制法就是左手摇动中滑板手柄，右手摇动小滑板手柄，两手配合，使刀尖走曲线轨迹。

2）成形法是用成形刀加工的方法，成形刀切削刃形状与工件表面吻合，装刀时刃口要与工件轴线等高。

3）仿形法又称为靠模法，先按标准样件制作靠模，刀具沿靠模对工件进行加工。在卧式车床上，靠模使车刀作纵向进给的同时作横向进给，从而使刀具的运动轨迹与标准样件外圆素线平行，加工出和标准样件外形相同的工件。

8.7　车削加工示例

图 8-43 所示为齿轮箱的传动轴，由外圆、轴肩、螺纹及螺纹退刀槽、砂轮越程槽等组成。$\phi36$mm 外圆和 $\phi25$mm 外圆为主要工作表面，表面粗糙度值 Ra 为 0.8μm。轴颈表面与轴承配合，中间的外圆表面用于安装齿轮，因此除尺寸精度外还有同轴度要求。三段主要表面应以磨削作为终加工。$\phi30$mm 外圆尺寸无公差要求，但轴肩要作为轴向定位面有轴向圆跳动要求，车削加工就可保证其尺寸和几何精度的要求。

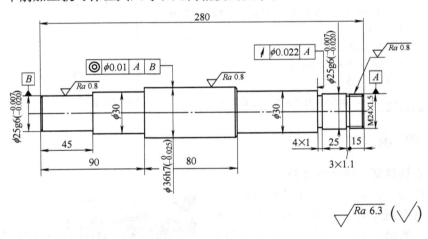

图 8-43　传动轴零件图

该传动轴与一般重要的轴类零件一样，为了获得良好的综合力学性能，需要进行调质处理。轴类零件中，对于光轴或直径相差不大的台阶轴，多采用圆钢作为坯料；对于直径相差悬殊的台阶轴，采用锻件可节省材料和减少机械加工工时。因该轴各外圆直径尺寸相差不大，且单件生产，可选择 $\phi40$mm 的圆钢为毛坯。

根据传动轴的精度要求和力学性能要求，可确定加工顺序为：粗车—调质—半精车—磨削。由于粗车时加工余量多，切削力较大，且粗车时各加工面的位置精度要求低，故采用一夹一顶安装工件。半精车时，为保证各加工面的位置精度，以及与磨削采用统一的定位基准，减少重复定位误差，使磨削余量均匀，保证磨削加工质量，故采用两顶尖安装工件。

加工所选用刀具为中心孔钻、90°偏刀、45°弯头车刀、切槽刀、螺纹车刀，加工工序见表8-2。

表8-2 传动轴车削加工工序卡

序号	工种	工序内容	设备	刀具	装夹方法
1	下料	$\phi40mm×282mm$	锯床		
2	车	夹住毛坯外圆 车端面 钻 $\phi2.5mm$ 的中心孔	车床	$\phi2.5mm$ 中心孔、45°弯头车刀	自定心卡盘
3	车	掉头夹紧毛坯外圆 车端面，取总长至280mm 车夹位（定位基准）	车床	90°偏刀、45°弯头车刀	自定心卡盘
4	车	车 $\phi36h7$ 外圆至 $\phi36(+0.6～0.5)mm×250mm$ 车 $\phi30mm$ 外圆至 $\phi30mm×90mm$ 车 $\phi25g6$ 外圆至 $\phi25(+0.5～0.4)mm×45mm$ 倒角 $C1$	车床	90°偏刀、45°弯头车刀	一夹一顶
5	车	钻中心孔 $\phi2.5mm$	车床	$\phi2.5mm$ 中心孔	一端夹紧，一端搭中心架
6	车	车 $\phi30mm×110mm$，保证80mm尺寸 车 $\phi25g6$ 外圆至 $\phi25(+0.5～0.4)mm×45mm$ 车 $M24×1.5$ 外圆至 $\phi24(-0.032～0.268)mm×15mm$ 倒角 $C1$	车床	90°偏刀、45°弯头车刀	两顶尖
7	车	车 $\phi30mm$ 退刀槽至尺寸 车 $3mm×1.1mm$ 槽至尺寸 车 $M24×1.5$ 至尺寸	车床	切槽刀、螺纹车刀	两顶尖
8	磨削	磨 $\phi36mm$、$\phi25mm$ 外圆至尺寸公差要求	外圆磨床		两顶尖

延伸阅读

洪家光：匠心铸战鹰　磨砺书传奇

发动机作为飞机心脏，一万多个精密零部件中，叶片就有近千片。在大推力牵引下，叶片承受着巨大的离心力，一旦与叶盘的连接不够严密牢靠，可能会导致叶片出现裂纹或断裂，甚至造成机毁人亡的惨剧。以往，只有少数国家掌握航空发动机叶片的精密磨削技术，如今，通过自主研发，洪家光团队也掌握了一套核心技术。

1998年刚进厂的时候，洪家光（图8-44）也只是一个普通的技校毕业生，厂里分配给他的都是最基础的活儿。因为羡慕老师傅们的手

图8-44 洪家光

艺，趁晚上加班的时候，他经常偷偷用师傅的刀具练手。工欲善其事，必先利其器。洪家光

认识到，要成为一名好车工，首先要磨一把好刀。经过近二十年的积累，洪家光的刀具箱已经颇为可观，大大小小，针对不同的活用不同大小的刀具，都是洪家光自己设计制作的。其中，有一个刀具，可以"抠到"直径 4mm 的小孔。加工 4mm 的小孔并不稀奇，一根头发丝的直径接近 0.08mm，车工的加工精度达到这个标准就堪称优秀，而洪家光给自己订下的标准是 0.02mm，也就是一根头发丝直径的四分之一。一个精密零件对应一张图样，一张图样对应一把刀，正是凭借这一把把设计精巧的刀和炉火纯青的技艺，洪家光挑战了一个又一个难题，30 岁出头，他就已经成为远近闻名的技术能手。2002 年临近春节，公司下达了一项紧急任务——加工某重点型号发动机核心叶片的修正工具金刚石滚轮。因为是核心叶片的修正工具，所以精度要求极高，所有尺寸公差都要求在 0.003mm 以内，这个尺寸相当于人头发丝的 20 分之 1。如果一个尺寸有偏差，整个零件都要报废，如果最终金刚石滚轮不合格，则会导致成千上万的叶片报废。洪家光凭着"初生牛犊不怕虎"的劲儿，主动请缨承担了该项任务。起初，洪家光按照传统方法加工零件，没想到经过十几个小时奋战出的产品，居然没有一个尺寸是合格的！当晚，洪家光一夜未眠。之后，他试着改善加工方法，每天连续工作 14 小时以上，饿了就把兜里揣着的大饼咬两口。就这样，硬是把别人看来需要几年时间才能掌握的技术，在短暂的 10 天内就攻破了。此后，他又先后攻克了多个国家新一代重点型号发动机叶片磨削工具金刚石滚轮的加工课题，改写了公司金刚石滚轮大型面无法加工的历史，创造了让同行惊叹的佳绩。此项技术的应用累计为公司创造产值 9200 余万元，并已成功授权为国家发明专利。这个重要的突破写上了"中国制造"，留下了洪家光的名字。十几年来，洪家光共完成了 100 多项技术革新，解决了 300 多个技术难题。2018 年 1 月，39 岁的洪家光获得了国家科技进步二等奖。

当自己的技术和技能提升到一定程度时，洪家光在工作中会留意到许多需要改进的地方。"多发掘多注意一些需要改进的地方，尝试小发明、创新、改造，也更好地提升自己的生产效率和质量。"通过这样的方式，洪家光说也能逐渐培养和打造自己创新创造的能力和兴趣。新时代需要团队的力量，这就让习惯埋头苦干的工人要尝试改变。对此洪家光正在带领技术团队相互协作，统一团结地攻坚克难。在洪家光单位附近，展览着我国的几代战机，一墙之隔，是我国新型战机的试飞场，偶尔会有战机呼啸而过。"看到的时候感觉万分自豪。只有坚持了，再加上你的奋斗，才能够成就你自己。我要保证我每个产品的质量，保证我每个产品都有一个新的突破，都有一个最精准的标准，才能使我们战鹰飞得更远、飞得更高。"

复习思考题

8-1　车床适合加工哪几类零件？有哪些主要车削工作？

8-2　普通卧式车床由哪些部分组成？各部分功能是什么？

8-3　车床床身导轨有何作用？普通卧式车床床身有两组导轨，为什么？

8-4　车刀按用途分为哪些种类？

8-5　车刀有哪些主要几何角度？前角和后角对切削效果有何影响？

8-6　常见车刀材料有哪几类？车削钢件和铸铁件应选用哪类硬质合金刀具？

8-7　切削液有何作用？为什么加工铸铁件一般不用切削液？

8-8　车削轴类零件有哪几种安装方法？卡盘+顶尖安装与双顶尖安装各有什么特点？

8-9　中心架与跟刀架有何区别？如何使用？

8-10　粗车端面和精车端面宜选用哪种车刀？

8-11　车端面要求刀尖和工件回转中心等高，为什么？

8-12　麻花钻由哪几个部分组成？各部分的作用是什么？麻花钻锥顶角是多少度？

8-13　车孔与镗孔的主要区别是什么？为什么说车孔比车外圆困难？

8-14　车锥面一般有哪几种方法？转动小刀架法适用于车削何种锥体？

8-15　车螺纹为什么打反车纵向退刀至起始位置，而不打开开合螺母摇动纵向手轮退刀？

第9章 铣削加工

【实训目的与要求】

1) 了解铣削加工的应用范围。
2) 了解立式铣床、卧式铣床的主要组成部分和功能。
3) 了解铣刀的常用材料、结构形式及其应用。
4) 熟悉和掌握铣削加工的基本方法。
5) 了解铣床分度头的结构，并学会使用分度头。
6) 了解工件和刀具的安装方法。
7) 了解齿轮的铣削加工方法。

9.1 概述

铣削加工是在铣床上利用铣刀对零件进行加工的工艺过程。在铣削过程中，加工运动由主运动与进给运动组成。铣刀做高速旋转是完成切削的主要运动，称为主运动；工件做直线运动使被切金属层不断投入切削的运动，称为进给运动。

铣削是金属切削加工中常用的方法之一，它主要用来加工各类平面、沟槽和成形面，也可用来钻孔、铰孔等，加工尺寸公差等级一般为 IT9 ~ IT8；表面粗糙度一般为 $Ra6.3$ ~ $1.6\mu m$。铣削加工的应用范围如图 9-1 所示。

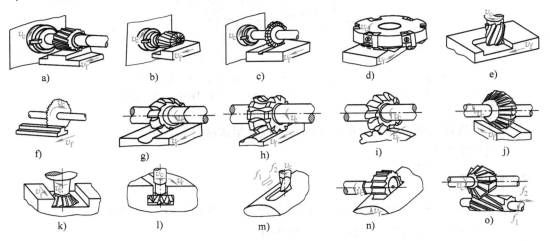

图 9-1 铣削加工的应用范围

a) 圆柱铣刀铣平面　b) 套式铣刀铣台阶面　c) 三面刃铣刀铣直角槽　d) 面铣刀铣平面　e) 立铣刀铣凹平面
f) 锯片铣刀切断　g) 凸半圆铣刀铣凹圆弧面　h) 凹半圆铣刀铣凸圆弧面　i) 齿轮铣刀铣齿轮　j) 角度铣刀铣 V 形槽
k) 燕尾槽铣刀铣燕尾槽　l) T 形槽铣刀铣 T 形槽　m) 键槽铣刀铣键槽
n) 半圆键槽铣刀铣半圆键槽　o) 角度铣刀铣螺旋槽

9.2 铣床及其附件

铣床的种类很多，在现代机器加工中，铣床约占金属切削机床加工总数的 25%，常用的有卧式铣床、立式铣床、工具铣床、龙门铣床、键槽铣床、仿形铣床、数控铣床等。

9.2.1 铣床的组成及功能

1. 卧式铣床

卧式万能升降台铣床简称万能铣床，如图 9-2 所示。它是铣床中应用最广的一种，其主轴是水平的，与工作台面平行。

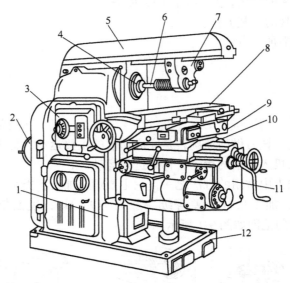

图 9-2　X6132 卧式万能升降台铣床

1—床身　2—电动机　3—变速机构　4—主轴　5—横梁　6—刀杆　7—刀杆吊架
8—纵向工作台　9—转台　10—横向滑台　11—升降台　12—底座

以 X6132 铣床为例，介绍万能铣床的型号以及组成部分和作用。

（1）铣床的型号

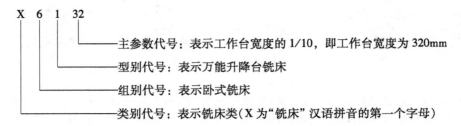

主参数代号：表示工作台宽度的 1/10，即工作台宽度为 320mm
型别代号：表示万能升降台铣床
组别代号：表示卧式铣床
类别代号：表示铣床类（X 为"铣床"汉语拼音的第一个字母）

（2）铣床的主要组成部分及作用

1）床身用于固定和支承铣床的功能部件，如电动机、横梁、主轴及主轴变速机构、工作台及进给机构等。

2）横梁上面安装吊架，用于支承刀杆的外伸端，以加强刀杆的刚性。横梁可沿床身顶部的水平导轨移动，以调整其伸出的长度。

3）主轴是空心轴，前端有7∶24的精密锥孔，用于安装铣刀刀杆并通过端面键带动铣刀回转。

4）工作台面上设有T形槽，用于安装工件或夹具，如分度头、平口钳等。工作台和横向滑台之间设有转台，工作台沿转台导轨做纵向移动，带动台面上的工件做纵向进给。

5）转台用于调整工作台在水平面内的角度，以便铣削螺旋槽。转台与横向滑台通过环形导轨副连接。

6）横向滑台位于升降台上，沿升降台上面的水平导轨做横向移动。横向滑台连带工作台一起做横向进给。

7）升降台连带工作台沿床身的垂直导轨上下移动，以调整工作台面到铣刀的距离，并做垂直进给。

带有转台的卧式铣床，由于其工作台除了能做纵向、横向和垂直方向移动外，还能在水平面内左右扳转45°，因此称为万能卧式铣床。

2. 升降台铣床及龙门铣床

1）立式升降台铣床，如图9-3所示，其主轴与工作台面垂直。有时根据加工的需要，可以将立铣头（主轴）偏转一定的角度。

2）龙门铣床属于大型机床。图9-4所示为四轴龙门铣床，它一般用来加工卧式、立式铣床不能加工的大型工件，类似于现代的数控铣床加工。

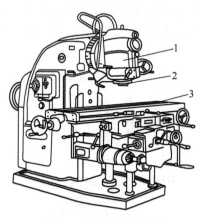

图9-3　立式升降台铣床

1—立铣头　2—主轴　3—纵向工作台

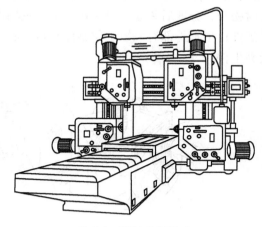

图9-4　四轴龙门铣床

9.2.2　铣床常用附件

铣床的主要附件有分度头、平口钳、万能铣头和回转工作台，如图9-5所示。

1. 分度头

在铣削加工中，常会遇到铣六方、齿轮、花键和刻线等工作。这时，就需要利用分度头分度。因此，分度头是铣床上的重要附件。

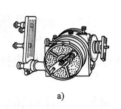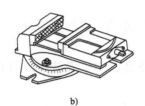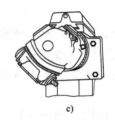

a)　　　　　　　　b)　　　　　　　　c)　　　　　　　　d)

图 9-5　常用铣床附件

a）分度头　b）平口钳　c）万能铣头　d）回转工作台

分度头的种类很多，有简单分度头、万能分度头、光学分度头、自动分度头等，其中用得较多的是万能分度头，尤其在单件小批量生产中应用较广。

（1）分度头的作用

1）能使工件实现绕自身的轴线周期地转动一定的角度（即进行分度）。

2）利用分度头主轴上的卡盘夹持工件，使被加工工件的轴线，相对于铣床工作台在向上 90°和向下 10°的范围内倾斜成需要的角度，以加工各种位置的沟槽、平面等（如铣圆锥齿轮）。

3）与工作台纵向进给运动配合，通过配换挂轮，能使工件连续转动，以加工螺旋沟槽、斜齿轮等。

（2）万能分度头的结构　万能分度头由底座、转动体、主轴和分度盘等组成，其外形如图 9-6a 所示。工作时，它的底座用螺钉紧固在工作台上，并利用导向键与工作台中间一条 T 形槽相配合，使分度头主轴轴心线平行于工作台纵向进给。手柄用于紧固或松开主轴，分度时松开，分度后紧固，以防在铣削时主轴松动。分度头的前端锥孔内可安放顶尖，用来支承工件；主轴外部有一短定位锥体与自定心卡盘的法兰卡盘锥孔相连接，以便用自定心卡盘装夹工件。

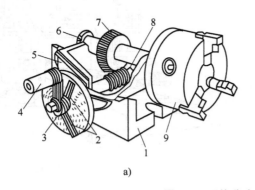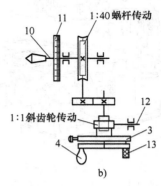

a)　　　　　　　　　　　　　　　b)

图 9-6　万能分度头的结构

a）外形　b）传动系统

1—基座　2—分度叉　3—分度盘　4—手柄　5—回转体　6—分度头主轴　7—40 齿蜗轮　8—单头蜗杆　9—自定心卡盘
10—主轴　11—刻度环　12—交换齿轮轴　13—定位销

分度头的传动系统如图 9-6b 所示。分度时，摇动分度手柄，通过齿轮和蜗杆传动带动分度头主轴和工件旋转进行分度。齿轮传动比为 1:1，蜗轮齿数为 40，与之相啮合的蜗杆为单线，因此，手柄转一圈时，工件只转 1/40 圈。若工件圆周需分 z 等份，每分一份要求工件转过 $1/z$ 圈，则分度手柄的转数 n 可以由下列比例关系得出

$$1 : \frac{1}{40} = n : \frac{1}{z}$$

$$n = \frac{40}{z}$$

（3）分度方法　分度头分度的方法有直接分度法、简单分度法、角度分度法和差动分度法等，这里仅介绍常用的简单分度法。例如：铣齿数 $z = 35$ 的齿轮，需对齿轮毛坯的圆周作 35 等分，每一次分度时，手柄转数为

$$n = \frac{40}{z} = \frac{40}{35} = 1\frac{1}{7}（圈）$$

分度时，如果求出的手柄转数不是整数，可利用分度盘上的等分孔距来确定。分度盘如图 9-7 所示，一般备有两块分度盘。分度盘的两面各钻有不通的许多圈孔，各圈孔数均不相等，然而同一孔圈上的孔距是相等的。

分度头第一块分度盘正面各圈孔数依次为 24、25、28、30、34、37；反面各圈孔数依次为 38、39、41、42、43。

第二块分度盘正面各圈孔数依次为 46、47、49、51、53、54；反面各圈孔数依次为 57、58、59、62、66。

按上例计算结果，即每分一齿，手柄需转过 $1\frac{1}{7}$ 圈，其

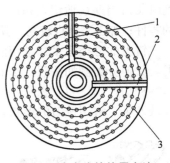

图 9-7　分度头的使用方法
1、2—扇形条　3—分度盘

中 1/7 圈需通过分度盘（见图 9-7）来控制。用简单分度法需先将分度盘固定。再将分度手柄上的定位销调整到孔数为 7 的倍数（如 28、42、49）的孔圈上，如在孔数为 28 的孔圈上。此时分度手柄转过 1 整圈后，再沿孔数为 28 的孔圈转过 4 个孔距。即

$$n = 1\frac{1}{7} = 1\frac{4}{28}$$

为了确保手柄转过的孔距数可靠，可调整分度盘上的扇形条 1、2 间的夹角，如图 9-7 所示，使之正好等于分子的孔距数，这样依次进行分度时就可准确无误。

2. 平口钳

平口钳如图 9-5b 所示，它一种通用夹具，经常用来安装小型工件。

3. 万能铣头

万能铣头如图 9-5c 所示，在卧式铣床上装上万能铣头，不仅能完成各种立铣的工作，而且还可以根据铣削的需要，把铣头主轴扳成任意角度。万能铣头的底座用螺栓固定在铣床的垂直导轨上。铣床主轴的运动通过铣头内的两对锥齿轮传到铣头主轴上。铣头的壳体可绕铣床主轴轴线偏转任意角度。铣头主轴的壳体还能在铣头壳体上偏转任意角度。因此，铣头主轴就能在空间偏转成所需要的任意角度。

4. 回转工作台

回转工作台又称为转盘、平分盘、圆形工作台等，如图 9-5d 所示。它的内部有一套蜗

轮蜗杆机构。摇动手轮，通过蜗杆轴，就能直接带动与转台相连接的蜗轮转动。转台周围有刻度，可以用来观察和确定转台位置。拧紧固定螺钉，转台就固定不动。转台中央有一孔，利用它可以方便地确定工件的回转中心。当底座上的槽和铣床工作台的T形槽对齐后，即可用螺栓把回转工作台固定在铣床工作台上。铣圆弧槽时，工件安装在回转工作台上，铣刀旋转，用手均匀缓慢地摇动回转工作台而使工件铣出圆弧槽。

9.3 铣刀

9.3.1 铣刀的组成及分类

铣刀是由多刃刀齿组成的一种刀具，每一个刀齿相当于一把简单的刀具（如车刀），切削时每齿周期性地切入和切出工件，加工效率较高，加工范围广，可以加工各种形状较复杂的零件；加工精度也较高，其尺寸公差等级一般为IT9~IT7，表面粗糙度为$Ra12.5~1.6\mu m$。

铣刀的分类很多，常用的分类是根据铣刀的安装方法分为带孔的铣刀和带柄的铣刀两大类。其他分类例如按照用途的不同，将铣刀分为铣削平面用铣刀、铣削直角沟槽用铣刀、铣削特种沟槽用铣刀和铣削特形面用铣刀等；按刀齿构造的不同，可将铣刀分为尖齿铣刀和铲齿铣刀等。常用铣刀的形状如图9-8所示。

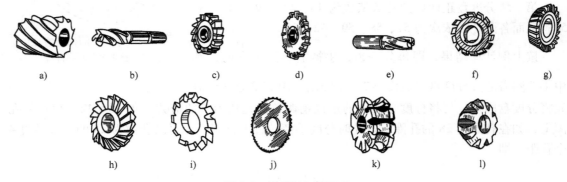

图9-8 常用铣刀的形状

a）圆柱铣刀 b）立铣刀 c）直齿三面刃铣刀 d）错齿三面刃铣刀 e）键槽铣刀 f）盘形槽铣刀 g）单角度铣刀
h）双角度铣刀 i）齿轮盘铣刀 j）锯片铣刀 k）半圆形铣刀 l）叶片内弧铣刀

9.3.2 铣刀的安装

铣刀安装是铣削工作的一个重要组成部分，铣刀安装得是否正确，不仅影响到加工质量，而且也会影响铣刀的使用寿命，所以必须按要求进行。

1. 带孔铣刀的安装

1）带孔铣刀中的圆柱形、圆盘形铣刀，多用长刀杆安装，如图9-9所示。长刀杆一端有7:24的锥度，与铣床主轴孔配合，安装刀具的刀杆部分，根据刀孔的大小分为几种型号，常用的有$\phi16mm$、$\phi22mm$、$\phi27mm$、$\phi32mm$等。

用长刀杆安装带孔铣刀时要注意：① 铣刀应尽可能地靠近主轴或吊架，以保证铣刀有足够的刚性；套筒的端面与铣刀的端面必须擦干净，以减小铣刀的端跳；拧紧刀杆的压紧螺

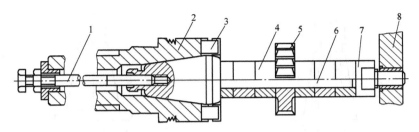

图 9-9　圆盘铣刀的安装

1—拉杆　2—铣床主轴　3—端面键　4—套筒　5—铣刀　6—刀杆　7—螺母　8—刀杆吊架

母时，必须先装上吊架，以防刀杆受力弯曲；② 斜齿圆柱铣所产生的轴向切削力应指向主轴轴承，主轴转向与斜齿圆柱铣刀旋向的选择见表 9-1。

表 9-1　主轴转向与斜齿圆柱铣刀旋向的选择

情　　况	铣刀安装简图	螺旋线方向	主旋转方向	轴向力的方向	说　　明
1		左旋	逆时针方向旋转	向着主轴轴承	正确
2		左旋	顺时针方向旋转	离开主轴轴承	不正确

2）带孔铣刀中的面铣刀，多用短刀杆安装，如图 9-10 所示。

2. 带柄铣刀的安装

（1）锥柄铣刀的安装　根据铣刀锥柄的大小，选择合适的变锥套，将各配合表面擦净，然后用拉杆把铣刀及变锥套一起拉紧在主轴上，如图 9-11a 所示。

（2）直柄立铣刀的安装　这类铣刀多为小直径铣刀，一般不超过 $\phi20$mm，多用弹簧夹头进行安装。铣刀的柱柄插入弹簧套的孔中，用螺母压弹簧套的端面，使弹簧套的外锥面受压而孔径缩小，即可将铣刀抱紧，如图 9-11b 所示。弹簧套上有三个开口，故受力时能收缩。弹簧套有多种孔径，以适应各种尺寸的铣刀。

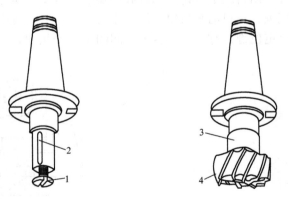

图 9-10　面铣刀的安装

1—螺钉　2—键　3—垫套　4—铣刀

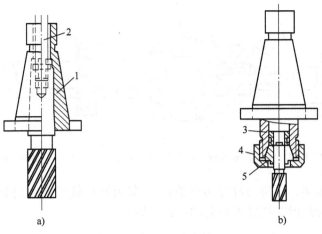

图 9-11　带柄铣刀的安装

a）锥柄铣刀的安装　b）直柄立铣刀的安装

1—变锥套　2—拉杆　3—夹头体　4—螺母　5—弹簧套

9.4　工件的安装

1. 用平口钳安装工件

在铣削加工时，常使用平口钳夹紧工件，如图 9-12 所示。它具有结构简单、夹紧牢靠等特点，所以使用广泛。使用时把平口钳安装在铣床工作台面中心上，找正、固定平口钳，根据工件的高度情况，在平口钳钳口内放入形状合适和表面质量较好的垫铁后，再放入工件，一般是工件的基准面朝下，与垫铁面紧靠，然后拧紧平口钳。平口钳的尺寸规格是以其钳口宽度来区分的。X62W 型铣床配用的平口钳为 160mm。平口钳分为固定式和回转式两种。回转式平口钳可以绕底座旋转 360°，固定在水平面的任意位置上，因而扩大了其工作范围，是目前平口钳应用的主要类型。平口钳用两个 T 形螺栓固定在铣床上，底座上还有一个定位键，它与工作台上中间的 T 形槽相配合，以提高平口钳安装时的定位精度。

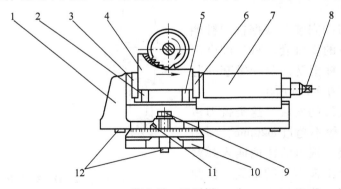

图 9-12　平口钳

1—钳体　2—垫铁　3—固定钳口　4—加工工件　5—垫铁　6—活动钳口　7—活动钳身
8—丝杠方头　9—T 形螺栓　10—底座　11—钳体零线　12—定位键

2. 用压板、螺钉安装工件

对于大型工件或平口钳难以安装的工件，可用压板、螺栓和垫铁将工件直接固定在工作台上，如图 9-13a 所示。

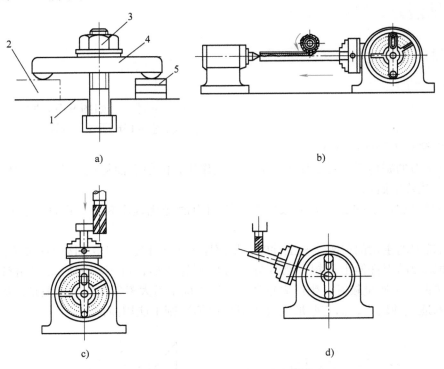

图 9-13　工件在铣床上常用的安装方法
a）用压板、螺钉安装工件　b）用分度头安装工件　c）分度头卡盘在垂直位置安装工件
d）分度头卡盘在倾斜位置安装工件
1—工作台　2—工件　3—螺母　4—压板　5—垫铁

安装注意事项：

1）压板的位置要安排得当，压点要靠近切削面，压力大小要适合。粗加工时，压紧力要大，以防止切削中工件移动；精加工时，压紧力要合适，注意防止工件发生变形。

2）工件如果放在垫铁上，要检查工件与垫铁是否贴紧了，若没有贴紧，必须垫上铜皮或纸，直到贴紧为止。

3）压板必须压在垫铁处，以免工件因受压紧力而变形。

4）安装薄壁工件，在其空心位置处，可用活动支承（千斤顶等）增加刚度。

5）工件压紧后，要用划针盘复查加工线是否仍然与工作台平行，避免工件在压紧过程中变形或走动。

3. 用分度头安装工件

分度头安装工件一般用在等分工作中。它既可以用分度头卡盘（或顶尖）与尾架顶尖一起使用安装轴类零件，如图 9-13b 所示，也可以只使用分度头卡盘安装工件，又由于分度头的主轴可以在垂直平面内转动，因此可以利用分度头在水平、垂直及倾斜位置安装工件，如图 9-13c、d 所示。

当零件的生产批量较大时，可采用专用夹具或组合夹具装夹工件。这样既能提高生产效率，又能保证产品质量。

9.5 铣削方式及铣削用量

9.5.1 铣削方式

1. 周铣和面铣

用刀齿分布在圆周表面的铣刀而进行铣削的方式称为周铣，如图 9-14a 所示；用刀齿分布在圆柱端面上的铣刀而进行铣削的方式称为面铣，如图 9-14b 所示。周铣和面铣平面各有特点，但面铣对于平面更有优势。

1）面铣刀的副切削刃对已加工表面有修光作用，能使表面粗糙度降低。周铣的工件表面则有波纹状残留面积。

2）同时参加切削的面铣刀齿数较多，切削力的变化程度较小，因此工作时振动较周铣小。

3）面铣刀的主切削刃刚接触工件时，切屑厚度不等于零，使切削刃不易磨损。

4）面铣刀的刀杆伸出较短，刚性好，刀杆不易变形，可用较大的切削用量。由此可见，面铣法的加工质量较好，生产率较高，所以铣削平面大多采用面铣。但是，周铣对加工各种形面的适应性较广，而有些形面（如成形面等）则不能用面铣。

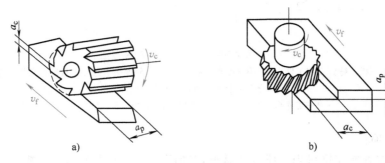

图 9-14 周铣和面铣

a）周铣　b）面铣

2. 逆铣和顺铣

周铣有逆铣法和顺铣法之分。逆铣时，铣刀的旋转方向与工件的进给方向相反，如图 9-15a 所示；顺铣时，铣刀的旋转方向与工件的进给方向相同，如图 9-15b 所示。逆铣时，切屑的厚度从零开始渐增。实际上，铣刀的切削刃开始接触工件后，将在表面滑行一段距离才真正切入金属。这就使得切削刃容易磨损，并增加加工表面的粗糙度。逆铣时，铣刀对工件有上抬的切削分力，影响工件安装在工作台上的稳固性。

顺铣则没有上述缺点。但是，顺铣时工件的进给会受工作台传动丝杠与螺母之间间隙的影响。因为铣削的水平分力与工件的进给方向相同，铣削力忽大忽小，就会使工作台窜动和进给量不均匀，甚至引起打刀或损坏机床。因此，必须在纵向进给丝杠处有消除间隙的装置才能采用顺铣，但一般铣床上是没有消除丝杠螺母间隙的装置，只能采用逆铣法。另外，对铸锻件表面的粗加工，顺铣因刀齿首先接触黑皮，将加剧刀具的磨损，应优先采用逆铣。

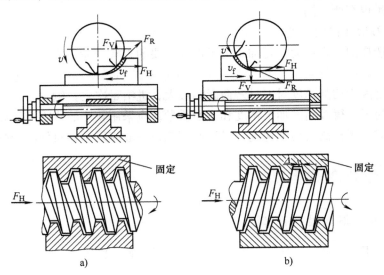

图 9-15　逆铣和顺铣

a）逆铣　b）顺铣

9.5.2　铣削用量

铣削用量是指在铣削过程中所选用的切削用量，是衡量铣削运动大小的参数。**铣削用量包括四个要素，即切削速度、进给量、背吃刀量（铣削深度）和侧吃刀量（铣削宽度），**如图 9-16 所示。

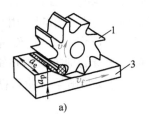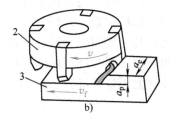

图 9-16　铣削用量要素

a）在卧式铣床上铣平面　b）在立式铣床上铣平面

1—圆柱铣刀　2—面铣刀　3—工件

（1）切削速度 v。铣刀最外圆上一点的线速度，单位为 m/min 或 m/s。

（2）进给量　铣削时工件在进给运动方向上相对刀具的移动量。由于铣刀为多刃刀具，计算时按单位时间不同，有以下三种度量方法：

1）每齿进给量 f_z（mm/行程）是指铣刀每转过一个刀齿，工件相对铣刀沿进给方向移动的距离。

2）每转进给量 f（mm/r）是指铣刀每一转，工件相对铣刀沿进给方向移动的距离。

3）每分钟进给量 v_f（mm/min）是指工件相对铣刀每分钟沿进给方向移动的距离，又称进给速度。

$$f_z = v_f / zn$$

式中　z——铣刀齿数；

n——铣刀的转速 r/min。

（3）背吃刀量（铣削深度）a_p　在平行于铣刀轴线方向测量的切削层尺寸（切削层是指

工件上正被切削刃切削着的那层金属），单位为 mm。因周铣与面铣时相对于工件的方位不同，故背吃刀量也有所不同。

（4）侧吃刀量（铣削宽度)a。在垂直于铣刀轴线方向测量的切削层尺寸，单位为 mm。

铣削用量选择的原则：通常粗加工为了保证必要的刀具寿命，应优先采用较大的侧吃刀量或背吃刀量，其次选择较大的进给量，最后才是根据刀具寿命的要求选择适宜的切削速度，这样选择是因为切削速度对刀具寿命影响最大，进给量次之，侧吃刀量或背吃刀量影响最小；精加工为了获得较高的加工精度和表面质量，应采用较小的背吃刀量和进给量。对于硬质合金铣刀应采用较高的切削速度，对高速钢铣刀一般应采用相对低的切削速度。

9.6 基本铣削工作

9.6.1 铣平面、斜面及台阶面

铣平面可以用圆柱铣刀、面铣刀或三面刃盘铣刀在卧式铣床或立式铣床上进行铣削。

1. 用圆柱铣刀铣平面

圆柱铣刀一般用于卧式铣床铣平面。铣平面用的圆柱铣刀，一般为螺旋齿圆柱铣刀。铣刀的宽度必须大于所铣平面的宽度。螺旋线的方向应使铣削时所产生的进给力将铣刀推向主轴轴承方向。

圆柱铣刀通过长刀杆安装在卧式铣床的主轴上，刀杆上的锥柄与主轴上的锥孔相配，并用一拉杆拉紧。刀杆上的键槽与主轴上的方键相配，用来传递动力。安装铣刀时，先在刀杆上装几个垫圈，然后装上铣刀，如图 9-17a 所示。应使铣刀切削刃的切削方向与主轴旋转方向一致，同时铣刀还应尽量装在靠近床身的地方。再在铣刀的另一侧套上垫圈，然后用手轻轻旋上压紧螺母，如图 9-17b 所示。再安装吊架，使刀杆前端进入吊架轴承内，拧紧吊架的

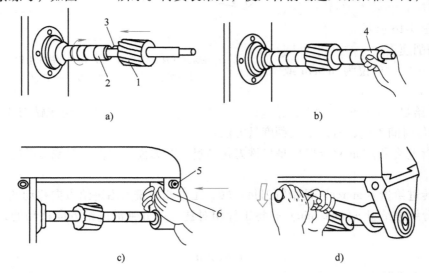

图 9-17 安装圆柱铣刀的步骤

a）铣刀安装　b）压紧螺母安装　c）吊架安装　d）拧紧刀杆螺母

1—铣刀　2—垫圈　3—键　4—压紧螺母　5—紧固螺钉　6—吊架

紧固螺钉，如图 9-17c 所示。初步拧紧刀杆螺母，开车观察铣刀是否装正，然后用力拧紧螺母，如图 9-17d 所示。

操作方法：根据工艺卡的规定调整机床的转速和进给量，再根据加工余量的多少来调整背吃刀量，然后开始铣削。铣削时，先手动使工作台纵向靠近铣刀，而后改为自动进给；当进给行程尚未完毕时不要停止进给运动，否则铣刀在停止的地方切入金属就比较深，形成表面深啃现象；铣削铸铁时不加切削液（因铸铁中的石墨可起润滑作用）；铣削钢料时要用切削液（通常用含硫矿物油作为切削液）。

用螺旋齿铣刀铣削时，同时参加切削的刀齿数较多，每个刀齿工作时都是沿螺旋线方向逐渐地切入和脱离工作表面，切削比较平稳。在单件小批量生产的条件下，用圆柱铣刀在卧式铣床上铣平面仍是常用的方法。

2. 用面铣刀铣平面

面铣刀一般用于立式铣床上铣平面，有时也用于卧式铣床上铣侧面，如图 9-18 所示。

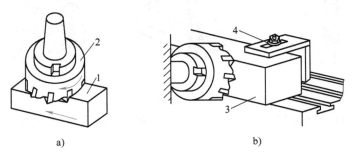

a)　　　　　　　　　　　　　　　　b)

图 9-18　用面铣刀铣平面
a）立式铣床　b）卧式铣床
1、3—工件　2—面铣刀　4—压板

面铣刀一般中间带有圆孔。通常先将铣刀装在短刀轴上，再将刀轴装入机床的主轴上，并用拉杆螺钉拉紧。

3. 铣斜面

工件上具有斜面的结构很常见，铣削斜面的方法也很多，下面介绍常用的几种方法。

（1）用倾斜垫铁铣斜面　如图 9-19a 所示，在零件设计基准的下面垫一块倾斜的垫铁，则铣出的平面就与设计基准面呈倾斜位置，改变倾斜垫铁的角度，即可加工不同角度的斜面。

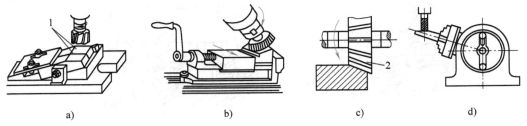

a)　　　　　　　　b)　　　　　　　　c)　　　　　　　　d)

图 9-19　铣斜面的几种方法
a）用倾斜垫铁铣斜面　b）用万能铣头铣斜面　c）用角度铣刀铣斜面　d）用分度头铣斜面
1—工件　2—铣刀

（2）用万能铣头铣斜面　如图9-19b所示，由于万能铣头能方便地改变刀轴的空间位置，因此可以转动铣头以使刀具相对工件倾斜一个角度来铣斜面。

（3）用角度铣刀铣斜面　如图9-19c所示，较小的斜面可用合适的角度铣刀加工。当加工零件批量较大时，则常采用专用夹具铣斜面。

（4）用分度头铣斜面　如图9-19d所示，在一些圆柱形和特殊形状的零件上加工斜面时，可利用分度头将工件转成所需位置而铣出斜面。

4. 铣台阶面

在立式铣床和卧式铣床上，都可铣削台阶面。可用三面刃盘铣刀在卧式铣床上铣削，如图9-20a所示；也可用大直径的立铣刀在立式铣床上铣削，如图9-20b所示。在成批生产中，可用组合铣刀在卧式铣床上同时铣削几个台阶面，如图9-20c所示。

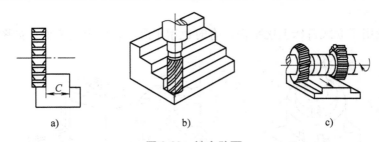

图9-20　铣台阶面

a）用三面刃盘铣刀铣台阶面　b）用立铣刀铣台阶面　c）用组合铣刀铣台阶面

9.6.2　铣沟槽

在铣床上能加工的沟槽种类很多，如直槽、角度槽、V形槽、T形槽、燕尾槽和键槽等。现仅介绍键槽、T形槽及燕尾槽的加工。

1. 铣键槽

常见的键槽有封闭式和敞开式两种。在轴上铣封闭式键槽，一般用键槽铣刀加工，如图9-21a所示。键槽铣刀一次轴向进给不能太大，切削时要注意逐层切下。敞开式键槽多在卧式铣床上用三面刃铣刀进行加工，如图9-21b所示。注意在铣削键槽前，要做好对刀工作，以保证键槽的对称度。

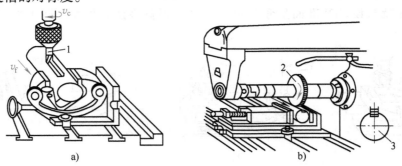

图9-21　铣键槽

a）在立式铣床上铣封闭式键槽　b）在卧式铣床上铣敞开式键槽

1—键槽铣刀　2—铣刀　3—轴

　　若用立铣刀加工，则由于立铣刀中央无切削刃，不能向下进刀，因此必须预先在槽的一端钻一个落刀孔，才能用立铣刀铣键槽。对于直径为 3~20mm 的直柄立铣刀，可用弹簧夹头装夹，弹簧夹头可装入机床主轴孔中；对于直径为 10~50mm 的锥柄铣刀，可利用用过渡套装入机床主轴孔中。对于敞开式键槽，可在卧式铣床上进行，一般采用三面刃铣刀加工。

　　2. 铣 T 形槽及燕尾槽

　　铣 T 形槽和燕尾槽如图 9-22 所示。T 形槽应用很多，如铣床和刨床的工作台上用来安放紧固螺栓的槽就是 T 形槽。要加工 T 形槽及燕尾槽，必须首先用立铣刀或三面刃铣刀铣出直角槽，然后在立式铣床上用 T 形槽铣刀铣削 T 形槽和用燕尾槽铣刀铣削成形。但由于 T 形槽铣刀工作时排屑困难，应选较小的切削用量，同时应多加冷却液，最后再用角度铣刀铣出倒角。

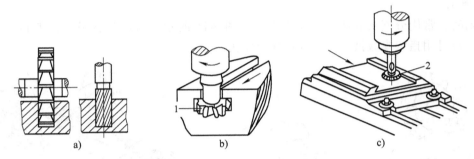

图 9-22　铣 T 形槽及燕尾槽
a）先铣出直槽　b）铣 T 形槽　c）铣燕尾槽
1—T 形槽铣刀　2—燕尾槽铣刀

9.6.3　铣成形面

　　如果零件的某一表面在截面上的轮廓线是由曲线和直线所组成，这个面就是成形面。**成形面铣削加工方法有成形铣刀铣削、划线手动加工、靠模仿形铣削和数控铣削。**

　　成形铣刀铣削一般在卧式铣床上用成形铣刀加工，如图 9-23a 所示。成形铣刀的形状与成形面的形状相吻合。

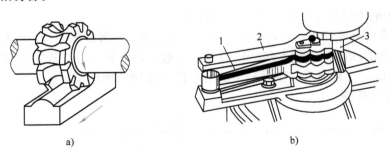

图 9-23　铣成形面
a）用成形铣刀铣成形面　b）用靠模形铣曲面
1—工件　2—靠模　3—立铣刀

　　划线手动加工适用于精度要求不高的成形面加工。先在工件上划出轮廓曲线并打出一定数量的样冲眼，在立式铣床上手动移动工作台，顺着线迹将铣去样冲眼的一半。

靠模仿形铣削适用于批量生产，采用靠模或专用的靠模铣床加工成形面，图 9-23b 所示为靠模仿形铣削。

9.7　齿面加工

齿轮齿形的铣削加工原理可分为两大类：成形法和展成法。

9.7.1　成形法

成形法（又称型铣法）是用与被切齿轮齿槽形状相符的成形铣刀切出齿形的方法，如图 9-24 所示。

铣削时，常用分度头和尾架装夹工件，如图 9-25 所示。可用盘状模数铣刀在卧式铣床上铣齿，也可用指状模数铣刀在立式铣床上铣齿。

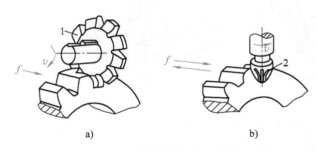
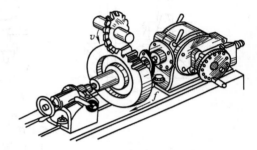

　　　　a)　　　　　　　　　　　b)

图 9-24　用成形铣刀加工齿轮　　　　　图 9-25　分度头和尾架装夹工件

a）盘状铣刀铣齿轮　b）指形齿轮铣刀铣齿轮

1—盘状铣刀　2—指形齿轮铣刀

成形法加工的特点是：

1）设备简单，只用普通铣床即可，刀具成本低。

2）由于铣刀每切一齿槽都要重复消耗一段切入、退刀和分度的辅助时间，因此生产率较低。

3）加工出的齿轮精度较低，只能达到 11~9 级。

这是因为在实际生产中，不可能为每加工一种模数、一种齿数的齿轮就制造一把成形铣刀，而只能将模数相同且齿数不同的铣刀编成号数，每号铣刀有它规定的铣齿范围，见表 9-2。每号铣刀的刀齿轮廓只与该号范围的最小齿数齿槽的理论轮廓相一致，对其他齿数的齿轮只能获得近似齿形。

表 9-2　模数铣刀刀号及其加工齿数范围表

刀　号	1	2	3	4	5	6	7	8
加工齿数范围	12~13	14~16	17~20	21~25	26~34	35~54	55~134	135 以上

9.7.2　展成法

展成法是利用齿轮刀具与被切齿轮的互相啮合运转而切出齿形的方法，如插齿和滚齿加工等。

1. 插齿加工

插齿是在插齿机上用插齿刀加工齿轮齿形的方法，如图 9-26 所示。插齿刀形状类似圆柱齿轮，只是在每一个轮齿上磨出前、后角，使其具有锋利的切削刃。插齿时，插齿刀在做上下往复运动的同时，与被切齿坯强制地保持一对齿轮的啮合关系，即 $n_工/n_刀=z_刀/z_工$（被切齿轮与插齿刀的转速比等于其齿数的反比）。

插齿加工时，插齿机通常具有以下四种运动：

（1）主运动　插齿刀的上下往复直线运动。

（2）分齿运动　插齿刀与齿坯之间强制地保持一对齿轮啮合关系的运动。

（3）径向进给运动　插齿刀向工件径向进给以逐渐切至全齿深的运动。

（4）让刀运动　为了避免插齿刀在回程时和齿面摩擦，工件所做的退让和复位的径向往复运动。

插齿可加工直齿圆柱齿轮，还可加工双联齿轮、多联齿轮和内齿轮。

插齿加工所能达到的精度为 8~7 级，表面粗糙度一般为 $Ra1.6\mu m$。

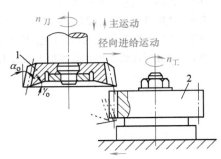

图 9-26　插齿加工
1—插齿刀　2—被切齿轮

2. 滚齿加工

滚齿是在滚齿机上用滚刀加工齿轮的方法，如图 9-27 所示。滚刀的形状与蜗杆相似，但要在垂直于螺旋线的方向开出若干个槽，形成刀齿并磨出切削刃。这一排排的刀齿就像能进行切削加工的齿条刀，所以滚齿的工作原理相当于齿条与齿轮啮合的原理。滚齿时，滚刀与被切齿轮之间应具严格的强制啮合关系，即滚刀每转一圈，被切齿轮应转过 K 个齿（K 为滚刀的线数）。滚齿时，为使滚刀刀齿的运动方向（即螺旋齿的切线方向）与被切齿轮方向一致，滚刀的刀轴必须偏转一定的角度。

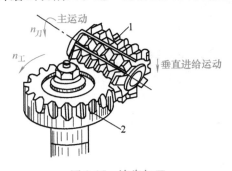

图 9-27　滚齿加工
1—滚刀　2—被切齿轮

滚齿机在加工直齿圆柱齿轮时有以下三个运动：

（1）主运动　滚刀的旋转运动。

（2）分齿运动　滚刀与被切齿轮间强制地保持着齿条齿轮啮合关系的运动，即 $n_工/n_刀=K/z_工$。

（3）垂直进给运动　滚刀沿工件轴线进给，以逐渐切出整个齿宽的运动。

滚齿除用于加工直齿圆柱齿轮外，还可以加工斜齿圆柱齿轮、蜗轮和链轮。滚齿加工所能达到的精度为 8~7 级，表面粗糙度为 $Ra3.2~1.6\mu m$。

滚齿和插齿均能用同一把刀具加工同一模数不同齿数的齿轮，其加工精度和生产率都比成形法高，是齿轮齿形的半精加工，应用较广泛。当齿轮精度要求超过 7 级时，还需进行齿轮的精加工。齿轮齿形精加工的方法有剃齿、珩齿和磨齿等。

复习思考题

9-1 铣削加工可以加工哪些表面？

9-2 简述卧式铣床和立式铣床的主要组成部件及其功能。

9-3 试分析比较在卧式铣床上用周铣刀铣削平面和在立式铣床上用面铣刀铣削平面的特点。

9-4 试分析比较顺铣和逆铣的特点。哪种铣削易出现工作台窜动和进给不均匀现象？

9-5 铣削进给量有几种表达方式？它们之间有什么关系？

9-6 试用分度头铣削 27 齿齿轮，如何分度？

9-7 加工双联齿轮或内齿轮应选用滚齿还是插齿？

9-8 试分析比较铣齿和滚齿加工的加工效率和加工精度。

第 10 章　磨 削 加 工

【实训目的与要求】

1）了解磨削加工的原理、特点和应用范围。

2）了解砂轮的组织结构、性能特点和安装要求。

3）了解平面磨削和内外圆磨削工艺及加工设备。

4）了解精整和光整加工的特点和发展趋势。

10. 1　概述

　　磨削是用磨具（如砂轮、砂带、磨石和研磨剂等）以较高的线速度对工件表面进行加工的方法，可用于加工各种表面，如内外圆柱面、圆锥面、平面及各种成形表面等，还可以刃磨刀具和进行切断等，工艺范围十分广泛。

　　磨削加工的特点：比较容易获得高加工精度和低表面粗糙度值，在一般加工条件下，尺寸公差等级为 IT5~IT6，表面粗糙度值为 $Ra0.32~1.25\mu m$。另外，磨床可以加工其他机床不能或者很难加工的高硬度材料，特别是淬硬零件的精加工。同时在磨削过程中，由于切削速度很高，将产生大量切削热，温度超过 1000℃。高温的磨屑在空气中发生氧化作用，产生火花。在如此高温下，将会使零件材料性能改变而影响质量。因此，为减少摩擦和迅速散热，降低磨削温度，及时冲走屑末，保证零件表面质量，磨削时需使用大量切削液。

10. 2　砂轮

　　砂轮是磨削的切削工具，它是由磨料和结合剂两种材料经过压制和烧结而制成的多孔体，如图 10-1 所示。这些锋利的磨粒就像铣刀的切削刃，每一磨粒都有切削刃，在砂轮高速旋转的条件下，切入零件表面，故磨削是一种多刃、微刃切削过程，磨削切削过程和铣削相似。

　　砂轮的组织结构松紧程度是由磨粒、结合剂和气孔三者所占体积的比例决定，共分为紧密、中等和疏松 3 大类 16 级（0~15）。

　　砂轮中的结合剂起黏结作用，它的性能决定了砂轮的强度、耐冲击性和耐热性。此外，它对磨削温度，磨削表面质量也有一定的影响。常用的结合剂有陶瓷结合剂、树脂结合剂、橡胶结合剂等。

　　砂轮的硬度是指结合剂黏结磨粒的牢固程度，也是指磨粒在切削力作用下从砂轮表面脱落的难易程度，与磨料硬度无关。磨粒易脱落，表明砂轮硬度低，反之则表明砂轮硬度

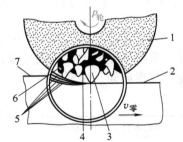

图 10-1　砂轮的组成

1—砂轮　2—已加工表面

3—磨粒　4—结合剂

5—加工表面　6—空隙

7—待加工表面

高。硬度分 7 大级（超软、软、中软、中、中硬、硬、超硬），16 小级，砂轮的硬度对磨削的生产率和磨削表面质量都有很大的影响。

砂轮硬度选择原则是：① 磨削硬材，选软砂轮，磨削软材，选硬砂轮；② 磨导热性差的材料，不易散热，选软砂轮以免工件烧伤；③ 砂轮与工件接触面积大时，选较软的砂轮；④ 成形磨精磨时选硬砂轮，粗磨时选较软的砂轮。简而言之，磨硬金属用软砂轮，磨软金属用硬砂轮。

10.2.1　砂轮的磨料与特性

砂轮的磨料直接担负着切削工作，须具有硬度高、耐热性好和有锋利的棱边、一定的强度等特性。常用磨料有刚玉类、碳化硅类和超硬磨料等，这些磨料的代号、特点及适用范围见表 10-1。

表 10-1　常用磨料的代号、特点及其用途

磨料名称	代　号	特　点	用　途
棕刚玉	A	硬度高，韧性好，价格较低	适合于磨削各种碳钢、合金钢和可锻铸铁等
白刚玉	WA	比棕刚玉硬度高，韧性低，价格较高	适合于加工淬火钢、高速钢和高碳钢
黑色碳化硅	C	硬度高，性脆而锋利，导热性好	用于磨削铸铁、青铜等脆性材料及硬质合金刀具
绿色碳化硅	GC	硬度更高，导热性好	主要用于加工硬质合金、宝石、陶瓷和玻璃等

磨粒颗粒的大小称为粒度，粒度号越大，颗粒越小。可用筛选法或显微镜测量法来区别。粗磨用粗粒度，精磨用细粒度。当工件材料软、塑性大、磨削面积大时，采用粗粒度，以免堵塞砂轮烧伤工件。

在磨削加工过程中，当作用在磨粒上的切削力超过磨粒的极限强度时，磨粒就会破碎，形成新的锋利棱角进行磨削；当此切削力超过结合剂的黏结强度时，钝化的磨粒就会自行脱落，使砂轮表面露出一层新鲜锋利的磨粒，从而使磨削加工能够继续进行。砂轮的这种自行推陈出新、保持自身锋利的性能称为自锐性，这是其他刀具没有的特性。

10.2.2　砂轮的形状与用途

为了适应不同类型的磨床上磨削各种形状和尺寸的工件的需要，砂轮有许多种形状和尺寸。常用砂轮的形状、代号及用途见表 10-2。按形状可分为平行砂轮、斜边砂轮、筒形砂轮、杯形砂轮、碟形砂轮等。

表 10-2　常用砂轮的形状、代号及用途

砂轮名称	新/旧代号	简　图	主 要 用 途
平行砂轮	1/P		用于磨外圆、内圆、平面、螺纹及无心磨等

（续）

砂轮名称	新/旧代号	简　图	主要用途
双斜边砂轮	4/PSX	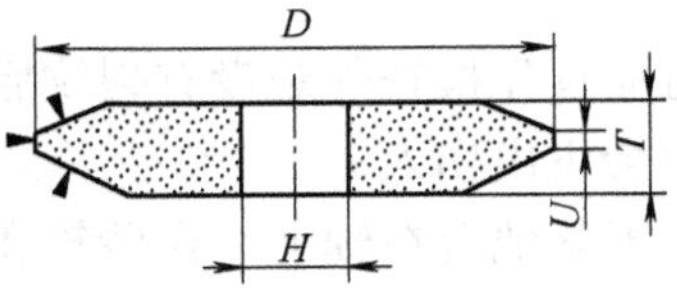	用于磨削齿轮和螺纹
双面凹砂轮	7/PSA	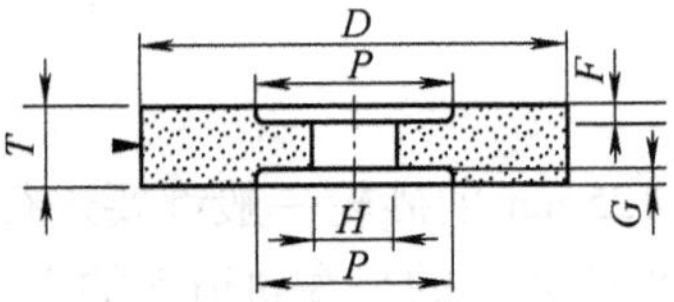	主要用于外圆磨削和刃磨刀具、无心磨砂轮和导轮
薄片砂轮	41/PB	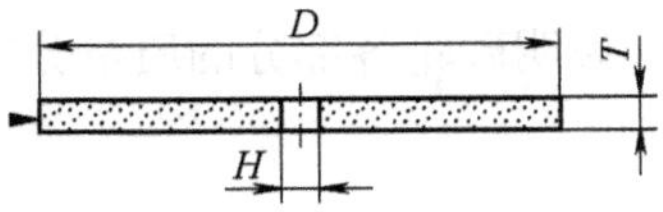	主要用于切断和开槽等
筒形砂轮	2/N	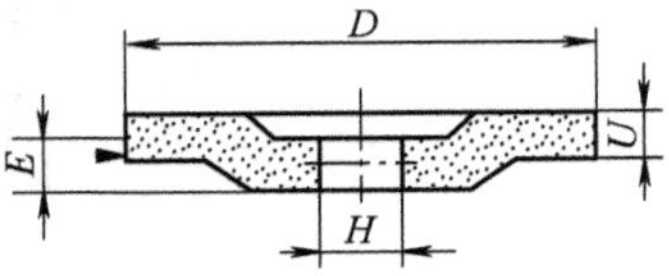	用于立轴端面磨
杯形砂轮	6/B	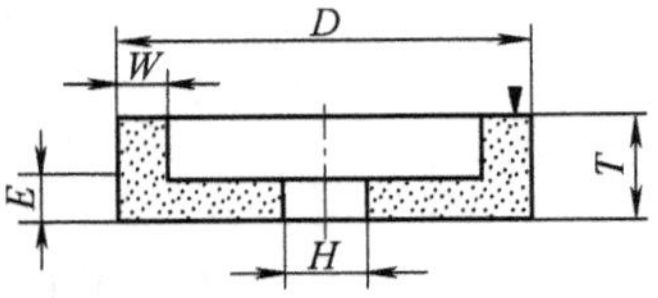	用于磨平面、内圆及刃磨刀具
碗形砂轮	11/BW	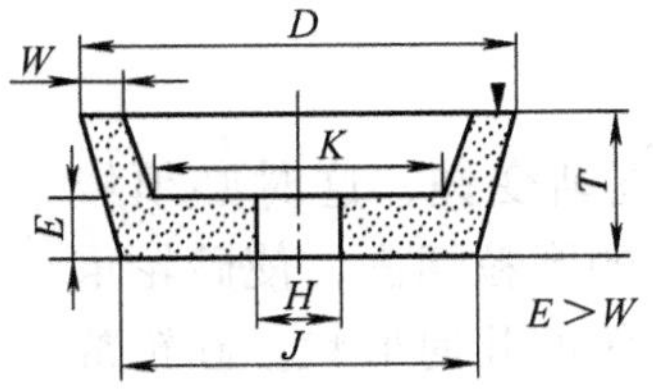	用于导轨磨及刃磨刀具
碟形砂轮	12/D	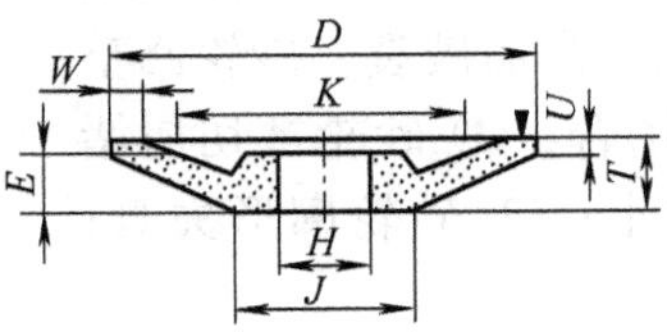	用于磨铣刀、铰刀、拉刀等，大尺寸的用于磨齿轮端面

　　为了便于识别砂轮的全部特征，每个砂轮上均有一定的标志印在砂轮端面上。其顺序是：磨料、粒度号、硬度、结合剂、形状、尺寸（砂轮与磨头的尺寸是指外径、厚度、内径；磨石与砂瓦的尺寸是指长度、宽度、高度）等。

10.2.3 砂轮的安装、平衡与修整

1. 砂轮的安装

砂轮因在高速下工作，安装时应首先检查外观没有裂纹后，再用锤子轻敲，如果声音嘶哑，则禁止使用，否则砂轮破裂后会飞出伤人。

安装砂轮时，要求将砂轮不松不紧地套在轴上。在砂轮和法兰盘之间应使用皮革或橡胶弹性垫板，以便压力均匀分布，螺母的拧紧力不能过大，否则会导致砂轮破裂。砂轮的安装如图 10-2 所示。

2. 砂轮的平衡

为使砂轮工作平稳，直径大于 125mm 的砂轮一般都要进行平衡试验，如图 10-3 所示。将砂轮装在心轴 2 上，再将心轴放在平衡架 6 的平衡轨道 5 的刃口上。若不平衡，较重部分总是转到下面，这时可以移动法兰盘端面环槽内的平衡铁 4 进行调整。经反复平衡试验，直到砂轮可在刃口上的任意位置都能静止，即说明砂轮各部分的质量分布均匀。这种方法称为静平衡。

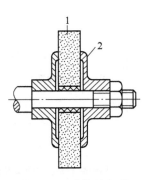

图 10-2　砂轮的安装

1—砂轮　2—弹性垫板

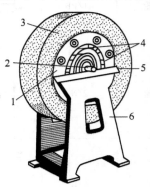

图 10-3　砂轮的平衡

1—砂轮套筒　2—心轴　3—砂轮　4—平衡铁
5—平衡轨道　6—平衡架

3. 砂轮的修整

砂轮工作一定时间后，磨粒逐渐变钝，这时必须修整。修整时，将砂轮表面一层变钝的磨粒切去，使砂轮重新露出完整锋利的磨粒，以恢复砂轮的几何形状。砂轮常用金刚石笔进行修整，如图 10-4 所示。修整时要使用大量的冷却液，以免金刚石因温度急剧升高而破裂。砂轮修整除用于磨损砂轮外，还用于以下场合：① 砂轮被切屑堵塞；② 部分工件材料黏结在磨粒上；③ 砂轮廓形失真；④ 精密磨削中的精细修整等。

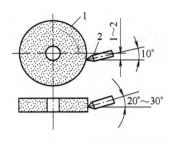

图 10-4　砂轮的修整

1—砂轮　2—金刚石笔

10.3 基本磨削工作

由于磨削的加工精度高，表面粗糙度值小，能磨高硬脆的材料，因此应用十分广泛。磨

削机床种类主要分为外圆磨床、内圆磨床、平面磨床和工具磨床等。

10.3.1　外圆磨床与外圆磨削

1. 外圆磨床

常用的外圆磨床分为普通外圆磨床和万能外圆磨床，如图 10-5 所示。在普通外圆磨床上可磨削零件的外圆柱面和外圆锥面。在万能外圆磨床上由于砂轮架、头架和工作台上都装有转盘，能回转一定的角度，且增加了内圆磨具附件，所以万能外圆磨床除可磨削外圆柱面和外圆锥面外，还可磨削内圆柱面、内圆锥面及端平面，故万能外圆磨床较普通外圆磨床应用更广。外圆磨床的主参数为最大磨削直径。

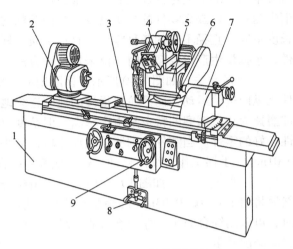

2. 外圆磨削

外圆磨削是基本的一种磨削方法。它适用于轴类及外圆锥工件的外表面磨削，如机床主轴、活塞杆等。其安装方法有图 10-6 所示的顶尖安装、自定心卡盘安装和图 10-7 所示的心轴安装等。

图 10-5　万能外圆磨床

1—床身　2—头架　3—工作台　4—内圆磨具
5—砂轮架　6—滑鞍　7—尾座
8—脚踏操纵板　9—横向进给轮

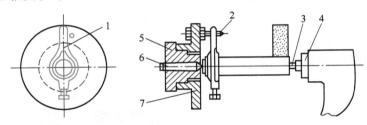

图 10-6　顶尖安装

1—鸡心夹头　2—拨杆　3—后顶尖　4—尾架套筒　5—头架主轴　6—前顶尖　7—拨盘

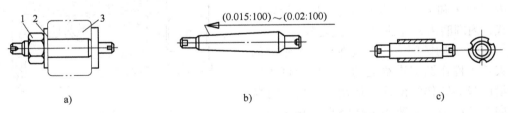

$(0.015/100) \sim (0.02/100)$

a)　　　　　　　　b)　　　　　　　　c)

图 10-7　心轴安装

a) 带台肩心轴装夹工件　b) 锥形心轴　c) 胀力心轴

1—螺母　2—垫圈　3—工件

在外圆磨床上磨削外圆，常用的有纵磨法、横磨法和综合磨法三种，其中纵磨法应用最多。

（1）纵磨法 如图 10-8 所示，磨削时，砂轮高速旋转起切削作用（主运动），零件转动（圆周进给）并与工作台一起作往复直线运动（纵向进给），当每一纵向行程或往复行程终了时，砂轮作周期性横向进给（背吃刀量）。每次背吃刀量很小，磨削余量是在多次往复行程中磨去的。当零件加工到接近最终尺寸时，采用无横向进给的几次光磨行程，直至火花消失为止，以提高零件的加工精度。纵向磨削的特点是具有较大的适应性，一个砂轮可磨削长度不同、直径不等的各种零件，且加工质量好，但磨削效率较低。目前生产中，特别是单件、小批量生产以及精磨时广泛采用这种方法，尤其适用于细长轴的磨削。

（2）横磨法 如图 10-9 所示，横磨削时，所采用砂轮的宽度大于零件表面的长度，零件无纵向进给运动，而砂轮以很慢的速度连续地或断续地向零件作横向进给，直至余量被全部磨掉为止。横磨的特点是生产率高，但精度及表面质量较低。该法适于磨削长度较短、刚性较好的零件。当零件磨到所需的尺寸后，如果需要靠磨台肩端面，则将砂轮退出 0.005 ~ 0.01mm，手摇工作台纵向移动手轮，使零件的台端面贴靠砂轮，磨平即可。

（3）综合磨法 如图 10-10 所示，先用横磨分段粗磨，相邻两段间有 5 ~ 15mm 重叠量，然后将留下 0.01 ~ 0.03mm 的余量用纵磨法磨去。当加工表面的长度为砂轮宽度的 2 ~ 3 倍时，可采用综合磨法。综合磨法能集纵磨、横磨法的优点为一身，既能提高生产效率，又能提高磨削质量。

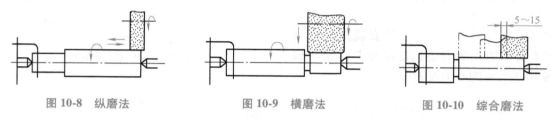

图 10-8 纵磨法　　　　　图 10-9 横磨法　　　　　图 10-10 综合磨法

10.3.2 内圆磨床与内圆磨削

1. 内圆磨床

内圆磨床是指加工工件的圆柱形、圆锥形或其他形状素线展成的内孔表面及其端面的磨床。内圆磨床分为普通内圆磨床（见图 10-11）、行星内圆磨床和无心内圆磨床等。按砂轮轴配置方式，内圆磨床又有卧式和立式之分。

（1）普通内圆磨床 由装在头架主轴上的卡盘夹持工件作圆周进给运动，工作台带动砂轮架沿床身导轨作纵向往复运动，头架沿滑鞍作横向进给运动；头架还可绕竖直轴转至一定角度以磨削锥孔。

（2）行星内圆磨床 工作时工件固定不动，砂轮除绕本身轴线高速旋转外还绕被加工孔的

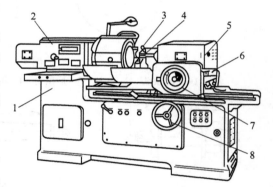

图 10-11 普通内圆磨床

1—床身　2—头架　3—砂轮修整器　4—砂轮
5—磨具架　6—工作台　7—操纵磨具架手轮
8—操纵工作台手轮

轴线回转，以实现圆周进给，它适于磨削大型工件或不宜旋转的工件，如内燃机气缸体等。

（3）无心内圆磨床 工作时工件外圆支承在滚轮或支承块上，工件端面由磁力卡盘吸

住并带动旋转，但略可浮动，以保证内外圆的同轴度。小规格内圆磨床的砂轮转速最高可达十几万转每分。

2. 内圆磨削

内圆磨削方法与外圆磨削相似，只是砂轮的旋转方向与磨削外圆时相反，如图 10-12 所示，操作方法以纵磨法应用最广，且生产率较低，磨削质量较低。由于受零件孔径限制使砂轮直径较小，砂轮圆周速度较低，所以生产率较低。又由于冷却排屑条件不好，砂轮轴伸出长度较长，使得表面质量不易提高。但由于磨孔具有万能性，不需成套刀具，故在单件、小批生产中应用较多，特别是淬火零件，磨孔仍是精加工孔的主要方法。砂轮在零件孔中的接触位置有两种：一种是与零件孔的后壁接触，如图 10-13a 所示，这时冷却液和磨屑向下飞溅，不影响操作人员的视线和安全；另一种是与零件孔的前壁接触，如图 10-13b 所示，情况正好与上述相反。通常，在内圆磨床上采用后壁接触；而在万能外圆磨床上磨孔，应采用前壁接触方式，这样可采用自动横向进给，若采用后壁接触方式，则只能手动横向进给。

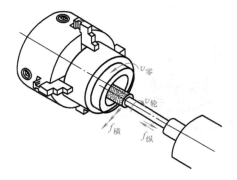

图 10-12　内圆磨削

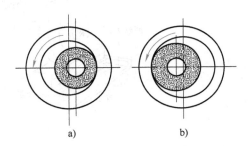

a)　　　　　　b)

图 10-13　砂轮与零件孔壁的接触部位
a）后壁接触　b）前壁接触

10.3.3　平面磨床与平面磨削

1. M7130A 平面磨床

M7130A 平面磨床由床身、工作台、立柱、磨头及砂轮修整器等部件组成，如图 10-14 所示。

（1）工作台　工作台 8 装在床身 10 的导轨上，由液压驱动作反复直线运动，也可用手轮操纵。工作台上装有电磁吸盘或其他夹具，用来装夹工件。

（2）磨头　它沿滑板 3 的水平导轨作横向进给运动，也可由液压驱动或由手轮 4 操纵。滑板 3 可沿立柱 6 的导轨作垂直移动，以调整磨头的高低位置及完成垂直进给运动，这一运动是通过转动手轮 1 来实现的。砂轮由装在磨头内的电动机直接驱动旋转。

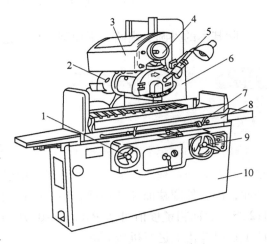

图 10-14　M7130A 平面磨床
1—驱动工作台手轮　2—磨头　3—滑板
4—横向进给手轮　5—砂轮修整器　6—立柱
7—行程挡块　8—工作台
9—垂直进给手轮　10—床身

2. 平面磨削

平面磨床主要用于磨削工件上的平面。平面磨削的方式通常可分为周磨与端磨两种。

（1）周磨 周磨是用砂轮的圆周面磨削平面。其中砂轮的高速旋转是主运动，进给运动分为工件的纵向往复运动、砂轮周期性横向移动和砂轮对工件作定期垂直移动。磨削时，砂轮与工件的接触面积小、排屑及冷却条件好、工件不易变形、砂轮磨损均匀，所以能得到较好的加工精度及表面质量，但磨削效率低，适用于精磨，如图 10-15a 所示。

（2）端磨 端磨是用砂轮的端面磨削平面。其中砂轮高速旋转是主运动，进给运动分为工作台圆周进给和砂轮垂直进给。磨削时砂轮轴伸出较短，而且主要受进给力，所以刚性好，能用较大的磨削用量，并且砂轮与工件接触面积大、金属材料磨去较快、生产效率高，但是磨削热大，切削液又不易注入磨削区，容易发生工件被烧伤现象，因此加工质量较周磨低，适用于粗磨，如图 10-15b 所示。

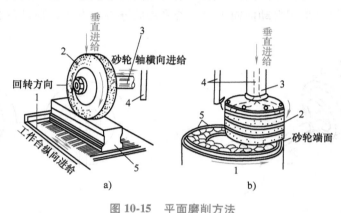

图 10-15 平面磨削方法

a）周磨 b）端磨

1—磁性吸盘 2—砂轮 3—砂轮轴 4—冷却液管 5—工件

除基本的外圆、内圆、平面磨削外，还有无心磨削、齿面磨削、成形磨削等。

10.4 精整和光整加工

10.4.1 研磨

研磨是用研磨工具和研磨剂，从工件上去掉一层极薄表面层的精加工方法，可以获得高精度和低表面粗糙度值的工件。研磨可用于加工各种金属和非金属材料，加工的表面形状有平面，内、外圆柱面和圆锥面，凸、凹球面、螺纹、齿面及其他形面。加工精度可达 IT5～IT2 级，表面粗糙度值可达 $Ra0.63～0.01\mu m$。单件小批量生产中用手工研磨，大批大量生产中在研磨机上进行机械研磨。

（1）研磨工具 研磨工具简称研具，它是研磨剂的载体，用以涂敷和镶嵌磨料，发挥切削作用。要求研具的材料比较软，常用铸铁做研具。

（2）研磨剂 研磨剂由磨粒、研磨液及辅料调配而成。磨料一般只用微粉。研磨液用煤油或有机油，它能起润滑、冷却及使磨料能均匀地分布在研具表面的作用。辅料指油酸、硬脂酸或工业用甘油等强氧化膜，以提高研磨效率。

（3）研磨方法 研磨方法一般可分为湿研、干研和半干研。

1）湿研一般用于粗研磨，又称敷砂研磨，把液态研磨剂连续加注或涂敷在研磨表面，磨料在工件与研具间不断滑动和滚动，形成切削运动。

2）干研常用于精研磨，又称嵌砂研磨，把磨料均匀在压嵌在研具表面层中，研磨时只需在研具表面涂以少量的硬脂酸混合脂等辅助材料。

3）半干研类似湿研，所用研磨剂是糊状研磨膏。研磨既可用手工操作，也可在研磨机上进行。工件在研磨前须先用其他加工方法获得较高的预加工精度，所留研磨余量一般为 $5 \sim 30 \mu m$。

10.4.2　珩磨

珩磨是用镶嵌在珩磨头上的磨石对工件表面施加一定压力，珩磨工具或工件同时作相对旋转和轴向直线往复运动，切除工件上极小余量的精加工方法。它主要用来加工直径为 $5 \sim 500 mm$ 甚至更大的各种圆柱孔，孔深与孔径之比可达 10 或更大，也称镗磨。在一定条件下，也可加工平面、外圆面、球面、齿面等。

珩磨加工时，珩磨机主轴带动珩磨头作旋转和往复运动，并通过珩磨头中的胀缩机构使磨条伸出，向孔壁施加压力以作进给运动，从而实现珩磨加工。珩磨头外周镶有 $2 \sim 10$ 根长度为孔长 $1/3 \sim 3/4$ 的磨石，在珩孔时既作旋转运动又作往返运动，同时通过珩磨头中的弹簧或液压控制而均匀外涨，所以与孔表面的接触面积较大，加工效率较高，如图10-16所示。一般经过珩磨后，工件的形状和尺寸精度提高一级，其表面粗糙度值可达 $Ra\,0.2 \sim 0.025 \mu m$。

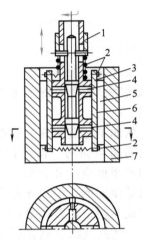

图 10-16　珩磨加工示意图

1—调整螺母　2—弹簧
3—本体　4—调整头　5—磨石
6—垫块　7—工件

10.4.3　抛光

抛光是指利用柔性抛光工具和磨料颗粒或其他抛光介质对工件表面进行的修饰加工，使工件表面粗糙度值降低，以获得光亮、平整表面的加工方法。

抛光不能提高工件的尺寸精度或几何形状精度，而是以得到光滑表面或镜面光泽为目的，有时也用以消除光泽（消光）。常用的抛光方法有以下几种。

（1）机械抛光 机械抛光是靠切削材料表面塑性变形后的凸部而得到平滑面的抛光方法，一般使用磨石条、羊毛轮、砂纸等，以手工操作为主，特殊零件如回转体表面，可使用转台等辅助工具，表面质量要求高的可采用超精研抛的方法。

（2）化学抛光 化学抛光是让材料在化学介质中表面微观凸出的部分较凹部分优先溶解，从而得到平滑面。这种方法的主要优点是不需复杂设备，可以抛光形状复杂的工件，化学抛光得到的表面粗糙度值一般为 $Ra10 \mu m$。

（3）电解抛光 电解抛光基本原理与化学抛光相同，与化学抛光相比，可以消除阴极反应的影响，效果较好，表面粗糙度值小于 $Ra1 \mu m$。

（4）超声波抛光　将工件放入磨料悬浮液中并一起置于超声波场中，依靠超声波的振荡作用，使磨料在工件表面磨削抛光。超声波加工可以与化学或电化学方法结合。在溶液腐蚀、电解的基础上，再施加超声波振动搅拌溶液，使工件表面溶解产物脱离，表面附近的腐蚀或电解质均匀；超声波在液体中的空化作用还能够抑制腐蚀过程，利于表面光亮化。

（5）流体抛光　流体抛光是依靠高速流动的液体及其携带的磨粒冲刷工件表面达到抛光的目的。常用方法有：磨料喷射加工、液体喷射加工、流体动力研磨等。

（6）磁研磨抛光　磁研磨抛光是利用磁性磨料在磁场作用下形成磨料刷，对工件磨削加工。这种方法加工效率高，质量好，加工条件容易控制，工作条件好。采用合适的磨料，表面粗糙度值可以达到 $Ra0.1\mu m$。

10.4.4　砂带磨削

砂带磨削是以砂带作为特殊形式的磨削工具，借助于张紧机构使之张紧，驱动轮使之高速运动，使砂带与工件表面接触以实现磨削加工的整个过程，如图 10-17 所示。砂带是用黏结剂将磨粒黏结在纸、布等挠性材料上制成的带状工具，其基本组成有基材、磨料和黏结剂。

从加工过程来看，砂带磨削与砂轮磨削同样都是高速运动的"微刃切削刀具"——磨粒的微量切削而形成的累积效应，因而其磨削机理大致上也是相同的。但由于砂带本身的构成特点和使用方式不同，使砂带磨削不论是在磨削加工机理方面，还是其综合磨削性能方面都有别于砂轮磨削，这主要表现在：

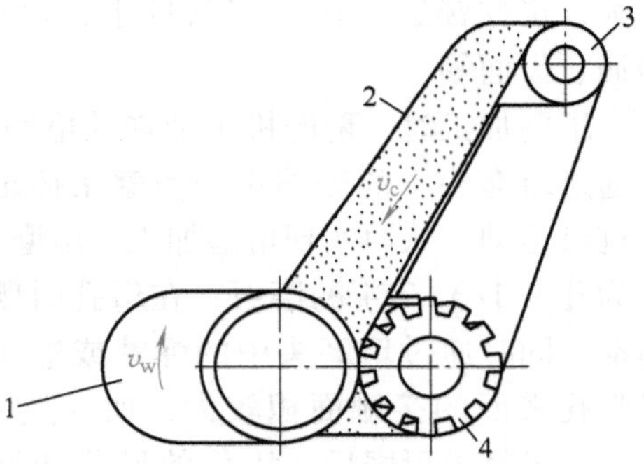

（1）磨削效率高　主要表现在材料切除率高和机床功率利用率高。如钢材切除率已能达到 $700mm^3/s$，达到甚至超过了常规车削、铣削的生产率，是砂轮磨削的 4 倍以上。

（2）加工质量好　一般情况下，砂带磨削的

图 10-17　砂带磨削
1—工件　2—砂带　3—张紧轮　4—接触轮

加工精度比砂轮磨削略低，尺寸精度可达 $3\mu m$，表面粗糙度值达 $Ra1\mu m$。但近年来，由于砂带制造技术的进步和砂带机床制造水平的提高，砂带磨削已跨入了精密、超精密磨削的行列，尺寸精度最高可达 $0.1\mu m$，工件表面粗糙度值最高可达 $Ra0.01\mu m$，即达镜面效果。

（3）磨削热小　工件表面冷硬程度与残余应力仅为砂轮磨削的 1/10，即使干磨也不易烧伤工件，而且无微裂纹或金相组织的改变，具有"冷态磨削"之称。

（4）工艺灵活性大、适应性强　砂带磨削可以很方便地用于平面、外圆、内圆和异性曲面等的加工。

（5）综合成本低　砂带磨床结构简单、投资少、操作简便，生产辅助时间少（如换新砂带不到 1min 即可完成），对工人技术要求不高，工作时安全可靠。

砂带磨削可加工金属材料和皮革、木材、橡胶、尼龙和塑料等非金属材料。在加工尺寸方面，砂带磨削也远远超出砂轮磨削，目前砂轮磨削的最大宽度仅为 1m，而砂带磨床的宽度已达到 4.9m。

复习思考题

10-1　简述磨削加工的原理和主要特点。

10-2　砂轮的性能与哪些因素有关？砂轮的自锐性是如何形成的？

10-3　砂轮的安装有哪些要求？在什么情况下需要对砂轮进行修整？

10-4　平面磨床由几部分组成？各部分有何功能？

10-5　万能外圆磨床由几部分组成？工件和砂轮各作哪些运动？

10-6　如何防止磨削加工烧伤工件表面？

10-7　试分析比较研磨、珩磨和抛光加工的特点。为获得高的尺寸精度和低表面粗糙度值的表面，应选用何种加工方式？

第 11 章　其他切削加工

【实训目的与要求】

1）了解刨削、镗削、拉削的工艺范围、特点及应用。

2）了解刨床、镗床、拉床的组成和功能结构。

3）了解牛头刨床主运动和进给运动的调整要求和调整方法。

4）了解工件在镗床工作台上的常用安装方法和夹具。

5）掌握刨削、镗削加工基本操作技能。

11.1　刨削加工

刨削是一种在刨床上利用刨刀加工工件的切削加工方法，它是平面加工的主要方法之一。刨削的工作特点是，刨刀在水平方向上的直线往复运动为主运动，刨刀回程时工作台（工件）的间歇横向水平或垂直移动为进给运动。

刨削加工的工艺特点如下：

（1）通用性较好　刨削可用来加工平面（水平面、竖直面、斜面）、沟槽（直槽、T 形槽、V 形槽、燕尾槽）及一些成形面。

（2）生产率较低　刨削时，刨刀切入和切出会产生冲击和振动，限制了切削速度的提高，一般为 17~50m/min，且回程不切削，降低了生产效率。但对于加工狭长零件的平面、T 形槽、燕尾槽时，生产率较高。

（3）加工精度不高　刨削加工的尺寸公差等级一般为 IT9~IT7，表面粗糙度值为 $Ra1.6$ ~6.3μm，但在龙门刨床上用宽刀细刨，可达到 $Ra0.4$~0.8μm。

刨削加工由于刀具简单，加工调整灵活方便，故在单件小批量生产及修配工作中得到较广泛的应用。

11.1.1　刨床

刨削加工的设备是刨削类机床。常见的刨削类机床有牛头刨床、龙门刨床和插床等。

1. 牛头刨床

牛头刨床是一种应用较广的刨削类加工机床，其结构简单、调整方便、操作灵活、刨刀简单、刃磨和安装方便。它适合刨削加工长度不超过 1000mm 的中、小型零件。

（1）牛头刨床的结构组成　图 11-1 所示为 B6065 型牛头刨床外形图，其型号含义如下：

B——类别：刨床类；

6——组别：牛头刨床组；

0——系别：普通型牛头刨床；

65——主参数：最大刨削长度的 1/10，即最大刨削长度为 650mm。

牛头刨床主要由床身、滑枕、摇臂机构、工作台及进给机构、变速机构、刀架、底座等结构组成。其各组成部分的功能如下：

1）床身。床身用于支撑和连接刨床的各部件，其顶面导轨供滑枕作往复运动，侧面导轨供横梁和工作台升降，床身内部装有传动机构。

2）滑枕和摇臂机构。**摇臂机构是牛头刨床的主运动机构**，可以把电动机的旋转运动转换为滑枕的直线往复运动，以带动刨刀进行刨削。齿轮带动摇臂齿轮转动，固定在摇臂齿轮上的滑块可在摇臂的槽内滑动并使摇臂绕下支点前后摆动，于是带动滑枕作直线往复运动。

3）工作台及进给机构。工作台用于安装工件，安装在横梁的水平导轨上由进给机构（棘轮机构）传动，使其在水平方向上自动间歇进给。进给机构中，齿轮与摇臂齿轮同轴旋转，带动齿轮转动，使一端固定于偏心槽内的连杆摆动拨爪，同时拨动棘轮，使同轴丝杠转动，实现工作台的横向进给。

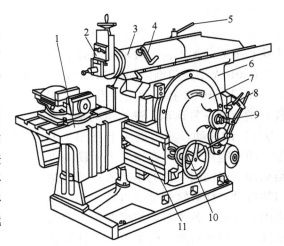

图 11-1 B6065 型牛头刨床外形图
1—工作台 2—刀架 3—滑枕
4—行程位置调整手柄 5—滑枕锁紧手柄
6—床身 7—摇臂机构 8—变速机构
9—行程长度调整方榫 10—进给机构 11—横梁

（2）牛头刨床的调整 主要包括主运动的调整和进给运动的调整两部分。

1）主运动的调整，包括滑枕行程长度、滑枕起始位置、滑枕行程速度的调整。刨削时的主运动应根据工件的尺寸大小和加工要求进行调整。

刨削时，滑枕行程长度应略大于工件加工表面的刨削长度。由曲柄摇杆机构工作原理可知，改变滑块的偏心距，就能改变滑枕行程。偏心距越大，滑枕的行程长度越长。调整时先松开图 11-1 所示的滑枕锁紧手柄 5，转动行程长度调整方榫 9，通过一对锥齿轮带动螺杆转动，使偏心滑块移动，曲柄销带动滑块改变其在摇臂齿轮端面上的偏心位置，从而改变滑枕的行程长度。

滑枕起始位置应和工作台上工件的装夹位置相适应。调整时先松开滑枕锁紧手柄 5，再调节行程位置调整手柄 4，通过锥齿轮转动丝杠，改变螺母在丝杠上的位置，从而改变滑枕的起始位置。调整好之后，再拧紧滑枕锁紧手柄 5。

滑枕行程速度应按刨削加工的要求进行调整。调整时，通过变速机构 8 来改变其两组滑动齿轮的啮合关系，从而改变轴的转速，使滑枕行程速度相应变换，以满足不同的刨削要求。

2）进给运动的调整，包括工作台横向进给量和进给方向的调整。

横向进给量是指滑枕往复一次时，工作台的水平移动量。进给量的大小取决于滑枕往复一次时棘爪能拨动的棘轮齿数。调整棘轮护盖的位置，可改变棘爪拨过的棘轮齿数，即可改变横向进给量的大小。

横向进给方向即工作台水平移动方向，扳动进给运动换向手柄使棘轮爪转动 180°，棘爪的斜面反向，棘爪拨动棘轮的方向也随之改变，使工作台移动换向。

2. 龙门刨床

龙门刨床主要用于加工大型零件上的平面或沟槽，或同时加工多个中型零件，尤其适用于狭长平面的加工，一般可刨削的工件宽度达 1m，长度在 3m 以上。

B2010A 型龙门刨床如图 11-2 所示，因有一个"龙门"式的框架结构而得名。

龙门刨床的主运动是工作台（工件）的直线往复运动，进给运动是刀架（刀具）的移动。龙门刨床上有四个刀架，两个竖直刀架可在横梁上做横向进给运动，以刨削工件的水平面；两个侧刀架可沿立柱导轨做竖直进给运动，以刨削竖直面。各个刀架均可偏转一定的角度，以刨削斜面。横梁可沿立柱导轨上下升降，以调整刀具和工件的相对位置，适应不同高度工件的刨削工作。

与牛头刨床相比，龙门刨床的体形大，结构复杂，刚性好，功率大，适用于加工大型零件上的窄长表面及多工件同时刨削，故可用于批量生产。龙门刨床工作台由大功率直流电动机驱动，可进行无级调速，运动平稳。

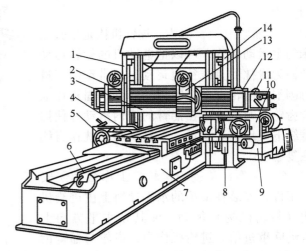

图 11-2　B2010A 型龙门刨床外形图

1—左立柱　2—左竖直刀架　3—横梁　4—工作台
5—左侧刀架进刀箱　6—液压安全器　7—床身　8—右侧刀架
9—工作台减速箱　10—右侧刀架进刀箱　11—竖直刀架进刀箱
12—悬挂按钮站　13—右竖直刀架　14—右立柱

11.1.2　基本刨削工作

刨削是平面加工的主要方法之一。在刨床上可以刨平面（水平面、竖直平面和斜面）、沟槽（直槽、V 形槽、燕尾槽和 T 形槽）和曲面等，如图 11-3 所示。

用成形刨刀精刨曲面，如图 11-4 所示。

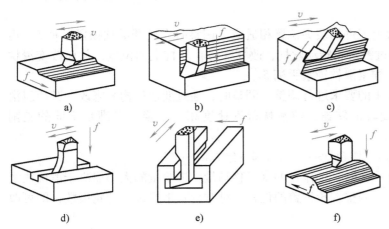

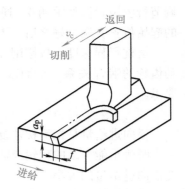

图 11-3　刨削的主要加工动作

a）刨水平面　b）刨竖直平面　c）刨斜面　d）刨直槽　e）刨 T 形槽　f）刨曲面

图 11-4　用成形刨刀精刨曲面

11.2　镗削加工

镗削是一种镗刀做回转主运动，工件或镗刀作进给运动的切削加工方法。镗削时，工件被装夹在工作台上，并由工作台带动做直线进给运动，镗刀用镗刀杆或刀盘装夹，由主轴带动回转做主运动。主轴在回转的同时，可根据需要做轴向进给运动，取代工作台做进给运动。

镗床的主要功能是镗削工件上各种孔和孔系，特别适合于箱体、机架等结构复杂的大型零件上的多孔加工。此外，还能加工平面、沟槽等。在卧式镗床上，还可以利用平旋盘和其他机床附件，镗削大孔、大端面、槽及进行攻螺纹等一些特殊的镗削加工。

镗削的加工工艺特点如下：

1）适合加工大型工件上的孔，大型工件做主回转运动时，转速不宜太高，工件上的孔或孔系直径相对较小，不易实现高速切削。

2）适合加工结构复杂、外形不规则的工件，孔或孔系在工件上往往不处于对称中心或平衡中心，工件回转时，平衡较困难，容易因平衡不良而引起加工中的振动。

3）适合加工大直径的孔。

4）适合加工孔系，用坐标镗床、数控镗床进行孔系加工，可以获得很高的孔距精度。

5）工艺适应能力强，能加工形状多样、大小不一的各种工件的多种表面。

6）镗孔的经济尺寸公差等级为 IT9~IT7，表面粗糙度值为 $Ra3.2~0.8\mu m$。

11.2.1　镗削加工设备

镗削加工设备是镗床，镗床可分为卧式镗床、坐标镗床和精镗床等。

1. 卧式镗床

卧式镗床是镗床中应用最广泛的一种。它主要进行孔加工，镗孔尺寸公差等级可达 IT7，表面粗糙度值为 $Ra1.6~0.8\mu m$。卧式镗床的主参数为主轴直径。其镗轴呈水平布置并做轴向进给，主轴箱沿前立柱导轨移动，工作台做纵向或横向移动。这种机床应用广泛且比较经济，它主要用于箱体（或支架）类零件的孔加工及与孔有关的面加工。

卧式镗床主要由床身、主轴箱、工作台、平旋盘和前、后立柱等组成，如图 11-5 所示。

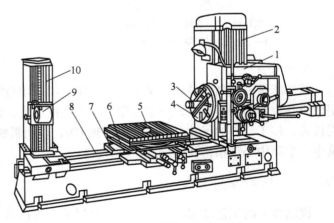

图 11-5　卧式镗床的外形图

1—主轴箱　2—主立柱　3—主轴　4—平旋盘
5—工作台　6—上滑座　7—下滑座　8—床身
9—镗刀杆支承座　10—尾立柱

2. 坐标镗床

坐标镗床是一种高精度机床，其刚性和抗振性很好，还具有工作台、主轴箱等运动部件的精密坐标测量装置，能实现工件和刀具的精密定位。因此，坐标镗床加工的尺寸精度和几何精度都很高。它主要用于单件小批生产条件下对工装夹具的精密孔、孔系和模具零件的加工，也可用于成批生产时对各类箱体、缸体和机体的精密孔系进行加工。

坐标镗床可分为单柱式坐标镗床、双柱式坐标镗床和卧式坐标镗床三种。

（1）单柱式坐标镗床　单柱式坐标镗床的主轴带动刀具做旋转主运动，主轴套筒沿轴向做进给运动，其结构形式如图11-6所示。该镗床的特点是结构简单，操作方便，特别适宜加工板状零件的精密孔，但其刚性较差，故只适用于中小型坐标镗床。

（2）双柱式坐标镗床　双柱式坐标镗床的主轴上安装的刀具做主运动，工件安装在工作台上，随工作台沿床身导轨做纵向直线移动，其结构形式如图11-7所示。它的刚性较好，目前大型坐标镗床都采用这种结构。该镗床的主参数为工作台面宽度。

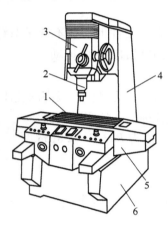

图11-6　单柱式坐标镗床外形图
1—工作台　2—主轴　3—主轴箱
4—立柱　5—床鞍　6—床身

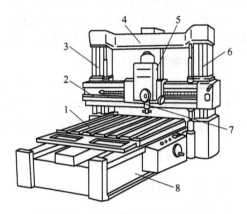

图11-7　双柱式坐标镗床外形图
1—工作台　2—横梁　3—左立柱　4—顶梁
5—主轴箱　6—右立柱　7—主轴　8—床身

3. 精镗床

精镗床是一种高速镗床，又称金刚镗床，因采用金刚石作为刀具材料而得名。现在多采用硬质合金作为刀具材料，一般采用较高的切削速度、较小的背吃刀量和进给量。其加工精度较高，加工工件的尺寸公差等级可达到IT6，表面粗糙度值可达到 $Ra0.2\mu m$，主要用于批量生产中对中小型精密孔的加工。

11.2.2 基本镗削工作

镗削加工的工艺范围较广，它可以镗削单孔或孔系，还可以进行钻孔、铰孔，以及用多种刀具进行平面、沟槽和螺纹的加工。图11-8所示为卧式镗床上镗削的主要内容。机座、箱体、支架等外形复杂的大型工件上直径较大的孔，特别是有位置精度要求的孔系，常在镗床上利用坐标装置和镗模加工。镗孔尺寸公差等级为IT7~IT6，孔距精度可达 $0.015\mu m$，表面粗糙度值为 $Ra1.6~0.8\mu m$。

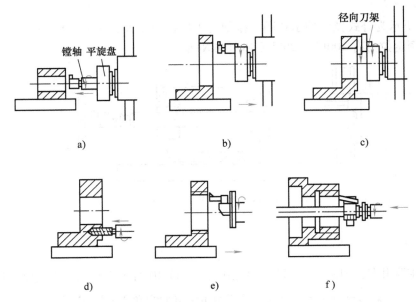

图 11-8　卧式镗床上镗削的主要内容

a）用主轴安装镗刀杆镗不大的孔　b）用平旋盘上镗刀镗大直径孔　c）用平旋盘上径向刀架镗平面
d）钻孔　e）用工作台进给镗螺纹　f）用主轴进给镗螺纹

11.3　拉削加工

拉削加工就是用各种不同的拉刀在相应的拉床上切削出各种内、外几何表面的一种加工方式。拉削时，拉刀与工件的相对运动为主运动，一般为直线运动。当刀具在切削时不是受拉力而是受压力，这时刀具称为推刀，这种加工方法称为推削加工，推削加工主要用于修光孔和校正孔的变形。

拉削的工艺特点如下：

1）拉刀在一次行程中能切除加工表面的全部余量，故拉削生产效率较高。

2）拉刀制造精度高，切削部分有粗切和精切之分；校准部分又可对加工表面进行校正和修光，所以拉削加工精度较高，经济尺寸公差等级可达 IT9～IT7，表面粗糙度为 $Ra1.6$～$0.4\mu m$。

3）拉床采用液压传动，故拉削过程平稳。

4）拉刀适应性较差，一般一把拉刀只适于加工某一种尺寸和公差等级的一定形状的加工表面，且不能加工台阶孔、不通孔和特大直径的孔。由于拉削力很大，拉削薄壁孔时容易变形，因此薄壁孔不宜采用拉削。

5）拉刀结构复杂，制造费用高，因此只有在大批量生产中才能显示其经济、高效的特点。

11.3.1　拉削加工设备

拉削机床称为拉床，按加工表面所处的位置可分为内拉床和外拉床。按拉床的结构和布局形式，又可分为卧式拉床、立式拉床和连续式（链条式）拉床等。

图 11-9 所示为卧式拉床的示意图。拉削时工作拉力较大，所以拉床一般采用液压传动。常用拉床的额定拉力有 100kN、200kN 和 400kN 等。

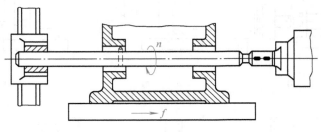

图 11-9　卧式拉床示意图

11.3.2　拉刀

拉刀的种类很多，但其组成部分基本相同，图 11-10 所示为圆孔拉刀的结构图。

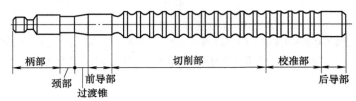

图 11-10　圆孔拉刀的结构图

圆孔拉刀各部分的基本功能如下：

（1）柄部　拉刀与机床的连接部分，用以夹持拉刀、传递动力。

（2）颈部　头部与过渡锥之间的连接部分，此处可以打标记（拉刀的材料、尺寸规格等）。

（3）过渡锥　颈部与前导部分之间的锥度部分，起对准中心的作用，使拉刀易于进入工件孔。

（4）前导部　用于引导拉刀的切削齿正确地进入工件孔，防止刀具进入工件孔后发生歪斜，同时还可以检查预加工孔尺寸是否过小，以免拉刀的第一个刀齿负荷过重而损坏。

（5）切削部　担负切削工作，切除工件上全部的拉削余量，由粗切齿、过渡齿和精切齿组成，粗切齿分担大部分切削余量。

（6）校准部　用于校正孔径、修光孔壁，以提高孔的加工精度和表面质量，也可以作为精切齿的后备齿。

（7）后导部　用于保证拉刀最后的正确位置，防止拉刀在即将离开工件时，因工件下垂而损坏已加工表面和刀齿。

11.3.3　基本拉削工作

拉削主要应用于成批量、大量生产的场合。拉削可以加工各种形状的通孔、平面及成形表面等，但拉削只能加工贯通的等截面表面，特别是适用于成形内表面的加工。图 11-11 所示为适于拉削加工的典型工件表面形状。

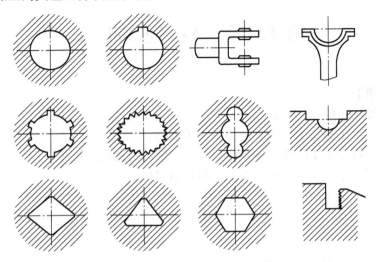

图 11-11　适于拉削加工的典型工件表面形状

复习思考题

11-1　试对刨削加工的范围和应用与铣削加工作比较。

11-2　牛头刨床主要由哪几部分组成？其主要功能是什么？

11-3　龙门刨床的主运动是工作台带工件做直线往复运动，其前行速度也高于返回速度吗？是如何实现的？

11-4　牛头刨床滑枕行程长度、滑枕起始位置、滑枕行程速度是根据什么调整的？如何调整？

11-5　镗床特别适合哪类零件的加工？镗削的加工工艺特点有哪些？

11-6　车孔和镗孔的主运动分别是工件做回转运动和刀具做回转运动，试分析其特点。

11-7　试分析拉削加工的工艺特点、拉刀的结构特点。

第12章 数控加工

【实训目的与要求】

1）了解数控加工的原理和特点。

2）了解数控机床的基本结构、分类和加工范围。

3）掌握数控机床手工编程基础和编程方法，熟练运用数控机床常用代码编程。

4）独立编写程序并在数控机床上加工出合格零件。

12.1 概述

12.1.1 数控加工的技术原理

数控机床是用数字化代码作指令，受数控系统控制的自动加工机床。世界上第一台数控机床是由美国的 PARSONS 公司和麻省理工学院研制。数控加工根据零件图样及工艺要求编制零件数控加工程序并输入数控系统（CNC），数控系统对数控加工程序进行译码、刀补处理、插补计算，可编程序控制器（PLC）协调控制机床刀具与工件的相对运动，实现零件的自动加工。数控机床原理如图 12-1 所示。

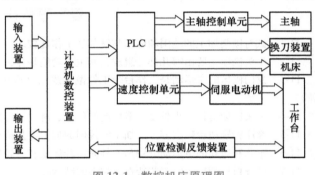

图 12-1 数控机床原理图

12.1.2 数控加工的特点

1）加工适应性强。在数控机床上更换加工零件时，只需重新编写或更换程序就能实现对新零件的加工，从而为结构复杂的单件、小批量生产和新产品试制提供了极大的方便。

2）加工精度高、加工质量稳定。数控机床的加工精度和加工质量主要取决于机床的精度和机床的稳定性。

3）生产效率高。数控机床主轴转速和进给量的变化范围较大，因此在每道工序上都可选用最有利的切削用量。由于数控机床的结构刚性好，允许采用大切削用量的强力切削，可提高机床的切削效率，缩短加工时间；数控机床的空行程速度快，工件装夹时间短，刀具自动更换，辅助时间明显缩短。

4）自动化程度高，减轻了劳动强度。数控机床加工零件是按事先编制的程序自动完成的，操作者除了操作键盘、装卸工件、关键工序的中间检测及观察外，不需要进行其他手工劳动，劳动强度大大减轻。另外，数控机床一般都具有较好的安全防护、自动排屑、自动冷却、自动润滑等装置，劳动条件大为改善。

12.1.3 数控机床的分类

1. 按主轴的配置形式分类

（1）卧式数控机床 主轴轴线处于水平位置的数控机床，如图 12-2 所示。

（2）立式数控机床 主轴轴线处于垂直位置的数控机床，并有一个较大的工作台，用以装夹工件，如图 12-3 所示。

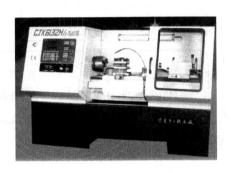

图 12-2 卧式数控机床

图 12-3 立式数控机床

2. 按运动方式分类

（1）点位控制 控制刀具从起始点快速移动到目标点的准确位置，对两点间的运动轨迹不加精确控制。

（2）直线控制 控制刀具从起始点以给定的速度沿指定的直线轨迹精确定位到目标点。

（3）轮廓控制 控制刀具从起始点以给定的速度沿指定的轨迹精确定位到目标点。

3. 按控制方式分类

（1）开环控制系统 机床传动控制系统没有位移测量元件，对机床工作台的位移不检测，通常由步进电动机驱动，如图 12-4 所示。

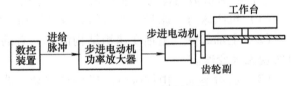

图 12-4 开环控制系统

（2）闭环控制系统 机床传动控制系统装有测量元件，检测机床工作台的实际位移，并反馈给数控装置，与理论位移值比较，及时发出位置补偿命令，使工作台精确到达指令位置。测量元件一般装在传动系统末端元件上，如工作台上，如图 12-5 所示。机床闭环传动控制系统由伺服电动机驱动。

（3）半闭环控制系统 如果测量元件装在机床传动控制系统中间元件上，则构成半闭环控制，如滚珠丝杠或伺服电动机轴上，如图 12-6 所示。

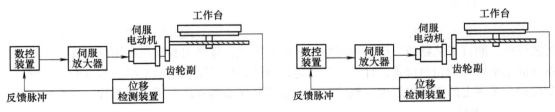

图 12-5 闭环控制系统　　　　　　　　图 12-6 半闭环控制系统

12.1.4 数控机床的组成

数控机床主要由 CNC 系统、伺服系统和机械系统三大部分组成，如图 12-7 所示。

1. CNC 系统

CNC 系统主要有输入输出设备、CNC 装置、PLC 等。该系统的主要功能有：数控程序输入、数控程序编译、刀具半径补偿和长度补偿、刀具运动轨迹插补计算等。

2. 伺服系统

伺服系统主要有主轴伺服系统、进给伺服系统、主轴驱动装置和进给驱动装置，分别控制主运动和进给运动的速度和位移。

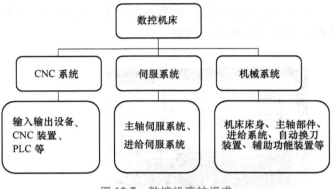

图 12-7 数控机床的组成

（1）主轴伺服系统 控制机床主轴运动的速度，必要时还控制机床主轴的角位移。主轴伺服系统主要由主轴控制单元、主轴电动机、测量反馈元件等组成。

（2）进给伺服系统 由伺服电动机、驱动控制系统以及位置检测反馈装置等组成。数控系统发出的指令信号与位置检测反馈信号比较并生成位移指令，经驱动控制系统功率放大，控制伺服电动机的运转，通过机床的传动机构带动刀具运动。

3. 机械系统

数控机床机械结构与普通机床结构大体相同。数控机床的机械结构有：

（1）机床床身 床身主要有斜床身结构和平床身结构组成。

（2）主轴部件 主轴变速箱结构简单，有的甚至是无齿轮变速机构，主要采用伺服电机实现无级变速。

（3）进给系统 由伺服电动机单独驱动，选用高精度滚珠丝杠和高分辨率的脉冲编码器，对进给传动实现闭环或半闭环控制。

（4）自动换刀装置 用电动刀架或刀库配换刀机械手实现刀具自动更换。

（5）辅助功能装置 有程序控制润滑、冷却装置和自动排屑装置等。

12.2 数控机床编程基础

12.2.1 数控机床编程的方法

数控程序是控制机床自动加工零件的指令代码的集合。编制数控程序首先要对零件进行工艺分析，制订工艺路线，确定加工顺序、装夹方式，选择刀具和切削用量，确定工件坐标系和机床坐标系的相对位置，计算刀具的运动轨迹，然后用规定的文字、数字和符号编写指令代码，按规定的程序格式编制数控程序。数控程序编制方法有手工编程和自动编程两种。

1. 手工编程

手工编程是从工艺分析、工艺设计、数值处理、编写加工程序、输入程序到校验全部由人工完成。对于几何形状比较简单的零件，数值计算量小，程序段少，编程容易，采用手工编程比较经济、方便、快捷。手工编程过程如图 12-8 所示。

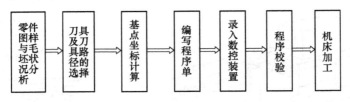

图 12-8　手工编程过程

2. 自动编程

自动编程是指程序的大部分或全部程序编制工作由计算机来完成。典型的自动编程有人机对话式自动编程及图形交互自动编程。在人机对话式自动编程中，从工件的图形定义、刀具的选择、起刀点的确定、走刀路线的安排，到各种工艺指令的插入，都是在 CNC 编程菜单的引导下进行的，最后由计算机处理，得到所需的数控加工程序。

图形交互自动编程是一种可以直接将零件的几何图形信息自动转化为数控加工程序的全新的计算机辅助编程技术。它通常以计算机辅助设计（CAD）为平台，利用 CAD 软件的绘图功能在计算机上绘制零件的几何图形，生成零件的图形文件，然后调用数控编程模块，采用人机交互的方式在计算机屏幕上指定被加工的部位，输入加工参数，计算机便可自动进行数学处理并编制出数控加工程序，同时在计算机屏幕上动态地显示出刀具的加工轨迹。自动编程大大减轻了编程人员的劳动强度，提高了效率，同时解决了手工编程无法解决的许多复杂零件的编程难题。

12.2.2　坐标系

为了方便编程，不必考虑数控机床具体的运动形式，无论是刀具运动还是工件运动，一律假定刀具相对于静止的工件运动，编程时只需根据零件图样编程。国家标准中规定机床坐标系采用右手笛卡儿坐标系，如图 12-9 所示。图 12-9 中大拇指的方向为 X 轴的正方向，食指为 Y 轴的正方向，中指为 Z 轴的正方向。A、B、C 表示绕 X、Y、Z 轴

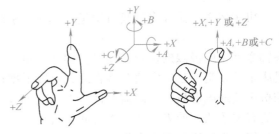

图 12-9　右手笛卡儿坐标系

回转的回转轴线，A、B、C 的正方向用右手法则确定。对于卧式数控车床各轴的方向如图 12-10 所示，对于立式的数控铣床各轴的方向如图 12-11 所示，由于 X、Y 轴是工件运动，其正方向与原定方向相反，并用 X' 和 Z' 指示正方向。

1. 机床坐标系和机床原点

机床坐标系又称机械坐标系。机床坐标系是机床上一个固定的坐标系，其位置是由机床制造厂商确定的，一般不允许用户改变。

机床坐标系的零点称为机床原点。数控车床的机床原点通常设在机床主轴端面中心点或主轴中心线与工作台面的交点上。机床坐标系是用来确定工件位置和机床运动部件位置的基

本坐标系。

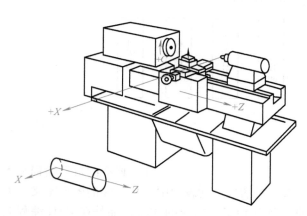

图 12-10　卧式数控车床各轴的方向

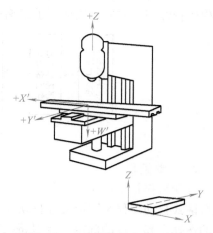

图 12-11　立式数控铣床各轴的方向

2. 工件坐标系和程序原点

工件坐标系是用于定义刀具相对工件运动关系的坐标系，为了便于加工，常通过对刀设定。工件坐标系的原点称为程序原点或工件原点。程序原点在工件上的位置可以根据图纸选择，一般应遵循如下原则：

1）选定的程序原点位置应便于数学处理和使程序编制简单。

2）程序原点应尽量选在机床上容易找正的位置。

3）程序原点应选在零件的设计基准或工艺基准上。

4）程序原点的选择应便于测量和检验。

3. 机床参考点

机床参考点是大多数具有增量位置测量系统的数控机床所必须具有的。它是用于对机床工作台、滑板与刀具相对运动的测量系统进行标定和控制的点。机床参考点一般设置在机床各轴靠近正向极限的位置，通过行程开关粗定位，由零位点脉冲精确定位。机床参考点相对机床坐标系是一已知定值，换言之，可以根据这一已知坐标值间接确定机床原点的位置。数控机床接通电源后，一般需要回参考点（回零），即利用数控装置控制面板或机床操作面板上的有关按钮，使刀具或工作台回到机床参考点。当返回参考点操作完成后，显示器显示的坐标值即为机床参考点在机床坐标系中的坐标值，表明机床坐标系已经建立。回参考点操作可以手动完成，也可用相关指令来自动完成（G28）。

12.2.3　编程方式

1. 绝对坐标编程

绝对坐标编程是指刀具（或机床）的运动位置坐标值是相对固定的坐标原点（工件坐标系原点）计算的，即绝对坐标系的原点是固定不变的。

2. 相对坐标编程

相对坐标编程（增量坐标编程）是指刀具（或机床）的运动位置坐标值是相对前一运动位置计算的。

3. 混合坐标编程

混合坐标编程就是在一个程序中既可以用绝对坐标编程，也可以用相对坐标编程。

12.2.4　程序结构

一个完整的数控加工程序由若干个程序段组成，程序段由若干个字代码组成（包括程序段号），字代码由字地址符和数字组成。程序以程序号开始，以 M02 或 M30 结束，如图 12-12 所示。

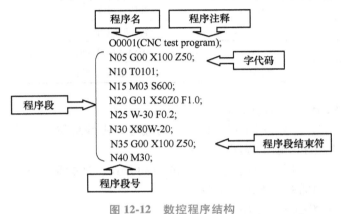

图 12-12　数控程序结构

1. 程序号

程序号是程序的标识，以区别其他程序。程序号由地址符及 1~9999 范围内的任意整数组成。不同数控系统的程序号地址符是不同的，如 FANUC 系统用英文字母 "O"，SINU-MERIK 系统用 "%" 等。编程时应按照数控机床说明书的规定书写，否则数控系统会报错。

2. 程序段格式和组成

程序段格式是指一个程序段中的文字、数字和符号的书写规则。一般分为字地址可变程序段格式、分隔符可变程序段格式和固定顺序程序段格式。字地址可变程序段格式又称为自由格式，它由程序段号、指令字和程序段结束符组成。各指令字由字地址符和数字组成，字的排列顺序要求不严格，不需要的字或与上一程序段相同的续效字可以省略不写。数据可正可负，可以带小数点（单位为 mm），也可以不带小数点（单位为最小设定单位）。字地址可变程序段格式简单、直观，便于检查和修改，应用广泛。

程序中常用字地址符英文字母的含义见表 12-1。

表 12-1　程序中常用字地址符的英文字母的含义

功　能	地 址 字 符	意　义
程序号	O、P	程序编号，子程序号的指定
程序段号	N	程序段顺序号
准备功能	G	指令动作的方式
坐标字	X、Y、Z	坐标轴的移动指令
	A、B、C；U、V、W	附加轴的移动指令
	I、J、K	圆弧圆心坐标
	R	圆弧半径

（续）

功　能	地　址　字　符	意　义
进给速度	F	进给速度指令
主轴功能	S	主轴转速指令
刀具功能	T	刀具编号指令
辅助功能	M、B	主轴起停、切削液的开关、工作台分度等
补偿功能	H、D	补偿号指令
暂停功能	P、X、U	暂停时间指定
循环次数	L	子程序及固定循环的重复次数
参数	P、Q、R	固定循环参数指令

自由格式程序段中各字的说明如下。

（1）程序段顺序号字 N　用于识别程序段的编号，由地址符 N 和若干位数字组成（一般 1～5 位）。程序段顺序号位于程序段之首。

（2）准备功能字 G　用于指定数控机床的运动方式、坐标系设定、刀具补偿等多种加工操作，为数控系统的插补运算做好准备。

格式：G□□（G00～G99 共 100 种）

注意：G 指令按功能的不同分为若干组，同一组的 G 指令不能在同一程序段出现，否则只有最后一个 G 指令有效或报警。

1）模态指令又称续效指令。该指令代码一经定义，其功能一直保持有效，直到被相应的代码取消或被同组的代码所取代。

2）非模态指令只在写有该代码的程序段中有效。

（3）坐标字　用于指定数控机床某坐标轴的位置。由地址符、"＋"、"－"符号及绝对（或增量）坐标值组成，如 X30 Y-20，其中"＋"可省略。坐标字的地址符有：X、Y、Z、U、V、W、P、Q、R、A、B、C、I、J、K、D、H 等。

（4）进给功能字 F（为续效代码）　用于指定刀具的进给速度。

进给模式：有每转进给（mm/r）和每分钟进给（mm/min）。

每分钟进给模式 G98——mm/min，格式：G98　F__；

每转进给模式 G99——mm/r，格式：G99　F__；

（5）主轴转速功能字 S（为续效代码）　用于指定主轴的转速，单位一般为 r/min。

模式：数控车床有恒转速与恒线速控制模式（上电时默认状态为恒转速 r/min）。

（6）刀具功能字 T　用于指定刀具与刀具的偏置量。

（7）辅助功能字 M　用字地址符 M 及两位数字表示，也称为 M 功能或 M 指令。它用来指令数控机床辅助装置的接通和断开。

格式：M□□（M00～M99 共 100 种）

常用的 M 指令有：

1）程序暂停（M00），当执行有 M00 指令的程序段后，不执行下一段程序，相当于执行单程序段操作。按下控制面板上循环起动按钮后，程序继续执行。该指令可应用于自动加工过程中，停车进行某些手动操作，如手动变速、换刀、关键尺寸的抽样检查等。

2）程序选择暂停（M01），该指令的作用和 M00 相似，但它必须在预先按下操作面板上"选择停止"按钮的情况下，当执行有 M01 指令的程序段后，才会停止执行程序。如果不按下"选择停止"按钮，M01 指令无效，程序继续执行。

3）主轴正转（M03），对于立式铣床，所谓正转设定为由 Z 轴正方向向负方向看去，主轴顺时针方向旋转。

4）主轴反转（M04），对于立式铣床，所谓反转设定为 Z 轴由正方向向负方向看去，主轴逆时针方向旋转。

5）主轴停止（M05）。

6）切削液开（M07/M08）。

7）切削液关（M09）。

8）程序结束（M02/M30），在完成程序段所有指令后，使主轴、进给、切削液停止，机床及控制系统复位等。

9）子程序调用指令（M98），主程序调用子程序。

格式：M98P <u>子程序序号</u> L <u>调用次数</u>（当只调用子程序一次时，L 可以省略不写）

M98P_ _ _ _ _ _ _（此时 P 后面有七位数，其中前三位数是调用次数，后四位为程序号）

10）返回主程序指令（M99）。

（8）程序段结束字　用于每一程序段之后，表示程序段结束。当用 ISO 标准代码时，结束符为"LF"或"NF"；用 EIA 标准代码时，结束符为"CR"；有的用符号"；"；有的直接回车即可。FANUC 0i 系统采用"；"表示程序段结束。

12.3　数控车削加工

数控车床具有卧式车床的所有加工功能，还具有卧式车床所不具备的加工功能，如加工内外圆柱面、圆锥面、端面、切槽、螺纹等，还能加工内外圆弧面、非圆曲线回转面等。

12.3.1　数控车床主要结构

以 CK6136 为例，数控车床主要有以下功能部件，如图 12-13 所示。

（1）数控装置　数控车床的核心部件。

（2）主轴　车床主运动的执行部件，主轴带动工件作回转运动，主轴由轴承支承，安装在主轴箱中，由电动机和变速传动机构驱动。主电动机额定功率为 5.5kW，主轴为无级变速，转速范围为 $10 \sim 2000 \text{r/min}$。

（3）拖板　车床进给运动执行部件，带动刀具作纵、横向直线进给运动，拖板安装在机床床身导轨上，由电动机、变速传动机构和丝杠螺母机构驱动。纵向拖板移动速度：6~

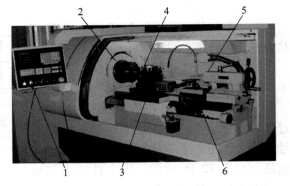

图 12-13　数控车床外形图

1—数控装置　2—主轴　3—拖板　4—电动刀架

5—尾座　6—床身/导轨

6000mm/min；横向拖板移动速度：3~3000mm/min。

（4）电动刀架　安装刀具，有四个刀位，由电动机驱动，实现自动换刀。电动刀架有前置和后置两种布局形式。

（5）尾座　安装钻头、铰刀、中心钻头等孔加工刀具或安装顶尖支承工件。

（6）床身/导轨　支承运动部件，并起导向作用。

12.3.2　数控车床坐标系

数控车床分前置刀架和后置刀架，前置刀架车床坐标系和后置刀架车床坐标系分别如图12-14、图12-15所示。X轴正方向指向刀架所在一侧，机床原点设在车床主轴端面中心点，机床参考点设置在X轴和Z轴正向极限位置。

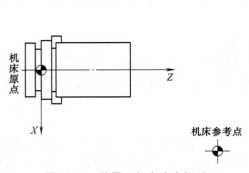

图 12-14　前置刀架车床坐标系

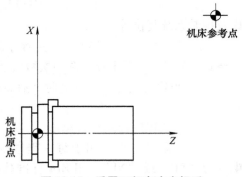

图 12-15　后置刀架车床坐标系

12.3.3　数控车床对刀

1. 对刀的基本概念

使刀位点与工件原点重合的操作并且找到工件原点在机床坐标系里的坐标的操作，称为"对刀"。刀位点是刀具的基准点，一般为刀具上某一特定的点，如车刀的刀位点是假想的刀尖点或刀尖圆弧的中心点；立铣刀的刀位点为铣刀端面与轴心线的交点等。在数控机床加工过程中，数控系统控制的是刀位点的运动轨迹。

2. 数控车床试切法对刀步骤

1）将"方式选择"旋钮置于"MDI"状态，输入转速，例如：S500 M03。

2）摇动手轮移动Z轴，使刀具切入工件的右边端面2~3mm，产生新的端面。

3）在机床面板上按"刀补"键，通过上下光标键找到当前刀具所对应的刀补号，在机床面板上测量出当前刀具Z向补偿值，如图12-16所示，以工件的右端面回转中心为工件坐标系的基准点。

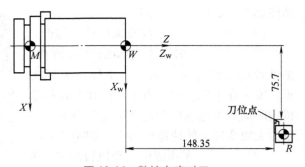

图 12-16　数控车床对刀

4）摇动手轮移动X轴和Z轴，使刀具切入工件2~3mm，车削出长5~10mm的圆柱面，Z向退出，X向保持不变。

5）停主轴，用量具测量出已加工圆柱直径。

6）用已测出的圆柱直径在机床数控面板上测量出当前 X 向的刀具偏置值。

12.3.4　数控车床手工编程

1. G00 快速定位

该指令使刀具以机床厂家设定的速度，按点位控制方式从刀具当前点快速移动至目标点。用于刀具趋进工件或在切削完毕后使刀具撤离工件。该指令没有运动轨迹要求，也不需要规定进给速度（F 指令无效）。

指令格式：G00 X __ Z __；绝对坐标编程

　　　　　 G00 U __ W __；增量坐标编程

绝对坐标编程指令中的 X、Z 坐标值为终点坐标值，增量坐标编程指令中的 U、W 为刀具移动的距离，即终点相对于起点的坐标增量值，其中 $X(U)$ 坐标以直径值输入。当某一轴坐标位置不变时，可以省略该轴的指令坐标字。在一个程序段中，绝对坐标指令和增量坐标指令也可混用。

如：G00 X __ W __；或 G00 U __ Z __；

2. G01 直线插补

插补是指加工时刀具沿着构成工件外形的直线和圆弧移动，机床数控系统采用轮廓控制的方法，即通过插补来控制刀具以给定的速度沿着编程轨迹运动，实现对零件的加工。该指令用于使刀具以 F 指定的进给速度从当前点直线或斜线移动到目标点，既可使刀具沿 X 轴方向或 Z 轴方向作直线运动，也可以两轴联动方式在 XZ 平面内作任意斜率的直线运动。

指令格式：G01 X __ Z __ F __；绝对坐标编程

　　　　　 G01 U __ W __ F __；增量坐标编程

指令中的 X、Z 坐标值为终点坐标值；U、W 分别代表 X、Z 坐标的增量坐标值，即终点相对于起点的坐标增量值；F 为刀具的进给速度（进给量）。

注意：在程序中，应用第一个 G01 指令时，一定要编写一个 F 指令，在以后的程序段中，在没有新的 F 指令以前，进给量保持不变，不必在每个程序段中都写入 F 指令。

例 12-1　编制图 12-17 所示零件的精加工程序，工件坐标系原点在 O 点。

O0001　　（程序号）

S500 M03；（主轴正转，转速为 500r/min）

T0101；（调用 1 号刀具及刀补）

G00 X30.0 Z1.0；（快速进刀）

G01 Z-20.0 F0.2；（车 ϕ30mm 外圆）

G01 X60.0；（车 ϕ60mm 端面）

G01 X80.0 Z-40.0；（车锥面）

G01 Z-70.0；（车 ϕ80mm 外圆）

G00 X200 Z100；

M30；（程序结束）

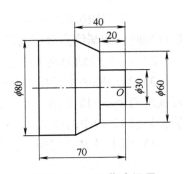

图 12-17　G01 指令运用

3. G02、G03 圆弧插补

该指令用于指定刀具作圆弧运动，以 F 指令所给定的进给速度，从圆弧起点沿着指定圆弧向圆弧终点进行加工。

（1）圆弧插补的顺逆判断 圆弧插补指令分为顺时针圆弧插补指令（G02）和逆时针圆弧插补指令（G03）。数控车床是两坐标机床，只有 X 轴和 Z 轴，那么如何判断圆弧的顺逆呢？应按右手定则的方法将 Y 轴也考虑进去。观察者使 Y 轴的正方向指向自己（即沿 Y 轴的负方向看去）去观察 XZ 平面。后置刀架车床圆弧插补的顺逆按图 12-18a 所示方向判断：沿圆弧所在平面（如 XZ 平面）的垂直坐标轴 Y 的负方向（−Y，朝向纸面）看去，顺时针方向为 G02，逆时针方向为 G03。前置刀架车床圆弧插补的顺逆按图 12-18b 所示方向判断：沿圆弧所在平面（如 XZ 平面）的垂直坐标轴 Y 的负方向（−Y，离开纸面）看去，顺时针方向为 G02，逆时针方向为 G03。

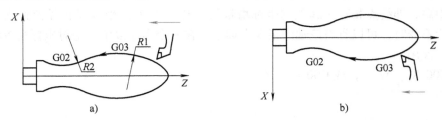

图 12-18 车床加工圆弧顺逆判断
a）后置刀架 b）前置刀架

（2）G02/G03 编程格式 在车床上加工圆弧时，不仅要用 G02/G03 指出圆弧的顺逆方向，用 X、Z 指定圆弧的终点坐标，而且还要指定圆弧的中心位置。常用指定圆心位置的方式有两种，因而 G02/G03 的指令格式也有两种。

1）用 I、K 指定圆心位置。

指令格式：G02 X（U）__ Z（W）__ I __ K __ F __ ；
G03 X（U）__ Z（W）__ I __ K __ F __ ；

2）用圆弧半径 R 指定圆心位置。

指令格式：G02 X（U）__ Z（W）__ R __ F __ ；
G03 X（U）__ Z（W）__ R __ F __ ；

（3）说明

1）当采用绝对编程时，圆弧终点坐标为圆弧终点在工件坐标系中的坐标值；当采用增量编程时，圆弧终点坐标为圆弧终点相对于圆弧起点的增量值。

2）I、K 分别为圆弧中心坐标相对于圆弧起点坐标在 X 方向和 Z 方向的坐标。

3）当用圆弧半径指定圆心位置时，由于在同一半径 R 的情况下，过圆弧的起点和终点可画出两个不同的圆弧。为区别二者，系统规定圆心角 $\alpha \leqslant 180°$ 时（劣弧），用 "+R" 表示，如图 12-19 中的圆弧 1；$\alpha > 180°$ 时（优弧），用 "−R" 表示，如图 12-19 中的圆弧 2。

4）用半径 R 指定圆心位置时，不能描述整圆。

4. G90、G92 单一固定循环加工

用 G90 或 G92 可以将一个固定循环，例如切入→切削→退刀→返回四个程序段，简化为一个程序段，因而可使程序简化。如图 12-20 所示零件的加工，用 G90 编程比常规程序简单，用一段程序代替四段程序。

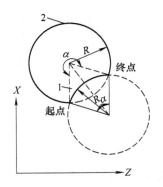

图 12-19　半径 *R* 编程

1—"+R"编程　2—"-R"编程

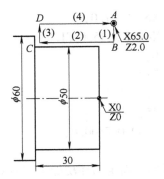

图 12-20　台阶形状零件加工

采用常规编程程序：

G00 X50.0；

G01 Z-30.0 F0.2；

X 65.0；

G00 Z2.0；

采用 G90 编程程序：

G90 X50.0 Z-30.0 F0.2；

单一固定循环常用于零件相邻直径或端面尺寸相差较大及螺纹加工。

（1）G90　外圆或内孔加工固定循环。该指令可以进行外圆或内孔直线和锥面加工循环。刀具从起始点经由固定的路线运动，以 F 指令的进给速度进行切削，而后快速返回到起始点。G90 是模态指令，一旦被指定就一直有效，在完成固定循环后，可用其他 G 代码（如 G00）来取代 G90。

指令格式：G90 X（U）＿ Z（W）＿ F ＿；

式中 X（U）、Z（W）为终点的绝对坐标值（相对坐标值）。

（2）G92　螺纹加工固定循环。该指令可加工圆柱螺纹、锥螺纹，如图 12-21 所示，刀具从循环起点开始按梯形循环，最后又回到循环起点。图中 R 代表刀具快速移动、F 代表刀具按 F 指令的工件螺距进给速度移动。G92 代码是模态指令，一旦被指定就一直有效，在完成固定螺纹循环加工后，可用其他 G 代码（如 G00）来取消 G92。

指令格式：G92　X（U）＿ Z（W）＿ F ＿；

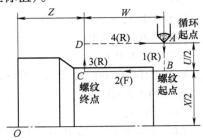

图 12-21　螺纹加工固定循环

式中，X（U）、Z（W）为终点的绝对坐标值（相对坐标值），U、W 后面的数值的符号取决于起点和终点的相对位置，F 为螺纹螺距。

例 12-2　编制图 12-22 所示工件的螺纹加工程序。螺纹尺寸为 M45×1.5。

O1000

S400 M03；

T0101；

G00 X55.0 Z7.0；

G92 X44.5 Z-15.0 F1.5；

X44.0；

X43.7；

X43.5；

X43.35；

G00 X150.0 Z100.0；

M30；

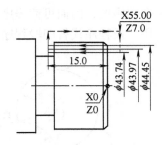

图 12-22　螺纹加工固定循环

应用单一固定循环功能编程有效地简化了程序，但还不是最简化的。如果应用多重复合循环功能，只需指定精加工路线和粗加工的背吃刀量，系统就会自动计算出粗加工路线和加工次数，可以进一步简化编程。多重复合循环功能主要适用于粗车和多次切削螺纹编程，如用棒料毛坯车削阶梯相差较大的轴，或切削铸、锻件的毛坯余量。多重复合循环主要有 G71、G73、G70。

5. G71、G73、G70 多重复合循环加工

（1）G71 外圆、内孔粗加工复合循环　该指令将工件切削到精加工之前的尺寸，精加工前工件形状及粗加工的刀具路径由系统根据精加工尺寸自动设定。主要用于切除棒料毛坯大部分的加工余量。

指令格式：G71 U(Δd)R(e)；

G71 P(ns)Q(nf)U(Δu)W(Δw)F(f)S(s)T(t)；

式中，ns 为指定精加工路线的第一个程序段顺序号。nf 为指定精加工路线的最后一个程序段顺序号。Δd 为背吃刀量（半径指定），或切削深度。无正负号。该值是模态的，直到指定其他值以前不改变。e 为退刀量。该值也是模态的，直到指定其他值以前不改变。ΔU 为 X 轴方向上精加工余量的距离和方向（直径指定）。ΔW 为 Z 轴方向上精加工余量的距离和方向。F、S、T 包含在 ns 到 nf 程序段中的任何 F、S、T 功能在循环中被忽略，而在 G71 程序段中的 F、S、T 功能有效。

例 12-3　如图 12-23 所示，试用 G71 循环指令编制其加工程序。毛坯为 φ65 棒料。

T0101；

S500 M03；

G00 X70.0 Z2.0；

G71 U1.5 R0.5；

G71 P100 Q200 U0.5 W0.1 F0.2；

N100 G00 X0.0；

G01 Z0.0；

G03 X20.0 Z-10.0 R10.0 F0.10 S1000；

G01 W-15.0；

X30.0 W-15.0；

W-10.0；

X50.0 W-5.0；

W-10.0；

N200 X60.0 W-10；

G70 P100 Q200；

G00 X150.0 Z100.0；

M30；

（2）G73 固定形状粗加工复合循环　该指令用来加工具有固定形状的零件，适用于切削铸造、锻造已基本成形的零件或已粗车成形的零件。

指令格式：G73 U(Δi)W(Δk)R(d)；

G73 P(ns)Q(nf)U(Δu)W(Δw)F(f)S(s)T(t)；

式中，ns 为指定精加工路线的第一个程序段顺序号。nf 为指定精加工路线最后一个程序段顺序号。Δi 为 X 轴方向退刀量的距离和方向（半径指定）。该值是模态值。Δk 为 Z 轴方向退刀量的距离和方向。该值也是模态值。d 为分割数，即重复粗加工次数，该值也是模态值。ΔU 为 X 轴方向上精加工余量的距离和方向（直径指定）。ΔW 为 Z 轴方向上精加工余量的距离和方向。F、S、T 包含在 ns 到 nf 程序段中的任何 F、S、T 功能在循环中被忽略，而在 G73 程序段中的 F、S、T 功能有效。

在运用 G73 指令时，应注意不同的进刀方式（共有四种）ΔU、ΔW、Δk、Δi 的符号不同，要注意区别。加工循环结束时，刀具返回到 A 点，如图 12-24 所示。

例 12-4　如图 12-25 所示，试用 G73 固定形状粗加工复合循环指令编制其加工程序。

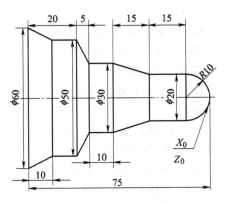

图 12-23　外圆、内孔粗加工复合循环例

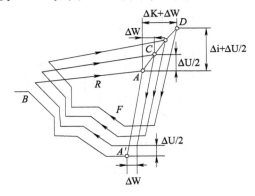

图 12-24　固定形状粗加工复合循环

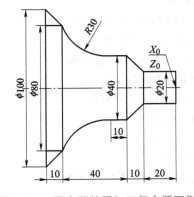

图 12-25　固定形状粗加工复合循环例

O0001；

M03 S400；

T0101；

G00 X140.0 Z40.0；

G73 U9.5 W9.5 R5；

G73 P100 Q140 U1.0 W0.5 F0.25；

N100 G00 X20.0；

Z0.0；

G01 Z-20.0 F0.08 S500 ；

X40.0 Z-30.0；

Z-40. 0；

G02 X80. 0 Z-70. 0 R30. 0；

N140 G01 X100. 0 Z-80. 0；

G70 P100 Q140；

G00 X200. 0 Z100. 0；

M30；

（3）G70 精加工复合循环　当 G71、G73 粗加工完成后，用 G70 指令精加工循环，切除粗加工中留下的余量。

指令格式：G70 P（ns）Q（nf）；

式中，ns 为精加工程序第一个程序的段顺序号。nf 为精加工程序最后一个程序段的顺序号。

在精加工循环 G70 状态下，G71、G73 程序段中指定的 F、S、T 功能无效，但在执行 G70 时顺序号"ns"和"nf"之间程序段中指定的 F、S、T 功能有效。当 G70 循环加工结束时，刀具返回到循环起始点并读入下一个程序段。在 G70 到 G73 中，ns 至 nf 之间的程序段不能调用子程序。

12.3.5　数控车床编程综合实例

编制图 12-26 的数控加工程序，其中，毛坯为 $\phi30$ 的 45 钢。

O00001；（外轮廓程序）

M03 S400；

T0101；

G99 G00 X32. 0 Z2. 0；

G71 U2. 0 R0. 5；

G71 P10 Q20 U1. 0 W0. 2 F0. 2；

N10 G00 X13. 0；

G01 Z0. 0 S1000 F0. 1；

X15. 85 Z-1. 5；

Z-16. 0；

X16. 0；

G03 X20. 0 Z-18. 0 R2. 0；

G01 Z-24. 0；

X28. 0 Z-35. 0；

N20 Z-40. 0；

G70 P10 Q20；

G00 X100. 0 Z100. 0；

T0100；

M03 S400；（切螺纹的退刀槽程序）

T0202；（刀宽 3mm，左刀尖）

G00 X25. 0 Z-16. 0；

G01 X12. 0 F0. 1；

X25. 0 F0. 3；

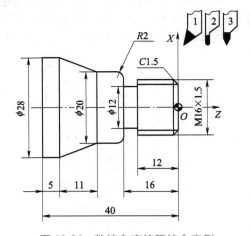

图 12-26　数控车床编程综合实例

Z-15.0；

X12.0 F0.1；

X25.0 F0.3；

G00 X100.0 Z100.0；

T0200；

M03 S500；（切削 M16×1.5 的螺纹程序）

T0303；

G00 X25.0 Z3.0；

G92 X15.2 Z-14.0 F1.5；

X14.6；

X14.2；

X14.05；

X14.05；

G00 X100.0 Z100.0；

T0300；

M30；

12.4　数控铣削加工

数控铣床具有普通铣床所有的加工功能，还具有普通铣床所不具备的加工功能，如加工复杂的平面型腔、外形轮廓和空间曲面等。加工中心有刀具库和自动换刀机构，加工范围和加工效率更高。

12.4.1　数控铣床主要结构

以 XK5025 为例，数控铣床主要有以下功能部件，如图 12-27 所示。

（1）数控装置　数控机床的核心部件。

（2）主轴　铣床主运动的执行部件，主轴带动刀具作回转运动，主轴由轴承支承，由电动机和变速传动机构驱动。主电动机额定功率为 4.5kW，主轴无级变速，转速范围为 10~5000r/min。

图 12-27　数控铣床外形图
1—数控装置　2—主轴　3—工作台
4—导轨　5—床身立柱

（3）工作台　铣床进给运动执行部件，工作台 X、Y 轴分别由电动机、变速传动机构和丝杠螺母机构驱动，工作台上安放工件或夹具。

（4）床身立柱/导轨　支承运动部件，并起导向作用。

12.4.2　数控铣床对刀

1. 数控铣床的对刀方法

（1）试切法　刀具试切工件表面来确定工件原点。

（2）辅助工具法 借助于专用工具，如塞尺、对刀块、寻边器、Z 轴设定器等。

2. 数控铣床试切法对刀步骤

1）在"MDI"状态输入程序使刀具旋转，例如：S300 M03。

2）用手轮控制刀具靠近工件 X 向一侧，并与工件相切，把相对坐标系中 X 值清零。

3）抬起刀具，用手轮控制刀具移动至 X 向另一侧，并与工件相切，记下此时相对坐标系 X 值。

4）抬起刀具，用手轮控制刀具移动至 X 值 1/2 处，即得到 X 轴工件坐标原点位置。

5）同样方法确定 Y 轴工件坐标原点位置。

6）用手轮控制刀具移动，使刀具端面与工件上表面相切，即得 Z 轴工件坐标原点位置。

7）用 G54 设定当前坐标系的原点位置。

12.4.3 数控铣床手工编程

1. 编程指令

G00、G01、G02、G03 指令与数控车床相同。

2. G54~G59 坐标系设定指令

指令 G54~G59 采用工件原点在机床坐标系内的坐标值来设定工件坐标系的位置。

G54~G59 一经设定，工件坐标系原点在机床坐标系中的位置不变，它与刀具的当前位置无关。在系统失电后并不丢失，再次开机回参考点后仍有效。

3. G41、G42、G40 刀具半径补偿指令

铣刀的刀位点设在刀具端面中心，由于铣刀半径的存在，切削刃的切削轨迹和编程轨迹偏离距离为铣刀半径 R。刀具半径补偿功能可简化编程，编程时不考虑刀具半径，直接按零件轮廓编程。刀具半径补偿有左补偿（G41）和右补偿（G42）。沿刀具进给方向看，刀具在加工轮廓的左侧用 G41 指令；刀具在加工轮廓的右侧用 G42 指令，如图 12-28 所示。

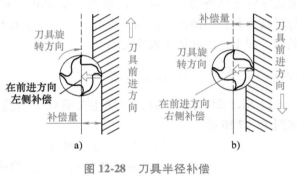

图 12-28 刀具半径补偿
a）左补偿 b）右补偿

程序格式：

$$\begin{cases} G00 \\ G01 \end{cases} \begin{cases} G41 \\ G42 \end{cases} \begin{cases} X\_\_Y\_\_D\_\_F\_\_ \quad （建立刀补）\end{cases}$$

$$\begin{cases} G00 \\ G01 \end{cases} \begin{cases} G40\ X\_\_Y\_\_Z\_\_F\_\_ \quad （撤销刀补）\end{cases}$$

例 12-5 编制图 12-29 所示零件的程序，试利用刀具半径补偿指令编程，刀具直径为 6mm。

程序

O00001；　　　　　　　　　　　　　（主程序名）

S500 M03；　　　　　　　　　　　　（主轴正转，转速为 500r/min）

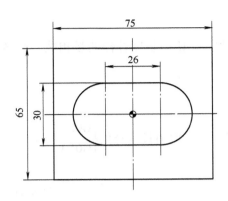
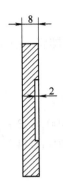

图 12-29 铣削平面型腔

G90 G54 G40 G00 Z50；	（选择 G54 坐标系）
X0 Y0；	（选择下刀点）
Z3；	（快速移到下刀平面）
G01 Z-2 F100；	（Z 方向进给）
D01 M98 P2；	（调用子程序（D01＝13））
D02 M98 P2；	（调用子程序（D02＝8））
D03 M98 P2；	（调用子程序（D03＝3））
G0 Z50；	（退刀）
M30；	（程序结束）
O0002；	（子程序）
G41 G01 X0 Y15 F300；	（建立刀补）
G01 X-13 Y15；	
G03 X-13 Y-15 R15；	
G01 X13 Y-15；	
G03 X13 Y15 R15；	
G01 X0 Y15；	
G40 G01 X0 Y0；	（撤销刀补）
M99；	（返回主程序）

4. G43、G44、G49 刀具长度补偿

使用刀具长度补偿指令，在编程时就不必考虑刀具的实际长度及各把刀具不同的长度尺寸。当由于刀具磨损、更换刀具等原因引起刀具长度尺寸变化时，只需修正刀具长度补偿量，而不必调整程序或刀具，如图 12-30 所示。

G43 为正补偿，即将 Z 坐标尺寸字与 H 代码中长度补偿的量相加，其结果作为

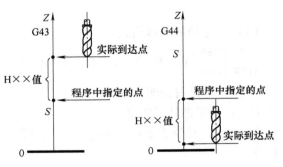

图 12-30 刀具长度补偿

Z轴目标指令值。

G44 为负补偿，即将 Z 坐标尺寸字与 H 中长度补偿的量相减，其结果作为 Z 轴目标指令值。

G49 为撤销补偿。

编程格式：

$$\text{建立长度补偿} \begin{cases} G00 \\ G01 \end{cases} \begin{cases} G43 \\ G44 \end{cases} Z\_\_ \ H\_\_ \qquad \text{取消长度补偿} \begin{cases} G00 \\ G01 \end{cases} \{ G49$$

5. 固定循环

固定循环指令能简化编程，用一个程序段取代多个程序段。固定循环指令有 G80～G89，其中 G80 是撤销循环。孔加工过程可分解为多个动作，钻孔分解为下述 6 个动作，如图 12-31 所示。即：

1）X、Y 轴定位，起刀点 A→初始点 B。

2）快速定位到 R 点。

3）孔加工（钻孔或镗孔等）。

4）在孔底的动作（暂停、主轴停止）。

5）退回到 R 点（参考点）；

6）快速返回到初始点。

（1）返回平面设定指令 G98、G99　在孔加工返回动作中，G98 是返回到初始点平面，G99 是返回到 R 点平面，如图 12-32 所示。通常，首孔加工、多孔加工用 G99，末孔加工、单孔加工用 G98，这样可减少辅助时间。

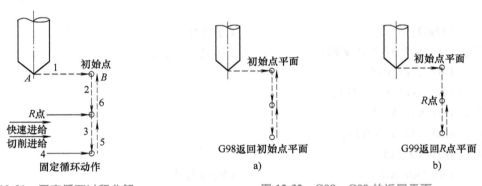

图 12-31　固定循环过程分解　　　　图 12-32　G98、G99 的返回平面

a）返回初始点　b）返回 R 点

（2）固定循环编程格式

$$\begin{cases} G90 \\ G90 \end{cases} \begin{cases} G98 \\ G99 \end{cases} G\_\_X\_\_Y\_\_Z\_\_R\_\_Q\_\_P\_\_F\_\_;$$

（3）字地址符说明

G__：固定循环代码之一。

X__Y__：孔位置坐标，用绝对值或增量值指定孔位置，刀具以快速进给方式到达（X，Y）点。

Z__：孔加工轴方向切削进给最终位置坐标值，在采用绝对方式时，Z 值为孔底坐标值；

在采用增量方式时，Z 值为 R 点平面相对于孔底的增量值。

R__：在采用绝对方式时，为 R 点平面的绝对坐标；在采用增量方式时，R 值为初始点相对于 R 点平面的增量值，如图 12-31 所示。

Q__：在用于深孔钻削加工 G83 和高速钻深孔 G73 方式中，被规定为每次进给量，它始终是一个增量值。

P__：规定在孔底暂停的时间，用整数表示，单位为 ms。

F__：切削进给速度，单位为 mm/min。

当孔加工方式建立后，一直有效，而不需要在执行相同孔加工方式的每一个程序段中指定，直到被新的孔加工方式所更新或被取消。

上述孔加工数据，不一定全部都写，根据需要可以省去若干地址和数据。

这里固定循环指定是模态指令，一旦指定，就一直保持有效，直到用 G80 取消指令为止。此外，G00、G01、G02、G03 也起取消固定循环指令的作用。

6. 常用孔加工循环

（1）G81 钻中心孔循环

$$\begin{cases} G98 \\ G99 \end{cases} \{ G81\ X\_\ Y\_\ Z\_\ R\_\ F\_\ ; $$

G81 钻孔动作循环，包括 X、Y 坐标定位，快进，工进和快速返回等动作，如图 12-33 所示。

（2）G83 钻深孔循环

$$\begin{cases} G98 \\ G99 \end{cases} \{ G83\ X\_\ Y\_\ Z\_\ R\_\ Q\_\ F\_\ ; $$

G83 钻孔动作循环，包括 X、Y 坐标定位，快进，工进和快速返回等动作。Q 为每次进给量，如图 12-34 所示。

（3）G84 攻螺纹循环

$$\begin{cases} G98 \\ G99 \end{cases} \{ G84\ X\_\ Y\_\ Z\_\ R\_\ F\_\ ; $$

G84 攻螺纹时从 R 点到 Z 点主轴正转，在孔底暂停后，主轴反转，然后退回，如图 12-35 所示。

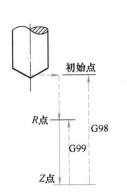

图 12-33 G81 钻中心孔循环

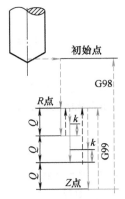

图 12-34 G83 钻深孔循环

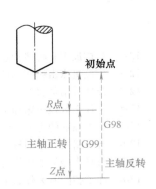

图 12-35 G84 攻螺纹循环

12.4.4 数控铣床编程实例

编制图 12-36 所示零件的程序，材料为铝合金，加工深度为 2mm，刀具直径为 6mm。

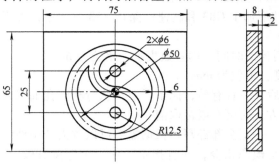

图 12-36 数控铣床编程实例

O0001；

S1000 M03；

G90 G54 G00 Z100；

G00 X0 Y-25；

G00 Z3；

G01 Z-2 F100；

G02 X0 Y-25 I0 J25 F300；

G03 X0 Y0 R12.5；

G02 X0 Y25 R12.5；

G00 Z3；

G00 X0 Y12.5；

G01 Z-2 F100；

G00 Z3；

G00 X0 Y-12.5；

G01 Z-2 F100；

G00 Z100；

M30；

复习思考题

12-1 数控加工有哪些特点？

12-2 数控机床由哪些部件组成？在结构上与普通机床的主要区别有哪些？

12-3 开环进给伺服系统与闭环进给伺服系统的区别是什么？

12-4 为什么数控机床加工前要对刀？

12-5 手工编程的主要工作有哪些？

12-6 自由格式程序的特点是什么？

12-7 刀具半径补偿功能有何作用？在哪些情况下用刀具半径补偿指令编程？

12-8 加工整圆时为什么不能用半径 R 方式编程？

12-9 为了简化编程，数控系统提供了哪些编程功能？

第 13 章　钳　工

【实训目的与要求】

1）了解钳工在机械制造和维修中的作用和特点。

2）了解钳工常用设备、工具和量具的结构、用途及正确使用、维护保养的方法。

3）掌握划线、锯削、锉削、錾削、钻孔、螺纹加工等基本加工方法。

4）掌握钳工的基本操作技能和安全操作要领，能按零件图样独立完成实习件的加工工作。

13.1　概述

钳工是以手工操作为主，使用各种工具来完成零件加工、制作，机器装配、调试与维修的工作方法。因基本操作常在台虎钳上进行，故而称之为钳工。实际生产中，钳工可以分为划线钳工、模具钳工、装配钳工和机修钳工。

钳工是机械行业不可或缺的工种，优秀钳工技能人才已成为企业可持续发展的不竭动力。例如东风公司的高级技师郝良生，他毕业于泵业公司技工学校，因为成绩优良，毕业后留校担任钳工实习指导老师。3 年后，郝良生考入天津职业技术师范学院深造，毕业时，出于对钳工的热爱，他婉言谢绝了校方让其留校的请求，回到了曾经培养他的企业，成为了机修钳工。多年来，郝良生一直坚持在工作中学习、在学习中实践、在实践中创新，由他参与完成的公司级质量攻关"解决 eq-140-Ⅱ离合器分泵质量问题"——cz-u1248 组合机精度恢复大修项目，结束了产品质量靠便函维持生产的历史；由他参与实施的"解决 eq153 机油泵质量问题"——s3-243 数控车床精度恢复大修项目，一举解决了由于设备严重磨损所造成的精度丧失的难题。如今，郝良生的锉、刮、研、配等钳工技术不仅在东风公司和湖北省同行中出类拔萃，而且在湖北省、机械行业和全国的各种技能竞赛中屡创佳绩。凭借精湛的技艺和出色的业绩，他先后获得 20 多个泵业公司级、东风公司级、湖北省级和国家级荣誉称号，先后被评为省杰出青年岗位能手、省技能大师、全国机械行业青年技术能手、全国技术能手等。

13.1.1　钳工的工作范围

钳工的工作范围主要有划线、零件加工、机器装配、调试和维修等。其中零件加工分为表面加工、孔加工和螺纹加工三类。表面加工的基本操作有锯削、锉削、錾削、刮削；孔加工的基本操作有钻孔、扩孔、铰孔；螺纹加工的基本操作有攻螺纹、套螺纹。

13.1.2　钳工的工作特点

钳工是指操作者使用手工工具，通过体力劳动来完成工件加工和机器装配与维修活动，因此具有以下工作特点：

1）使用的工具比较简单，操作灵活。

2）手工操作有时可以完成机械加工不方便或难以完成的工作。

3）劳动强度较大，技术水平要求较高，生产效率比较低。

13.1.3 钳工的常用设备

钳工工作时常用的设备有工作台、台虎钳和钻床。

1. 工作台

钳工工作台又称为操作平台，是操作者从事钳工作业的主要区域。为了达到减振降噪、耐磨损的效果，工作台一般由硬质木材包裹铁皮或用铸铁制成，要求工作时平稳坚实。台面高度因人而异，一般以装上台虎钳后钳口高度与操作者手肘齐平为宜。根据我国成年人的平均身高，我国的工作台台面高度为 800~900mm，如图 13-1 所示。

2. 台虎钳

台虎钳是钳工操作时常用的夹持工具，在錾削、锯削、锉削等切削加工时，将工件固定在工作台上。常用的台虎钳有固定式和回转式两种，图 13-2a 所示为固定式台虎钳，图 13-2b 所示为回转式台虎钳。台虎钳的主体用铸铁制成，分为固定部分和活动部分。固定部分由锁紧螺栓固定在转盘座上，转盘座内装有夹紧盘，放松转盘夹紧手柄，固定部分就可以在转盘座上转动，改变台虎钳钳口的方向。转动手柄可以带动丝杠在固定部分的螺母中旋进或旋出，从而带动活动部分前后移动，实现钳口的张开与闭合。

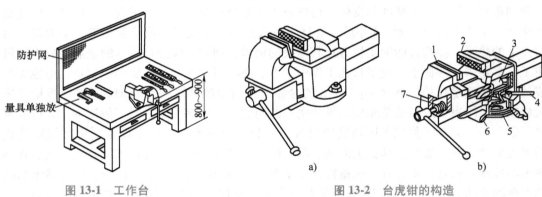

图 13-1　工作台

图 13-2　台虎钳的构造
a）固定式台虎钳　b）回转式台虎钳
1—活动钳口　2—固定钳口　3—螺母　4—夹紧手柄
5—夹紧盘　6—转盘座　7—丝杠

为了延长钳口的使用寿命和实现对工件的有效夹紧，台虎钳的钳口经过淬硬处理后在工作面上制有交叉的网纹。夹持工件的精加工表面时，应在钳口垫上铜皮或铝皮等软材料，保护精加工表面不受损坏。台虎钳规格以钳口宽度表示，常用的有 100mm、125mm、150mm三种。

3. 钻床

钻床是用于圆孔加工的机械设备，其品种和规格较多，常用的有台式钻床、立式钻床和摇臂钻床，其中台式钻床在钳工操作中最为常用。

13.2　划线

划线是根据图样尺寸，在工件上划出加工界限的一种操作。根据划线的空间位置，划线分为平面划线和立体划线两种，如图13-3所示。所划的线都在同一个平面上，则称为平面划线；如果需要在工件的几个不同方向的表面上同时划线，才能明确地表示出加工界限，则称为立体划线。

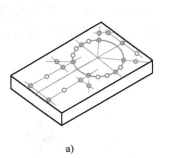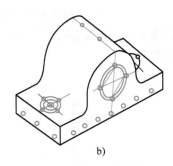

图 13-3　平面划线和立体划线

a）平面划线　b）立体划线

在钳工操作中，划线是零件加工的第一步，划线精度会影响加工精度，如果划线误差太大，会造成整个工件报废。划线应该按照图样的要求，在工件的表面上准确地划出加工界限。

13.2.1　划线工具

根据使用的目的不同，划线工具可分为基准工具、绘划工具、支承工具、测量工具四类。

1. 基准工具

划线的基准工具是划线平台，又称为划线平板，如图 13-4所示。划线平台由铸铁制成，上表面经过精刨或刮削加工，以保证基准平面的平直和光洁。

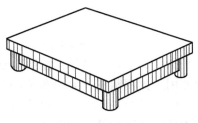

图 13-4　划线平台

划线操作时，平台要安放牢固，工作面应保持水平，以便稳定地支撑工件。平台不能碰撞或用硬物敲击，否则会降低工作准确度。长时间不使用时，应将工作面涂防锈油，并加盖保护。

2. 绘划工具

（1）划针与划针盘　划针是在工件表面上直接划线的工具，按照外形分为直线划针和弯头划针，如图 13-5a 所示，弯头划针可用于直线划针难以划到的划线或找正工件位置。划针由工具钢淬硬后将尖端磨锐或焊上硬质合金尖头制成。划线时，划针针尖应紧贴钢直尺或样板，用力大小要均匀，一条线应一次划成，如图 13-5b 所示。

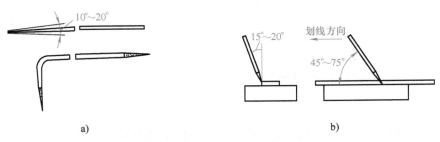

图 13-5　划针的种类及使用方法

a）划针　b）使用方法

　　划针盘是用于立体划线或找正工件位置的主要工具，如图 13-6 所示。划针盘的直针尖端焊有硬质合金，用来划与针盘平行的直线，另一端弯头针用来找正工件位置。工作时划针伸出的长度应尽量短些，这样可以避免抖动带来的划线误差。

　　（2）划规　划规是在工件表面划圆或圆弧、等分线段和量取尺寸的主要工具，常见的划规及其用法如图 13-7 所示，工作时应调节两腿的开合使之松紧适当，避免划线时引起腿尖滑动。

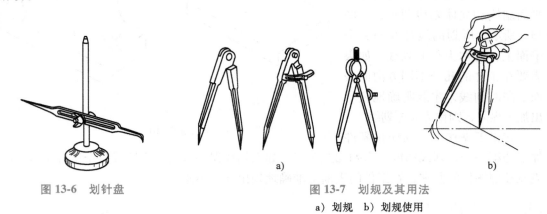

图 13-6　划针盘

a)

b)

图 13-7　划规及其用法
a）划规　b）划规使用

　　（3）样冲　样冲是用来在工件划好的线上打上样冲眼的工具，以便在划线模糊后仍能找到原线的位置。另外，在钻孔前也应在孔的中心位置打样冲眼，以便引导钻头找正位置。样冲用工具钢制成，尖端磨成 45°～130°，并淬火硬化处理。样冲的使用如图 13-8 所示。

　　（4）高度游标卡尺　高度游标卡尺附有划线脚，具有高度尺与划针盘的双重功能，可作为精密划线工具，如图 13-9 所示。使用时要避免划毛坯件，以免损坏硬质合金划线脚。不使用时应注重维护和保养。

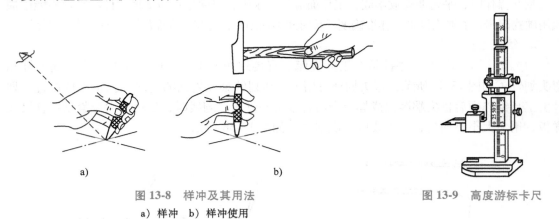

a)

b)

图 13-8　样冲及其用法
a）样冲　b）样冲使用

图 13-9　高度游标卡尺

3. 支承工具

　　（1）方箱　划线方箱由铸铁制成，是一个空心的立方体或长方体，相邻的平面互相垂直。通过在平台上翻转方箱，便可在工件表面划出相互垂直的线来，如图 13-10 所示。使用时严禁碰撞，夹持紧固螺钉时应松紧适当。

（2）V 形铁 V 形铁主要用来支承圆形工件，划线时工件轴线与平板平行，以便划出中心线或找出中心，如图 13-11 所示。按照 V 形槽的角度，V 形铁分为 90°或 120°两种。

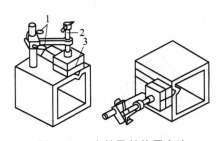

图 13-10 方箱及其使用方法

1—紧固手柄 2—压紧螺柱 3—已划的水平线

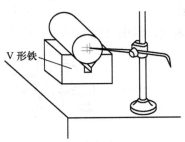

图 13-11 用 V 形铁支承工件

（3）千斤顶 千斤顶主要用于在平板上支承较大工件，划线时一般以三个为一组将工件支承起来，调整每个千斤顶的高度，即可找正工件的位置，如图 13-12 所示。工作时应做到支承平衡，支承点间距尽可能大。

4. 测量工具

（1）钢直尺 钢直尺主要用来测量工件某一部位的长度或作为钳工划线时截取尺寸用。

（2）直角尺 直角尺主要用来检查工件的垂直度，以及划线时划出一条与基准边（线）相垂直的直线，使用方法如图 13-13 所示。

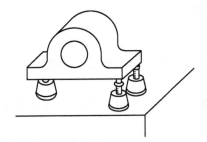

图 13-12 用千斤顶支承工件

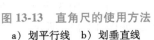

图 13-13 直角尺的使用方法

a）划平行线 b）划垂直线

（3）游标卡尺 游标卡尺是一种结构简单的精密量具，可以直接量取工件的外径、内径、长度和深度尺寸。

13.2.2 划线基准与基准的选择

（1）划线基准 划线时，首先选择和确定工件上某个或某些线、面作为划线的参考，然后划出其余线，这些参考线、面称为划线基准。

（2）基准的选择 一般可选用图样上的设计基准或重要孔的中心作为划线基准；若工件上有已经加工过的平面，则应选已加工的平面作为划线基准；未加工的毛坯件，应选取重要的、面积较大的未加工面作为划线基准。

13.2.3 划线工作

划线分平面划线和立体划线两种。平面划线与几何作图类似，在这里不再说明。下面以轴承座为例，说明立体划线工作的步骤，如图 13-14 所示。

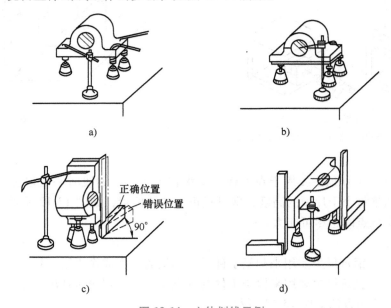

图 13-14 立体划线示例

a）找正 b）划水平线 c）翻转 90°划线 d）再翻转 90°划线

1. 划线前的准备工作

1）分析图样，检查毛坯是否合格，确定划线基准。因轴承座孔为重要孔，则以该孔中心线为划线基准，以保证加工时孔壁厚度均匀。

2）清除毛坯上的氧化皮和飞边。在划线表面涂一层薄而均匀的涂料，毛坯以石灰水为涂料，已加工表面用紫色涂料或绿色涂料。

3）支承、找正工件。用 3 个千斤顶支承工件底面，并依孔中心及上平面调整千斤顶高度，使工件水平，如图 13-14a 所示。

2. 划线操作

1）划出水平线，即划出基准线及轴承座底面四周的加工线，如图 13-14b 所示。

2）将工件翻转 90°，并用直角尺找正，使轴承孔两端中心处于同一高度，同时用直角尺将底面加工线调整到垂直位置，划出与底面加工线垂直的另一基准线，然后再划螺栓孔中心线，如图 13-14c 所示。

3）将工件再翻转 90°，并用直角尺在两个方向上找正，划螺栓孔中心线及两端面的加工线，如图 13-14d 所示。

4）检查划出的线是否正确，确定无误后打样冲眼。

3. 划线工作中的注意事项

1）正确掌握划线工具的使用方法和划线方法。

2）划线的尺寸要准确，线条要清晰。样冲眼落点要准确，深浅均匀。

3）在每一次支承中将要划出的平行线全部划出，以免补划时因再次支承产生误差。

4）划完线后要反复核对划线尺寸，直到确认无误后方可转入机械加工，以免造成工件报废。

13.3　锯削

用手锯切断材料或在工件上切槽的操作称为锯削。它是对工件或材料进行分割的一种切削加工过程，具有操作方便、简单和灵活的特点，操作时不需要辅助设备和动力源。但一般锯削的加工精度比较低，工件锯削后需要进一步加工。

13.3.1　锯削工具

锯削的工具为手锯，它由锯弓和锯条两部分组成。

1. 锯弓

锯弓是夹持和张紧锯条的工具，分为固定式和可调式两种。固定式锯弓的弓架是一个整体，如图 13-15a 所示，只能安装一种长度规格的锯条；可调式锯弓的弓架分为前后两段，如图 13-15b所示，由于前端可以在后套内伸缩，因此可以安装不同长度的锯条。

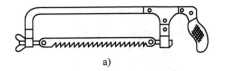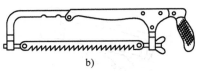

a)　　　　　　　　　　　　　　　b)

图 13-15　锯弓的结构

a）固定式　b）可调式

2. 锯条

锯条用碳素工具钢或合金钢制成，并经热处理淬硬。其规格以锯条两端安装孔间的距离表示，常用的手工锯条长度有 200mm、250mm、300mm 三种，宽 12mm，厚 0.8mm，锯条的切削部分由许多锯齿组成，锯齿起切削作用。常用锯条后角 α 为 40°~45°，楔角 β 为 45°~50°，前角 γ 约为 0°，锯齿形状如图 13-16 所示。

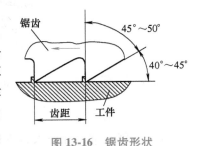

图 13-16　锯齿形状

13.3.2　锯削工作

1. 工件的夹持

工件一般夹持在台虎钳的左面，以便操作。工件伸出钳口不应过长，应使锯缝距钳口的侧面约 20mm 左右，以防止工件在切削时产生振动。锯缝线要与钳口侧面保持平行，便于控制锯缝不偏离划线线条。夹紧要牢靠，但也要避免将工件夹变形或夹坏已加工面。

2. 锯条的安装

锯削加工时，手锯向前推才能起到切削作用，因此锯条安装应使齿尖的方向朝前。锯条的松紧要适当，在调节锯条松紧时，蝶形螺母旋紧力应适中，太紧会使锯条受力太大，在锯削时容易折断；太松则锯削时锯条容易扭曲，也容易使锯条折断，而且锯出的锯缝容易歪斜。锯条安装时，其松紧程度可以通过用手扳动锯条来调整，感觉硬实即可。安装后，要保证锯条平面与锯弓中心平面平行，不得歪斜或扭曲，否则，锯削时锯缝容易歪斜。

3. 手锯握法和锯削姿势

右手满握锯柄，左手轻扶锯弓前端，如图13-17所示。锯削时推力和压力由右手控制，左手主要配合右手扶正锯弓，压力不能过大。手锯推出时为切削行程，应施加压力，返回时不切削，不施加压力自然拉回，工件将断时，压力要小。

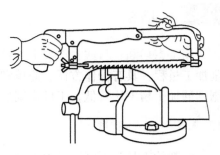

图 13-17 手锯的握法

4. 起锯

起锯是锯削工作的开始，它的好坏直接影响着锯削质量。起锯有远边起锯和近边起锯两种，如图13-18所示。一般采用远边起锯，因锯齿逐步进入材料，锯条不易被卡住。无论采用哪种方法，起锯角度以15°为佳。起锯角度过大，锯齿易被工件棱边卡住；若过小，不易切入材料，且容易打滑，造成工件表面损坏。为了使起锯的位置准确，可用大拇指挡住锯条来定位，以防止锯条的横向滑动。

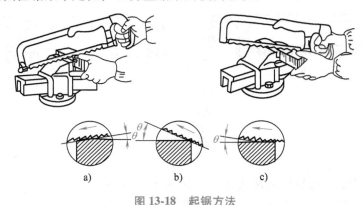

图 13-18 起锯方法

a）远边起锯 b）起锯角太大 c）近边起锯

5. 锯削的应用

（1）**棒料锯削** 如要求锯削断面平整，则应从开始连续锯削到结束，中间不间断。若对锯削的断面要求不高，可分为几个方向、多次锯削，这样可以减小锯削面，提高工作效率。

（2）**管子的锯削** 一般情况下，钢管的壁厚较薄，因此，锯管子时应选用细齿锯条。锯削时，将管子夹在木制V形槽垫之间，以免夹扁管子。不宜采用从一个方向锯到底的方法，应多次变换方向并向锯条推进的方向转动，不应反转，否则锯齿会被管壁勾住，如图13-19所示。

（3）**薄板料锯削** 可以将薄板料直接夹在台

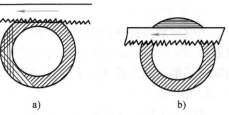

图 13-19 锯管子的方法

a）转位锯削 b）不正确的锯削

虎钳上,用手锯做横向斜推锯,使锯齿与薄板料接触的齿数增多,避免锯齿崩裂,如图 13-20a 所示。锯削薄板料时尽可能从宽面锯下去,当只能从窄面锯下去时,可用两块木垫夹持,连木块一起锯下,避免锯齿被勾住,同时也增加了板料的厚度,使锯削时不产生颤动,如图 13-20b 所示。

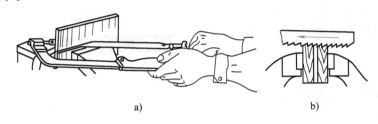

图 13-20　薄板料锯削方法
a)横向斜推锯削法　b)木垫夹持锯削法

（4）深缝锯削　当锯缝深度超过锯弓的高度时,如图 13-21a 所示,应将锯条转过 90°重新装夹,使锯弓转到工件的旁边,如图 13-21b 所示。当锯弓横过来,锯弓的高度仍然不够时,可把锯条转过 180°,使锯齿朝向锯弓内进行切削,如图 13-21c 所示。

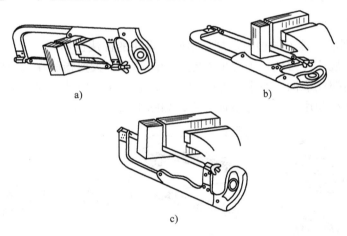

图 13-21　深缝锯削方法
a)锯缝深度超过锯弓高度　b)锯条旋转 90°　c)锯条旋转 180°

13.4　锉削

用锉刀对工件表面进行切削加工,使零件达到图样要求的形状、尺寸和表面粗糙度的操作称为锉削。锉削加工简单、应用较广,它可以加工平面、台阶面、角度面、曲面、型孔、沟槽和内外倒角等,也可用于制作样板、模具以及机器装配时的工件修正等。锉削多用于錾削或锯削之后,锉削加工的尺寸公差等级可达 IT8~IT7,表面粗糙度可达 $Ra1.13~0.8\mu m$。

13.4.1　锉刀

锉刀是锉削加工的工具,常用高碳钢 T12A 或 T13A 制成,并经热处理淬硬至 62~

67HRC。

　　锉刀的结构如图 13-22 所示，它由锉刀面、锉刀边和锉刀柄组成。锉刀齿纹分为单纹和双纹，双纹锉刀的锉纹交错排列，便于断屑和排屑，锉削省力，应用最为普遍。单纹锉刀一般用于黄铜、铝等软材料的锉削。

　　（1）锉刀的种类　锉刀的分类方法很多，一般按用途、截面形状和齿纹粗细进行分类。按用途可分为钳工锉、整形锉和特种锉；按截面形状可分为平锉、方锉、圆锉、半圆锉和三角锉；按齿纹粗细（以每 10mm 长度锉面上齿数的多少）可分为粗齿锉、中齿锉、细齿锉和油光锉等。

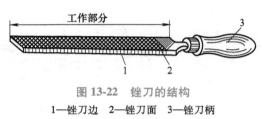

图 13-22　锉刀的结构
1—锉刀边　2—锉刀面　3—锉刀柄

　　（2）锉刀的选用　可以根据工件加工面的大小选择锉刀的规格，根据加工面形状选择锉刀的断面形状和规格，根据工件材料的软硬、加工余量、精度和表面粗糙度要求选择锉刀齿纹的粗细。

13.4.2　锉削基本操作方法

1. 锉刀的握法和姿势

（1）锉刀的握法　锉刀的种类、规格不同，采用的握法也不同。

大锉刀用右手握住锉刀柄，手心抵着锉刀柄的端头，大拇指放在锉刀柄的上面，其余四指弯曲配合大拇指握住手柄。左手大拇指和食指捏着锉端，使锉刀保持水平，引导锉刀水平移动，根据锉刀大小和用力轻重有多种姿势，如图 13-23a 所示。

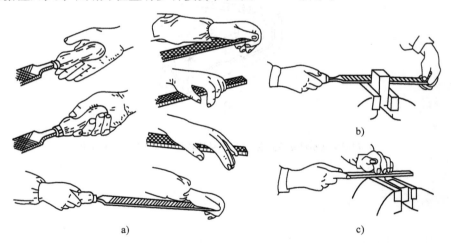

图 13-23　锉刀的握法
a）大锉刀的握法　b）中锉刀的握法　c）小锉刀的握法

　　中锉刀的右手握法与大锉刀握法相同，左手用大拇指和食指捏住锉刀前端，引导锉刀水平移动，如图 13-23b 所示。

　　小锉刀的握法是拇指放在锉刀柄上面，右手食指伸直并靠在锉刀侧面，左手几个手指压在锉刀中部，如图 13-23c 所示。

（2）锉削的姿势　锉削姿势如图 13-24 所示，双手握住锉刀放在工件的锉削面上，左臂弯曲，小臂与工件锉削面的左右方向保持基本平行，右小臂要与工件锉削面的前后方向保持基本平行。锉削时，身体先于锉刀并与之一起向前，右脚伸直并稍向前倾，重心在左脚，左膝部呈弯曲状态。当锉刀锉至 3/4 行程时，身体停止前进，两臂则继续将锉刀向前移动至终点。同时，左腿自然伸直，并随着锉削产生的反作用力，将身体重心后移，使身体恢复原位，并顺势收回锉刀。当锉刀收回将结束时，身体又开始先于锉刀前倾，做第二次锉削的向前运动，如此反复进行连续锉削。

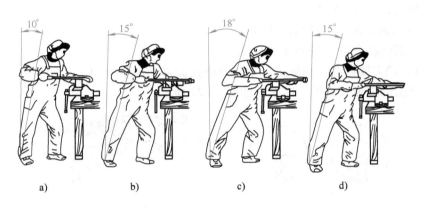

图 13-24　锉削姿势

a）起始位置　b）锉刀推到 1/3 长度　c）锉刀推到 2/3 长度　d）锉刀完全推尽

2. 平面锉削方法

锉削平面的方法有顺锉法、交锉法和推锉法。

1）顺锉法是最基本的锉法，即锉刀运动方向与工件夹持方向始终一致，如图 13-25a 所示，顺锉法的锉纹整齐一致，比较美观，适宜于较小平面的精锉。

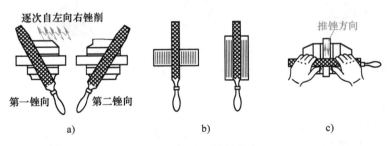

图 13-25　平面锉削方法

a）顺锉法　b）交锉法　c）推锉法

2）交锉法是锉刀以交叉的两方向对工件进行切削，如图 13-25b 所示，此法去屑较快，并容易判断锉削表面的平整度，适宜于较大平面的粗锉。

3）推锉法是双手横握锉刀，用两个大拇指推锉刀进行锉削，如图 13-25c 所示，适用于窄长平面的修光，能获得平整光洁的加工表面。

3. 圆弧面锉削方法

（1）外圆弧面锉削　外圆弧面锉削选用的锉刀是平锉，锉削时，锉刀要同时完成前推运动和绕圆弧面中心的摆动。常用的外圆弧面锉削方法有滚锉法和横锉法。滚锉法锉削时锉刀顺着圆弧面，用于精锉外圆弧面，如图 13-26a 所示；横锉法锉削时锉刀横着圆弧面，用于粗锉或不能用滚锉法锉削的场合，如图 13-26b 所示。

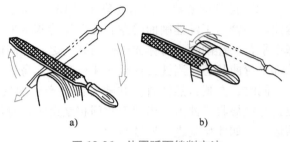

图 13-26　外圆弧面锉削方法
a）滚锉法　b）横锉法

（2）内圆弧面锉削　内圆弧面锉削可选用圆锉、半圆锉和方锉（圆弧半径较大时）。锉削时，锉刀要同时完成前进运动、随圆弧面移动和绕锉刀中心线转动 3 个运动，这样才能保证锉出的圆弧面光滑、准确，如图 13-27 所示。

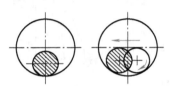 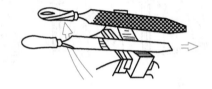

图 13-27　内圆弧面锉削方法

4. 通孔锉削方法

根据通孔的形状、工件材料、加工余量、加工精度和表面粗糙度来选择锉刀，锉削方法如图 13-28所示。

图 13-28　通孔锉削方法

5. 质量检验

检验是控制锉削加工质量的重要环节。锉削时，工件的尺寸可用钢直尺和卡钳（或卡尺）来检查，工件的直线度、平面度和垂直度可用 90°角尺根据能否透光来检查（光隙法），如图 13-29所示。

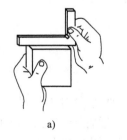 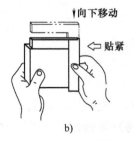

图 13-29　平面度和垂直度检查

13.5　錾削

錾削是用锤子敲击錾子对金属进行切削加工的一种操作方法。錾削主要用于机械加工不便操作的场合，可以用来加工平面、沟槽，切断金属，清理铸件和锻件上的飞边等。

13.5.1　錾削工具

錾削时所用的工具主要是錾子和锤子。

1. 錾子

錾子一般用碳素工具钢（T7A 或 T8A）锻成，长度约为 170mm。切削部分应刃磨成楔形，并经热处理使其硬度达到 56~62HRC。钳工常用的錾子主要有扁錾、尖錾和油槽錾三种，如图 13-30 所示。扁錾切削部分扁平，刃口略带弧形，如图 13-30a 所示，用于錾切平面、切割和去飞边。尖錾切削刃比较短，切削部分的两侧面从切削刃到柄部逐渐狭小，以防錾槽时两侧面被卡住，如图 13-30b 所示，主要用于錾切沟槽。油槽錾切削刃很短，并呈圆弧形，如图 13-30c 所示，主要用于錾切润滑油槽。

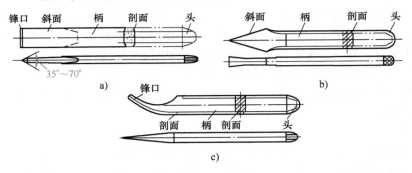

图 13-30　錾子的结构与种类
a）扁錾　b）尖錾　c）油槽錾

2. 锤子

锤子是钳工常用的敲击工具，由锤头、木柄和楔子组成，如图 13-31 所示。根据锤头硬度分为软头和硬头两种。硬头锤子用碳素工具钢制成，两端经过热处理淬硬；软头锤子的锤头使用铅、铜或橡胶制成，多用于校正和装配工作。锤子的规格以锤头的质量来表示，有 0.25kg、0.5kg 和 1.0kg 等。木柄用比较坚韧的木材制成，常用的

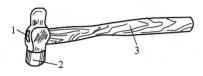

图 13-31　锤子
1—斜楔铁　2—锤头　3—木柄

1.0kg 锤子木柄长约 300mm。木柄装入锤孔后应用楔子楔紧，以防锤头脱落。

13.5.2　錾削基本操作方法

1. 锤子的握法

一般用右手握锤，常用的方法有紧握法和松握法两种。

（1）紧握法　右手五指紧握锤柄，大拇指合在食指上，虎口对准锤头方向，柄端露出

15~30mm。在挥锤及锤击过程中，五指始终握紧，如图 13-32a 所示。

（2）松握法　只用大拇指和食指始终握紧锤柄。在挥锤时，小指、无名指、中指则依次放松，在锤击时，又以相反次序收拢握紧。这样握锤，手不易疲劳，且锤击力大，如图 13-32b 所示。

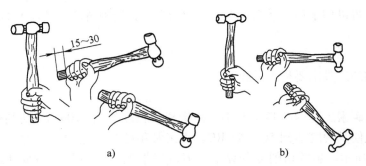

图 13-32　锤子的握法

a）紧握法　b）松握法

2. 錾子的握法

錾子的握法因工作条件的不同而不同，一般不能握得太紧，否则手将受到很大的振动。

（1）正握法　手心向下，腕部伸直，用中指、无名指握紧錾子，小指自然合拢，食指和大拇指自然伸直。錾子的头部伸出 20mm 左右，如图 13-33a 所示。

（2）反握法　手心向上，手指自然捏住錾子，手掌悬空，如图 13-33b 所示。

正面錾削、大面积强力錾削等，大都采用正握法。侧面錾切、剔飞边及使用较短小的錾子时，常用反握法。

3. 錾切方法

如图 13-34 所示，将板料夹持在台虎钳上，使切断线与钳口平齐。用扁錾斜对工件，约呈 45°角，从右向左沿着钳口錾切。不能正对着板料錾切，否则会使切断面不平整或产生撕裂现象，另外工件一定要夹牢。

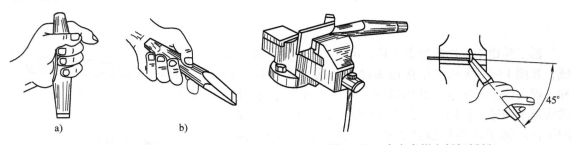

图 13-33　錾子的握法

a）正握法　b）反握法

图 13-34　在台虎钳上錾切板料

13.6　刮削

在工件已加工表面上用刮刀刮去一层薄金属的加工方法称为**刮削**。刮削是一种精加工方法，既可以提高工件的加工精度，又可以降低工件的表面粗糙度，常用于零件间相互配合的重要滑动表面（如机床导轨、滑动轴承等）的精加工，以便彼此均匀接触。但刮削属于人工操作，劳动强度大，生产率低。

13.6.1 刮削工具

1. 刮刀

刮刀是刮削工作中的主要工具，一般采用碳素工具钢 T10A 或 T12A 锻制而成，再经过粗磨、淬火和细磨后才能使用。当刮削表面较硬时，也可以焊接高速钢或硬质合金刀头，要求刀头有足够的硬度，刃口必须锋利。根据刮削表面的不同，刮刀可分为平面刮刀和曲面刮刀两大类。

（1）平面刮刀 主要用来刮削平面和刮花，也可用来刮削外曲面。常用的平面刮刀有直头刮刀和弯头刮刀两种，如图 13-35a 所示。按所刮表面精度要求不同，可分为粗刮刀、细刮刀和精刮刀三种。

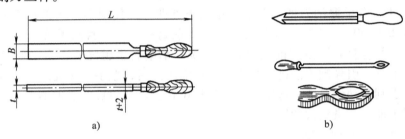

图 13-35 刮刀
a）平面刮刀 b）曲面刮刀

（2）曲面刮刀 主要用于刮削内曲面，如滑动轴承的轴瓦。曲面刮刀样式很多，如图 13-35b 所示。常用的曲面刮刀有三角刮刀和蛇头刮刀，三角刮刀可直接购买，蛇头刮刀则需自行锻制。

2. 校准工具

校准工具是用来检查刮削表面精度的工具，以磨合刮削表面上接触点的多少和分布的疏密来显示刮削表面的平整程度，提供进一步刮削的依据。机床的导轨面、轴瓦的滑动面都要用校准工具来校正。常用的刮削平面校验工具有校准平板、桥式直尺和角度直尺，如图13-36 所示。刮削曲面或圆柱形内表面的校验工具为检验轴，校验时检验轴应与机轴尺寸相符，一般滑动轴承瓦面的检验多采用机轴本身。

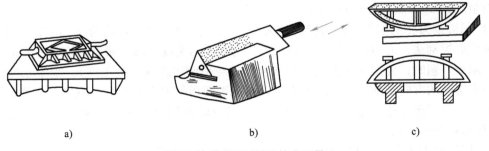

图 13-36 平面刮削用校准工具
a）校准平板 b）角度直尺 c）桥式直尺

3. 显示剂

为了显示被刮削表面间的贴合程度，两贴合面需涂抹的一种辅助材料称为显示剂。选用显示剂时，要求显示效果光泽鲜明，对工件没有磨损腐蚀作用。通常采用的显示剂有红丹粉、蓝油和烟墨。

13.6.2 刮削方法

1. 平面刮削

平面刮削分为挺刮式和手刮式两种。

（1）挺刮式 将刮刀柄放在小腹右下侧，距切削刃 80~100mm 处双手握住刀身。刮削时切削刃对准研点，左手下压，利用腿部和臀部力量将刮刀向前推进，如图 13-37a 所示。当推进到所需距离后，用双手迅速将刮刀提起，这样就完成了一个挺刮动作。挺刮法每刀切削量较大，适合大余量的刮削，但需要弯曲身体操作，腰部容易疲劳。

（2）手刮式 右手握刮刀柄，左手四指向下卷曲，握住距刮刀头部约 50mm 处，刮刀与被刮削面呈 25°~30°，如图 13-37b 所示。左脚前跨一步，上身随着推刮而向前倾斜，以增加左手压力，并容易看清刮刀前面研点的情况。刮削右手也随着上身前倾将刮刀向前推进，同时左手下压，引导刮刀前进，当推进到所需距离后，左手迅速提起，这样就完成了一个手刮动作。手刮法动作灵活，适用于各种工作位置，对刮刀长度要求不太严格，但手容易疲劳，不适用于加工余量较大的场合。

（3）刮削步骤 平面刮削一般要经过粗刮、细刮、精刮和刮花四个步骤。

1）如果工件表面有较深的加工刀痕、严重锈蚀或刮削余量较多（0.05mm 以上）时，都需要进行粗刮。粗刮是用粗刮刀在刮削面上均匀地铲去一层较厚的金属，目的是很快地去除刀痕、锈蚀和过多的余量。粗刮通常采用连续推铲的

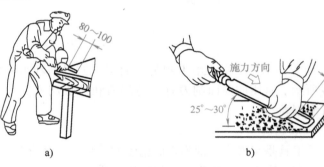

图 13-37 平面刮削方式
a）挺刮式 b）手刮式

方法，刀迹要连成长片而不重复。机械加工的刀痕刮除后，即开研点，并按显示出的高点刮削。当粗刮到 2~3 点/（25mm×25mm）时，即可转入细刮。

2）用细刮刀在刮削面上刮去稀疏的大块研点，目的是进一步改善刮削面的不平现象。细刮时采取短刮法，刀痕短而宽，刀迹长度约为切削刃宽度。随着研点的增多，刀迹要逐步缩短。刮第一遍时，要按同一方向刮削（通常是与平面边缘成一定角度），刮第二遍时要沿与第一遍交叉的方向刮削，以消除原方向刀迹，否则切削刃容易沿上一遍的刀迹滑动，出现条状研点，不能迅速达到精度要求。显示出的研点软硬均匀，在整个刮削面上达到 12~15 点/（25mm×25mm）时，细刮结束。

3）用精刮刀更仔细地刮削研点，目的是通过精刮增加研点数目，改善表面质量，使刮削面符合精度要求。精刮时采用点刮法，刀迹长度约为 5mm，刮削面越狭小、精度要求越

高时，刀迹应越短。精刮时，更要注意压力要轻，提刀要快，在每个研点上只刮一刀，不要重刀，并始终交叉地进行刮削。当研点增加到 20 点／（25mm×25mm）以上时，可将研点分为三类区别对待：最大最亮的研点全部刮去，中等研点只刮顶部一小部分，小研点留着不刮。

　　4）刮花的目的：一是为了刮削面美观，二是为滑动件之间创造良好的润滑条件，还可以根据花纹消失的多少来判断平面的磨损程度。在接触精度要求高、研点要求多的工件上，不应该刮成大块花纹，否则不能达到所要求的刮削精度。常见的花纹有斜纹花纹、鱼鳞花纹和半月花纹等几种。

　　2. 曲面刮削

　　曲面刮削常用于刮削内曲面，如一些要求较高的滑动轴承、衬套等，通过刮削，可以获得良好的配合。刮削轴瓦时，使用三角刮刀，曲面刮削的原理与平面刮削一样，但是，刮削内曲面时，刀具所做的运动是螺旋运动。以标准轴或配合的轴作为内曲面研磨点子的工具，研磨时，将显示剂均匀地涂在轴面上，使轴在轴孔中来回旋转，点子即可显示出来，如图 13-38a 所示，然后可以针对高点刮削。曲面刮削分为短刀柄刮削和长刀柄刮削两种刮削方法。

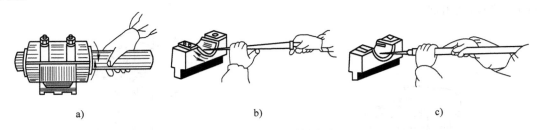

a)　　　　　　　　　　b)　　　　　　　　　　c)

图 13-38　曲面刮削方法

a）标准轴研磨　b）短刀柄刮削　c）长刀柄刮削

　　3. 刮削质量检验

　　刮削表面的精度包括尺寸精度、几何精度、接触精度、贴合程度和表面粗糙度等，通常采用研点法来检查。先将工件的刮削表面擦净，并均匀地涂上一层很薄的显色剂（常用红丹油），然后与校准工具（如检验平板等）相配研，刮削表面上的高点经配研后，会磨去显色剂而显出亮点（即贴合点）。

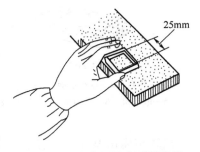

图 13-39　用方框检查刮削质量

　　刮削表面的精度是以 25mm×25mm 的面积内，贴合点的数量与分布稀疏程度来表示的，如图 13-39 所示。在图 13-39 所示的方框内，普通机床导轨面为 8~10 点，精密机床导轨面为 12~15 点。

13.7　钻孔、扩孔和铰孔

　　工件上孔的加工，除在车、镗、铣和磨等机床上完成外，还有钳工利用钻床和钻削工具加工孔。钳工对孔的加工方法有钻孔、扩孔和铰孔三种。一般情况下，孔加工刀具应同时进行主运动和进给运动，如图 13-40 所示。主运动是刀具绕主轴轴线的旋转运动，进给运动是刀具沿着轴线方向切入工件的直线运动。

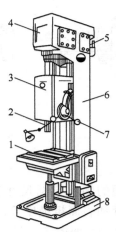

图 13-40　孔加工切削运动

13.7.1　钻床

钻床的种类很多，常用的有台式钻床、立式钻床和摇臂钻床等。

1. 台式钻床

台式钻床简称台钻，如图 13-41 所示。通常安装在台桌上，主要用来加工小型工件上直径小于 12mm 的孔。钻孔时，工件放置在工作台上，钻头由主轴带动旋转（主运动），转速可通过改变 V 带轮的位置来调节，台钻的主轴向下进给运动由手动完成。

2. 立式钻床

立式钻床简称立钻，如图 13-42 所示。其规格以最大加工孔径表示，有 25mm、35mm、40mm、50mm 等几种。

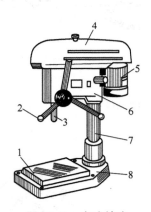

图 13-41　台式钻床

1—工作台　2—进给手柄　3—主轴　4—带罩
5—电动机　6—主轴箱　7—立柱　8—机座

图 13-42　立式钻床

1—工作台　2—主轴　3—进给箱　4—主轴变速箱
5—电动机　6—立柱　7—进给手柄　8—机座

立式钻床由基座、工作台、立柱、主轴变速箱和进给箱组成。主轴变速箱和进给箱分别用来改变主轴的转速和进给速度。钻孔时，工件安装在工作台上，通过移动工件位置使钻头对准孔的中心。加工下一个孔时，必须移动工件，因此，立式钻床主要用于加工中、小型工件上的孔。

3. 摇臂钻床

摇臂钻床的结构如图 13-43 所示。主轴变速箱装在可绕垂直立柱旋转的摇臂上，并可沿摇臂上的水平导轨做水平移动。由于主轴变速箱能在摇臂上做大范围的移动，而摇臂又能绕立柱回转 360°，因此，可将主轴调整到机床加工范围内的任何位置上。在摇臂钻床上加工多孔工件时，工件安装在基座或基座上的工作台上，工件保持不动，只要调整摇臂和主轴箱在摇臂上的位置即可钻孔，因此，摇臂钻床主要用于加工大型或多孔工件。

4. 手电钻

手电钻多用来钻直径在 12mm 以下的孔，常用于不便使用钻床钻孔的情况下，如图 13-44 所示。手电钻携带方便，操作简便，使用灵活，电钻电源有单相（220V、36V）和三相（380V）两种。

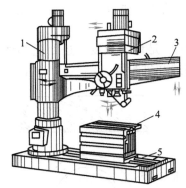

图 13-43 摇臂钻床　　　　　　　　　　　　　　图 13-44 手电钻

1—立柱　2—主轴变速箱　3—摇臂　4—工作台　5—底座

13.7.2 钻孔

钻孔是用钻头在实心工件上加工出孔的方法。钻出的孔精度较低，尺寸公差等级为 IT14 ~ IT11，表面粗糙度值为 $Ra50 ~ 12.5\mu m$，因此，钻孔属于粗加工。

在钻床上钻孔时，工件一般是固定的，钻头做旋转主运动和向下进给运动，如图 13-40 所示。

1. 麻花钻

麻花钻是最常用的一种钻头，它由柄部、颈部及工作部分组成，如图 13-45 所示。

2. 钻孔的方法

钻孔方法的选择与生产规模有关，大批量生产时多采用模具钻孔，单件和小批量生产时易用划线钻孔。下面介绍划线钻孔的操作方法。

（1）工件划线　按图样中有关位置、尺寸要求，划出孔的十字中心线和孔的检查线，并在孔的中心位置处打样冲眼，使钻头易于对准孔的中心，不易偏离。

（2）工件装夹　根据钻孔直径的大小和工件的形状及大小的不同，选择使用机床，确定工件的装夹方法。装夹工件时，要使孔的中心与钻床的工作台垂直，安装要稳固。

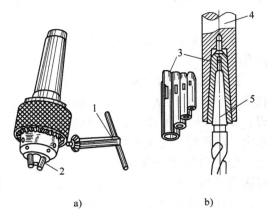

图 13-45 钻夹头与锥柄钻头装夹

a）钻夹头　b）锥柄钻头装夹

1—紧固扳手　2—自动定心夹爪　3—变径套
4—钻床主轴　5—锥柄钻头

（3）钻头装夹　钻头的夹持是借助钻夹头或变径套等实现的。

钻夹头用于装夹直径小于 13mm 的直柄钻头。如图 13-45a 所示，先将钻头柄塞入钻夹头的三卡爪内，其夹持长度不能小于 15mm，然后用钻头夹头专用钥匙旋转夹头外套，使内螺纹圈带动三只卡爪沿斜面移动，三个夹爪一同伸出或缩进，达到夹紧或松开钻头的目的。

图 13-45b 所示为变径套装夹锥柄钻头的情形。图 13-45 中件 5 为锥柄钻头，利用尾部莫氏锥度或变径套与钻床主轴莫氏锥孔连接。钻头直径不同时，锥柄的莫氏锥度也不同，而钻床主轴内孔只有一个锥度，当较小的钻头要装入较大的钻床主轴孔时，应用变径套做过渡连接。

（4）选择切削用量　钻削用量即钻孔时的切削用量，是切削速度、进给量和切削深度的总称。钻削时，应根据工件材料、孔径大小等确定转速和进给量。

选择钻削用量的原则是在保证加工精度、表面粗糙度、钻头合理寿命的前提下，使生产效率最高；同时不允许超过机床的功率和机床、刀具、工件、夹具等的强度和刚度。

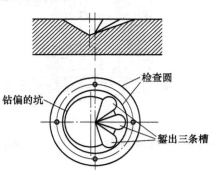

（5）钻孔　先对准样冲眼钻一个浅孔，检查是否对中，若偏离较多，可对样冲眼重新打中心孔纠正或用錾子錾几条槽来纠正，如图 13-46 所示。

开始钻孔时，要用较大的力向下进给，进给速度要均匀，快钻透时压力应逐渐减小。钻深孔时，要经常退出钻头来排屑和冷却，避免切屑堵塞在容屑槽中

图 13-46　钻偏时的校正方法

而导致钻头折断。钻削过程中，可加切削液，降低切削温度，提高钻头寿命。

13.7.3　扩孔

扩孔是用扩孔工具扩大孔径的加工方法。扩孔属于半精加工，扩孔后尺寸公差等级可达 IT10~IT9，表面粗糙度值为 $Ra6.3~3.2\mu m$。

1. 扩孔钻

常用的扩孔工具有麻花钻和扩孔钻，但在扩孔精度要求较高或生产批量较大时，宜采用扩孔钻。

扩孔钻的结构与麻花钻相比有较大差别，扩孔钻有 3~4 个切削刃，如图 13-47 所示。扩孔钻的钻芯大、刚性好、导向性好、切削平稳、加工质量比麻花钻高，因此，可适当地校正钻孔时的轴线偏差，获得较准确的几何形状和较高的表面质量。

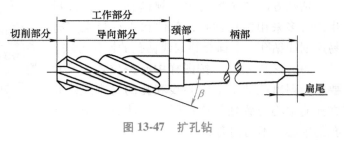

图 13-47　扩孔钻

2. 扩孔方法

扩孔加工如图 13-48 所示，在钻床上扩孔的切削运动和钻孔相同，扩孔操作中的工件安装和工具装拆也与钻孔操作相同。由于扩孔常作为孔的半精加工及铰孔前的预加工，加工条

件比钻孔时要好很多，故在相同直径情况下，扩孔的进给量为钻孔进给量的 1.5~2 倍，切削速度为钻孔的 0.5 倍，切削深度按下式计算，即

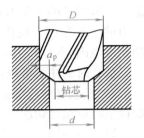

图 13-48 扩孔加工

$$t = (D-d)/2$$

式中 t——切削深度，单位为 mm；
　　D——扩孔直径，单位为 mm；
　　d——预加工孔直径，单位为 mm。

扩孔的切削用量还可通过查表或按操作经验选取。

13.7.4 铰孔

用铰刀从工件孔壁上切除微量金属层，以提高其尺寸精度和减小表面粗糙度的方法称为铰孔。铰孔的尺寸公差等级可达 IT8~IT7 级，表面粗糙度值为 $Ra1.6~0.8\mu m$。铰孔是工具、夹具、模具制造中常用的孔加工方法。

1. 铰刀和铰杠

铰刀是铰孔的刀具，其使用范围较广，种类也很多。按其外形可分为直柄铰刀和锥柄铰刀两类，直柄铰刀又分为整体式、套式和可调节式三种，锥柄铰刀又分为整体式和套式两种。按其使用方法，可分为手铰刀和机铰刀两类。手铰刀切削部分长，导向性好，柄部多为直柄，如图 13-49a 所示；机铰刀切削部分短，柄部多为锥柄，如图 13-49b 所示。

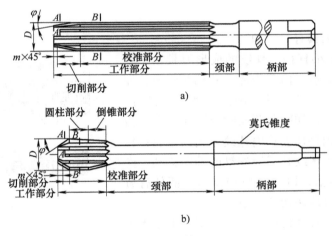

图 13-49 铰刀

a) 手铰刀 b) 机铰刀

机铰刀可安装在钻床主轴或车床尾座套筒上加工工件，但手铰刀加工时必须装夹在铰杠上，常用的铰杠有固定式和活动式两种，如图 13-50 所示。活动式铰杠可以转动右手手柄或螺钉，调节方孔的大小。

2. 铰孔方法

铰孔前，按照加工工件的材料和孔径，选用合适的铰刀。铰孔时，应合理地选择加工余

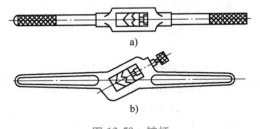

图 13-50 铰杠

a) 固定式 b) 活动式

量，一般粗铰的余量为 0.15~0.25mm，精铰时为 0.05~0.15mm。因切削余量很小，铰刀切削刃的前角为 0°，铰孔时的切削速度较低，根据不同的工件材料和加工尺寸合理选择，切削速度范围 $v=1.5~10m/min$。

铰孔时的注意事项：

1）机铰孔时应保证主轴、铰刀和工件孔三者的同轴度。起铰时，应采用手动进给；机动铰削时应加足切削液；铰削结束时，应在机床正常转动下退出铰刀。

2）手铰孔时应保证铰刀与孔的中心线重合。起铰时，右手垂直于铰刀中心线施加适当压力，左手轻扶铰杠；铰削时，两手用力要平衡，不得使铰刀晃动；铰削过程中或退出铰刀时，铰刀不得反转；每次暂停铰削时，避免铰刀停在同一位置，以防止产生振痕。

3）铰削钢件时应施加切削液进行冷却和润滑。

13.8 攻螺纹与套螺纹

工件外圆柱面上的螺纹称为外螺纹，内圆孔壁上的螺纹称为内螺纹。**常用的管螺纹加工方法除切削加工外，还有通过钳工攻螺纹和套螺纹的方法。用丝锥加工工件内螺纹的操作称为攻螺纹，用板牙加工工件外螺纹的操作称为套螺纹。**

13.8.1 攻螺纹

1. 攻螺纹工具

攻螺纹的主要工具有丝锥和铰杠。

1）丝锥是加工小直径内螺纹的成形刀具，一般由高速钢或合金钢制造，由工作部分和柄部组成，如图 13-51 所示。工作部分包括切削部分和校准部分。切削部分制成锥形，使切削负荷同时分配在几个刀齿上，切削部分的作用是切去孔内螺纹牙间的金属；校准部分的作用是修光螺纹并引导丝锥的轴向移动。丝锥上有 3~4 条容屑槽，以便容屑和排屑。柄部有方头，用来与铰杠配合传递切削力矩。

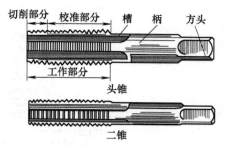

图 13-51 丝锥及其组成

丝锥分为手用丝锥和机用丝锥，手用丝锥用于手工攻螺纹，一般用合金工具钢制成，也有用轴承钢制成。机用丝锥用于机床上攻螺纹，一般用高速钢制成。

通常丝锥由两支组成一套，称为头锥和二锥。使用头锥进行粗攻，使用二锥进行精攻。

2）铰杠是丝锥和铰刀的夹持工具。

2. 攻螺纹的方法

（1）螺纹底孔直径和深度 攻螺纹时主要是切削金属形成螺纹牙型，但也有挤压作用，弹塑性材料的挤压作用更明显。所以，攻螺纹前螺纹底孔直径要大于螺纹的小径、小于螺纹的大径，具体数值可以查阅工艺人员手册，也可以用下列经验公式计算：

脆性材料　　　　$D_1 = D - 1.05P$

韧性材料　　　　$D_1 = D - P$

式中 D_1——底孔直径，单位为 mm；

D——螺纹大径，单位为 mm；

P——螺距，单位为 mm。

攻不通孔螺纹时由于丝锥不能攻到底，所以底孔深度要大于螺纹部分的长度。其钻孔深度 L 由下列公式确定

$$L=I+0.7D$$

式中 L——钻孔深度，单位为 mm；

I——图样螺纹深度，单位为 mm；

D——螺纹大径，单位为 mm。

（2）手工攻螺纹操作 如图 13-52 所示，攻螺纹时用铰杠夹持住丝锥的尾部，将丝锥放到已钻好的底孔处，保持丝锥中心与孔中心重合。开始时右手握在铰杠中间，并用食指和中指夹住丝锥，适当施加压力并顺时针转动，使丝锥攻入工件 1~2 圈。用目测或直角尺检查丝锥与工件端面的垂直度，垂直后用双手握铰杠两端平稳地顺时针转动铰杠，每转 1~2 圈要反转 1/4 圈，以利于断屑和排屑。攻螺纹时双手用力要平衡，如果感到扭矩很大时

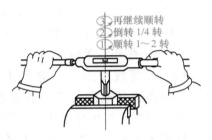

③再继续顺转
②倒转 1/4 转
①顺转 1~2 转

图 13-52 手工攻螺纹操作

不可强行扭动，应将丝锥反转退出。在钢件上攻螺纹时要加润滑油润滑，以保证孔的表面粗糙度要求。

13.8.2 套螺纹

1. 套螺纹工具

套螺纹的主要工具有板牙和板牙架。

（1）板牙 板牙是加工小直径外螺纹的成形刀具，一般用高速钢或合金钢制成，如图 13-53 所示。板牙的形状和圆形螺母相似，它在靠近螺纹外径处有 3~4 个排屑孔，并形成了切削刃；中间是校准部分，校准部分起修光螺纹和导向作用；四周有 4 个锥坑和 1 个 V 形槽，用来紧固板牙和补偿板牙的磨损。

（2）板牙架 板牙架是夹持板牙并传递切削扭矩的工具，如图 13-54 所示。板牙架与板牙配套使用，为了减少板牙架的规格，一定直径范围内的板牙的外径是相等的。当板牙外径过小，与板牙架不配套时，可以加过渡套或使用大一号的板牙架。

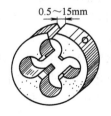

0.5~15mm

图 13-53 板牙

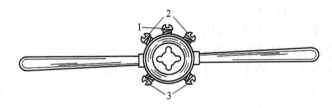

图 13-54 板牙架

1—撑开板牙螺钉 2—调整板牙螺钉 3—紧固板牙螺钉

如图 13-54 所示，板牙架上共有五颗螺钉。两颗紧固板牙螺钉与板牙外圆柱面上两个锥

坑匹配，可将板牙紧固在板牙架内，以便传递切削扭矩；两颗调整板牙螺钉是当板牙磨损后，可将板牙沿 V 形槽锯开，拧紧板牙架这两颗调节螺钉，螺钉顶在这两个锥坑上，使板牙孔作微量缩小以补偿板牙的磨损，调节范围为 0.1~0.25mm；一颗撑开板牙螺钉用来调整板牙在板牙架孔内的位置。

2. 套螺纹的方法

（1）螺纹直径 套螺纹时主要是切削金属形成螺纹牙型，但也有挤压作用，所以套螺纹前如果工件直径过大则难以套入，如果工件直径过小则套出的螺纹不完整。工件直径应小于螺纹大径、大于螺纹小径，具体数值可以查阅工艺人员手册，也可以用下列公式计算

$$d = D - 0.13P$$

式中　　d——工件直径，单位为 mm；

　　　　D——螺纹大径，单位为 mm；

　　　　P——螺距，单位为 mm。

（2）套螺纹操作 套螺纹时用板牙架夹持住板牙，并保持板牙端面与工件轴线垂直，如图 13-55 所示。开始时右手握板牙架中间，稍加压力并顺时针转动，使板牙套入工件 2~3 圈，检查板牙端面与工件轴心线的垂直度。若发现歪斜，应纠正后再套，当板牙位置正确后，再用双手握板牙架两端平稳地顺时针转动，无须施加压力。套螺纹与攻螺纹一样，每转 1~2 圈要反转 1/4 圈，以利于断屑。在钢件上套螺纹也要加润滑油润滑，以提高质量和延长板牙寿命。

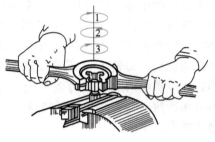

图 13-55　套螺纹方法

延伸阅读

大国工匠：中国商飞上海飞机制造有限公司高级技师　胡双钱

工匠，是一种职业，看似平凡，却也有着不为人知的秘密。

能够研发大型客机是一个国家综合实力的集中体现。在这个处于现代工业体系顶端的产业里，手工工匠虽已越来越少，却不可替代，即使是生产高度自动化的波音和空客的公司，也都保留着独当一面的手工工匠。

在我国也有这样一位手艺人——钳工胡双钱。航空工业，要的就是精细活。大飞机零件加工的精度，要求达到 1/10mm 级。35 年里，胡双钱用自己那双因为沾满铝屑和漆色而显得有些发青的手，完成了数十万个零件，没有出过一个次品。在中国民用航空工业生产一线，很少有人能比老胡更有发言权。1980 年，从小就喜欢飞机的胡双钱刚刚进厂，就见证了中国人在民用航空领域的第一次尝试——运十首飞。然而喜悦还没散去，运十由于多种原因最终下马，原本聚集了中国航空精英的上海飞机制造厂突然冷了下来。当时，厂门口停满了上海各大工业企业招聘技术员工的专车，私营企业的老板甚至为他开出了 3 倍工资的高薪，但胡双钱拒绝了。

2006 年，中国新一代大飞机 C919 正式立项，中国人的大飞机梦再次被点燃。大飞机的制造让胡双钱又忙了起来，不仅要做各种各样形状各异的零部件，有时还要临时"救急"。

一次，生产急需一个特殊零件，从原厂调配需要几天的时间，为了不耽误工期，只能用钛合金毛坯来现场临时加工，这个任务交给了胡双钱。0.24mm 相当于一根头发丝的直径。这个本来要靠细致编程的数控车床来完成的零部件，在当时却只能依靠老胡的一双手和一台传统的铣钻床完成，连图样都没有。打完这 36 个孔，胡双钱用了一个多小时。当这场"金属雕花"结束之后，零件一次性通过检验，送去安装。

现在，胡双钱一周有六天要泡在车间里。一年多前，老胡一家从住了十几年的 $30m^2$ 的老房子搬了出来，贷款买了一间位于上海宝山区的 $70m^2$ 的新家。作为一个一线工人，老胡没有给家里带回很多的钱，但是却带回了不少奖状证书。

2015 年，国产 C919 大飞机迎来立项后的第 9 个年头，胡双钱也将迎来人生的第 55 个生日。距离退休还有 5 年，可是老胡却觉得这时间太短了。

复习思考题

13-1 简述钳工在机械制造中的作用和工作范围。

13-2 根据使用目的不同，划线工具可分为哪几类？常用的划线工具有哪些？

13-3 锯条的安装应满足什么要求？锯削时的操作要领是什么？

13-4 根据截面形状的不同，锉刀分为哪几种？各适用于什么场合？

13-5 平面锉削的方法有哪三种？各有什么特点？

13-6 何谓錾削？板料錾切时为什么不能正对着板料錾切？否则会产生什么影响？

13-7 平面刮削分为哪几种？刮削的步骤有哪些？

13-8 试分析磨削加工的平面与刮削加工的平面的特点。

13-9 钻孔、扩孔和铰孔之间有什么区别？

13-10 钻削用量包括哪三要素？选择钻削用量的原则是什么？

13-11 钻孔前常在孔的中心位置打上样冲眼，样冲眼起何作用？

13-12 简述手工攻螺纹的方法和操作过程。

第 14 章 特 种 加 工

【实训目的与要求】

1）了解特种加工的发展、原理和特点。

2）了解电火花加工、线切割加工和激光加工的具体应用。

3）了解电解加工和超声波加工的一般应用。

4）掌握线切割加工的编程方法。

14.1 概述

随着科学技术的发展和市场需求的拉动，新产品、新材料不断涌现，结构形状复杂的精密零件和高性能难加工材料的零件随之被设计和制造出来，这些零件用传统的加工技术和方法加工上述零件难以获得预期的结果，有的甚至无法加工。

1. 特种加工的定义

使用非传统的加工技术和方法加工零件，利用化学、物理（电、声、光、热、磁等）方法对工件材料进行去除、变形、改变性能或镀覆（添加材料）等的非传统加工方法统称为特种加工。

2. 特种加工的特点

与传统的机械加工方法相比，特种加工具有非常突出的优点。

1）特种加工能加工传统机械加工方法难以加工的结构形状复杂的精密零件，以及高硬度、高脆性的零件。

2）特种加工不仅可以利用机械能，而且可以利用磁、电、光、热等能源去除或添加材料，大多属于"熔融加工"。

3）特种加工所使用的工具电极的材料硬度可以低于被加工工件，实现"以柔克刚"。

4）特种加工的工具电极和被加工工件之间不存在显著切削力，可以进行精密和精细加工，实现"非接触性加工"。

5）特种加工可作为"纳米加工"的重要手段。

6）特种加工不引起机械变形或大面积的热变形，可获得较低的表面粗糙度值，其热应力、残余应力、冷作硬化等均比较小，尺寸稳定性好，加工后表面边缘无毛刺残留。

3. 特种加工的分类

特种加工主要按其能量类型和加工机理的不同来分类，常用特种加工方法见表 14-1。

表 14-1 常用特种加工方法的分类

能量类型	加工机理	传递介质	可加工材料	方 法
电化学能	离子转移	电介质	任何导电金属材料	电解加工、电解抛光
电热能	熔蚀	带电粒子	电火花加工可加工任何导电金属材料；电子束加工、等离子束加工可加工任何材料	电火花加工、线切割、电子束加工、等离子束加工
光热能	熔蚀	高速粒子	任何物质	激光加工
声能、机械能		高速粒子	任何脆性材料	超声波加工
电化学能、机械能	腐蚀、离子转移、切割	反应介质	任何导电金属材料	电解磨削、电解珩磨、阳极机械磨削
化学能	腐蚀	反应介质	任何物质	化学加工、化学抛光
机械能	切蚀	高速粒子	任何物质	磨料喷射加工、液体喷射加工

14.2 电火花加工

14.2.1 电火花加工的原理

电火花加工是基于电火花熔蚀原理，当工具电极与工件电极相互靠近时，两极间形成脉冲性火花放电，在电火花通道中产生瞬时高温，使金属局部熔化甚至汽化，从而将金属蚀除。这一过程大致分为四个阶段，如图 14-1 所示。

（1）工作液介质电离 工具电极与工件电极缓缓靠近，极间的电场强度增大，由于两电极的微观表面凹凸不平，如图 14-2a 所示，在两极间距离最近的 A、B 处电场强度最大。工具电极与工件电极之间充满液体介质，液体介质中不可避免地含有杂质及自由电子，它们在强大的电场作用下，形成了带负电的粒子和带正电的粒子。

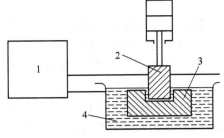

图 14-1 电火花加工原理
1—脉冲电源 2—工具电极 3—工件 4—工作介质

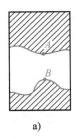 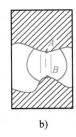  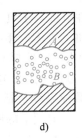 

图 14-2 电火花加工机理
a）电离 b）放电 c）火花放电 d）电极材料抛出 e）消电离

（2）形成放电通道 在电场的作用下，带负电的粒子高速奔向正极，带正电的粒子高速奔向负极，电场强度越大，带电粒子就越多，形成放电通道，如图 14-2b 所示。放电通道是由大量高速运动的带正电和带负电的粒子以及中性粒子组成的。由于通道截面很小，通道内因高温热膨胀形成的压力高达几万帕。

（3）工作液热分解，电极材料熔化、汽化 高温高压的放电通道急速扩展，通道间带负电的粒子奔向正极，带正电的粒子奔向负极，粒子间相互撞击，产生大量的热能，使通道瞬间达到很高的温度。通道高温首先使工作液汽化，进而通道中的工作液汽化，然后高温向四周扩散，使两电极表面的金属材料开始熔化直至沸腾汽化。汽化后的工作液和金属蒸气瞬间体积猛增，形成了爆炸的特性。所以在观察电火花加工时，可以看到工件与工具电极间有冒烟现象，并听到轻微的爆炸声，形成了肉眼所能看到的电火花，如图 14-2c 所示。

（4）电极材料抛出 如图 14-2d 所示，爆炸力将熔化和汽化的金属抛入附近的工作液介质中，仔细观察可以看到橘红色的火花四溅，这就是被抛出的高温金属熔滴和碎屑。熔化的金属液中被电离的工作液立即恢复到绝缘状态，如图 14-2e 所示。此后，两极间的电压再次升高，又在另一处绝缘强度最小的地方重复上述放电过程。

实际上，电火花加工的过程远比上述复杂，它是电力、磁力、热力、流体动力、电化学等综合作用的过程。到目前为止，人们对电火花加工过程的了解还很不够，需要进一步研究。

14.2.2 电火花加工机床

数控电火花成形机床的主要组成部分有机床本体、数控系统、工作液过滤和循环系统，如图 14-3 所示。机床附件有 C 轴装置、自动电极交换装置和平动头等。

（1）机床本体 数控电火花加工机床本体主要有床身、立柱、工作台、主轴头等。

床身和立柱是电火花加工机床的骨架，是机床的基础部件，用以支承机床的其他工作部件，保证工具电极与工作台和工件之间具有准确的相对位置。主轴头沿立柱导轨作上下运动，主轴本身也有一定的行程，便于调节工具电极与工件之间的相对高度。主轴具有足够的强度和刚性。

工作台是机床的基础（基准）平面，主要用于支承和安装工件，立式电火花机床的工作台沿着横向和纵向作直线移动，以便找正工件电极与工具电极之间的相对位置。

主轴头是电火花加工机床的重要部件，工具电极安装在主轴头上，通过主轴头可以控制工具电极的进给速度和位

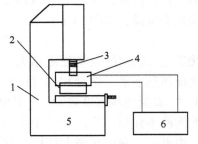

图 14-3 电火花加工机床简图
1—机床立柱 2—十字滑台
3—主轴和数控电极头
4—加工储槽 5—机床床身
6—储液箱

置，以保持在整个加工过程中工具电极与工件之间的间隙准确恒定，确保加工能顺利进行。

（2）数控系统 数控系统包括脉冲电源、进给运动控制等电气系统。脉冲电源是把直流或交流电转变成具有一定频率的脉冲电流，提供电火花加工所需的放电能量的设备。

进给运动控制系统主要包括进给伺服系统和参数控制系统。进给伺服系统主要用于控制工具电极的进给速度、位置和放电间隙的大小；而参数控制系统主要用于控制电火花加工中的各种参数，如放电电流、脉冲宽度、脉冲间隔等。

电火花加工与切削加工不同，它属于"不接触加工"。正常电火花加工时，工具和工件间有一放电间隙 S。如果间隙过大，脉冲电压击不穿间隙间的绝缘工作液，则不会产生火花放电，必须使工具电极向工件进给，直到间隙 S 等于或小于某一值（一般 $S = 0.01 \sim 0.1mm$），才能击穿间隙间的绝缘工作液并产生火花放电，不断蚀除工件材料。如果间隙过小，甚至等于零，形成短路，加工也不能正常进行。

（3）工作液过滤和循环系统　作用于电火花加工中的蚀除物，一部分以气态形式抛出，其余大部分是以球状固体微粒分散地悬浮在工作液中，直径一般为几微米。随着电火花加工的进行，蚀除物越来越多，充斥在电极和工件之间，或粘连在电极和工件的表面上。蚀除物的聚集，会与电极或工件形成二次放电，这就破坏了电火花加工的稳定性，降低了加工速度，影响了加工精度和表面粗糙度。为了改善电火花加工的条件，一种办法是使电极振动，以加强排屑作用；另一种办法是对工作液进行强迫循环过滤，以改善间隙状态。

14.2.3　电火花加工的特点及应用

1. 电火花加工的工艺特点

（1）电火花加工的优点

1）脉冲放电的能量密度高，能加工普通切削加工方法难以切削的材料和复杂形状的工件，不受材料硬度、热处理状况的影响。

2）脉冲放电持续时间极短，放电时产生的热量传导扩散范围小，材料受热影响范围小，不产生毛刺和刀痕沟纹等缺陷。

3）加工时，工具电极与工件材料不接触，两者之间宏观作用力极小，工具电极材料无须比工件材料硬。

4）可以改革工件结构，简化加工工艺，延长工件使用寿命，降低工人劳动强度。

5）直接使用电能加工，便于实现自动化。

（2）电火花加工的缺点

1）加工后表面产生变质层，在某些应用中须进一步去除。

2）工作液的净化、循环再利用和加工中产生的排放物的处理成本比较高。

2. 电火花加工的应用

由于电火花加工有其独特的优越性，再加上数控水平和工艺技术的不断提高，其应用领域日益扩大，已经覆盖到机械、宇航、航空、电子、核能、仪器、轻工等部门，用以解决各种难加工材料、复杂形状零件和有特殊要求的零件的制造。

（1）高硬度零件加工　模具的表面硬度通常比较高，在热处理后其表面硬度高达50HRC 以上，适合采用电火花加工。

（2）型腔尖角部位加工　如锻模、塑料模、压铸模、挤压模、橡皮模等各种模具的型腔中的尖角部位，由于切削刀具半径的存在而无法加工到位，使用电火花加工可以完全成形。

（3）模具上的肋加工　在压铸件或者塑料件上，常有各种窄长的加强肋或者散热片，这种肋在模具上表现为下凹的深而窄的槽，用机械加工的方法很难将其加工成形，一般采用电火花加工。

（4）深腔部位的加工　受刀具长度和刀具刚性的限制，深腔部位不宜采用机械加工，适合用电火花进行加工。

（5）小孔加工　各种圆形小孔、异形孔和长径比非常大的深孔，适宜采用电火花加工。

（6）表面处理　刻制文字、花纹，对金属表面的渗碳和涂覆特殊材料的电火花强化等。

14.3　线切割加工

14.3.1　线切割加工的原理

线切割是电火花加工的一种，也是基于电火花熔蚀原理。以移动着的金属细丝为工具电极，接在脉冲电源的负极；工件通过绝缘板安装在工作台上，接在脉冲电源的正极；中间注入绝缘工作液，在电极丝与工件之间产生火花放电；工作台带动工件按所要求的形状运动，从而达到加工的目的。

14.3.2　数控线切割机床

数控线切割机床主要由机床本体、脉冲电源、数控系统、工作液循环系统和机床附件等组成，如图14-4所示。线切割加工机床通常按电极丝的走丝速度分为快走丝线切割机床（走丝速度一般为 8～10m/min）和慢走丝线切割机床（走丝速度低于0.2m/min）。

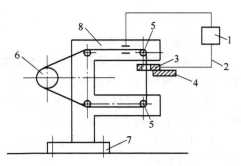

图 14-4　快走丝线切割机床
1—脉冲电源　2—电极丝　3—工件　4—工作台
5—导轮　6—储丝筒　7—床身　8—丝架

1. 机床本体

（1）床身　床身主要用于支承工作台、运丝机构及丝架。

（2）工作台　工作台由十字拖板、滚动导轨、丝杠传动副、齿轮副等机构组成，由步进电动机驱动，主要用于支承和装夹工件。

（3）走丝机构　电极丝均匀地缠绕在储丝筒上，电动机通过弹性联轴器带动储丝筒作正、反向交替转动，走丝机构的作用是使电极丝以一定的张力和稳定的速度运动。对于高速走丝机构要保证电极丝进行高速往复运动。

（4）丝架　丝架对电极丝起支承作用，它与走丝机构组成了线切割机床的走丝系统。

2. 脉冲电源

数控线切割机床的脉冲电源和电火花加工的脉冲电源相似，都是把普通的交流电转换成高频率的单向脉冲电源。线切割加工属于中、精加工，对工艺指标有较高的要求，因此对脉冲电源有特殊要求：脉冲峰值电流必须适当，不能太大也不能太小，一般在 15～35A 内变化；脉冲宽度要窄；脉冲重复频率要尽量高，有利于减少电极丝损耗的功能；参数调节方便，适应性强；要输出单向脉冲。

3. 数控系统

数控系统的作用是控制电极丝相对于工件的运动轨迹、进给速度和走丝速度，以及机床的辅助动作。目前，高速走丝线切割机床的数控系统大多采用步进电动机开环系统，低速走丝线切割机床的数控系统大多采用伺服电动机加编码盘的半闭环系统，而在一些超精密线切割机床上使用伺服电动机加磁尺或光栅的全闭环数控系统。

4. 工作液循环及过滤系统

工作液循环及过滤系统的作用是充分、连续地向加工区供给干净的工作液，及时排出电蚀产物并对电极丝和工件进行冷却，保持脉冲放电过程稳定进行。高速走丝线切割机床的工作液一般选用乳化液。工作液具有一定的绝缘性，对放电区消电离；具有较好的洗涤性能；对电极、工件和废屑能起冷却作用；对放电产物起润滑和缓蚀作用等。

14.3.3　线切割加工工艺

1. 主要工艺指标

数控线切割加工的主要工艺指标有切割速率、加工精度、表面质量等，通过衡量这些工艺指标，对数控线切割加工的效果进行综合评价。

（1）切割速率　切割速率的大小即通常所说的加工快慢。数控快走丝线切割加工的切割速率，一般指在一定的加工条件下，单位时间内工件被切割的面积，单位为 mm^2/min。通常快走丝线切割加工的切割速率为 $40 \sim 80mm^2/min$，具体切割快慢与加工电流大小有关。数控慢走丝线切割加工的切割速率是单位时间内电极丝沿着轨迹方向进给的距离，也可称线速度，单位为 mm/s。

（2）加工精度　加工精度包括工件的尺寸精度、几何精度。高速走丝电火花线切割机床的加工精度应控制在 $0.01 \sim 0.02mm$。加工精度是一项综合指标，切割轨迹的控制误差、机械传动误差、工件的装夹定位误差及脉冲电源参数的波动、电极丝的直径误差、损耗及抖动、冷却液脏污程度的变化、加工者的熟练程度等对加工精度都有不同程度的影响。

（3）表面质量　线切割加工工件的表面质量包括表面粗糙度和表面变质层。快走丝线切割一般表面粗糙度值为 $Ra5 \sim 2.5\mu m$，慢走丝线切割的表面粗糙度值可达 $Ra1.25\mu m$。表面变质层是线切割加工时材料表面因放电产生高温熔化，然后又急剧冷却产生的，它与工件材料、电极丝材料、脉冲电源和工作液等参数有关。

2. 电参数对工艺指标的影响

电火花线切割加工的电参数包括脉冲峰值电流 I、脉冲宽度 W 和脉冲间隙等。

（1）脉冲峰值电流　在其他参数不变的情况下，脉冲峰值电流的增大会增加单个脉冲放电的能量，加工电流也会随之增大，线切割速度会明显增加，但工件放电痕迹也会增加，表面质量变差，电极丝损耗增加，加工精度下降。一般在进行粗加工和较厚工件加工时，选用较大脉冲峰值电流。

（2）脉冲宽度　在加工电流保持不变的情况下，增大脉冲宽度，线切割加工速度变快，电极丝损耗也加快。线切割加工的脉冲宽度一般不大于 $50\mu s$。

（3）脉冲间隙　脉冲间隙加大，脉冲频率降低，即单位时间放电加工的次数减少，平均加工电流减少，切割速度随之降低。

电参数对线切割加工的工艺指标的影响规律如下：

1）加工速度随着加工峰值电流、脉冲宽度的增加和脉冲间隙的减少而提高，即加工速度随着加工平均电流的增加而提高。

2）加工表面粗糙度值随着加工峰值电流、脉冲宽度的增加及脉冲间隙的减少而增加，脉冲间隙对表面粗糙度影响较小。

3. 非电参数对工艺指标的影响

(1) 电极丝材料 线切割加工时，不同材质的电极丝对切割性能有很大影响。采用钨丝加工时，可获得较高的加工速度，但放电后丝质易变脆，容易断丝；钼丝比钨丝熔点低，抗拉强度低，但韧性好，在频繁的急热急冷变化过程中，丝质不易变脆、不易断丝；钨钼合金加工效果比前两种都好，具有钨钼两者的特性；采用黄铜丝作电极时，加工速度较高，加工稳定性好，但抗拉强度差，损耗大。在高速走丝线切割加工工艺中，电极丝在加工过程中反复使用，材料需耐腐蚀，抗拉强度高，目前普遍使用钼丝、钨丝和钨钼丝作为电极丝。常用钼丝规格为 $\phi 0.10 \sim \phi 0.18mm$。低速走丝线切割加工工艺中，电极丝作单向低速运行，用一次就弃掉，因此不必使用高强度的钼丝，一般都使用铜、钨金属丝。

(2) 电极丝直径 小直径电极丝适合加工较薄的工件，大直径电极丝适合加工较厚的工件。因为直径大，抗拉强度大，承受电流大，可采用较强的电规准进行加工，能够提高输出的脉冲能量，提高加工速度。一般使用粗电极丝切割厚工件，使用细电极丝切割表面精度要求高的工件。

(3) 走丝速度 提高走丝速度有利于电极丝把工作液带入较大厚度的工件放电间隙中，有利于电蚀产物的排出，使加工稳定，加工速度提高。走丝速度过高会导致机械振动加大、加工精度降低和表面粗糙度值增大，并易造成断丝。

(4) 工作液 线切割加工过程中，如果电极丝和工件之间没有工作液，放电加工就不可能进行，即使有放电，结果不是电弧放电就是短路。线切割加工的特点是加工间隙小，工作液只能靠强迫喷入和电极丝的带入。工作液供给充分与否直接影响加工效果，它对切割速度、表面粗糙度、加工精度等工艺指标均有很大的影响。目前，快走丝线切割工作液广泛采用乳化液，慢走丝线切割的工作液是去离子水。

工作液浓度的高低取决于工件的厚度，并与加工精度和材质有关。工作液浓度大时，放电间隙小，表面粗糙度值较小，但不利于排屑，易造成短路；工作液浓度低时，工件表面质量较差，但利于排屑。工作液的脏污程度对工艺指标也有较大的影响，脏污程度低的工作液加工效果较好，如果脏污程度严重，短路现象将频繁发生。在加工中工作液上下冲水时需均匀，并尽量包住电极，减少电极丝的振动，从而避免电极丝与工件的"搭桥"现象，改善工件表面质量。

(5) 工件材料及厚度 工件材料不同，其熔点、沸点、热导率也不一样，材料的熔点、沸点、热导率高，热传导快，能量损失大，导致蚀出量降低，切割速度低，但其表面质量优于熔点低、导热性差的材料。铜、钢、铜钨合金和硬质合金的切割速度应依次降低。

快走丝线切割加工采用乳化液加工铜、铝、淬火钢时，加工过程稳定，切割速度快；加工不锈钢、未淬火钢或淬火硬度低的高碳钢时，加工稳定性差，切割速度低，表面粗糙度值大；加工硬质合金时，加工稳定，切割速度快，表面粗糙度值小。慢走丝采用煤油加工铜件时，加工稳定，切割速度快；加工高熔点、高硬度、高脆性硬质合金时，加工稳定性和切割速度都比铜差；加工钢件，特别是不锈钢、未淬火钢或淬火硬度低的高碳钢时，加工稳定性和切割速度都低，表面粗糙度值大。

14.3.4 线切割编程及应用

数控线切割机床加工时，按照线切割加工的图形，用线切割控制系统所能接受的代码编好指令，然后输入机床控制系统，机床按指令顺序进行加工，其中编写这种指令的工作叫作编程。编程方法有两种，一种是手工编程，另一种是计算机辅助编程。目前，我国线切割机床的程序格式是国标 3B 格式和国际标准 ISO 格式。

1. 线切割 3B 代码程序格式

我国生产的高速走丝线切割机床一般采用 3B 格式编程。3B 格式是固定程序格式，即每个程序段由 5 个指令代码组成，见表 14-2。

表 14-2 3B 程序格式

B	X	B	Y	B	J	G	Z
分隔符	X 坐标值	分隔符	Y 坐标值	分隔符	计数长度	计数方向	加工指令

B 为分隔符，将 X、Y、J 的数值分开，B 后的数值为 0 时，可以省略不写，但必须保留分隔符 B。

X、Y 表示直线的终点坐标或圆弧的起点坐标，用绝对值表示，单位为 μm。

J 表示计数长度，直线段取终点坐标绝对值较大的为计数长度，圆弧段取计数方向上的投影长度的总和。

G 表示计数方向，对于直线取终点坐标绝对值大的为计数方向，如 X-10，Y3，因为 10>3，计数方向为 X 轴，记为 GX；对于圆弧取终点坐标绝对值小的为计数方向，如 X-10，Y3，因为 10>3，计数方向为 Y 轴，记为 GY。

Z 表示加工指令，直线用 L 表示，直线终点落在第几象限，L 的后面就用几表示，与 +X 轴一致的为 L1，与 +Y 轴一致的为 L2，依次类推。加工圆弧用 R 表示，当加工圆弧的起点在第 I 象限内及 +Y 轴上，且按顺时针方向进行切割时，加工指令用 SR1；当加工圆弧的起点在第 II 象限内及 -X 轴上，且按顺时针方向进行切割时，加工指令用 SR2；加工指令 SR3、SR4 依次类推。逆时针加工时，当加工圆弧的起点在第 I 象限内及 +X 轴上，加工指令用 NR1；当加工圆弧的起点在第 II 象限内及 +Y 轴上，加工指令用 NR2；加工指令 NR3、NR4 依次类推。

编程时采用增量坐标系，即坐标系的原点随程序段的不同而变化。加工直线时，以该直线的起点作为增量坐标系的原点，X、Y 是终点坐标的绝对值；加工圆弧时，以圆弧的圆心作为增量坐标系的圆心，X、Y 是圆弧起点坐标的绝对值。

加工图 14-5a 所示直线 OA 的程序为：B10000 B7000 B10000 GX L1。其中，$X = |X_A| = 10\text{mm} = 10000\mu\text{m}$，$Y = |Y_A| = 7\text{mm} = 7000\mu\text{m}$，计数长度取终点坐标绝对值大的坐标值，$J = |X_A| = 10\text{mm} = 10000\mu\text{m}$，计数方向为 GX，加工指令 L1。

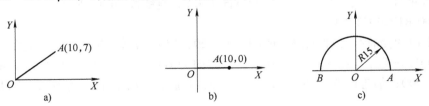

图 14-5 3B 代码编程示例

a）第 I 象限直线段 b）X 轴上直线段 c）跨第 I、II 象限圆弧段

如图 14-5b 所示，直线段 *OA* 与 *X* 轴重合，程序为：B10000 B B10000 GX L1。

如图 14-5c 所示，圆弧段 *AB* 跨第Ⅰ、Ⅱ象限，圆弧半径 *R* = 15mm，以圆弧的圆心作为增量坐标系的原点，则 *A*(15，0)，*B*(-15，0)；取终点坐标绝对值小的坐标轴为计数方向，判定计数方向为 GY；计数长度为圆弧段 *AB* 在 *Y* 轴的投影的代数和 30；加工圆弧 *AB* 为逆时针加工，指令用 NR1 表示。程序为：B15000 B B30000 GY NR1。

如果加工 *BA* 圆弧，顺时针加工，指令用 SR2 表示。程序为：B15000 B B30000 GY SR2。

2. 线切割 ISO 代码程序格式

线切割 ISO 代码程序格式、指令和数控铣削类似，这里不再赘述。需要提醒的是：在线切割加工编程时，一般使用 G92 指定起始点坐标来设定加工坐标系；数控铣床中的 T 功能是刀具选择功能，而在数控线切割机床中 T84 代表起动液泵，T85 代表关闭液泵，T86 代表起动运丝机构，T87 表示关闭运丝机构。

3. 线切割加工编程示例

零件轮廓形状如图 14-6 所示，分别用 3B 代码和 ISO 代码编制线切割加工程序。

已知各点坐标：*A*(8，8)，*O*₁(8，20)，*O*₂(20，15)，*B*(8，15)，*C*(13，20)，*D*(20，20)，*E*(20，19)，*F*(20，11)，*G*(20，8)，切割方向按逆时针方向，单位为 mm。

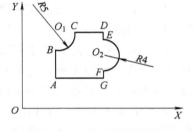

图 14-6 零件轮廓形状

（1）3B 代码编程 *OA* 为第Ⅰ象限直线段，加工指令 L1；由于终点 *A* 坐标 $X_A = Y_A$ 计数方向取 GX 或 GY，*OA* 直线段的程序：

B8000 B8000 B8000 GX L1

直线段 *AB* 编程，以 *A* 点为增量坐标系的坐标原点，*AB* 直线段与 +*Y* 轴重合，加工指令 L2，计数方向 GY，直线段 *AB* 的程序：

B B7000 B7000 GY L2

圆弧段 *BC* 的编程，以圆弧 *BC* 的圆心 *O*₁(8，20) 为增量坐标系的坐标原点，终点 *C* 坐标应为 (5，0)，$|X_C| > |Y_C|$，所以计数方向为 GY；圆弧 *BC* 在 *Y* 轴的投影 5mm，计数长度 *J* = 5000；加工的起点在 -*Y* 轴上，逆时针加工，加工指令为 NR4，圆弧段 *BC* 的程序：

B B5000 B5000 GY NR4

直线段 *CD* 的编程，以 *C* 点为增量坐标系的坐标原点，*CD* 直线段与 +*X* 轴重合，加工指令为 L1，计数方向为 GX，直线段 *CD* 的程序：

B7000 B B7000 GX L1

直线段 *DE* 的编程，以 *D* 点为增量坐标系的坐标原点，则 E 点坐标为 (0，-1)，*DE* 直线段与 -*Y* 轴重合，加工指令为 L4，计数方向为 GY，直线段 DE 的程序：

B B1000 B1000 GY L4

圆弧段 *EF* 的编程，以圆弧 *EF* 的圆心 *O*₂(20，15) 为增量坐标系的坐标原点，终点 *F* 坐标应为 (0，-4)，$|X_C| < |Y_C|$，所以计数方向为 GX；圆弧 *EF* 在 *X* 轴的投影 8mm，计数长度 *J* = 8000；加工的起点在 +*Y* 轴上，顺时针加工，加工指令为 SR2，圆弧段 *EF* 的程序：

B B4000 B8000 GX SR2

直线段 *FG* 的编程，以 *F* 点为增量坐标系的坐标原点，则 *G* 点坐标为 (0，-3)，直线段

DE 与−*Y* 轴重合，加工指令为 L4，计数方向为 GY，*CD* 直线段的程序：

B B3000 B3000 GY L4

直线段 *GA* 的编程，以 *G* 点为增量坐标系的坐标原点，*GA* 直线段与−*X* 轴重合，加工指令为 L3，计数方向为 GX，*GA* 直线段的程序：

B12000 B B12000 GX L3

直线段 *AO* 的编程，以 *A* 点为增量坐标系的坐标原点，*AO* 为第Ⅲ象限直线，加工指令为 L3；由于终点 *O* 坐标 $X_0 = Y_0$，计数方向取 GX 或 GY，直线段 *AO* 的程序：

B8000 B8000 B8000 GX L3

（2）ISO 代码绝对坐标编程

N10 T84 T86 G90 G92 X0 Y0；	建立绝对坐标系
N20 G01 X8 Y8；	切割 *OA* 直线
N30 G01 X8 Y15；	切割 *AB* 直线
N40 G03 X13 Y20 R5；	切割逆时针圆弧 *BC*
N50 G01 X20 Y20；	切割直线 *CD*
N60 G01 X20 Y19；	切割直线 *DE*
N70 G02 X20 Y11 R4；	切割顺时针圆弧 *EF*
N80 G01 X20 Y8；	切割直线 *FG*
N90 G01 X8 Y8；	切割直线 *GA*
N100 G01 X0 Y0；	切割直线 *AO*
N110 T85 T87 M02；	关工作液，关走丝，程序结束

（3）采用 ISO 代码相对坐标系增量方式编程

N10 T84 T86 G90 G92 X0 Y0；	建立工件坐标系
N20 G91 G01 X8 Y8；	增量方式编程，切割 *OA* 直线
N30 G01 X0 Y7；	切割 *AB* 直线
N40 G03 X5 Y5 I0 J5；	切割逆时针圆弧 *BC*
N50 G01 X7 Y0；	切割直线 *CD*
N60 G01 X0 Y-1；	切割直线 *DE*
N70 G02 X0 Y-8 I0 J4；	切割顺时针圆弧 *EF*
N80 G01 X0 Y-3；	切割直线 *FG*
N90 G01 X-12 Y0；	切割直线 *GA*
N100 G01 X-8 Y-8；	切割直线 *AO*
N110 T85 T87 M02；	关工作液，关走丝，程序结束

14.4 电解加工

14.4.1 电解加工的原理

电解加工是一种电化学加工，它是基于金属在电解液中溶解的原理对工件进行成形加工。目前在模具制造，特别是大型模具制造中应用广泛。

如图 14-7 所示，工件接直流电源的正极，称为工件阳极。按所需形状制成的工具接直流电源的负极，称为工具电极。电解液从两极间隙（0.1~0.8mm）中高速（5~60m/s）流过。当工具电极向工件阳极进给并保持一定间隙时即产生电化学反应，在相对于电极的工件表面上，金属材料按对应于工具电极型面的形状不断地被溶解到电解液中，电解产物被高速电解液流带走，于是在工件阳极的相应表面上就加工出与阴极型面相对应的形状。

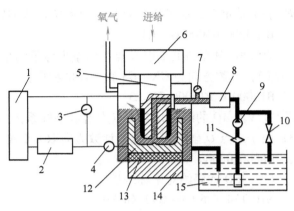

图 14-7　电解加工的工作原理

1—电源　2—短路保护等控制装置　3—电压表　4—电流表
5—工具电极　6—动力头　7—压力表　8—流量计　9—泵
10—溢流阀　11—过滤器　12—工件阳极　13—绝缘底板
14—机床工作台　15—电解液槽

14.4.2　电解加工机床

电解加工机床主要由机床本体、直流电源和电解液系统三大部分组成。

（1）机床本体　电解机床本体主要用来安装夹具、工件及工具电极，它具有一般切削加工机床本体的性能，还具有防腐、密封、绝缘和通风排气功能。

（2）直流电源　电解加工所用的是直流电，直流电源将交流电整流成直流电。电解加工是根据电化学原理利用单向电流对阳极工件进行溶解加工，两极间隙很小，所以必须采用低压、大电流的直流电源供电。

（3）电解液系统　电解加工需要电解液系统向电解加工区域连续平稳地输送具有一定流量和温度的清洁电解液。

14.4.3　电解液

凡溶于水后能导电的物质叫作电解质，其水溶液称为电解液。电解液的重要参数有浓度、电离和 pH 值。电解液的主要作用是传递电流、参与电化学反应、及时带走电解产物及热量，起到更新极间介质状态及冷却的作用。因此，对电解液有一些基本要求：较高的电导率、离解度；阴离子不易产生阳极副反应，阳离子不易在阴极发生沉积反应；阳极反应最终产物为不溶性沉淀；性能稳定，对设备腐蚀性小，对人无危害，价格低廉，容易得到供应。

电解液的成分主要取决于工件材料和加工要求，氯化钠（NaCl）和硝酸钠（$NaNO_3$）水溶液使用较为普遍，某些场合也使用氯酸钠（$NaClO_3$）水溶液。对不锈钢、钛合金等工件材料，为了防止电蚀和改善表面质量，可使用两种或多种成分混合的电解液。混气电解加工是在电解液中混入一定量的压缩空气，使加工区域内电解液的流场分布更为均匀，加工间隙趋向一致，从而提高加工精度。

14.4.4　电解加工的特点及应用

1. 电解加工工艺的特点

电解加工的优点是：

1）能以简单的进给运动一次加工出复杂的型腔和型面。

2）可加工高硬度、高强度和高韧性的难加工金属材料（如淬火钢、高温合金和钛合金等）。

3）工具电极不损耗。

4）产生的热量被电解液带走，工件基本上没有温升，适合于加工热敏性材料的零件。

5）加工中无机械切削力，加工后零件表面无残余应力，无飞边。

6）表面粗糙度值可达 $Ra0.16 \sim 1.25\mu m$，型孔或套料尺寸精度为 $\pm 0.03 \sim \pm 0.05\mu m$，模锻型腔尺寸精度为 $\pm 0.05 \sim \pm 0.20\mu m$，透平叶片型面尺寸精度为 $\pm 0.18 \sim \pm 0.25\mu m$。

电解加工工艺也存在一定的局限性：

1）加工间隙受到许多参数的影响，不易严格控制，加工精度偏低，难以获得高加工精度及高加工稳定性，难以加工尖角和窄缝。

2）生产准备周期长，需要阴极设计、流场设计，设备投资较多。

3）电解产物可能产生污染，需要进行废液处理。

2. 电解加工的应用

电解加工广泛应用在各种膛线、内花键、深孔、锻模、内齿轮、链轮、叶片、异形零件及去毛刺、倒角等加工。扳手锻模电解加工的工艺规程如下：

（1）工件条件

锻模尺寸：10″扳手　　　　　　　材料：3Cr2W8V

电流模式：直流　　　　　　　　　电解液：质量分数为 10% ~ 15% 的 NaCl 溶液

（2）加工工艺参数

电压：24V　　　　　　　　　　　电流：4000A

进给速度：0.15mm/min　　　　　加工间隙：0.4 ~ 0.8mm

电解液压力：0.5MPa

（3）加工结果

加工尺寸精度：型面 ±0.01mm，深度 ±0.03mm

表面粗糙度值：$Ra0.8\mu m$

14.5　激光加工

14.5.1　激光加工的原理

激光是一种亮度高、方向性好、单色性好的相干光。由于激光发散角小和单色性好，理论上可通过一系列装置把激光聚焦成直径与光的波长相近的极小光斑，加上亮度高，其焦点处的功率密度可达 $107 \sim 1011W/cm^2$，温度高达万摄氏度左右。在此高温下，任何坚硬的或难加工的材料都将瞬时急剧熔化和汽化，并产生强烈的冲击波，使熔化的物质爆炸式地喷射出去，这就是激光加工的工作原理。

图 14-8 所示是利用固体激光器加工的原理示意图。当激光工作物质（如红宝石、钕玻璃和掺钕钇铝石榴石等）受到光泵（即激励脉冲氙灯）的激发后，吸收特定波长的光，在一定条件下可形成工作物质中的亚稳态粒子数大于低能级粒子数的状态，这种现象称为粒子

数反转。此时，一旦有少数激发粒子自发辐射发出光子，即可感应所有其他激发粒子产生受激辐射跃迁，造成光放大，并通过谐振腔的反馈作用产生振荡，由谐振腔一端输出激光。通过透镜将激光束聚焦到待加工表面上，即可对工件进行加工。

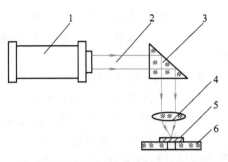

图 14-8 利用固体激光器加工的原理
1—激光器 2—激光束 3—全反射镜
4—聚焦物镜 5—工件 6—工作台

14.5.2 激光加工设备

激光加工的基本设备由激光器、导光聚焦系统和加工系统组成。

（1）激光器 激光器是激光加工的重要设备，主要作用是把电能转变成光量，产生所需要的激光束。按工作物质的种类可分为固体激光器、气体激光器、液体激光器和半导体激光器。目前一般采用二氧化碳气体激光器和红宝石、YAG 等固体激光器，激光器能输出足够大的功率和能量。

（2）导光聚焦系统 激光从激光输出器窗口到被加工工件之间的装置称为导光聚焦系统，作用是把光束放大、整形、聚焦后作用于加工部位。

（3）加工系统 加工系统主要包括床身、工作台及机电控制系统，其中工作台可以在三维坐标范围内移动。随着电子技术的发展，许多激光加工系统工作台的移动已采用计算机控制，实现激光连续加工。

14.5.3 激光加工的特点及应用

1. 激光加工的特点

1）加工材料范围广，激光几乎对所有的金属材料和非金属材料都可进行加工，特别适于加工高熔点材料、耐热合金及陶瓷、宝石、金刚石等硬脆材料。

2）激光加工属于非接触加工，无受力变形；受热区域小，工件热变形小，加工精度高。

3）工件可离开加工机进行加工，并可通过空气、惰性气体或光学透明介质进行加工。例如，激光能透过玻璃在真空管内进行焊接，这是普通焊接方法不能做到的。

4）可进行微细加工，激光聚集后可实现直径 0.01mm 的小孔加工和窄缝切割。在大规模集成电路的制作中，可用激光进行切片。

5）加工速度快，加工效率高。如在宝石上打孔，加工时间仅为机械加工方法的 1% 左右。

6）不仅可以进行打孔和切割，也可进行焊接、热处理等工作。

7）可控性好，易于实现自动化。

2. 激光加工的应用

（1）激光打孔 激光束在高硬度材料和复杂而弯曲的表面打小孔，速度快而不产生破损，主要应用在航空航天、汽车制造、电子仪表、化工等行业，YAG 激光器打孔已发展成为最成熟的激光加工应用。

（2）激光切割 激光可以切割金属，也可以切割非金属，并且对工件不产生机械压力，切缝小，所以常用来加工玻璃、陶瓷及各种精密细小的零件。激光切割大多采用 CO_2 激光器，精细切割采用 YAG 激光器。CO_2 激光切割技术是激光加工应用最广泛的技术之一，功率逐渐由 2kW 提升到 3kW、4kW。

（3）激光焊接 激光焊接一般不要钎料和焊剂，只需将工件的加工区域"热熔"在一起，焊接速度快，热影响区小，焊接质量高，可焊接同种材料，也可焊接不同材料。

（4）激光打标 激光打标是指利用高能量的激光束照射在工件表面，光能瞬时变成热能，使工件表面迅速产生蒸发，从而在工件表面刻出任意所需要的文字和图形，以作为永久的防伪标识。打标机可对零件在固定位置打标，也可对在流水线上物品进行飞行打标。标记对象的材料可以是各类金属和非金属。

（5）激光表面处理 当激光的功率密度为 $10^3 \sim 10^5 \, \text{W/cm}^2$ 时，可以对铸铁、中碳钢，甚至低碳钢等材料进行激光淬火。淬火层深度一般为 0.7~1.1mm，激光淬火变形小，还能解决低碳钢的表面淬火强化问题。激光表面处理由相变硬化发展到激光表面合金化和激光熔覆，由激光合金涂层发展到复合涂层及陶瓷涂层，以及激光显微仿形熔覆技术，较大范围地应用到电力、石化、冶金、钢铁、机械等方面的产业领域。

14.6 超声波加工

14.6.1 超声波加工的原理

超声波比声波的能量大得多，它会对其传播方向上的障碍物产生很大的压力，能量强度可达几十瓦到几百瓦每平方厘米，因此用超声波可进行机械加工。超声波加工是利用超声振动的工具在有磨料的液体介质中或干磨料中，产生磨料的冲击、抛磨、液压冲击及由此产生的气蚀作用来去除材料，以及利用超声振动使工件相互结合的加工方法。其加工原理如图 14-9 所示。

超声波加工时，高频电源连接超声波换能器，由此将电振荡转换为同一频率、垂直于工件表面的超声机械振动，其振幅仅 0.005 ~ 0.01mm，再经变幅杆放大至 0.05 ~ 0.1mm，以驱动工具端面作超声振动。此时，磨料悬浮液（磨料、水或煤油等）在工具的超声振动和一定压力下，高

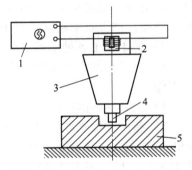

图 14-9 超声波加工原理
1—超声波发生器 2—换能器
3—变幅杆 4—工具 5—工件

速不停地冲击悬浮液中的磨粒，并作用于加工区，使该处材料变形，直至击碎成微粒和粉末。同时，由于磨料悬浮液的不断搅动，促使磨料高速抛磨工件表面。又由于超声振动产生的空化现象，在工件表面形成液体空腔，促使混合液渗入工件材料的缝隙里，而空腔的瞬时闭合产生强烈的液压冲击，强化了机械抛磨工件材料的作用，并有利于加工区磨料悬浮液的均匀搅拌和加工产物的排除。随着磨料悬浮液不断循环，磨粒的不断更新，加工产物的不断排除，实现了超声加工的目的。总之，超声波加工是磨料悬浮液中的磨粒，在超声振动下的冲击、抛磨和空化现象综合切蚀作用的结果。其中，以磨粒不断冲击为主，以超声空化为辅。由此可见，脆硬的材料，受冲击作用更容易被破坏，故尤其适于超声波加工。

14.6.2 超声波加工设备

超声波加工设备一般包括机床本体、超声波发生器、超声波振动系统和磨料工作液循环系统。

（1）机床本体 超声波加工机床包括支承超声波振动系统的机架及工作台，使工具以一定压力作用在工件上的进给机构以及床体等部件。

（2）超声波发生器 它的作用就是将交流电转变为有一定功率输出的超声频振荡，以提供工具端面往复振动和去除被加工材料的能量。

（3）超声波振动系统 超声波振动系统的作用是将高频电能转化为机械能，使工具作高频率小振幅振动以进行加工，主要由超声波换能器、变幅杆及工具组成。

（4）磨料工作液循环系统 为加工区域连续供给磨料悬浮液。超声波加工时常用水作为工作液，有时也可以用煤油或润滑油。磨料一般采用碳化硅、氧化铝，加工硬质合金时用碳化硼，加工金刚石用金刚石粉。磨料的粒度大，生产率高，但加工精度低，粒度大小根据加工生产率和精度要求选定。

14.6.3 超声波加工的特点及应用

1）超声波加工主要适于加工各种硬脆材料，特别是不导电材料和半导体材料，如玻璃、陶瓷、宝石、金刚石等。对于难以切削加工的高硬度、高强度的金属材料，如淬火钢、硬质合金等，也可加工，但效率较低。因为超声波加工主要是靠磨粒的冲击作用，材料越硬、越脆，加工效率越高，对于韧性好的材料，由于缓冲作用大则不易加工。

2）易于加工各种形状复杂的型孔、型腔和成形表面，也可进行套料、切割和雕刻等。

3）对工件的宏观作用力小、热影响小，可加工某些不能承受较大切削力的薄壁、薄片等零件。

4）工具材料的硬度可低于工件硬度。

5）超声波加工能获得较好的加工质量。尺寸精度为 $0.01 \sim 0.05$mm，表面粗糙度值为 $Ra0.4 \sim 0.1 \mu$m。因此，一些高精度的硬质合金冲压模、拉丝模等，常先用电火花粗加工和半精加工，后用超声波精加工。

目前，超声波主要用于硬脆材料的孔加工、套料、切割、雕刻以及研磨金刚石拉丝模等。

14.7 电子束和离子束加工

14.7.1 电子束加工

1. 电子束加工原理

电子束是利用能量密度高的高速电子流，在一定真空度的加工舱中，将电子加速到约二分之一光速，并将高速电子束聚焦后轰击工件，使工件材料熔化、蒸发和汽化而去除的高能束加工。

2. 电子束加工设备

电子束加工设备主要由真空装置、电子枪、控制系统和高压电源构成。

　　（1）真空装置　真空装置主要由真空泵和抽气装置组成，真空室维持高的真空度，电子在高真空中高速运动，一般由机械旋转泵和油扩散泵或涡轮分子泵两极组成。

　　（2）电子枪　电子枪是获得电子束的装置，主要包括电子发射阴极、控制栅极和加速阳极等。利用电流加热阴极发射电子束，带负电荷的电子束高速飞向阳极，并通过电磁透镜把电子束聚焦成很小的束斑。

　　（3）控制系统和高压电源　电子束加工装置的控制系统包括束流聚焦控制、束流位置控制、束流强度控制以及工作台位移控制等。束流聚焦控制是为了提高电子束的能量密度，使电子束聚焦成很小的束斑，决定加工点的孔径或缝宽。束流位置控制是为了改变电子束方向，可用电磁偏转来控制电子束焦点的位置。工作台位移控制是为了在加工时控制工作台位置，在大面积加工时需要用伺服电动机控制工作台移动。

　　电子束加工装置对电源电压稳定性要求较高，常用稳压设备，因为电子束聚焦以及阴极的发射强度与电压波动有密切关系。

3. 电子束加工的特点

1）电子束加工是一种精密微细的加工方法。

2）非接触式加工，不会产生应力和变形。

3）加工速度很快，能量使用率可高达 90%。

4）加工过程可自动化。

5）在真空腔中进行，污染少，材料加工表面不氧化。

6）电子束加工需要一整套专用设备和真空系统，价格较高。

14.7.2　离子束加工

1. 离子束加工原理

离子束的加工原理类似于电子束加工。离子质量是电子质量的数千倍或数万倍，一旦获得加速，则动能较大。真空环境下，电子枪产生电子束，再引入已抽成真空且充满惰性气体的电离室中，使低压惰性气体离子化。由负极引出阳离子，又经加速、集束过程，高速撞击到工件表面，靠机械动能将材料去除，不像电子束那样需将动能转化为热能才能去除材料。

2. 离子束加工装置

离子束加工装置由离子源、真空系统、控制系统、电源组成。离子束加工装置与电子束加工装置的设备差异主要体现在离子源不同。

离子源是产生离子束流的装置，将原子电离成为离子，也称离子枪。气态原子注入电离室后，经高频放电、电弧放电、等离子体放电或电子轰击，使气态原子电离为等离子体（正离子和负电子数目相等的混合体），再通过一个相对于等离子体为负电位电极（吸极）引出正离子，形成正离子束流，便可用于离子束加工。常用的离子源有考夫曼型离子源和双等离子体型离子源。

3. 离子束加工的特点及应用

1）加工高精度。逐层去除原子，控制离子密度和能量加工可达纳米级，镀膜可达亚微米级。离子注入的深度、浓度可以精确控制。离子加工是纳米加工工艺的基础。

2）高纯度、无污染。适于易氧化材料和高纯度半导体加工。

3）宏观压力小。无应力、热变形，适于低刚度工件。

4）设备费用、成本高、加工效率低。

目前离子束加工的应用主要有：

（1）刻蚀加工 离子以入射角 40°～60°轰击工件，使原子逐个剥离。离子刻蚀效率低，目前已应用于蚀刻陀螺仪空气轴承和动压马达沟槽，高精度非球面透镜加工，高精度图形蚀刻，如集成电路、光电器件、光集成器件等微电子学器件的亚微米图形，集成光路制造，以及极薄材料纳米蚀刻。

（2）镀膜加工 镀膜加工分为溅射沉积和离子镀。离子镀的优点主要体现在附着力强，膜层不易脱落；绕射性好，镀得全面、彻底。离子镀主要应用于各种润滑膜、耐热膜、耐蚀膜、耐磨膜、装饰膜、电气膜的镀膜；离子镀氮化钛代替镀硬铬可以减少公害；还可用于涂层刀具的制造，包括碳化钛、氮化钛刀片及滚刀、铣刀等复杂刀具。

（3）离子注入 离子以较大的能量垂直轰击工件，离子直接注入工件后固溶，成为工件基体材料的一部分，达到改变材料性质的目的。该工艺可使离子数目得到精确控制，离子可注入任何材料，其应用还在进一步研究中，目前得到应用的主要有半导体改变或制造 P-N 结，金属表面改性，提高润滑性、耐热性、耐蚀性、耐磨性，制造光波导管等。

复习思考题

14-1 电火花加工的基本原理是什么？

14-2 电火花加工与线切割加工的主要区别是什么？

14-3 线切割加工走丝速度对加工质量有何影响？

14-4 慢走丝切割加工的表面粗糙度值为何低于快走丝切割加工？

14-5 线切割 3B 代码程序格式与国际标准 ISO 格式的主要区别是什么？

14-6 电解加工的工件和工具各是何种极性？

14-7 电解加工的电解液有何作用？

14-8 电解加工的尺寸精度和表面粗糙度值能达到多少？

14-9 激光加工的主要特点是什么？目前有哪些应用？

14-10 超声波加工的主要特点是什么？目前有哪些应用？

第 15 章　机械装配基础知识

【实训目的与要求】

1）了解机器中常用机械零件的连接方式。

2）了解常用机械连接的结构形式、特点与应用场合。

3）熟悉零件尺寸公差和配合的基本概念。

15.1　概述

一台机器通常由多个零件组成，零件间的连接称为装配。机械连接有两大类：一类是机器工作时，被连接的零（部）件间可以有相对运动的连接，称为机械动连接，如机器中应用的各种运动副；另一类则是在机器工作时，被连接的零（部）件间不允许产生相对运动的连接，称为机械静连接。

连接根据其工作原理的不同可以分为三类：形锁合连接、摩擦锁合连接及材料锁合连接。形锁合连接是指靠被连接零件或附加固定零件的形状互相嵌合，使其产生连接作用，如铰制孔用螺栓连接、平键连接等；摩擦锁合连接是指靠被连接件的压紧，在接触面间产生摩擦力阻滞被连接件的相对位移，达到连接的目的，如受横向载荷的紧螺栓连接、过盈连接等；材料锁合连接是指在被连接件间涂敷附加材料，靠其分子间的分子力将零件连接在一起，如胶接、钎焊等。

连接根据其可拆性又分为可拆连接和不可拆连接。可拆连接是不需要毁坏连接中的任一零件就可拆开的连接，故多次装拆无损于其使用性能。常见的有螺纹连接、键连接、销连接等，其中尤以螺纹连接和键连接的应用较广。不可拆连接是至少必须毁坏连接中的某一部分才能拆开的连接，常见的有铆钉连接、焊接、胶接等。过盈连接既可以做成可拆的，也可以做成不可拆的连接，在机器中也常使用。

根据上述各种连接的使用广泛性，本章将讨论和介绍上述各种连接方式的基本结构形式和基本应用。

15.2 机械连接

15.2.1 固定连接

固定连接是一种最基本的装配方法，固定连接是不可拆连接，如果要拆卸，通常会破坏其中的某些零部件。常用的固定连接有铆接、焊接、胶接、注塑等工艺方法。

1. 铆接

铆接是一种常见的简单的机械连接，其典型结构如图 15-1 所示。它们主要由连接件铆钉 1 和被连接件板 2、3 组成，有的还有辅助连接盖板 4。这些基本元件在构造物上所形成的连接部分统称为铆接缝（简称铆缝）。

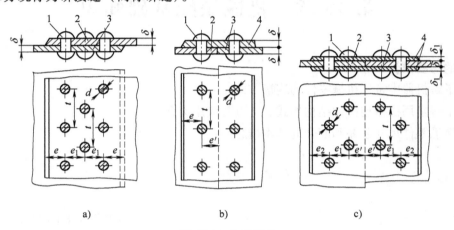

图 15-1 典型铆接

a）搭接缝 b）单盖板对接缝 c）双盖板对接缝
1—铆钉 2、3—被连接件板 4—辅助连接盖板

（1）铆缝的结构形式和特点 铆缝的结构形式很多，按接头形式分为搭接缝、单盖板对接缝和双盖板对接缝，如图 15-1 所示；按铆钉排数分为单排、双排与多排铆缝；按铆缝性能分为强固铆缝、强密铆缝和紧密铆缝。

强固铆缝以强度为基本要求，如飞机蒙皮与框架、起重设备的机架、建筑物的桁架等结构用的铆缝；强密铆缝不但要求具有足够的强度，而且要求保证良好的紧密性，如蒸汽锅炉、压缩空气贮存器等承受高压的器皿的铆缝；紧密铆缝仅以紧密性为基本要求，多用于一般的流体贮存器和低压管道上。

铆接具有工艺设备简单、抗振、耐冲击、传力均匀和牢固可靠等优点，但结构一般较为笨重，被连接件（或被铆件）上由于制有钉孔，使强度受到较大的削弱，铆接时一般噪声很大，会影响工人健康。因此，目前除在桥梁、建筑、造船、重型机械及飞机制造等工业部门中采用外，应用已逐渐减少，并为焊接、胶接所替代。

（2）铆钉的主要类型 铆钉的种类很多，而且多已标准化（见 GB/T 863.1—1986～GB/T 876—1986 等），主要的类型有：半圆头、平锥头、沉头、半沉头、120°沉头和平头等，见表 15-1。

表 15-1　铆钉的主要类型

名　称	形　状	应　用
半圆头		用于承受较大横向载荷的铆缝，应用最广
平锥头		由于钉头肥大，能耐腐蚀，常用在船壳、锅炉水箱等腐蚀强烈处
沉头		表面须平滑且受载不大的铆缝
半沉头		表面须光滑且受载不大的铆缝
120°沉头		用在零件表面需平滑的地方
平头		做强固接缝用

通用机械中常用的铆钉在铆接后的形状如图 15-2 所示。它们的材料、结构尺寸等可查有关标准。

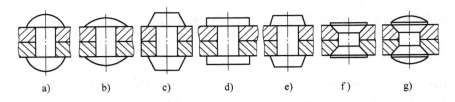

图 15-2　常用铆钉在铆接后的形状

a）半圆头　b）扁圆头　c）锥头　d）平头　e）平锥头　f）沉头　g）半沉头

2. 焊接

焊接方法很多，常用的有电焊、气焊和电渣焊，其中尤以电焊应用最广。电焊又分为电阻焊与电弧焊两种。电阻焊是利用低压大电流通过被焊件时，在电阻最大的接头处（被焊接部位）引起强烈发热，使金属局部熔化，同时机械加压而形成的连接；电弧焊则是利用电焊机的低压大电流，通过焊条（为一个电极）与被焊件（为另一个电极）间形成的电路，在两极间引起电弧来熔融被焊接部分的金属和焊条，使熔融的金属混合并填充接缝而形成连接。第 4 章焊接成形已对焊接工艺和设备做了详细论述，在此不再赘述。

3. 胶接

（1）胶接及其应用　胶接是利用胶黏剂在一定条件下把预制的元件连接在一起，并具有一定的连接强度，如图 15-3 所示。它是一种不可拆卸的固定连接，如木工利用聚醋酸乙烯乳液（乳胶）粘合木质构件。在机械制造中采用胶接的金属构件，还是近 50 年来发展出的新兴工艺。目前，胶接在机床、汽车、拖拉机、造船、化工、仪表、航空、航天等工业中应用日渐广泛。

（2）常用胶黏剂 胶黏剂的品种繁多，可从不同角度划分为很多类别，按使用目的分为三类。

1）结构胶黏剂在常温下的抗剪强度一般不低于8MPa，经受一般高、低温或化学的作用不降低其性能，胶接件能承受较大的载荷。例如酚醛-缩醛-有机硅胶黏剂、环氧-酚醛胶黏剂和环氧-有机硅胶黏剂等。

2）非结构胶黏剂在正常使用时有一定的

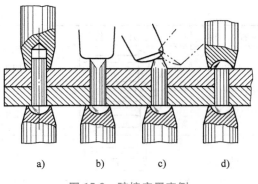

图 15-3 胶接应用实例

胶接强度，但在受到高温或重载时，性能迅速下降。例如聚氨酯胶黏剂和酚醛-氯丁橡胶胶黏剂等。

3）其他胶黏剂即具有特殊用途（如缓蚀、绝缘、导电、透明、超高温、超低温、耐酸、耐碱等）的胶黏剂。例如环氧导电胶黏剂和环氧超低温胶黏剂等。

在机械制造中，目前较为常用的是结构胶黏剂中的酚醛-缩醛-有机硅胶黏剂及环氧-有机硅胶黏剂等。

胶黏剂的选择主要考虑胶接件的使用要求及环境条件，从胶接强度、工作温度、固化条件等方面选取胶黏剂的品种，并兼顾产品的特殊要求（如缓蚀等）及工艺上的方便。此外，如对受有一般冲击、振动的产品，宜选用弹性模量小的胶黏剂；在变应力条件下工作的胶接件，应选膨胀系数与零件材料的膨胀系数接近的胶黏剂等。

15.2.2 螺纹连接

螺纹连接是一种可拆卸的固定连接，它应用广泛，具有结构简单、连接可靠、装拆方便等优点。常用的螺纹连接形式有螺栓、双头螺柱、螺钉及螺母等构成的连接。

1. 螺栓连接

螺栓连接是在被连接件上开有通孔，被连接件孔中不加工螺纹。其结构简单、装拆方便、成本较低，使用时不受被连接件材料的限制，应用极广，常用于通孔，能从被连接件两边进行装配的场合，有普通螺栓连接和铰制孔用螺栓连接。

2. 双头螺柱连接

这类连接的特点是用两头均有螺纹的螺柱和螺母把被连接件连接起来，被连接件之一为光孔，另一个为螺纹孔。适用于被连接件之一厚度很大，而又不宜钻通孔和使用普通螺栓连接，但又经常拆卸的地方。装配时一端紧固地旋入被连接件之一的螺纹孔内，另一端与螺母旋合而将两被连接件连接。拆装时只需拆螺母，而无需将双头螺柱从被连接件中拧出。

3. 螺钉连接

这种连接的特点是被连接件之一为光孔，另一个为螺纹孔，只用螺钉，不用螺母，直接把螺钉拧进被连接件的螺钉孔中。在结构上比双头螺柱连接简单、紧凑，其用途和双头螺柱连接相似，但如经常拆装时，易使螺纹孔磨损，可能导致被连接件报废，故多用于载荷较轻，且不需要经常装拆的场合。

4. 紧定螺钉连接

紧定螺钉连接是利用拧入零件螺纹孔中的螺钉末端顶住另一零件的表面，如图 15-4a 所示，或顶入另一零件表面的凹坑中，如图 15-4b、c 所示，以固定两个零件的相对位置，并可传递不大的力或转矩。

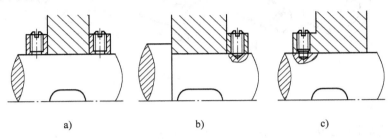

a)　　　　　　　　　b)　　　　　　　　　c)

图 15-4　紧定螺钉连接

a）平端紧定螺钉　b）锥端紧定螺钉　c）圆柱端紧定螺钉

5. 其他特殊结构的螺栓连接

除上述 4 种基本螺纹连接形式外，还有一些特殊结构的连接。例如专门用于将机座或机架固定在地基上的地脚螺栓连接，如图 15-5 所示；装在机器或大型零部件的顶盖或外壳上便于起吊用的吊环螺钉连接，如图 15-6 所示；用于工装设备中的 T 形槽螺栓连接，如图 15-7 所示。

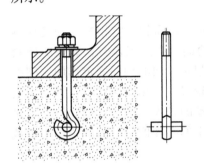

图 15-5　地脚螺栓连接

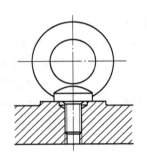

图 15-6　吊环螺钉连接图

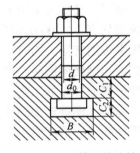

图 15-7　T 形槽螺栓连接

15.2.3　键连接

键是一种标准件，安放在轴与轮毂的键槽中，通常用于连接轴与轴上旋转零件与摆动零件，起周向固定零件的作用，以传递旋转运动和转矩，楔键还可以起单向轴向固定零件的作用，而导键、滑键、花键还可用作轴上移动的导向装置。用键将轴与带载零件联成一体的可拆连接，是轴与齿轮或轴与带轮之间常用的连接方式。键的主要连接类型有平键连接、半圆键连接、楔件连接和切向键连接。

1. 平键连接

图 15-8 所示为普通平键连接的基本结构形式。键的两侧是工作面，工作时，靠键同键槽面的挤压来传递转矩。键的上表面和轮毂的键槽顶面间则留有间隙。平键连接具有结构简单、装拆方便、对中性较好等优点，因而得到广泛应用。这种键连接不能承受轴向力，因而

对轴上的零件不能起到轴向固定的作用。

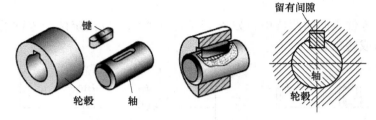

图 15-8　普通平键连接基本结构

2. 半圆键连接

　　半圆键连接如图 15-9 所示。轴上
键槽用尺寸与半圆键相同的半圆键槽
铣刀铣出，因而键在槽中能绕其几何
中心摆动以适应轮毂中键槽的斜度。
半圆键工作时，靠其侧面来传递转矩。
这种键连接的优点是工艺性较好，装
配方便，尤其适用于锥形轴端与轮毂

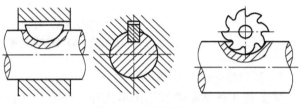

图 15-9　半圆键连接

的连接；缺点是轴上的键槽较深，对轴的强度削弱较大，故一般只用于轻载静连接中。

　　3. 楔键连接

　　楔键连接如图 15-10 所示。键的上下两面是工作面，键的上表面和与它相配合的轮毂键
槽顶面均有 1∶100 的斜度。装配后，键即楔紧在轴和轮毂的键槽中。工作时，靠键的楔紧
作用来传递转矩，同时还可以承受单向的轴向载荷，对轮毂起到单向的轴向固定作用。楔键
的侧面与键槽侧面间有很小的间隙，当转矩过载而导致轴与轮毂发生相对转动时，键的侧面
能像平键那样参加工作。因此，楔键连接在传递有冲击和振动的较大转矩时，仍能保证连接
的可靠性。楔键连接的缺点是键楔紧后，轴和轮毂的配合产生偏心和偏斜，因此主要用于毂
类零件的定心精度要求不高和低转速的场合。

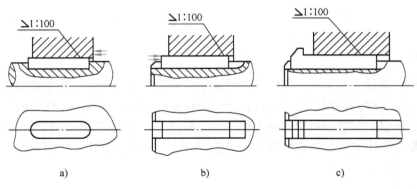

图 15-10　楔键连接
a）圆头楔键连接　b）平头楔键连接　c）钩头楔键连接

　　4. 花键连接

　　花键连接是由外花键（见图 15-11a）和内花键（见图 15-11b）组成。由图 15-11 可知，

花键连接是平键连接在数目上的发展。由于结构形式和制造工艺的不同，与平键连接相比，花键连接有下述一些优点：

1）因为在轴上与毂孔上直接而均匀地制出较多的齿与槽，故受力较为均匀。

2）因槽较浅，齿根处应力集中较小，轴与毂的强度削弱较少。

3）齿数较多，总接触面积较大，因而可承受较大的载荷。

4）轴上零件与轴的对中性好（这对高速及精密机器很重要）。

5）导向性较好（这对动连接很重要）。

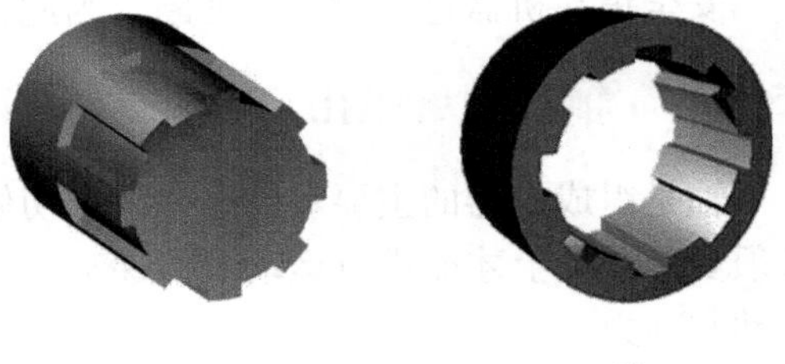

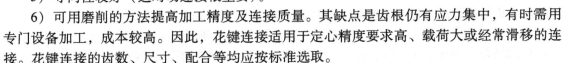

图 15-11　花键
a）外花键　b）内花键

6）可用磨削的方法提高加工精度及连接质量。其缺点是齿根仍有应力集中，有时需用专门设备加工，成本较高。因此，花键连接适用于定心精度要求高、载荷大或经常滑移的连接。花键连接的齿数、尺寸、配合等均应按标准选取。

花键连接可用于静连接或动连接。按齿形不同，可分为矩形花键和渐开线花键两类，均已标准化。

15.2.4　销连接

销主要用来固定零件之间的相对位置，称为定位销，如图 15-12 所示，它是组合加工和装配时的重要辅助零件；销也可用于连接，称为连接销，如图 15-13 所示，可传递不大的载荷；还可作为安全装置中的过载剪断元件，称为安全销，如图 15-14 所示。

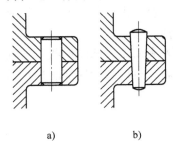

图 15-12　定位销
a）圆柱销　b）圆锥销

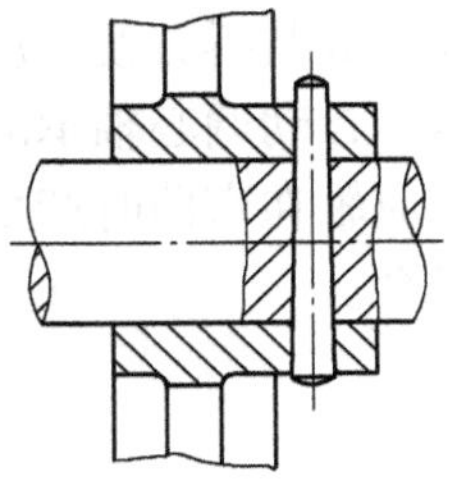

图 15-13　连接销

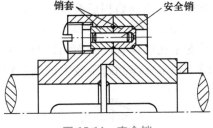

销套　安全销

图 15-14　安全销

销的结构形状有多种形式，如圆柱销、圆锥销、销轴和开口销等，这些销均已标准化。

开口销如图 15-15 所示。装配时，将尾部分开，以防脱出。开口销除与销轴配用外，还常用于螺纹连接的防松装置中。

定位销通常不受载荷或只受很小的载荷，故不做强度校核计算，其直径可按结构确定，数目一般不少于两个。销装入每一被连接件内的长度，为销直径的 1~2 倍。

连接销的类型可根据工作要求选定，其尺寸可根据连接的结构特

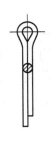

图 15-15　开口销

点按经验或规范确定，必要时再按剪切和挤压强度条件进行校核计算。

安全销在机器过载时应被剪断，因此，销的直径应按过载时被剪断的条件确定。

15.2.5 轴、轴承和孔

轴是组成机器的主要零件之一。一切做回转运动的转动零件（例如齿轮、蜗轮等），都必须安装在轴上才能进行运动及传递动力。轴与支架或壳体连接，从而支承回转零件并传递运动和动力。

轴承的主要功能是支承机械旋转体，用以降低设备在传动过程中的机械载荷摩擦系数。根据轴承中摩擦性质的不同，可把轴承分为滑动摩擦轴承（简称滑动轴承）和滚动摩擦轴承（简称滚动轴承）。

1. 滑动轴承

一般机器中，滚动轴承应用较广。但是滑动轴承本身具有工作平稳、无噪声、径向尺寸小、耐冲击和承载能力大等优点，使得它在某些不能、不便使用滚动轴承或使用滚动轴承没有优势的场合，如在工作转速特高、特大冲击与振动、径向空间尺寸受限以及需在水或腐蚀性介质中工作等场合，仍占有重要地位。滑动轴承主要分为整体式滑动轴承、对开式滑动轴承和自动调心轴承。

（1）整体式滑动轴承 整体式滑动轴承结构如图 15-16 所示，由轴承座和轴承衬套组成，轴承座上部有油孔，整体衬套内有油沟，分别用以加油和引油，进行润滑。这种轴承结构简单，价格低廉，但轴的装拆不方便，磨损后轴承的径向间隙无法调整，适用于轻载低速或间歇工作的场合。

（2）对开式滑动轴承 对开式滑动轴承结构如图 15-17 所示，由轴承座、轴承盖、对开式轴瓦、双头螺柱和垫片组成。为了定位对中，轴承座和轴承盖接合面做成阶梯形，此处放有垫片，以便磨损后调整轴承的径向间隙，故装拆方便，应用广泛。

（3）自动调心轴承 如图 15-18 所示，自动调心轴承的轴瓦外表面做成球面形状，与轴承支座孔的球状内表面相接触，能自动适应轴在弯曲时产生的偏斜，可以减少局部磨损，适用于轴承支座间跨距较大或轴颈较长的场合。

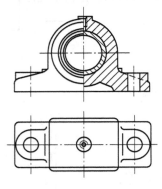

图 15-16 整体式滑动轴承

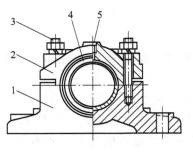

图 15-17 对开式滑动轴承
1—轴承座 2—轴承盖 3—双头螺柱
4—对开式轴瓦 5—垫片

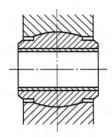

图 15-18 自动调心轴承

2. 滚动轴承

滚动轴承是在承受载荷和彼此相对运动的零件间由滚动体作滚动运动的轴承。它是将运转的轴与轴座之间的滑动摩擦变为滚动摩擦，从而减少摩擦损失的一种精密的机械元件。

滚动轴承一般由内圈、外圈、滚动体和保持架四部分组成，如图 15-19 所示。润滑剂也被认为是滚动轴承的第五要件，它主要起润滑、冷却和清洗等作用。

3. 滚动轴承与轴、机座孔的结合

（1）轴和轴承的轴向固定　轴承在机座孔中的正确安装，应使轴能正常传递载荷而不发生轴向窜动及轴受热膨胀后卡死等现象。常用的轴和轴承的轴向固定形式有三种：

1）两端单向固定，如图 15-20 所示，轴的两个轴承分别限制一个方向的轴向移动，这种固定方式称为两端单向固定。考虑到轴受热伸长，对于深沟球轴承可在轴承盖与外圈端面之间，留出热补偿间隙 $C = 0.2 \sim 0.3$mm。间隙量的大小可用一组垫片来调整。这种支承结构简单，安装调整方便，它适用于工作温度变化不大的短轴。

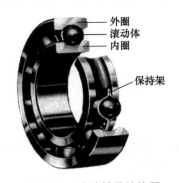

图 15-19　滚动轴承结构图

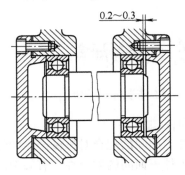

图 15-20　两端单向固定

2）一端双向固定，一端游动，如图 15-21 所示。一端支承的轴承，其内、外圈双向固定，另一端支承的轴承可以轴向游动。双向固定端的轴承可承受双向轴向载荷，游动端的轴承端面与轴承盖之间留有较大的间隙 C，以适应轴的伸缩量。这种支承结构适用于轴的温度变化大和跨距较大的场合。

3）两端游动，如图 15-22 所示，两端游动支承结构的轴承，分别不对轴做精确的轴向定位。两侧轴承的内、外圈都做双向固定，但由于内圈不受滚子阻挡，因而轴能做双向游动。两端采用圆柱滚子轴承支承，适用于人字齿轮主动轴。

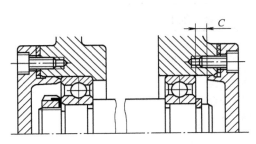

图 15-21　一端双向固定，一端游动

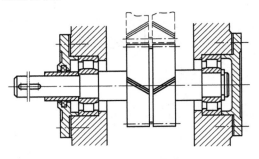

图 15-22　两端游动

（2）轴承内圈在轴上的固定　　轴承内圈在轴上的常用固定形式有四种，图 15-23a 所示为利用轴肩做单向固定，它能承受大的单向的轴向力；图 15-23b 所示为利用轴肩和轴用弹性挡圈做双向固定，挡圈能承受的轴向力不大；图 15-23c 所示为利用轴肩和轴端挡板做双向固定，挡板能承受中等的轴向力；图 15-23d 所示为利用轴肩和圆螺母、止动垫做双向固定，能承受大的轴向力。

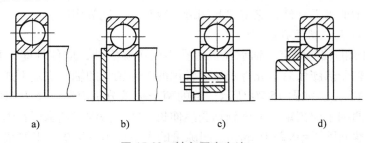

图 15-23　轴向固定方法
a）轴肩　b）轴肩和弹性挡圈　c）轴肩和轴端挡板　d）轴肩和圆螺母

15.3　公差与配合

15.3.1　尺寸公差与配合性质

1. 配合性质

零件表面间的配合对机械产品的性能有决定性的影响，例如轴与孔的配合、键与键槽的配合。零件表面间的配合性质有间隙配合、过盈配合和过渡配合。

（1）间隙配合　　如图 15-24a 所示，孔的直径尺寸大于轴的直径尺寸，两者之间的差值称为间隙量。间隙配合主要用于孔、轴间的活动连接。间隙的作用在于储藏润滑油，补偿温度变化引起的热变形，补偿弹性变形及制造与安装误差等。间隙的大小影响孔和轴间的活动程度。

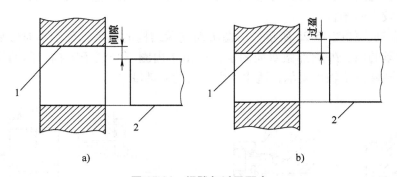

图 15-24　间隙与过盈配合
a）间隙配合　b）过盈配合
1—孔　2—轴

（2）过盈配合　　如图 15-24b 所示，孔的直径尺寸小于轴的直径尺寸，两者之间的差值称为过盈量。过盈配合用于孔、轴间的紧固连接，不允许两者之间有相对运动。过盈配合不需另加紧固件，依靠孔、轴表面在装配时的变形，即可实现紧固连接，并可承受一定的轴向推力和圆周转矩。

（3）过渡配合　轴和孔的配合有可能是间隙配合，也可能是过盈配合。过渡配合主要用于孔、轴间的定位连接。标准中规定的过渡配合的间隙量或过盈量一般都较小，因此可以保证结合零件有很好的对中性和同轴度，并且便于拆卸和装配。

2. 尺寸公差

轴和孔的加工尺寸不可能绝对精确，也不需要绝对精确。工程上允许实际尺寸有一定的变动量，这个允许的尺寸变动量称为尺寸公差。尺寸公差等于上极限尺寸减去下极限尺寸，如图 15-25 所示。

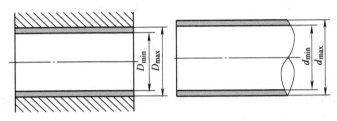

图 15-25　尺寸公差

孔尺寸公差：$T_H = D_{max} - D_{min}$

轴的尺寸公差：$T_s = d_{max} - d_{min}$

零件的尺寸公差与零件的公称尺寸和公差等级有关，同一公称尺寸的零件，公差等级高的，公差值小；公差等级低的，公差值大。国家标准对公称尺寸 ≤ 500mm 的尺寸公差等级分为 20 级，分别用 IT01，IT0，IT1，IT2，…，IT18 表示。IT01 精度最高，公差值最小。常用公差等级为 IT6 ~ IT11。国家标准对公差尺寸 > 500 ~ 3150mm 的尺寸公差等级分为 18 级，从 IT1 到 IT18。

同一公差等级的零件，公称尺寸小的，公差值也小；公称尺寸大的，公差值也大。为了减少公差数目，统一公差值，以简化公差表格和便于应用，国家标准对公称尺寸进行分段，对公称尺寸 ≤ 500mm 的尺寸范围分为 13 段；对公称尺寸 > 500 ~ 3150mm 的尺寸范围分为 8 段。

15.3.2　尺寸公差的标注形式

1）在装配图中，配合代号由两个相互结合的孔和轴的公差代号组成，用分数形式表示。分子为孔的公差代号，分母为轴的公差代号，在分数形式前注写公称尺寸，如图 15-26a 所示。

$\phi 18 \dfrac{H7}{p6}$ ——公称尺寸为 18mm，7 级基准孔与 6 级 p 轴的过盈配合。

$\phi 14 \dfrac{F8}{h7}$ ——公称尺寸为 14mm，7 级基准轴与 8 级 F 孔的间隙配合。

2）在零件图上一般标注上、下极限偏差数值。上、下极限偏差数值根据公差代号查阅标准公差数值表和基本偏差数值表获得。上、下极限偏差的字体比公称尺寸数字的字体小一号，且下极限偏差的数字与公称尺寸数字在同一水平线上，如图 15-26b、c、d 所示。

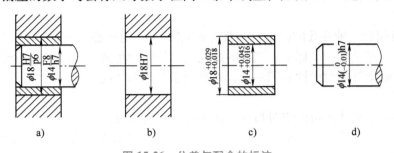

a)   b)   c)   d)

图 15-26 公差与配合的标注

a）配合代号标注 b）、c）、d）上、下偏差数值标注

复习思考题

15-1 常用的机械连接有哪些形式？

15-2 用螺钉连接两连接件时，其中之一为光孔，另一个为螺纹孔，为什么不都做成螺纹孔？

15-3 键的功能是什么？键有哪几种结构形式？

15-4 销连接按功能可分为哪几种类型？连接销用在什么场合？

15-5 滑动轴承和滚动轴承各有哪些特点？分别应用于什么场合？

15-6 轴、轴承和机座的功能各是什么？轴在机座中的轴向固定是如何实现的？

第16章 机 械 装 配

【实训目的与要求】
1）了解机械装配的基本原则、基本方法及装配流程。
2）掌握常用连接件的装配工艺方法。
3）掌握典型零、部件的装配方法。

16.1　概述

任何机械产品都是由许多零件和部件组成的。按规定的技术要求，将若干零件结合成部件或若干个零件和部件结合成机器的过程统称为装配。其中，前者称为部装，后者称为总装。

装配是产品制造工艺过程中的后期工作，它包括清洗、连接、校正调整与配作、平衡、验收试验以及涂装、包装等内容。装配工作对产品质量影响很大，若装配不当，即使所有零件都合格，也不一定能够装配出合格的机械产品。

蛟龙号载人潜水器首席装配钳工技师顾秋亮，这个享有"顾两丝"美誉的大国工匠能把中国载人潜水器的组装做到精密度达"丝"级，为我国大型试验基地各大型实验室重大试验设施的建设、调试和维护正常运行等提出了行之有效的解决方案。作为能下潜到7000多米深海进行资源勘查、深海观察作业和深海生物基因研究等的高科技装备，蛟龙号所有的设备都要承受逾700个大气压的深海压力，潜水器的所有结构件、零部件的安装必须精确到位，强度必须严格保证，另外，在保证密封性完好的前提下应确保下潜人员的绝对安全。

16.1.1　装配基本要求

1）仔细阅读装配图和装配说明书，明确装配技术要求。
2）熟悉各零部件在产品中的功能。
3）若没有装配说明书，必须在装配前考虑好装配的顺序。
4）必须将装配的零部件及装配工具在装配前认真清洗。
5）必须采取适当的措施，防止污物或异物混入正在装配的产品内。
6）选用合适的装配工具。

16.1.2　装配流程

产品的装配工艺流程一般分为四个阶段，即：① 装配前的准备；② 装配；③ 调整、精度检验和试车；④ 喷漆、涂油和装箱。

1. 装配前的准备工作

准备工作非常重要，必须在正式装配之前完成。充分的准备对于缩短装配时间、避免装配时出错、提高装配质量与效率均有利。准备工作具体包含以下步骤：

1）研究和熟悉产品装配图、工艺文件和技术要求，了解产品结构、零部件的功用以及相互间的连接关系。

2）确定装配方法及装配顺序，准备好装配时所需的各种工具及设备。

3）对零部件进行必要的清洗和清理，去掉零件上的飞边、铁锈、切屑、油漆及油污等脏物，获得所需的清洁度。

4）对个别零部件进行刮削等修配工作，有特殊要求的零件还需进行平衡试验、渗漏试验或气密性试验等。

5）分类归总装配用零部件，调整好装配平台基准。

6）准备好安全措施，例如个人保护用器具、危险品存放、运输工具等。

2. 装配工作

在装配准备工作一切就绪后，可以开始正式装配。对于结构比较复杂的产品，其装配工作一般分为部件装配和总装配。

（1）部件装配　部件装配是指产品进入总装前所进行的装配工作。凡是将两个以上的零件组合在一起或将零件与几个组件结合在一起，成为一个装配单元的工作，均称为部件装配。

（2）总装配　总装配是指将若干零件和部件组装成一台完整产品的过程。

3. 调整、精度检验和试车环节

（1）调整工作　它是指调整零件或机构的相互位置、配合间隙、结合程度等，目的是使机构或机器工作协调。例如轴承间隙、镶条位置、蜗轮轴向位置的调整等。

（2）精度检验　它包括几何精度检验和工作精度检验等。如车床总装后要检验主轴中心线和床身导轨的平行度、前后两顶尖是否等高等。工作精度一般指切削试验，如车床进行外圆或端面的车削加工试验等。

（3）试车　它是试验和检测机构或机器运转的转速、功率、振动、噪声、效率、工作温升和灵活性等诸多性能参数是否符合要求。

4. 喷漆、涂油和装箱

机器装配好之后，为了使其表面美观、防止不加工表面锈蚀及便于运输，还需要结合装配工序进行喷漆、涂油和装箱等多项工作。

16.2　常用连接件的装配

四川省德阳市"首席技师"郑永涛不仅拥有精湛的手艺，还运用独特的操作方法，在参与过的三峡工程升船机建设中，协助安装升船机核心部件——齿条、螺母柱。三峡螺母柱是由很多零部件拼接形成的，每一片都有5m长，重量为10~20t，保证两片之间的缝隙像头发丝一样细，实现了三峡螺母柱装配的绝对精准。

管延安，港珠澳大桥岛隧工程首席钳工，大国工匠。他在完全封闭的海底沉管隧道中安装操作仪器，做到接缝处零缝隙。同样是安装阀门，拧紧螺钉，在深海中操作截止阀的安装，要做到设备不渗水不漏水，安装接缝处的间隙必须小于1mm。这样的间隙无法用肉眼判断，管延安只能凭借手感来操作，已成功对接逾16节海底隧道。作为一颗闪光的螺丝钉，他是中国制造不可或缺的人才。

16.2.1 螺纹连接件的装配

螺纹连接是一种可拆卸的固定连接，它应用广泛，具有结构简单、连接可靠、装拆方便等优点。螺纹连接可分为普通螺纹连接和特殊螺纹连接两大类。由螺栓、双头螺柱、螺钉及螺母等构成的连接，称为普通螺纹连接，其他螺纹连接称为特殊螺纹连接。

1. 螺纹连接件的装配技术要求

（1）保证有一定的拧紧力矩 为保证螺纹连接的可靠与紧固，螺纹副应该具有一定的摩擦力矩，因此在进行螺纹连接件的装配时必须保证有一定的拧紧力矩，使螺纹副产生足够的预紧力。螺纹连接件在紧固时，拧紧力矩的影响因素是零件材料的预紧力及螺纹直径，可以查阅相关手册得到。一般情况下，对预紧力没有严格要求，常采用普通扳手或电动扳手等工具拧紧，操作者凭经验控制预紧力的大小。对规定预紧力的螺纹连接，常采用控制扭矩法、控制螺栓伸长法和控制扭角法来保证预紧力的确定值。

1）控制扭矩法是利用指针式扭力扳手或定扭矩扳手来控制拧紧力矩的大小，使预紧力达到给定值，操作简便，但误差较大，适用于中、小型螺栓的紧固。图 16-1 所示为指针式扭力扳手，它有一个长的弹性扳手柄 3，一端装有手柄 6，另一端装有带四方或六角头的柱体 2。在方头上套装一个可以更换的梅花套筒（用于拧紧螺钉或螺母）。柱体 2上还装有一个长指针 4，柄座上固定有刻度盘 7，刻度单位为 N·m。紧固时，弹性扳手柄 3 和刻度盘 7 一起向旋转的方向弯曲，因此指针尖 5 在刻度盘上指示出拧紧力矩的大小。

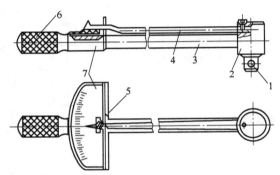

图 16-1 指针式扭力扳手
1—钢球 2—柱体 3—弹性扳手柄 4—长指针
5—指针尖 6—手柄 7—刻度盘

2）控制螺栓伸长法又称液压拉伸法，采用液压拉伸器使螺栓达到规定的伸长量，控制预紧力。如图 16-2 所示，L_s 为螺母拧紧前螺栓的原始长度，L_m 为按预紧力拧紧螺母后螺栓的长度，通过测量 L_s 和 L_m 便可确定拧紧力矩是否符合要求。由于螺栓不承受附加力矩，故该方法紧固螺栓时误差较小。

3）控制扭角法是使用定扭角扳手控制螺母拧紧角度，如图 16-3 所示，紧固螺母时，通

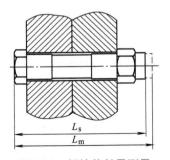

图 16-2 螺栓伸长量测量

图 16-3 定扭角扳手

过控制螺母拧紧时应转过的角度来控制预紧力。实际操作时，利用定扭角扳手对螺母先施加一定的预紧力矩，保证被连接件紧密接触，将角度刻度盘上的角度设定为零，再将螺母扭转一定的角度即可控制所需预紧力。这种扳手主要应用于汽车制造及钢制结构中预紧螺栓。

（2）保证有可靠的防松装置 螺纹连接一般都具有自锁性，当工作温度变化不大和在受静载荷作用下，不会自行松脱。但在冲击、振动或交变载荷作用下，以及工作温度变化很大时，螺纹副间的正压力会突然减小，摩擦力矩也随之减小，螺母回转，螺纹连接松动。因此，为保证螺纹连接可靠，防止松动，必须采取可靠的防松装置。各类防松装置的工作原理用一句话概括为：消除（或限制）螺纹副之间的相对运动，或增大相对运动的难度。

常用螺纹防松方法见表 16-1。

表 16-1 常用螺纹防松方法

防松方法		简 图	说 明
摩擦防松	双螺母防松	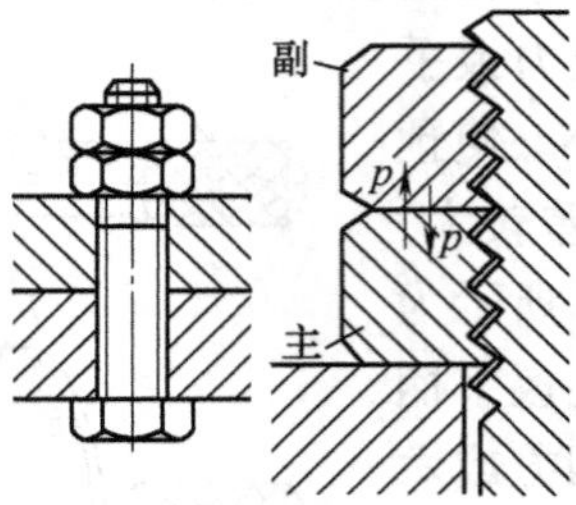	依靠两螺母间产生的摩擦力来防松。这种防松装置因为增加了结构尺寸和重量，故多用于低速重载或较平稳的场合
	弹簧垫圈防松	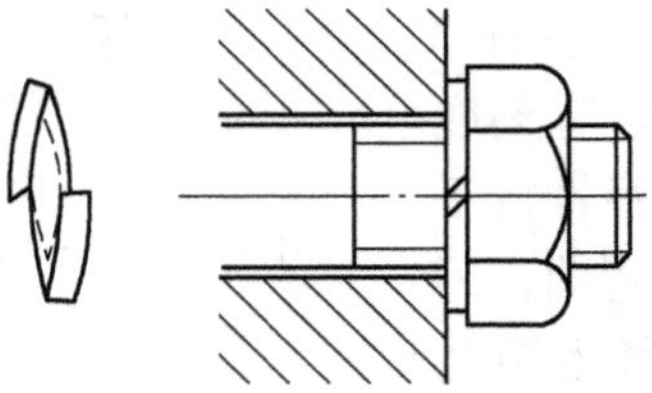	垫圈弹力增加了螺纹间的摩擦力，并且垫圈的尖角切入螺母的支承面，可靠阻止螺母回松
机械法防松	开口销与带槽螺母防松	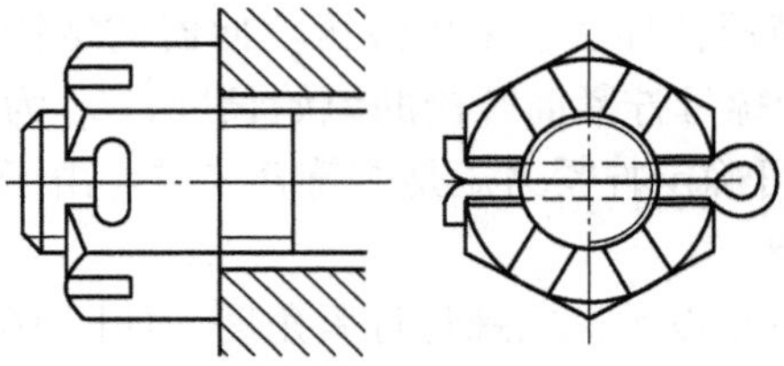	在螺栓上钻孔，利用开口销将螺母直接锁在螺栓上，防松可靠，多用于变载、振动处
	六角螺母止动垫圈防松	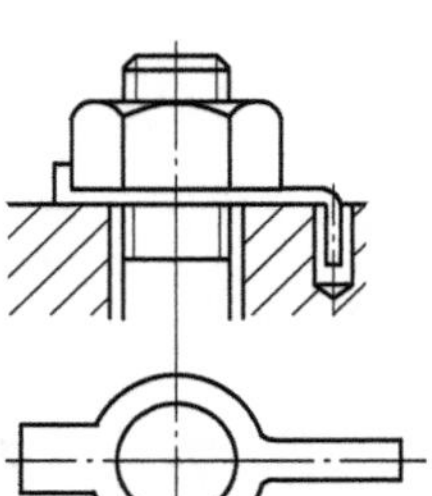	采用带耳止动垫圈，先将垫圈一耳边向下弯折至与被连接件的一边贴紧，拧紧螺母后再将垫圈的另一耳边向上弯折与螺母的边缘贴紧，从而起到防松作用

（续）

防松方法		简　图	说　明
机械法防松	圆螺母止动垫圈防松		装配时将垫圈内舌插入轴上的槽内，而将垫圈的外舌嵌入圆螺母的槽内，螺母即被锁紧，常用于滚动轴承的轴向固定
	串联钢丝防松		用钢丝连续穿过一组螺钉头部的径向小孔（或螺母和螺栓的径向小孔），以钢丝的牵制作用来防止回松。适用于布置紧凑的成组螺纹连接。装配时应注意钢丝的穿绕方向
其他防松方法	点铆法防松	(1~1.5)	在拧紧螺母或螺钉后，将其末端铆死，永久防止螺母或螺钉松动
	黏结法防松		一般采用厌氧胶黏结剂，涂于螺纹旋合表面，螺母拧紧后，黏结剂固化，从而防止螺母或螺钉的回松

2. 螺纹连接的装配工具

用于螺纹连接的装配工具很多，对于种类繁多的螺栓、螺柱和螺钉，实际装配时需要根据具体情况合理选用。

（1）扳手　扳手是最常用的装配工具，主要用于拧紧六角形、正方形螺钉以及各种螺母。扳手常用工具钢、合金钢或可锻铸铁制成，其开口处要求光整和坚硬耐磨，可分为通用、专用和特殊扳手三大类。

1）通用扳手又称活动扳手或活扳手，如图16-4所示。它由活动钳口1、固定钳口2、螺杆3和扳手体4组成。其开口尺寸能在一定范围内调节，规格用扳手长度来表示，见表16-2。

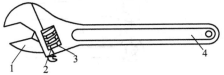

图16-4　活动扳手
1—活动钳口　2—固定钳口
3—螺杆　4—扳手体

表 16-2　活动扳手的规格

长度	米制/mm	100	150	200	250	300	375	450	600
	寸制/in	4	6	8	10	12	15	18	24
开口最大宽度/mm		14	19	24	30	36	46	55	65

图 16-5 所示是活扳手的使用示意图，使用中应让固定钳口承受主要作用力，否则容易损坏扳手。钳口的开度应适合螺母（或螺钉）对边间距尺寸，过宽会损坏螺母（或螺钉）。不同规格的螺母（或螺钉），应选用相应规格的活扳手。扳手手柄不要任意接长，以免拧紧力矩过大而损坏扳手或螺母（或螺钉）。实际操作时，因活动扳手的开口常常会改变，活动钳口容易歪斜，易于损坏螺母或螺钉的头部表面。

前段时间，中国自紧扳手与德国万能扳手对比视频可见，自紧扳手性能更优，不得不感叹中国制造的强大。

2）专用扳手只能扳一种规格的螺母或螺钉，根据其用途的不同又可分为以下几种类型。

① 呆扳手用于装拆六角头或方头的螺母或螺钉，有单头和双头之分，如图 16-6 所示。呆扳手的开口尺寸与螺母或螺钉头的对边间距尺寸相适应，并根据标准尺寸做成一套，一套共有十件。

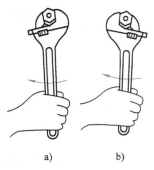

图 16-5　活扳手的使用

a）正确　b）错误

图 16-6　呆扳手

② 整体扳手有正方形、六角形、十二边形（梅花扳手）等几种，如图 16-7 所示。其中以梅花扳手应用最广泛，操作过程中只要转过 30° 就可再次拧紧或松开螺母或螺钉，适用于工作空间狭小、其他扳手无法使用的场合。

③ 套筒扳手如图 16-8 所示，它由一套尺寸不等的套筒组成，套筒有内六角形和十二边

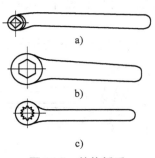

图 16-7　整体扳手

a）正方形扳手　b）六角形扳手　c）梅花扳手

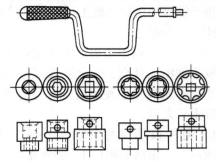

图 16-8　成套套筒扳手

形两种，操作时扳手柄的方榫插入梅花套筒方孔内，弓形手柄能连续转动，使用方便，效率高，也不易损坏螺母或螺钉头。

④ 钩形扳手专门用于锁紧各种结构的圆螺母，其结构多样，常用的如图 16-9 所示。

⑤ 内六角扳手如图 16-10 所示，用于装拆内六角圆柱头螺钉。成套的内六角扳手，可供装拆 M4~M30 的内六角圆柱头螺钉使用。

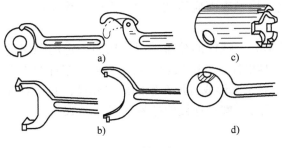

图 16-9　钩形扳手

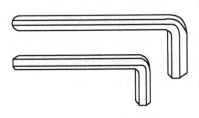

图 16-10　内六角扳手

3）特殊扳手是根据某些特殊要求而制造的。图 16-11 所示为棘轮扳手。工作时，正转手柄，棘爪 1 在弹簧 2 的作用下进入内六角套筒 3（棘轮）的缺口内，套筒便随之转动；当反转时，棘爪从套筒缺口的斜面上滑过去，因而螺母（或螺钉）不会随着反转，这样反复摆动手柄便可逐渐拧紧螺母或螺钉。将扳手翻转 180°即可松开螺母或螺钉。

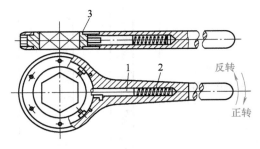

图 16-11　棘轮扳手
1—棘爪　2—弹簧　3—内六角套筒

（2）螺钉旋具　螺钉旋具主要用于旋紧或松开头部带沟槽的螺钉，其工作部分一般由碳素工具钢制成，并经淬火硬化。特殊制作的螺钉旋具，其工作部分由铬-钒合金钢制成，可以增加刀体的强度，预防损坏刀刃。螺钉旋具的手柄是由木质或塑料制成，大多根据人体工程学原理设计，方便操作者使用。常见的螺钉旋具有以下几类。

1）标准螺钉旋具通常有两种形式，即一字螺钉旋具和十字螺钉旋具。图 16-12 所示为一字螺钉旋具，用于装拆头部带一字形槽的螺钉，它由手柄 1、刀体 2 和刃口 3 组成。使用中为防止刃口滑出螺钉槽，其前端必须是平的。十字螺钉旋具如图 16-13 所示，用于装拆头部带十字形槽的螺钉。因其与相应十字形槽螺钉的接触面积大，不易滑出，操作更快捷。标准螺钉旋具以刀体部分的长度代表其规格，常用规格有 100mm、150mm、200mm、300mm、400mm 等几种，根据螺钉沟槽的宽度来选择相应规格的螺钉旋具。

图 16-12　一字螺钉旋具
1—手柄　2—刀体　3—刃口

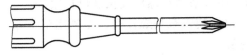

图 16-13　十字螺钉旋具

2）其他螺钉旋具如拳头螺钉旋具、直角螺钉旋具、夹紧螺钉旋具等，适用于工作空间非常有限、不宜使用标准螺钉旋具操作的场合，其工作原理及图形不再赘述。

3. 螺纹连接装配工艺

（1）螺母和螺钉的装配　螺母和螺钉的装配除保证预定的拧紧力矩外，还需注意以下几点：

1）螺钉或螺母与贴合的表面应光洁、平整，接触表面应清洁，螺孔内的污物应清理干净，防止连接件松动或螺钉弯曲。

2）在拧紧成组螺栓或螺母时，应根据零件形状、螺栓的分布情况，按照一定的顺序进行，否则会使零件或螺栓松紧不一，甚至变形，难以保证装配质量。对于长方形布置的成组螺栓，应从中间开始，逐渐向两边对称地扩展；对于圆形或方形布置的成组螺栓，必须对称地进行（若有定位销，应从靠近定位销的螺栓开始）。螺纹连接的拧紧顺序见表16-3。

表16-3　螺纹连接的拧紧顺序

分布形式	一字形	平行形	方框形	圆环形	多孔形
拧紧螺栓顺序简图		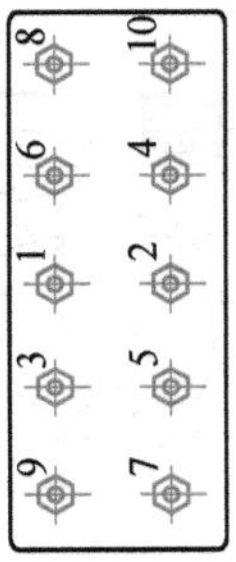	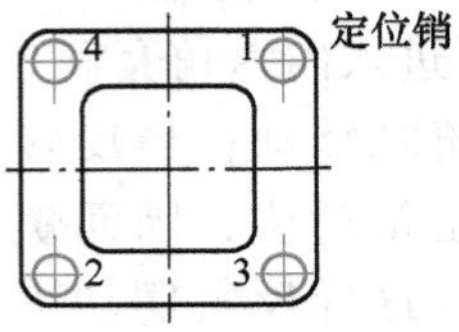		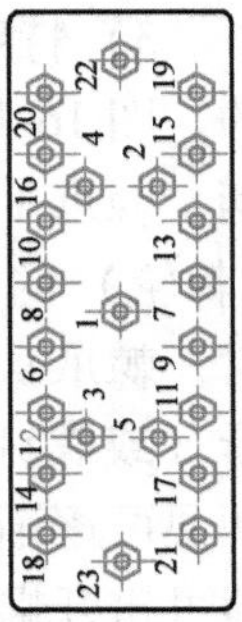

3）主要部位的螺钉必须用扭力扳手按一定的拧紧力矩来拧紧。力矩太大，会使螺栓或螺钉被拉长甚至断裂，或出现机件变形；力矩太小则不能有效保证机器工作的可靠性。

4）连接件在工作中有振动或受到冲击时，为防止螺钉或螺母的松动，必须安装可靠的防松装置。

（2）双头螺柱的装配

1）装配时，双头螺柱的轴心线必须与机体表面垂直。操作时，用90°角尺检验，如发现有较小的偏斜时，可用丝锥校正螺孔后再装配，或把装入的双头螺柱校正到垂直位置；如偏斜较大时，为避免影响连接的可靠性，不得强行校正。

2）应保证双头螺柱与机体螺纹的配合有足够的紧固性，装配过程中，不能有任何松动迹象。螺柱的紧固端大多采用过渡配合、使用带台肩或带过盈量的形式，以达到紧固的目的。还可采用双螺母及长螺母拧紧法。

3）装入双头螺柱时，需要用油润滑，既可以避免旋入时咬死，也便于以后的拆卸和更换。

16. 2. 2　键连接件的装配

键是用来连接轴和齿轮、带轮、联轴器等旋转套件的一种标准零件，主要用于周向固定，传递转矩。它具有结构简单、工作可靠和装拆方便等优点，应用广泛。

根据结构和用途的不同，键连接可以分为松键连接、紧键连接和花键连接三大类。

1. 松键连接装配

松键连接所采用的键主要有普通平键和半圆键。普通平键和半圆键通常用于静连接，而导向平键用于动连接。松键的特点是靠键的侧面来传递转矩，只能对轴上零件作周向固定，不能实现轴上零件的轴向定位，也不能传递轴向力。因此，轴上零件只能依靠附加紧定螺钉或定位环等零件来实现轴向定位。松键连接的对中性较好，能保证轴与轴上零件有较高的同轴度，在高速及紧密的连接中应用较多。

松键连接装配时，需要保证键与键槽的配合要求，通过改变轴槽、轮毂槽的极限尺寸实现。松键为标准件，配合时均取 h9，对于普通平键的一般连接时，轴槽取 N9、轮毂取 JS9；较松连接时，轴槽取 H9、轮毂取 D10；较紧连接时，轴与轮毂均取 P9。半圆键一般连接时，轴取 N9、轮毂取 JS9；较紧连接时，轴与轮毂也均取 P9。另外，键槽加工应具有较小的表面粗糙度值。

松键连接在单件小批量装配时，常用手工锉配。其装配要点如下：

1）清理键槽飞边，以免影响配合的可靠性。

2）对于重要的键连接，装配前应检查键的直线度、键槽对轴线的对称度和平行度等。

3）用键头与轴槽试配，保证键较紧地嵌在轴槽中。锉配键长时，在键长方向上键与轴槽应有 0.1mm 左右的间隙。

4）在配合面上加润滑油，用铜棒将键压装入轴槽中，注意使键与轴槽底贴紧。

5）试配并安装旋转套件时，键与键槽的非配合面间应留有间隙，装配后的套件在轴上不允许有周向摆动，否则机器工作时，易于引起冲击和振动。

2. 紧键连接装配

紧键连接主要指楔键连接，又分为平头楔键连接和钩头楔键连接两种。在键的上表面和与它接触的轮毂槽底面都有 1∶100 的斜度，键侧与键槽间有一定的间隙。装配时将键打入，形成紧键连接，传递转矩和承受单向轴向力。因紧键连接的对中性较差，故在对中性要求不高，转速较低的情况下采用。

紧键连接的装配要点如下：

1）紧键的斜度必须与轮毂槽的斜度一致（装配时需要用涂色法检查斜面接触情况），否则被连接的套件会发生歪斜，也会降低连接的可靠性。

2）键的上下工作表面与轴槽、轮槽的底面应贴紧，键的两侧面与键槽间有一定的间隙。

3）对于钩头楔键，装配时不能使钩头紧贴套件的端面，必须留有一定的距离 h，以便拆卸。

3. 花键连接装配

花键连接是由轴和毂孔上的多个键齿组成的。因其轴的强度高，传递转矩大，对中性及导向性好等优点，适用于载荷大和同轴度要求较高的连接，广泛应用于汽车及机床制造中。

花键连接的装配要点：

（1）静连接花键装配　检查轴、孔的尺寸是否在允许过盈量的范围内；装配前必须清除轴、孔锐边和飞边；装配时可用铜棒轻轻敲入，但不得过紧，否则会拉伤配合表面；过盈较大的配合，可将花键套件加热至 80~120℃后再进行装配。

（2）动连接花键装配　应保证精确的间隙配合。检查轴孔的尺寸是否在允许的间隙范围内；装配前需清除轴、孔锐边和飞边；用涂色法修正各齿间的配合，直到花键套件在轴上能自由滑动，没有阻滞现象，但也不能过松，不应有径向间隙的感觉；套件孔径若缩小量较大，可用花键推刀修整。

（3）花键的修整　拉削后热处理的内花键，为消除热处理产生的微量缩小变形，可用花键推刀修整，也可以用涂色法修整，保证达到技术要求。

（4）花键副的检验　花键连接装配后，需要检查花键轴与套件的同轴度和垂直度误差。

16.2.3　销连接件的装配

销连接在机械中主要用于定位，以固定两个（或两个以上）零件之间的相对位置，也可用于连接零件并传递不大的载荷，还可以作为安全装置中的过载保护元件。

销是一种标准件，种类较多，应用也广泛，其中以圆柱销和圆锥销最多。

1. 圆柱销连接的装配

圆柱销一般依靠少量过盈固定在孔中，用以固定零件、传递动力或作定位元件。国家标准中规定有不同直径的圆柱销，按 n6、g6、h8、h9 四种偏差制造，并根据不同的配合要求选用。

圆柱销连接装配的要点如下：

1）圆柱销装配时，为了保证两销孔的中心重合，一般都将两销孔同时进行钻铰，孔壁的表面粗糙度值要求为 $Ra1.6\mu m$ 或更小。

2）实际装配时，在圆柱销上涂油，用铜棒在销端面上轻轻敲击，使圆柱销进入孔中，也可用 C 形夹头把销子压入孔内，如图 16-14 所示。压入法装配的销子不会变形，工件间不会移动。

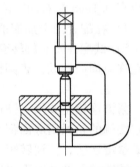

图 16-14　用 C 形夹头装配

3）由于圆柱销孔经过铰削加工，多次装拆会降低定位精度和连接的可靠性，故圆柱销不宜多次装拆，拆装后一旦失去过盈量就必须更换圆柱销。

2. 圆锥销的装配

圆锥销具有 1∶50 的锥度，靠过盈与铰制孔结合，定位准确，比圆柱销定位精度高；装拆方便，在横向力作用下能自锁，但受力不及圆柱销均匀；常用于要求经常装拆的场合。

圆锥销连接装配的要点如下：

1）圆锥销以小头直径和长度代表其规格，钻孔时以小头直径选择钻头。

2）装配时，被连接或定位的两销孔应同时钻铰，用 1∶50 的锥度铰刀铰孔，用试装法控制孔径，即能用手将圆锥销塞入孔内 80%左右为宜，如图 16-15 所示。

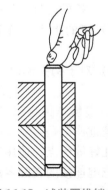

图 16-15　试装圆锥销方法

3）圆锥销装配时用锤子敲入，其大端可稍露出或平于被连接件表面，锥销的小端应平于或缩进被连接件表面。

16.3　轴、轴承和壳体的装配

轴是机械传动机构中的重要零件，所有传动零件，如齿轮、带轮、链轮等都安装在轴上，轴通过轴承安装在机体（壳体）上。轴的主要功用是支撑轴上零件，并使其有确定的工作位置；承受载荷，能传递运动和转矩。轴需具有足够的强度、刚度和抗振性，轴和其他零件装配后需运转平稳。

轴承是用来支撑轴的部件，有时也用来支撑轴承上的回转零件（如空套齿轮等）。轴承种类非常多，其安装方法也有很多种。轴承的安装都要在干燥、清洁的环境中进行。本节主要介绍滑动轴承和滚动轴承的典型结构及各轴承的装配工艺和要点。

大国工匠杨明亮在承担民用产品、核电产品的装配，多项某型号舰载武器装备的子装、部装和总装调试工作中，精益求精，"量身定制"各种专用工具，保证各项检查100%合格，是名副其实的某型号舰载武器装备装配调试专家。

16.3.1　滑动轴承的装配

滑动轴承有整体式滑动轴承和剖分式滑动轴承。对于动压滑动轴承，轴颈与轴承表面形成液体润滑膜的条件是：轴颈与轴承配合应有一定的间隙；轴颈应保持一定的线速度，以建立足够的油楔压力；轴颈和轴承应有精确的几何形状，表面粗糙度值较小；始终保持轴承内有充足的具有适当黏度的润滑油等。因此，滑动轴承的装配要求主要是轴颈与轴承孔间应获得所需要的间隙、良好的接触和充分的润滑，保证轴在轴承中运转平稳。

整体式径向滑动轴承的结构如图16-16所示，主要由轴承座和青铜轴套组成。轴套内开有油槽和油孔，润滑轴承配合面。用紧定螺钉固定轴套与轴承座，防止轴套因旋转错位而断油。装配时首先把轴套压入轴承座，然后固定轴套，再修整轴承孔及检验轴套。装配要点如下：

1）将符合要求的轴套和轴承座孔擦洗干净，在轴套外径或轴承座孔内涂上润滑油。

2）压入轴套。当轴套和轴承座孔配合过盈量较小时，选择锤子加垫板法将轴套敲入轴承座孔；当过

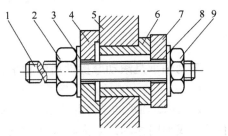

图 16-16　压轴套用拉紧夹具
1—螺杆　2、9—螺母　3、8—垫圈
4、7—挡圈　5—机体　6—轴套

盈量较大时，可用压力机压入或用拉紧夹具把轴套压入轴承座孔内，如图16-16所示。压入轴套时，可用导向环或芯轴辅助导向，防止轴套歪斜导致定位不准，进而导致轴套上的油孔与机体上的油孔不对准。

3）轴套定位。对负荷较大的滑动轴承的轴套被压入轴承座孔后，按要求用紧定螺钉或定位销等固定，防止轴套随轴转动。轴套的几种定位方式如图16-17所示。

4）轴套的修整及检验。壁薄的轴套在压装后易于变形，如内孔缩小或变成椭圆形，可用铰削和刮削等方法对其进行修整。利用内径百分表可测定轴套的圆度误差及尺寸，如图

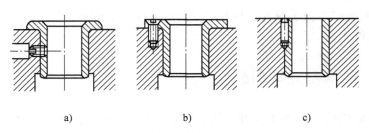

图 16-17 轴套的几种定位方式

a）径向紧定螺钉固定 b）端面沉头螺钉固定 c）骑缝螺钉固定

16-18 所示，将修整后的轴套沿孔长方向取 2~3 处，在相互垂直方向上作检验。另外，把与轴套孔尺寸相对应的检验塞规插入轴套孔内，利用涂色法或塞尺可以检验轴套孔中心线对轴套端面的垂直度，如图 16-19 所示。

图 16-18 用内径百分表检验轴套孔

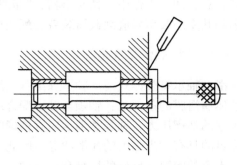

图 16-19 用塞规检验轴套装配的垂直度

16.3.2 滚动轴承的装配

滚动轴承是滚动摩擦性质的轴承，一般由外圈、内圈、滚动体和保持架四个部分组成。

1. 滚动轴承的预紧及游隙的调整

1）滚动轴承的游隙是在无负荷的情况下，将滚动轴承的一个套圈固定，另外一个套圈沿径向或轴向移动的最大距离即为滚动轴承的径向游隙或轴向游隙。一般径向游隙越大，则轴向游隙也越大；反之，径向游隙越小，则轴向游隙也越小。轴承的径向游隙通常包含原始游隙、配合游隙和工作游隙三种。轴承在工作状态下的游隙称为工作游隙。轴承在工作时，其内外圈的温差使配合游隙减小，由于工作负荷的作用，滚动体套圈产生弹性变形使游隙增大。因此，一般情况下工作游隙大于配合游隙。

轴承在装配时，应控制和调整合适的游隙以保证轴承正常工作并延长其使用寿命。可以通过使轴承的内外圈作适量的轴向位移来调整其游隙。图 16-20 所示为通过改变轴承盖处的垫片厚度实现调整轴承轴向游隙的目的。通过调整螺钉也可以实现轴承游隙的调整。在图 16-21 中，先把螺钉拧紧至轴承游隙为零，再把调整螺钉倒拧合适角度后将其锁紧，防止工作时螺钉松动。

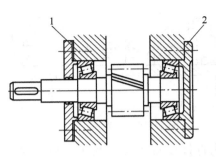

图 16-20　使用垫片调整轴承游隙

1、2—垫片

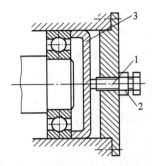

图 16-21　使用调整螺钉调整轴承轴向游隙

1—调整螺钉　2—锁紧螺母　3—压盖

2）滚动轴承的预紧是为了增加轴承系统的刚度，通常在安装轴承时，使用某种方式在轴承内圈或外圈上沿其轴线方向施加一恒定的轴向力，以达到消除游隙并使滚动体内、外圈间产生初始的接触弹性变形的方法，称为轴承的预紧。预紧后的轴承能控制正确的游隙，从而提高轴的刚度和旋转精度。图 16-22 所示为滚动轴承的预紧原理图。滚动轴承的预紧有径向预紧和轴向预紧两种方法。

① 径向预紧法。径向预紧即调节轴承锥孔内圈的轴向位置实现预紧。典型的例子是双列精密短圆柱滚子轴承的预紧，利用螺母调整这种轴承相对于锥形轴颈的轴向位置，使内圈有合适的膨胀量而得到径向负游隙，这种方法多用于机床主轴和喷气式发动机中，如图 16-23 所示。

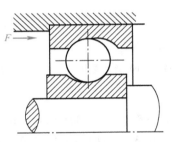

图 16-22　滚动轴承的预紧原理

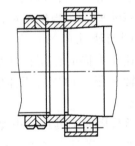

图 16-23　调节轴承锥孔的
轴向位置实现预紧

② 轴向预紧法的定位预紧。通过调整衬套或垫圈的尺寸，获得合适的预紧量；也可通过测量或控制起动摩擦力矩来获得合适的预紧；还可直接使用预先调好预紧量的成对双联轴承来实现预紧，此时一般不需用户再行调整。总之，凡是经过轴向预紧的轴承，使用时其相对位置肯定不会发生变化。图 16-24 所示为使用垫圈实现预紧的方法。

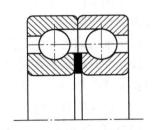

图 16-24　使用垫圈实现预紧

③ 轴向预紧法的定压预紧。定压预紧是用螺旋弹簧、碟形弹簧等使轴承得到合适预紧的方法。预紧弹簧的刚性一般要比轴承的刚性小得多，所以定压预紧的轴承相对位置在使用中会有变化，但预紧量却大致不变。图 16-25 所示为弹簧预紧法。

2. 滚动轴承的装配方法

装配前按图样的要求检查与轴承相配的零件，如轴、轴承座、端盖等表面是否有凹陷、飞边、锈蚀或固体的微粒；用汽油或煤油清洗与轴承配合的零件，并用干净的布仔细擦净，然后涂上一层薄油；装配前应对轴承进行清洗，一般用煤油或汽

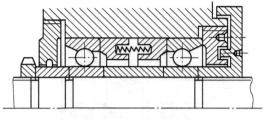

图 16-25 弹簧预紧法

油清洗用防锈油封存的轴承。经过清洗的轴承不能直接放置于工作台上，应擦拭干净后待用。

滚动轴承的装配方法应根据轴承的结构、尺寸大小和轴承部件的配合性质来确定。必须注意装配时的压力应直接加在待配合的套圈端面上，滚动体不能受压。

当轴承内圈与轴颈为较紧配合、轴承外圈与轴承座孔为较松配合时，先将轴承安装在轴上，然后把轴承与轴一起装入壳体中，压装时，在轴承端面上垫上铜或软钢的装配套筒，如图 16-26a 所示；当轴承外圈与轴承座孔为较紧配合，轴承内圈与轴颈为较松配合时，应先将轴承压装入壳体内，再把轴装入轴承，如图 16-26b 所示；当轴承内圈与轴颈、轴承外圈与座孔都为较紧配合时，使用安装套让压力同时作用在轴承内外圈上，并把轴承压入轴颈及壳体中，如图 16-26c 所示。

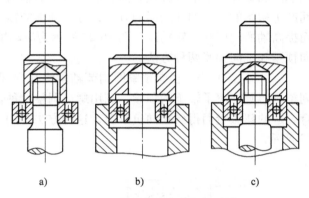

a)   b)   c)

图 16-26 用压力法安装圆柱孔轴承
a) 内圈受力 b) 外圈受力 c) 内外圈受力

压入轴承采用的工具及方法视配合过盈量大小而定。若配合过盈量较小时，可用橡皮锤子敲击压入轴承；若配合过盈量较大时，可用机械压力机压入；当配合过盈量很大时，可用温差法装配轴承。利用油溶法加热轴承至 80~100℃，然后进行装配。

对于圆锥滚子轴承，因其内外圈可分离，可以分别把内圈装入轴上，外圈装在座孔中，然后再调整游隙。

对于推力球轴承的装配，首先要区分该类轴承的松环与紧环，因为紧环的内孔比松环小，故装配时应紧靠在转动零件的端面上，而松环是靠在静止零件的平面上。否则，轴承的滚动体会丧失其基本作用，加速配合零件之间的磨损。

如图 16-27 所示，用圆螺母来调整推力球轴承的游隙，同时其右端紧环靠在轴肩端面上，左端的紧环靠在圆螺母的端面上。

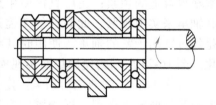

图 16-27 推力球轴承的装配与调整

16.4 齿轮轴部件的装配

齿轮传动是一种啮合传动，是机械传动中最重要、应用最广泛的一种传动形式，可用来传递运动和转矩，改变转速的大小和方向，与齿条配合时，能将转动变为移动。

齿轮传动的主要优点有：传动准确可靠，瞬时传动比为定值；传递功率和速度的范围大；效率高，寿命长，结构紧凑；可实现平行轴、相交轴和交错轴之间的传动。齿轮传动的缺点主要有：制造精度及装配要求高，成本也高；精度降低时噪声大；无过载保护功能，传动平稳性不如带传动；不宜于轴间距离大的传动。

16.4.1 齿轮传动机构的装配要求

对各种齿轮传动机构进行装配时，为保证工作平稳、传动准确、冲击振动和噪声小、承载能力强和使用寿命长等基本工作目标，需要满足以下装配技术要求：

1）齿轮孔与轴的配合要恰当，需满足使用要求。对于固定连接齿轮，不得有偏心和歪斜；对滑移齿轮不应有咬死或阻滞现象；对空套在轴上的齿轮，不得有晃动现象。

2）齿轮间的中心距和齿侧间隙要准确，因侧隙用于储油并起润滑和散热功能，若侧隙过小，齿轮传动不灵活，热胀时会卡齿，加剧齿轮齿面的磨损；若侧隙过大，换向时空行程大，易产生冲击和振动。

3）工作中相互啮合的两齿应有正确的接触部位并形成一定的接触面积，保证齿面接触精度。

4）对于高速大齿轮，在装配到轴上后要进行平衡检查，避免工作时产生过大的振动。

齿轮传动机构的装配通常包含三个部分，即将齿轮安装到轴上、将齿轮与轴部件装入箱体、装配后的检验与调整等。本节以圆柱齿轮为例介绍齿轮轴部件的装配。

16.4.2 圆柱齿轮传动机构的装配

1. 齿轮与轴的装配

齿轮需安装在轴上才能正常工作，轴上安装齿轮或其他零件的部位应光洁，符合设计要求。齿轮与轴的连接方式主要有固定连接、空套连接和滑移连接三种，具体连接方式如图 16-28 所示。

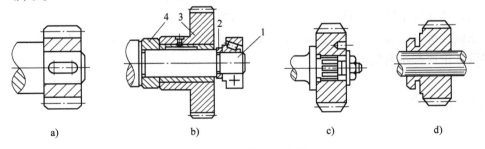

图 16-28 齿轮在轴上的连接方式
a）平键 b）空套连接 c）花键 d）与花键滑配
1—轴 2—挡圈 3—齿轮 4—轴套

齿轮与轴的装配误差主要是齿轮的偏心、歪斜和端面未贴紧轴肩，如图 16-29 所示。

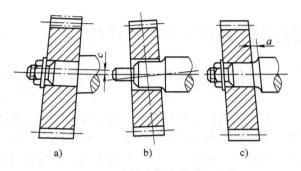

图 16-29 齿轮在轴上的装配误差
a）齿轮偏心 b）齿轮歪斜 c）齿轮未贴紧轴肩

对于滑移齿轮和空套齿轮而言，齿轮孔和轴都是间隙配合，装配后的精度主要取决于零件本身的加工精度；而对于在轴上固定连接的齿轮来说，轴和齿轮是小过盈配合（多数情况下属过渡配合），装配时应该施加一定的外力；当过盈量较小时，可用铜棒或木槌等手工工具通过敲击压紧；当过盈量较大时，可使用压力机进行压装；对于精度要求高的齿轮传动机构，压装后还需要检验固定连接在轴上的齿轮径向圆跳动和轴向圆跳动误差。

对于定心精度较高的齿轮轴，齿轮与轴的结合面为锥面。装配前用涂色法检查内外锥面的接触情况，贴合不良的可用三角刮刀进行修正。

2. 将齿轮轴部件装入箱体

将齿轮轴部件装入箱体的工序重要而复杂，需要根据轴在箱体中的结构特点选择不同的装配方式。例如，将车床齿轮轴组装入箱体时，应按照由下而上的顺序，一般都是从最后一根从动轴开始装起，然后逐级向前进行装配。将轴组装入箱体时，要保证齿轮轴向位置准确。相互啮合的齿轮副装配一对就检查一对。以中间平面为基准对中，当齿轮轮缘宽度小于 20mm 时，轴向错位不得大于 1mm。当轮缘宽度大于 20mm 时，错位量不得大于轮缘宽度的 5%，且最多不得大于 5mm。轴承内圈安装在主轴上敲击时用力不能过大，以免主轴移动，同时记住要拧紧所有螺钉。

3. 齿轮传动机构装配后的磨合

齿轮装配后，为确保有较高的接触精度和较小的噪声，可以进行磨合试验。

（1）加载磨合　在齿轮副的输出轴上加一力矩，使齿轮接触表面互相磨合（必要时加磨料），可以增大接触面积，改善齿轮啮合质量。

（2）电火花磨合　在接触区内通过脉冲放电，把先接触部分的金属锈蚀除掉，将接触面积扩大，达到要求即可。该方法较加载磨合省时。

齿轮副在磨合后需要对整台齿轮箱进行彻底清洗，防止落料、铁屑等杂质残留在箱体内的某些机件中而影响装配质量。

16.5　装配示例

机械产品的装配一般先进行组件装配和部件装配，最终进行总装。

1. 组件装配示例

图 16-30 所示为某减速器大轴组件结构图，其装配顺序如下：

1）将键配好，并装入轴键槽中，用铜棒敲实。

2）将齿轮压装至轴上。

3）放上隔套，压装右轴承。

4）压装左轴承。

5）在透盖槽中放入粘圈，并套在轴上。

2. 部件装配示例

图 16-31 所示为某减速器部件装配图（局部），其装配顺序如下：

1）组装蜗杆轴。

2）组装蜗轮轴。

3）组装锥齿轮轴。

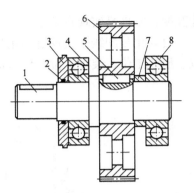

图 16-30 某减速器大轴组件结构

1—大轴 2—粘圈 3—透盖 4—左轴承
5—键 6—齿轮 7—隔套 8—右轴承

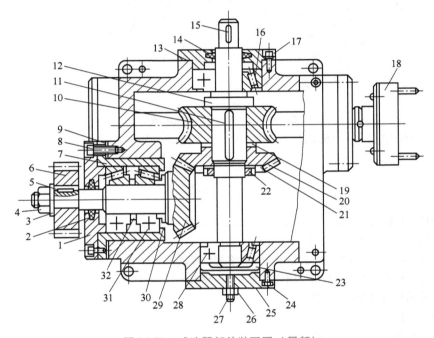

图 16-31 减速器部件装配图（局部）

1、13、25—轴承盖 2、14—毛毡 3—垫圈 4、26—螺母 5、11、15—键 6—齿轮 7—轴承套
8、17、24、27—螺钉 9、19—调整垫 10—蜗轮 12—蜗轮轴 16、28、31—轴承 18—联轴器 20、29—锥齿轮
21—锁紧垫片 22—锁紧螺母 23—压盖 30—垫片 32—隔套

16.6 自动化装配简介

为提高装配效率，减轻劳动强度，采用自动化装配。装配自动化包括给料自动化、物料传送自动化、装入自动化、连接自动化和检测自动化等。

自动化装配适用于批量生产，而且产品和零部件须具有良好的装配工艺性，即装配零件能互换；零件易实现自动定向；便于零件的抓取、装夹和自动传送。

　　自动化装配线是实现自动化装配的典型实例，如图 16-32 所示，它由给料工位、连接工位、压装工位、装配工位、传送带和手工装配工位组成。传送带将各工位连接成装配线。

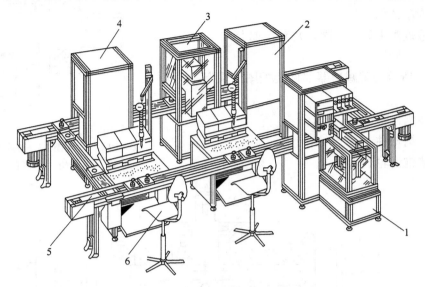

图 16-32　自动化装配线示意图

1—给料工位　2—连接工位　3—压装工位　4—装配工位　5—传送带　6—手工装配工位

复习思考题

16-1　螺纹连接的松紧程度如何控制？有哪些控制方法？

16-2　常用螺纹连接机械防松结构有哪些？

16-3　普通平键与轴、轮毂的配合一般采用什么配合形式？

16-4　销连接有几种形式？对定位销孔的加工有何要求？

16-5　滚动轴承的间隙如何调整？

16-6　齿轮和轴的装配有哪些要求？

16-7　自动化装配主要包括哪些内容？

第17章 机械拆卸

【实训目的与要求】
1）了解拆卸的基本要求和基本方法。
2）掌握常用连接件的拆卸工艺方法和要点。
3）掌握轴、轴承和壳体的拆卸方法和要点。

17.1 概述

　　机械设备中的零部件都具有一定的使用寿命，在它们失效或损坏后，需要进行修复或更换。这些零部件必须从机械设备中拆卸后才能正常进行维修或更换。如果拆卸不当，往往会造成零部件损坏，设备精度降低，有时甚至无法修复。机械设备拆卸的目的，是为了便于检查和修理机械零部件，拆卸工作约占整个修理工作量的20%。

　　在全国铁路系统屡立战功、赫赫有名的铁路桥梁专家和"大国工匠"陈忠祥，在若干年前承担某铁路钢桁梁桥大修任务时，日本进口的空压机突然"趴窝"停止作业，他一遍遍拆装空压机，利用排除法找寻故障点。为避免搞混零件位置，他就把零件都编上号码，边比对、边琢磨。三天后，细心的陈忠祥终于找到了"病因"，排除了故障。

17.1.1 拆卸基本要求

　　1）对不易拆卸或拆卸后会降低连接质量和损坏一部分连接零件的连接，应尽量避免拆卸，例如密封连接、过盈连接、铆接和焊接连接件等。

　　2）用击卸法冲击零件时，必须垫好软衬垫或用软材料（如纯铜）做的锤子或冲棒，避免损坏零件表面。

　　3）拆卸时用力要适当，特别要注意保护好主要构件，不使其发生任何损坏。对于相配合的两零件，在不得已必须损坏一个零件的情况下，应保存价值较高、制造困难或质量较好的零件。

　　4）长径比较大的零件，如精密的细长轴、丝杠等零件，拆下后应立即清洗、涂油、竖直悬挂。重型零件可用多支点支承卧放，以免变形。

　　5）拆下的零件应尽快清洗，并涂上防锈油。对精密零件，还要用油纸包好，防止生锈腐蚀或碰撞表面。零件较多时还要按部件分门别类，做好标记后再放置。

　　6）拆下较细小、易丢失的零件，如紧定螺钉、螺母、垫圈及销子等，清理后尽可能再装在主要零件上，以防遗失。轴上的零件拆下后，最好按原次序方向临时装回轴上或用钢丝串起来放置或放在专门的容器里，这样将给以后的装配工作带来很大的方便。

　　7）拆下的导管、油杯之类的润滑或冷却用油、水、气的通路，各种液压件，在清理后均应将进出口封好，以免灰尘杂质进入。

　　8）在拆卸旋转部件时，应尽量不破坏原来的平衡状态。

9）容易产生位移而又无定位装置或有方向性约束的配合件，在拆卸后应先做好标记，以便在装配时容易辨认。

17.1.2 拆卸方法

常用零、部件的拆卸除应遵循拆卸的一般原则外，还需要结合其各自的特点，采用相应的拆卸方法来达到合理拆卸的目的。

1. 击卸法

击卸法是拆卸工作中最常用的方法，它是用锤子或其他重物对需要拆卸的零部件进行冲击，从而实现把零件拆卸下来的一种方法。采用该方法进行零部件的拆卸时，需要注意以下事项：

1）要根据被拆卸零件的尺寸、形状及配合的牢固程度，选用恰当的锤子，且锤击时用力要适当。

2）必须对受击部位采取相应的保护措施，切忌用锤子直接敲击零件。一般应使用铜棒、胶木棒或木板等来保护受敲击的轴端、套端和轮辐等易变形、强度较低的零件或部位。拆卸精密或重要零部件时，还应制作专用工具加以保护，如图 17-1 所示。

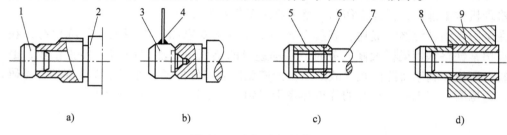

图 17-1 击卸法保护装置

a）保护主轴用的垫铁 b）保护中心孔用的垫铁 c）保护轴端螺纹用的装置 d）保护轴套用的垫套

1、3—垫铁 2—主轴 4—焊接铁条 5—保护套 6、8—垫套 7—螺纹轴 9—轴套

3）应选择合适的锤击点，以防止零件变形或损坏。对于带有轮辐的带轮、齿轮等，应锤击轮与轴配合处的端面，锤击点要对称，不能敲击外缘或轮辐。

4）对于严重锈蚀而难以拆卸的连接件，不能强行锤击，应加煤油浸润锈蚀部位，当略有松动时再进行击卸。

实际拆卸过程中，可以利用零件自重冲击拆卸。拆卸前，先将锤头上的抵铁拆去，用两端平整、直径小于锥孔小端5mm左右的阴极铜棒作为冲铁，放在下抵铁上，并使冲铁对准锥孔中心。在下抵铁上垫好木板，然后开动蒸汽锤下击，即可利用锤头的惯性将锤头从锤杆上拆卸下来，如图 17-2 所示。

2. 拉拔法

（1）轴套的拉卸 轴套一般都是用硬度较低的铜、铸铁或其他轴承合金制成的，如果拆卸不当，很容易使轴套变形或拉伤配合表面。因此，无需拆卸时尽量不要去拆卸，只作清洗或修整即

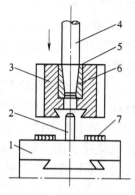

图 17-2 利用零件
自重冲击拆卸

1、6—锤头 2—铜棒
3—工件 4—锤杆
5—轴套 7—抵铁

可。对于必须拆卸的可用专用或自制拉具拆卸，如图 17-3 所示。

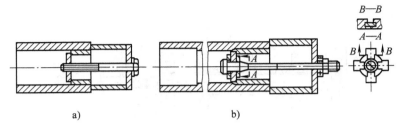

图 17-3　轴套的拉卸

a）用矩形板拉出　b）用带四爪的专用工具拉出

（2）轴端零件的顶拔　位于轴端的带轮、链轮、齿轮和滚动轴承等零件的拆卸，可用不同规格的顶拔器进行顶拔拆卸，如图 17-4 所示。

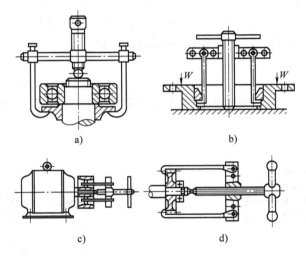

图 17-4　轴端零件的顶拔

a）顶拔滚动轴承　b）顶拔轴承外圈　c）顶拔带轮　d）顶拔齿轮

（3）钩头键的拉卸　图 17-5 所示为两种拉卸钩头键的方法，使用这两种工具既方便又不损坏钩头键和其他零件。

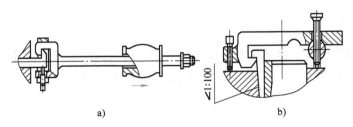

图 17-5　钩头键的拉卸

a）用专用工具拉卸　b）用专用工具顶拔

（4）轴的拉卸　对于端面有内螺纹且直径较小的传动轴，可用拔销器拉卸，如图17-6所示。

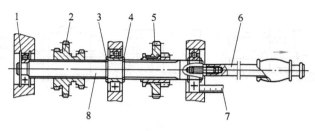

图 17-6　轴的拉卸

1—轴承　2—三联齿轮　3—轴承座　4—轴承　5—齿轮　6—拔销器　7—标尺　8—花键传动轴

3. 顶压法

顶压法适用于形状简单的过盈配合件的拆卸。常利用油压机、螺旋压力机、千斤顶、C形夹头等进行拆卸。当不便使用上述工具进行拆卸时，可采用工艺螺孔，借助螺钉进行顶卸。如图17-7所示，采用顶压法拆卸轴上难以拆卸的键。

4. 温差法

温差法是采用加热包容件或冷冻被包容件，同时借助专用工具来进行拆卸的一种方法。如图17-8所示，将绳子1绕在轴承内圈2上，反复快速拉动绳子，摩擦生热使轴承内圈增大，较容易地从轴3上拆下来。

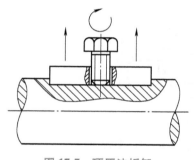

图 17-7　顶压法拆卸

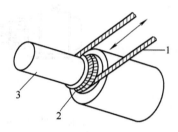

图 17-8　温差法拆卸

1—绳子　2—轴承内圈　3—轴

17.2　常用连接的拆卸

本节将针对螺纹连接、键连接及销连接等常用连接的拆卸，具体讲述各类连接的拆卸工艺方法及拆卸工具的使用。在实训过程中，同学们需要在指导教师的示范操作下进行专项训练才能熟练掌握。

17.2.1　螺纹连接的拆卸

螺纹连接在机电设备中是应用最为广泛的连接方式，具有结构简单、调整方便和可多次拆卸装配等优点。其拆卸虽比较容易，但往往因重视不够、工具选用不当、拆卸方法不正确等原因而造成损坏。因此拆卸螺纹连接件时，一定要注意选用合适的呆扳手或旋具，尽量不用活扳手。

对于较难拆卸的螺纹连接件，应先弄清楚螺纹的旋向，不要盲目乱拧或用过长的加力杆。

对于断头螺钉的拆卸应根据实际情况采取相应的措施，如在螺钉中心钻孔，攻反向螺纹，拧入反向螺钉旋出，如图 17-9 所示。

对于锈死螺纹件的拆卸，在螺纹件四周浇些煤油或松动剂，浸渗一定时间后，先轻轻锤击四周，使锈蚀面略微松动后，再行拧出。

拆卸双头螺柱，可用偏心扳手或两个螺母并紧拆卸，双螺母法是将两个螺母拧紧在螺柱的一端上，使它们相互锁紧在一起，拧下面的螺母，螺柱即可拆下；反之，拧动上面的螺母即可将螺柱装上。

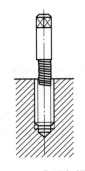

图 17-9　攻反向螺纹拆卸断头螺钉

17.2.2　键连接的拆卸

当键磨损到一定程度时，可以更换新键来恢复键的配合精度；在键槽磨损严重的情况下，可采用增大键的尺寸，同时修整键槽尺寸与键相配合；当键变形或剪断时，可增加轮毂槽的宽度或增加键的长度，也可对称地设置两个键，以增大承载能力。常见键连接的拆卸方法见表 17-1。

表 17-1　常见键连接的拆卸方法

键 的 类 型	简　图	说　明
普通平键		利用平头冲子顶在键的一端，用锤子适当敲打，另一端可用两侧面带有斜度的平头冲子按图中箭头表示部位挤压，即可将平键取出
钩头楔键		当钩头楔键与轴端面之间的空间尺寸 c 较小时，可用一定斜度的平头冲子在 c 处挤压，从而取出钩头楔键
		当钩头楔键与轴端面之间的空间尺寸 c 较大时，可用左图中所示的拆卸工具取出钩头楔键
		当钩头楔键锈蚀较严重，不易拆卸时，可用左图中所示的工具进行拆卸

17.2.3 销连接的拆卸

1. 拆卸普通圆柱销和圆锥销

拆卸普通圆柱销和圆锥销时，可用锤子敲出。显然，圆锥销需要从小端向外敲出，如图 17-10 所示。

2. 拆卸有螺尾的圆柱销

拆卸有螺尾的圆柱销时，可以采用螺母旋出法进行拆卸，如图 17-11 所示。

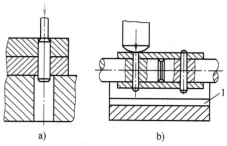

图 17-10　拆卸普通圆柱销和圆锥销
a）用带孔垫铁支承工件　b）用 V 形架支承工件
1—V 形架

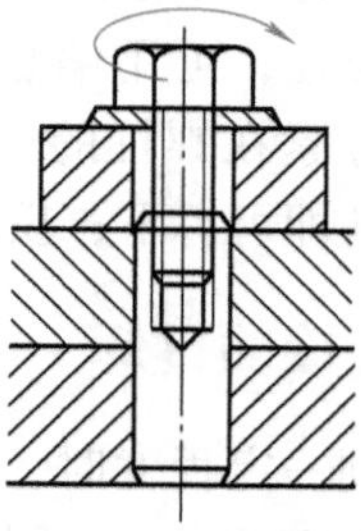

图 17-11　拆卸有螺尾的圆柱销

3. 拆卸带内螺纹的圆柱销和圆锥销

拆卸带内螺纹的圆柱销和圆锥销时，可用拔销器取出，如图 17-12 所示。

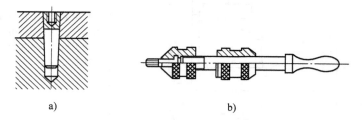

图 17-12　带内螺纹的圆锥销和拔销器
a）圆锥销　b）拔销器

17.3　轴、轴承和壳体的拆卸

17.3.1　轴的拆卸

在拆卸齿轮箱中的轴类零件时，必须先了解轴的阶梯方向，进而决定拆卸轴时的移动方向，然后拆去两端轴盖和轴上的轴向定位零件，如紧固螺钉、圆螺母、弹簧垫圈、保险弹簧等。先要松开装在轴上的齿轮、套等不能通过轴盖孔的零件的轴向紧固零件，并注意轴上的键能随轴通过各孔，然后才能用锤子击打轴端而拆下轴。否则不仅拆卸不了轴，还会造成对轴的损伤。

17.3.2 轴承的拆卸

拆卸过盈配合件，应视零件配合尺寸和过盈量的大小，选择合适的拆卸方法以及工具和设备，如拔轮器、压力机等，不允许使用铁锤直接敲击零部件，以防损坏零部件。在无专用工具的情况下，可用木槌、铜锤、塑料锤或垫以木棒（块）、铜棒（块）用铁锤敲击。无论使用何种方法拆卸，都要检查有无销钉、螺钉等附加固定或定位装置，若有应先拆下；施力部位必须正确，以使零件受力均匀不歪斜，如拆卸轴类零件，力应作用在受力面的中心；要保证拆卸方向的正确性，特别是带台阶、有锥度的过盈配合件的拆卸。

（1）滑动轴承的拆卸 滑动轴承的轴瓦一般较薄，容易损坏和拉伤，拆卸时必须非常细心。实际拆卸时，首先拆除轴承周围的固定螺钉和销。有定位凸缘的轴承，在轴承盖与轴承座分开后应注意拆卸方向。拆卸瓦片时，应用铜棒或木棒顶住瓦端面的钢背，且注意保护好合金层。套筒式轴瓦应使用拆卸工具抽出或压出，不可猛敲，以免造成轴瓦变形和损伤。

对于整体式滑动轴承，其拆卸的一般步骤为：拧油杯→拆两螺栓→分开上盖、底座和上下轴瓦。

（2）滚动轴承的拆卸 滚动轴承的拆卸属于过盈配合件的拆卸范畴，它的使用范围较广泛。因其拆卸方法众多，所以在拆卸时，除要遵循过盈配合件的拆卸要点外，还要考虑到它自身的特殊性。滚动轴承的常用拆卸方法有：

1）使用拆卸器拆卸滚动轴承。用一个环形件顶在轴承内圈上，拆卸器的卡爪作用于环形件，就可以将拉力传给轴承内圈。在拆卸轴承中，有时还会遇到轴承与相邻零件的空间较小的情况，这时要选用薄些的卡爪，将卡爪直接作用在轴圈上，如图17-13所示。

2）使用压力机拆卸，如图17-14所示。使用这种方法拆卸轴末端的轴承时，可用两块等高的半圆形垫铁或方铁，同时抵住轴承内、外圈，压力压头施力时，着力点要正确。

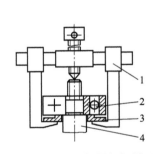

图17-13 用拆卸器拆卸轴承

1—卡爪 2—轴承 3—环形件 4—轴

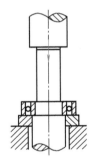

图17-14 用压力机拆卸轴承

3）在没有专用工具的情况下，可以使用锤子、铜棒拆卸滚动轴承。此法简易可行，但容易损伤轴承；拆卸位于轴末端的轴承时，在轴承下垫以垫块，用硬木棒、铜棒抵住轴端，再用锤子轻轻敲击即可拆下，如图17-15所示。

采用敲击法拆卸滚动轴承时，需要注意：① 垫块放置要适当，着力点应正确；② 敲击力不应加在轴承的滚动体或保持架上；③ 拆卸时，应尽量不损伤轴承、轴、壳孔及其他相关零件；④ 拆下的轴承应清洗，保持清洁并妥善保管。

17.3.3 壳体的拆卸

减速器主要由传动轴、齿轮、轴承和壳体组成，减速器拆卸的一般顺序如下：

1）拆卸减速器上的壳体。减速器有半联轴器的，先拆下半联轴器；拆除固定螺栓，将螺母旋到螺栓上妥善保管，检查上壳体有无残缺和裂纹；打好装配印记，拆卸轴承端盖；先检查有无漏拆的螺栓和其他异常情况，确认无误后，将上壳体用顶丝顶起，吊起放于备好的垫板上；用塞尺或压铅丝法测量各轴承间隙，每套轴承应多测几点，并做好记录；将减速器内的润滑油放净，存入专用油桶。

2）吊出主动轴、从动轴总成。在齿轮啮合处打好印记；吊出后各齿轮总成放在干燥的木板上，排放整齐、稳妥，防止碰伤，拆卸各轴的轴承和齿轮。

3）用煤油清洗轴承、箱体和齿轮，为后续检查做好准备。

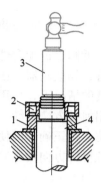

图 17-15 用锤子、铜棒拆卸轴承
1—垫块 2—轴承
3—铜棒 4—轴

复习思考题

17-1 如何拆卸锈死螺钉？

17-2 常用双螺母法拆卸双头螺柱，试说明工作原理。

17-3 拆卸滚动轴承常用哪些方法？

17-4 采用击卸法拆卸零部件时，对受击部位常采取哪些保护措施？

17-5 采用敲击法拆卸滚动轴承时，需要注意哪些事项？

第18章 综合训练

【实训目的与要求】

1）了解机电产品的设计制造过程。

2）熟悉简单机械零部件的设计制造方法。

3）掌握简单零部件的加工工艺。

4）掌握简单机电产品的装配、调试方法。

5）综合学习与运用知识及发展创新思维。

18.1 机电产品的基本要求

人类设计制造的机电产品种类繁多，大到航空母舰，小到手机、腕表，但都有其特定的功能目标。例如汽车作为运输工具载人载物，电风扇扇动空气流动散热，金属切削机床作为切削工具改变零件的形状、尺寸，加工出符合工程图样要求的零件，最终组装成一种产品。

机电产品的种类繁多，其功能目标各不相同，对产品的要求也因产品而异，但基本的目的要求是相同的。无论是新产品的开发还是老产品的改造，其目的都是为市场提供高质量、高性能、高效率、低能耗、低成本的机电产品，以获取最大的经济效益和社会效益。对机电产品的基本要求有：

（1）功能要求　具有产品的特定功能，如运输、加工、保温、计时、通信等。

（2）性能要求　具有产品所要求的技术性能，如载重量大、速度可调范围宽、起停时间短、定位精准、低噪声、低磨损等。

（3）结构工艺性要求　产品结构简单、可靠，便于制造、装配和维护。

（4）安全、可靠性要求　产品的故障率低，有安全防护装置和措施。

（5）绿色性要求　产品节能、环保、无公害，包括废气、废水、废渣的处理和废弃产品的回收处理。

（6）成本要求　产品成本包括制造成本和使用成本，降低制造成本和使用成本，可以提升产品的竞争能力。

机电产品的开发过程一般分为三个阶段，即产品的设计、零部件的制造、产品的装配和测试。

18.2 产品的设计

产品的设计是设计者根据市场的需求，应用已掌握的科学技术知识和各种资源，通过创造性思维劳动，经过判断、决策、设计和评价，最终设计出满足要求的产品。

产品的设计是产品开发的关键环节。据统计，产品的设计成本占产品总成本的5%~7%，却决定着产品制造成本的60%~70%；由于设计不当造成的产品质量事故约占总事故的50%。

产品的设计包括产品的需求分析、产品的方案设计和产品的详细设计。

18.2.1　产品的需求分析

产品的设计从产品的需求分析开始，首先进行调查研究，掌握市场对产品需求的第一手资料，了解市场或工程项目对某类产品的功能、性能和价格需求以及市场前景，对产品的功能、质量水平和价格正确定位。

无碳小车是全国大学生工程训练综合能力竞赛作品，竞赛规则要求以 4J 重力势能驱动小车在给定的赛道上越障碍行驶，障碍桩间的距离可变，越障碍数多和行走距离长者获胜。无碳小车的唯一动力源是 4J 重力势能，要求小车行走方向控制方便、灵活，结构简单、可靠，便于制造、装配、调试，低成本。通过无碳小车越障竞赛，激发学生的创新精神，培养学生的工程实践能力和争先进位的竞争意识。

18.2.2　产品的方案设计

经过产品需求分析，明确设计目标、任务和要求，了解产品外部环境的约束条件和影响。在此基础上选择技术原理和方案，确定主要技术参数，例如载重量、排气量、功率、最大加工直径等。

1. 无碳小车的工作原理

无碳小车以 4J 重力势能克服摩擦力做功，摩擦力包括车轮与赛道间的摩擦阻力和小车机构的摩擦力。摩擦力对比赛结果有重要影响。车轮与赛道间的摩擦力与车轮材料、赛道表面特性和车体的重量有关。小车机构的摩擦力与小车的结构和制造精度有关。小车的行走路径根据障碍桩的设置自动控制。

2. 外部环境的约束条件

比赛结果与很多因素有关，其中与外部约束条件有关的有：赛道表面特性和障碍桩的布置。赛道表面的摩擦因数大小要合适，参赛者的小车对赛道的适应性要好。本比赛的障碍桩等间距地布置在一条直线上，小车的行走路径一般应是近似余弦曲线 $y = A\cos(\omega t + \varphi)$，如图 18-1 所示。

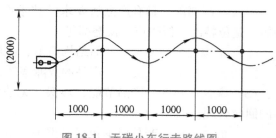

图 18-1　无碳小车行走路线图

3. 设计方案

实现产品的设计目标可能有多个方案，应对可能的方案进行分析、比较、模拟仿真和评价，从中选择最优或次优的方案。根据小车的需求、工作原理和外部约束条件，小车的设计方案如下：

1）小车采用三轮底盘，后轮驱动，前轮自动转向。

2）后轮的驱动力矩来自质量为 1kg 重块的重力。

3）后轮的差速不采用传统的齿轮差动机构，而采用简单的左右轮分离驱动。

18.2.3　产品的详细设计

详细设计的目的是落实技术方案，主要包括产品总体布局设计，功能部件的技术方案和结构设计，绘制总体结构装配图；零部件的设计，确定主要结构尺寸，选择材料，绘制零件二维工程图等。

无碳小车的主要组成机构有动力转换机构、传动机构、行走机构、转向机构和底盘。

1. 动力转换机构

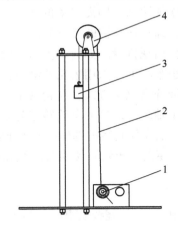

小车的原始驱动力是重块的重力，小车行走需要对车轮施加驱动力矩。从重力到力矩的转换需要转换机构，采用定滑轮机构。定滑轮安装在底盘支架上，绕线的一端连接重块，另一端连接绕线轮，如图18-2所示。支架的高度应考虑重块与底盘的允许高度差为400mm。绕线轮的直径影响驱动力矩的大小和小车的行走距离，选择绕线轮直径的原则是驱动力矩足以克服摩擦力矩使小车行走，并且行走距离尽可能长。

施加在绕线轮上的驱动力矩

$$M_0 = mgd/2 \qquad (18\text{-}1)$$

图 18-2　滑轮-绕线轮机构简图
1—绕线轮　2—绕线　3—重块　4—滑轮

式中　m——重块质量，$m = 1\text{kg}$；

　　　d——绕线轮直径，初选绕线轮径 $d = 14\text{mm}$。

2. 传动机构

传动机构的主要功能是将运动从原动机传递到执行机构，改变运动的方向、速度和力矩。常用的传动机构有机械传动、电气传动、液压气压传动。机械传动机构有齿轮传动、带轮传动、摩擦轮传动、丝杠螺母传动等。小车采用齿轮传动，如图18-3所示，将绕线轮的转动传递到车轮。传动比和传动级数需要精确计算。初选传动比 $i = 12$，升速传动，分两级传动。机械产品中的传动大多数是降速传动，这里采用升速传动是为了扩大小车的行走距离，但缩小了施加在车轮上的驱动力矩。

施加在车轮上的驱动力矩计算公式为

$$M = M_0/i = mgd/(2i) \qquad (18\text{-}2)$$

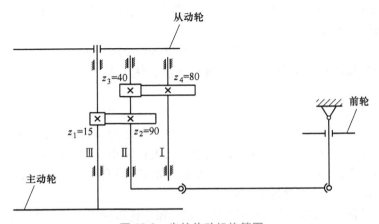

图 18-3　齿轮传动机构简图
Ⅰ—绕线轮轴　Ⅱ—中间轴　Ⅲ—车轮轴

3. 行走机构

陆地载运工具的行走机构有轮式、履带式、步伐式等形式，轮式结构相对简单。无碳小车采用三轮式、后轮驱动行走机构，前轮转向由转向机构控制。小车行驶时，车轮在赛道上应作纯滚动，即无滑动的滚动。小车转向时，左右车轮作无滑动的滚动，其转速是不相等的，即存在所谓的转速差。如果转速差的问题不解决，小车在转弯时，离转弯中心远的车轮便会出现打滑。如何解决这个问题呢？汽车上常用齿轮差动机构实现左右车轮的转速差，无碳小车不可能采用齿轮差动机构，因其结构复杂、体积大、成本高。无碳小车左右车轮采用一种分离驱动方式，左轮（或右轮）与车轴固定连接，右轮（或左轮）与车轴空套连接。与车轴固定连接的车轮转速与车轴同步，与车轴空套连接的车轮转速随转弯半径自动调节。

后车轮直径的选择应考虑车轮的滚动摩擦力矩和小车行走的距离。车轮与赛道间的摩擦力是一定的，车轮直径越大，车轮的滚动摩擦力矩也越大。小车行走路径长度 L 的计算公式为

$$L = \frac{400}{\pi d} i\pi D + l \tag{18-3}$$

式中　　d——绕线轮直径，$d = 14\text{mm}$；

　　　　D——车轮直径，初选车轮直径 $D = 135\text{mm}$；

　　　　i——传动比，$i = 12$；

　　　　l——重块接触底盘后，小车的惯性滑行长度。

小车行走路径长度 L 与绕线轮直径 d 成反比，与传动比 i 和车轮直径 D 成正比。小车滑行长度 l 与小车惯性和摩擦有关。

将数值代入式（18-2）计算得施加在车轮上的驱动力矩 M 为 $5.83 \times 10^{-3}\text{N} \cdot \text{m}$。

将数值代入式（18-3）计算得小车行走路径长度为 $(46 + l)\text{m}$。

4. 转向机构

汽车的方向控制是通过操纵转向盘，经传动机构驱动前轮转向实现的。无碳小车只有一个前轮，行驶方向虽然变化，但是有规律的。小车行驶一个周期曲线长度，前轮往复摆动一恒定的角度。采用曲柄连杆机构实现前轮转向，如图 18-4 所示。偏心轮 5 安装在中间轴 6 上，连杆 3 一端用铰链和偏心轮（曲柄）5 连接，另一端用铰链与摆杆 14 连接，摆杆带动前轮叉 10 摆动。偏心轮转一转，前轮摆动一个周期。一个周期内车轮转 6 转（车轮轴与中间轴的传动比为 6），小车行走路径长度为

$$L_0 = 6\pi D = 6 \times 3.14 \times 135\text{mm} \approx 2543\text{mm}$$

调整偏心轮的偏心距（曲柄半径）和连杆长度，使小车行走直线距离近似为 2m。

5. 底盘

底盘是小车的承载部件，小车的支架、传动机构、转向机构和车轮都安装在底盘上，传动轴和车轮轴通过轴承和轴承座固定在底盘上。底盘尺寸与前后轮距和左右轮距有关，从小车转向的灵活性考虑，前后轮距和左右轮距宁小勿大；从小车的稳定性考虑，前后轮距和左右轮距不宜过小。为提高小车的稳定性，小车的重心应尽可能低。初选前后轮距为 130mm，左右轮距为 145 mm，底盘高度为 15mm。

综上分析，优化选择绕线轮直径 d、传动比 i 和车轮直径 D，使小车充分利用 4J 重力势能，在赛道上越障碍数多、行驶距离长是一个较复杂的问题。选择过程如下。

1）在考虑外部约束条件下，经理论分析初选绕线轮直径和车轮直径。

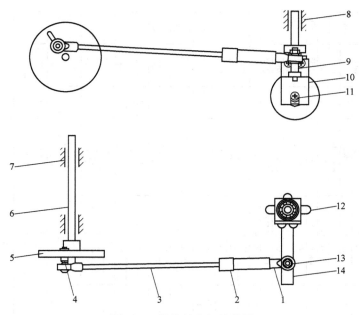

图 18-4　前轮转向机构简图

1—球铰　2—杆长调整机构　3—连杆　4—球铰销　5—偏心轮　6—中间轴　7、8—轴承　9—前销轴　10—前轮叉
11—螺钉　12—前轮　13—螺母　14—摆杆

2）通过计算选择传动比。

3）计算小车行驶路径理论长度和直线距离。

4）计算施加在车轮上的驱动力矩。

5）做运行试验，取得试验数据。

6）根据试验结果修改设计，直到取得满意结果。

无碳小车的总装配图如图 18-5 所示。

6. 零件的设计

产品由零件构成，产品的制造最终是零件的制造。零件分为标准件和非标准件。标准件通过外购获得，如螺钉、螺母、滚动轴承等。标准件外购需要制订外购清单，注明规格、型号、数量。非标准件需要设计制造，绘制零件图，零件设计数据来自产品装配图。零件图上应标注尺寸公差、材料、热处理等技术要求。小车的绕线轮和前轮叉的零件图如图 18-6 和图 18-7 所示。

18.3　产品的制造

1. 零件的加工工艺设计

零件的制造从选择坯料开始，经过一系列加工工序，最终制造出符合图样要求的零件。零件的加工工艺设计的主要任务是制订零件的工艺路线和加工工序，为每道工序选择加工设备和工具、夹具和量具，选择工艺参数，绘制工序图。工序图上标明定位、夹紧和加工部位及工序尺寸。零件的加工工艺设计结果反映在机械加工工艺过程卡上，见表 18-1 和表 18-2。

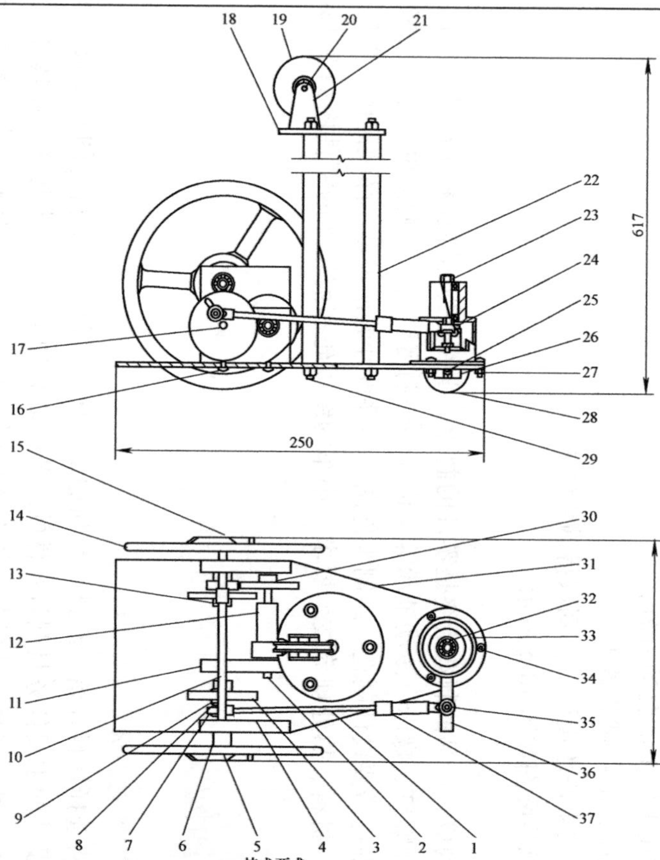

技术要求

1.所有轴承内圈与轴的配合为H8/j7，轴承外圈与其他零件的配合为J7/h8。
2.所有轴与齿轮的配合为过渡配合H8/j7。
3.齿轮安装时，双侧顶丝的预紧力要相等。

序号	代号	名称	数量	材料	备注
37	XC–31	杆长调节机构	1	6061	
36	XC–30	摆叉	1	6061	
35	XC–29	前销轴	1	6061	
34	GB/T 818–2000	螺钉 M3×10	3	Q235	外购
33	XC–28	前轮罩	1	6061	
32	GB/T 5800–2003–614/5	轴承614/5	10		外购
31	XC–27	底板	1	6061	
30	XC–26	齿轮2	2	45	外购
29	XC–25	碳杆螺柱	6	6061	
28	XC–24	前轮	1	6061	
27	GB/T 6175 M3	螺母 M3×0.5	5	Q235	外购
26	XC–23	前轮叉	1	6061	
25	XC–22	垫片	2	6061	
24	XC–21	前轮竖杆	1	6061	
23	GB/T 6175 M5	螺母 M5×0.8	7	Q235	外购
22	XC–20	碳杆	3		外购
21	XC–19	滑轮架	1	6061	
20	XC–18	滑轮杆	1	6061	
19	XC–17	滑轮	1	6061	
18	XC–16	上板	1	6061	
17	XC–15	偏心轮轴	1	6061	
16	GB/T 818–2000	螺钉 M3×4	12	Q235	外购
15	GB/T 5800–2003–6200	轴承6200	1		外购
14	XC–14	后轮从动	1	6061	
13	XC–13	齿轮1	2	45	外购
12	XC–12	线轮	1	6061	
11	XC–11	轴承座2	1	6061	
10	XC–10	后轮轴	1	6061	
9	XC–9	球铰销1	1	6061	
8	XC–8	球铰内球	2	6061	
7	XC–7	球铰套	2	6061	
6	XC–6	后轮法兰	1	6061	
5	XC–5	后轮主动	1	6061	
4	XC–4	轴承座1	2	6061	
3	XC–3	偏心轮S	1	6061	
2	XC–2	线轮轴	1	6061	
1	XC–1	连杆	1	6061	
结构设计总图			比例		第1页
第三届全国大学生工程训练综合能力竞赛–设计图			1∶4		共1页

图 18-5　无碳小车的总装配图

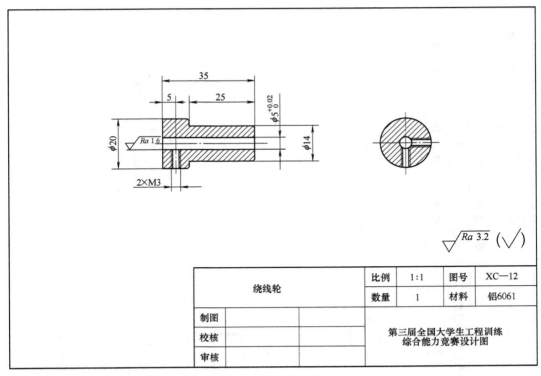

图 18-6　绕线轮零件图

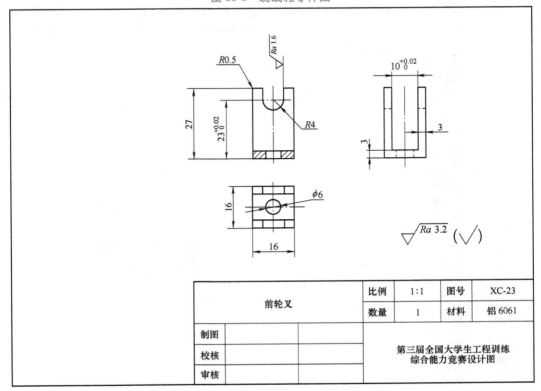

图 18-7　前轮叉零件图

表18-1 绕线轮工艺过程卡

材料	第三届全国大学生工程训练综合能力竞赛			机械加工工艺过程卡片		共2页 第1页	产品名称 小车	零件名称 绕线轮	第1页

材料 铝6061	毛坯种类 棒料	毛坯外形尺寸 φ22mm×1000mm	每毛坯可制作件数 25						
序号	工序名称	工序内容	工序简图	机床夹具	刀具	量具辅具	备注		
10	准备	下料	φ22，40	台虎钳	手锯	游标卡尺 0~150mm			
20	车钻	1. 车端面 2. 钻中心孔 3. 车外圆 φ14mm，长25mm 4. 倒角 C0.5 5. 调头装夹车端面至总长35mm，倒角 6. 钻扩铰孔 φ5mm 7. 所有倒角 C0.5	C0.5，25，20，35，φ5$^{+0.2}_{0}$	自定心卡盘	90°、45°偏刀，φ4mm麻花钻，φ4.9mm扩孔钻，φ5mm铰刀	游标卡尺 0~150mm			

（续）

材料	序号	工序名称	工序内容	工序简图	机床夹具	刀具	量具附具	备注
	30	钻攻	1. 分度头夹 φ14mm 外圆 2. 划线 3. 打样冲 4. 钻两个 M3 底孔 5. 攻两个 M3 螺纹孔	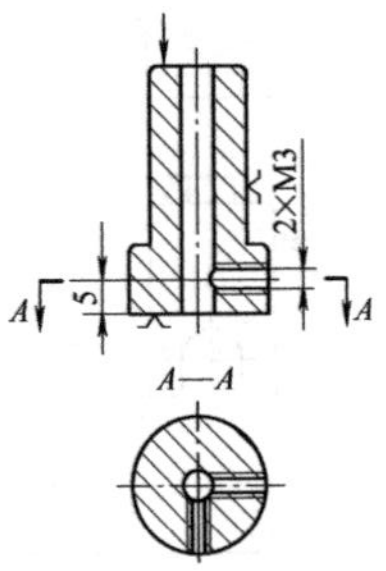	平板、分度头	φ2.6mm 麻花钻、M3 丝锥	高度游标划线尺、样冲、划针、锤子	
	40	钳	1. 去毛刺 2. 终检	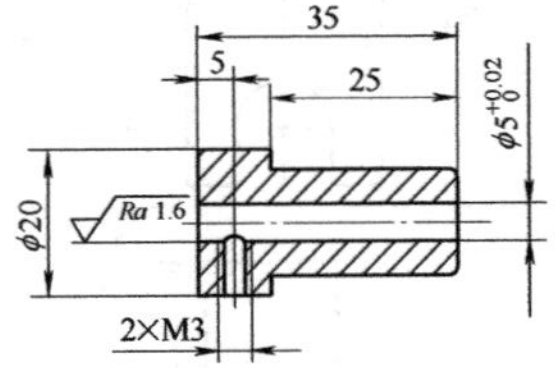			游标卡尺 0~150mm	

表 18-2 前轮叉工艺过程卡

第三届全国大学生工程训练综合能力竞赛	机械加工工艺过程卡片				产品名称	无碳小车	总2页 第1页	
					零件名称	前轮叉		
材料	毛坯种类	块料	毛坯外形尺寸	1000mm×20mm×30mm	每毛坯可制作件数	45	每台件数	1
铝								
序号	工序名称	工序内容			工序简图	机床夹具	刀具	量具附具
10	铣	下料，毛坯长度尺寸 20mm×20mm×30mm				铣床平口钳	2mm 厚锯片铣刀	直尺 0~300mm

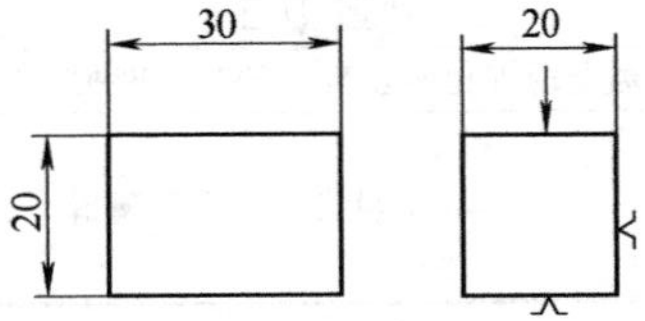

（续）

第三届全国大学生工程训练综合能力竞赛　机械加工工艺过程卡片

	总2页	第2页
产品名称	无碳小车	
零件名称	前轮叉	
每台件数	1	

毛坯种类	铝	毛坯外形尺寸	1000mm×20mm×30mm	每毛坯可制作件数	45
	块料				

材料	序号	工序名称	工序内容	工序简图	机床夹具	刀具	量具附具 备注
铝	20	铣	1. 铣表面至尺寸16mm×16mm×27mm 2. 铣通槽至如图尺寸	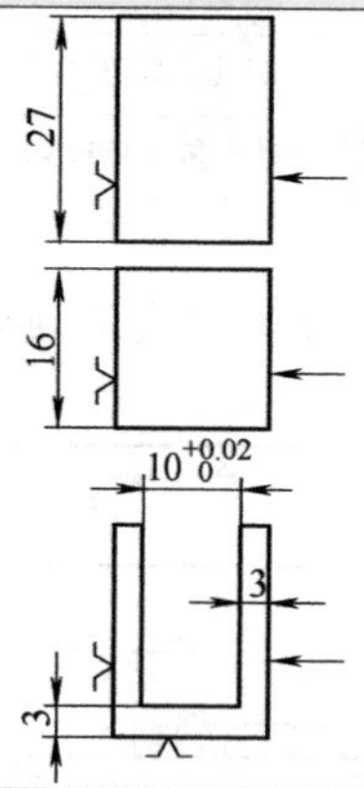	铣床平口钳	φ10mm立铣刀	游标卡尺0～150mm
	30	铣	1. 划线 2. 铣R4mm圆弧槽	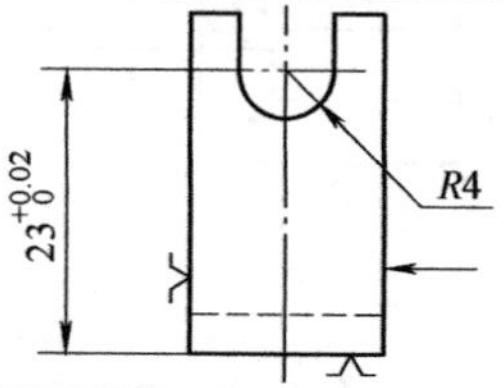	铣床平口钳	φ8mm立铣刀	划针 样冲 游标卡尺0～150mm
	40	钻	1. 划线 2. 钻φ6mm孔	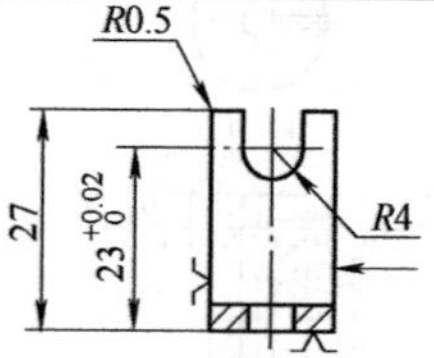	钻床平口钳	φ6mm麻花钻	划针 样冲 游标卡尺0～150mm
	50	钳	1. 修圆弧角，去毛刺 2. 终检	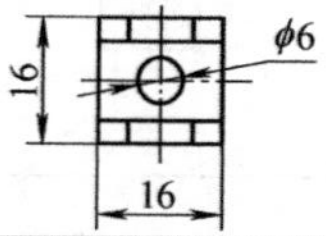	钳工台虎钳	手锉	

2. 零件的加工

机械加工工艺过程卡是零件加工的指导性文件，零件加工一般应按照机械加工工艺过程卡的要求进行。无碳小车零件的坯料应尽量选择型材，如棒料、板材、管材等，有利于缩短工艺路线和加工周期。零件加工涉及的主要工种有车工、铣工、钳工和齿轮加工。

18.4 产品的装配和调试

产品的装配和调试是产品开发过程的后期工作，装配工作对产品质量有重大影响，若装配不当，即使所有零件都合格，也不一定能够装配出合格的、高质量的产品。产品装配应按照产品图样和装配工艺规程进行，遵循装配基本原则，采用合理的装配工艺，提高装配质量和效率。

1. 无碳小车的装配

无碳小车的装配工作主要有螺纹连接的装配、轴承的装配、齿轮的装配和曲柄连杆机构的装配。

（1）螺纹连接装配　主要有螺栓、螺钉连接。装配后的螺栓、螺钉头部和螺母的端面都应与被紧固的零件平面均匀接触，不应倾斜和留有间隙。为保证螺纹连接的可靠与紧固，在进行螺纹连接件的装配时，必须保证有一定的拧紧力矩。一般情况下，对预紧力矩没有严格要求，操作者凭经验控制预紧力的大小。

（2）轴承的装配　轴承外圈装配后，其定位端轴承盖与垫圈或外圈的接触应均匀。轴承内圈装配后，应紧靠轴肩或定距环。轴承和轴装配后，轴转动灵活，无明显的轴向窜动。

（3）齿轮的装配　一般精度的齿轮装配后允许有一定的啮合间隙，但必须控制在许可范围内。齿轮装配后要求啮合顺畅，不允许有憋劲现象。

（4）曲柄连杆机构的装配　装配后要求机构工作顺畅，不允许有憋劲现象。调整曲柄半径和连杆长度，使小车行驶路径符合设计要求。

2. 无碳小车的调试

小车装配后在赛道上试运行，测试其性能，取得试验数据，若发现问题，应对小车进行改进设计和调试。调试的主要工作有：

1）连接螺钉松紧程度的调整，一组连接螺钉的松紧程度应一致。

2）轴承间隙的调整，如果轴有轴向窜动和（或）周向跳动，或者轴转动不灵活，需要调整轴承间隙。

3）齿轮啮合位置的调整，如果齿轮啮合不顺畅，有憋劲现象，或者一对齿轮在轴向有错位，需要调整其位置。

4）曲柄连杆机构的调整，主要调整曲柄半径和连杆工作长度，满足小车越障行走的要求。

5）发车起始位置的调整。

复习思考题

18-1　无碳小车的4J势能被消耗在何处？

18-2　无碳小车行走的必要条件是什么？

18-3 绕线轮的直径是如何确定的?

18-4 曲柄半径和连杆工作长度的变化对前轮偏转角度有何影响?

18-5 还有哪些机构能实现后轮差速?

18-6 无碳小车在"天宫一号"太空舱行驶会怎样?

18-7 你对创新设计是如何理解的?

参 考 文 献

[1] 马保吉. 机械制造基础工程训练 [M]. 3版. 西安：西北工业大学出版社，2009.

[2] 南红艳. 工程训练基础 [M]. 北京：煤炭工业出版社，2007.

[3] 王建民. 工程材料 [M]. 成都：电子科技大学出版社，2009.

[4] 李海越. 机械工程训练：机械类 [M]. 哈尔滨：哈尔滨工程大学出版社，2010.

[5] 王廷和，王进. 机械工程材料 [M]. 北京：冶金工业出版社，2011.

[6] 骆莉. 工程材料及机械制造基础 [M]. 武汉：华中科技大学出版社，2012.

[7] 李文双，邵文冕，杜林娟. 工程训练：非工科类 [M]. 哈尔滨：哈尔滨工程大学出版社，2010.

[8] 商利容，汤胜常. 大学工程训练教程 [M]. 2版. 上海：华东理工大学出版社，2010.

[9] 刘天祥. 工程训练教程 [M]. 北京：中国水利水电出版社，2009.

[10] 刘世平，贝恩海. 工程训练：制造技术实习部分 [M]. 武汉：华中科技大学出版社，2008.

[11] 郝兴明，姚宪华. 工程训练：制造技术基础 [M]. 北京：国防工业出版社，2011.

[12] 郭术义. 金工实习 [M]. 北京：清华大学出版社，2011.

[13] 杨有刚，张炜. 工程训练基础 [M]. 北京：清华大学出版社，2012.

[14] 王瑞芳. 金工实习 [M]. 北京：机械工业出版社，2001.

[15] 刘胜青，陈金水. 工程训练 [M]. 北京：高等教育出版社，2005.

[16] 郑红梅. 工程训练：非机械类用 [M]. 北京：机械工业出版社，2009.

[17] 傅水根，李双寿. 机械制造实习 [M]. 北京：清华大学出版社，2009.

[18] 周世权，杨雄. 基于项目的工程实践 [M]. 武汉：华中科技大学出版社，2009.

[19] 何国旗，何瑛，刘吉兆. 机械制造工程训练 [M]. 长沙：中南大学出版社，2012.

[20] 丁德全. 金属工艺学 [M]. 北京：机械工业出版社，2000.

[21] 机械工业哈尔滨焊接技术中心. 国际焊接工程师（IWE）培训教程 第一分册：焊接工艺及设备（内部教材）[Z]. 2000.

[22] 童幸生. 材料成形工艺基础 [M]. 武汉：华中科技大学出版社，2010.

[23] 沈其文，赵敖生. 材料成形与机械制造技术基础 [M]. 武汉：华中科技大学出版社，2011.

[24] 柳秉毅. 材料成形工艺基础 [M]. 北京：高等教育出版社，2011.

[25] 张亮峰. 材料成形技术基础 [M]. 北京：高等教育出版社，2011.

[26] 吕广庶，张远明. 工程材料及成形技术基础 [M]. 北京：高等教育出版社，2011.

[27] 孙广平. 材料成形技术基础 [M]. 北京：国防工业出版社，2011.

[28] 戈晓岚，赵占西. 工程材料及其成形基础 [M]. 北京：高等教育出版社，2012.

[29] 陶治. 材料成形技术基础 [M]. 北京：机械工业出版社，2002.

[30] 王运赣. 快速成型技术 [M]. 武汉：华中理工大学出版社，1999.

[31] 王广春. 快速成型与快速模具制造及应用技术 [M]. 北京：机械工业出版社，2008.

[32] 胡建德. 机械工程训练 [M]. 杭州：浙江大学出版社，2007.

[33] 林建榕，王玉，蔡安江，等. 工程训练 [M]. 北京：航空工业出版社，2004.

[34] 杨和. 车钳工技能训练 [M]. 天津：天津大学出版社，2000.

[35] 王公安. 车工工艺学 [M]. 北京：中国劳动社会保障出版社，2005.

[36] 徐平田. 车工工艺与技能训练 [M]. 北京：中国劳动社会保障出版社，2006.

[37] 崔明铎. 工程训练通识教程 [M]. 北京：清华大学出版社，2011.

[38] 胡友树，来涛. 数控车床编程、操作及实例 [M]. 合肥：合肥工业大学出版社，2005.

［39］方沂．数控机床编程与操作［M］．北京：国防工业出版社，1999.

［40］宋树恢，朱华炳．工程训练［M］．合肥：合肥工业大学出版社，2007.

［41］全燕鸣．金工实训［M］．北京：机械工业出版社．2001.

［42］杨昆．金工实训［M］．北京：机械工业出版社，2002.

［43］胡大超，张学高．金工实习［M］．上海：上海科学技术出版社，2000.

［44］卢秉恒．机械制造技术基础［M］．4 版．北京：机械工业出版社，2018.

［45］劳动部培训司．钳工工艺［M］．北京：中国劳动出版社，1988.

［46］技工学校机械类通用教材编审委员会．钳工工艺学［M］．北京：机械工业出版社，1993.

［47］国家机械工业委员会．初级钳工工艺学［M］．北京：机械工业出版社，1988.

［48］王瑞金．特种加工技术［M］．北京：机械工业出版社，2011.

［49］程胜文，刘红芳．特种加工技术［M］．北京：清华大学出版社，2012.

［50］李家杰．数控线切割机床培训教程［M］．北京：机械工业出版社，2012.

［51］周旭光．特种加工技术［M］．西安：西安电子科技大学出版社，2011.

［52］朱树敏．电化学加工技术［M］．北京：化学工业出版社，2006.

［53］濮良贵，纪名刚，陈国定，等．机械设计［M］．10 版．北京：高等教育出版社，2019.

［54］杨可桢．机械设计基础［M］．6 版．北京：高等教育出版社，2013.

［55］张玉，刘平，张镭，等．几何量公差与测量技术［M］．沈阳：东北大学出版社，1999.

［56］甘永立．几何量公差与检测［M］．上海：上海科学技术出版社，2008.

［57］毛平淮．互换性与测量技术基础［M］．3 版．北京：机械工业出版社，2018.

［58］潘陆桃．现代工程图学［M］．合肥：中国科学技术大学出版社，2008.

［59］成大先．机械设计手册［M］．北京：化学工业出版社，2007.

［60］马鹏飞，等．钳工与装配技术［M］．北京：化学工业出版社，2004.

［61］陈宏钧．实用钳工手册［M］．北京：机械工业出版社，2009.

［62］周佩锋．工具钳工操作技术要领图解［M］．济南：山东科学技术出版社，2005.

［63］陈崇明．实用检修钳工速查手册［M］．北京：化学工业出版社，2012.

［64］李红光．滚动轴承预紧的意义和预紧力的估算及调整［J］．机械制造，2004（9）：45-48.

［65］宋志军，苏慧祢．机械装配修理与实训［M］．济南：山东科学技术出版社，2007.